新版

理工系のための
基礎からの数学

疋田瑞穂 著

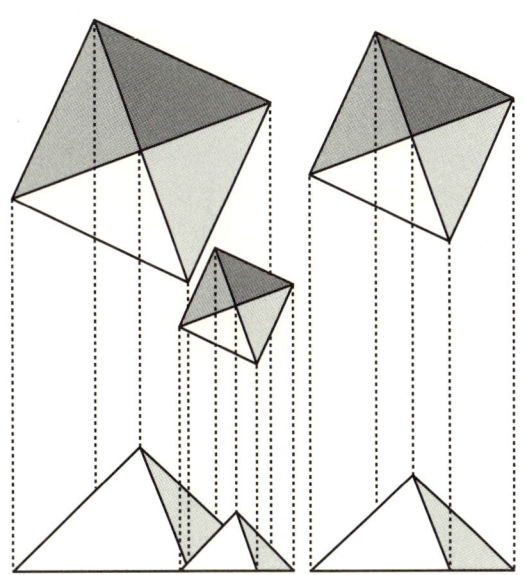

大学教育出版

まえがき

　この本は，1年生のための教科書および参考書を意図して執筆されている．内容は，微積分及びその基礎，偏微分および重積分，簡単な微分方程式，ベクトルと行列，行列式，固有値であり，理工系の大学1年で必要とされる内容はほぼ網羅している．

　近年，教養学部の改組と共に大学1－2年で学ぶべき数学について議論が行われ，様々な新しい試みとそれを実現した新しい教科書や参考書が多数発表されている．これらは最初から厳密な理論を精緻に展開しているものから，現実の世界への応用を常に念頭において叙述されているものまで，千差万別である．しかし，これらが扱っている数学の内容の範囲はほぼ全て共通であり，数学と言う学問の論理構造と論理展開を伝えようと言う姿勢も共通である．

　この本の執筆動機も，これらの新しい教科書と共通の問題意識による．特に数学の持つ抽象化された論理構造の記述を詳しく解説している．そのため必要となる定理には全て証明を与え，厳密な理論展開に努めた．ただし，一般の学生が高校時代に数学の論理構造や証明の形式に触れる事はまれである事に配慮して，一つ一つの説明はくどいくらい丁寧に与えた．特に1章や4章の極限の理論，7章の行列式，8章の線形空間などは抽象化された理論展開に重点を置いてなるべく理解しやすいように解説したつもりである．また抽象化の威力を示すため，線形空間などは線形微分方程式などへの応用を目的として記述した．一方，微積分や行列などの計算は，いたずらに難解なものは避け基本的な問題に絞った．さらに計算方法の解説は通常よりも詳しくし，問題数も多く与えた．

　残念ながら，このような方針のためページ数が増え，経済学への応用などは割愛せざるを得なかった．また1年間の講義では，場合によっては全てを教える事が不可能な場合があると思える．そこで，目的により内容を適当に取捨選択することを希望する．数学を工学などに応用する場合は，1章および8章(31節は除く)などは割愛してかまわないし，情報系の学生の場合は数学の抽象化された議論に慣れる必要があると思われるので，4章や5章などは割愛し，1章および8章に時間を割くのが適当であろう．

1998年9月15日

疋田瑞穂

目次

- 第1章　実数の性質と極限 …………… 1
    1. 集合 …………… 1
    2. 実数の性質 …………… 8
    3. 極限の定義と性質 …………… 16
    4. 級数とべき級数 …………… 28
    5. 関数の極限 …………… 36
    6. 連続関数 …………… 43
    7. 実数の公理と集合論による数の体系 …………… 51
- 第2章　微分法 …………… 58
    8. 微分係数と導関数 …………… 58
    9. 初等関数の導関数 …………… 64
    10. 導関数の応用 …………… 71
    11. 関数のグラフの概形 …………… 78
- 第3章　積分法 …………… 83
    12. 不定積分と定積分 …………… 83
    13. 置換積分法 …………… 94
    14. 部分積分法と有理関数の積分 …………… 100
    15. 積分法の応用 …………… 109
- 第4章　2変数関数の微積分法 …………… 118
    16. 偏導関数 …………… 118
    17. 偏導関数の応用 …………… 128
    18. 重積分法 …………… 134
- 第5章　微分方程式 …………… 142
    19. 微分方程式とその解 …………… 142
    20. 線形微分方程式 …………… 146

第6章　ベクトルと一次変換 153
- 21. ベクトル 153
- 22. 線形写像と行列 159
- 23. 連立1次方程式と消去法 169

第7章　行列式 175
- 24. 2次および3次正方行列の行列式 175
- 25. 一般の正方行列の行列式 183
- 26. 余因子展開 190

第8章　線形空間と線形写像 197
- 27. 線形空間と基底 197
- 28. 線形写像と階数 208
- 29. 行列の階数と連立方程式 214
- 30. 計量線形空間 220
- 31. 固有値と固有ベクトル 225

略解 237
記号表 247
索引 250

第1章 実数の性質と極限

1. 集合

集合

この節ではこの本で使用する集合の記号について解説する.

集合論は現代の数学のあらゆる分野での基礎となる考え方である. 微分積分においても例外ではなく, その基礎になる極限の概念や実数を理解するには集合の考え方が必要になる. また, ベクトルや行列の理論においてもこれらの記号は必要となる.

定義 1.1.　　(1) 数学的に区別できるものの集まりを**集合**と呼ぶ. 集まっているものを**要素**と呼ぶ. a が集合 A の要素であることを記号 $a \in A$ で表し, 「a は A に属する」などと読む. また a が A に属さないことを $a \notin A$ と表す. 特に, 何も要素を持たない特別な集合を**空集合**と呼び, 記号 ϕ で表す.

　　集合 A を表すのに, $A = \{a, b, c, \cdots\}$ のように集まっているものを書き並べて括弧 $\{\ \}$ で括る方法と, $A = \{a | a \text{の条件}\}$ のように集める要素 a の条件を書く方法の 2 通りがある.
(2) 集合 A, B において, B の要素が全て A の要素ならば, 「B は A に含まれる」と言い, $B \subset A$ と表し, B を A の**部分集合**と言う.
(3) 2 つの集合 A, B に対し, **和集合** $A \cup B$ と **共通集合** $A \cap B$ を次のように定義する.

$$A \cup B = \{x | x \in A \text{ または } x \in B\}, \quad A \cup B = \{x | x \in A \text{ かつ } x \in B\}$$

(4) しばしば考察する集合 A の範囲をある集合 X の部分集合に限ることがある. その時, A の**補集合** $\overline{A}$ を $\overline{A} = \{x | x \notin A\}$ で定義する. 補集合は A^c とも書く.

集合のこの定義は曖昧で不十分であるが, 厳密に述べるにはさらなる知識を必要とする. また全ての集合を要素とする集合のようなひどく大きい集合を考えると矛盾が生じることが知られている. しかし, この本で使用する範囲内ならこの定義で十分であり, 矛盾も生じないので, このように定義する.

さて, 視覚的に集合を捉えるために, 円の内部で集合を表すことがある. その図を**オイラー図**または**ベン図**と呼ぶ.

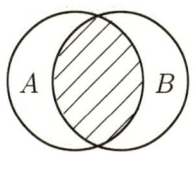 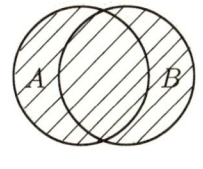 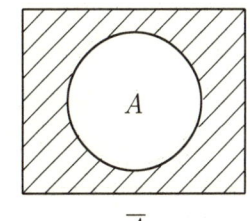

$A \cap B$　　　　　$A \cup B$　　　　　$\overline{A}$

図 1.1

問題 1.1. 次の公式をオイラー図により確認せよ.

(1) $A \cup (B \cap C) = (A \cup B) \cap (A \cup C)$
(2) $A \cap (B \cup C) = (A \cap B) \cup (A \cap C)$
(3) $A \cup (A \cap B) = A$
(4) $A \cap (A \cup B) = A$
(5) $\overline{(A \cup B)} = \overline{A} \cap \overline{B}$
(6) $\overline{(A \cap B)} = \overline{A} \cup \overline{B}$

この本で扱う基本的な集合と記号を以下に記す.

$\mathbf{N} = \{1, 2, \cdots\}$：全ての自然数の集合.

$\mathbf{Z} = \{\cdots, -2, -1, 0, 1, 2, \cdots\}$：全ての整数の集合.

$\mathbf{Q} = \left\{ \dfrac{b}{a} \mid a \neq 0, b \in \mathbf{Z} \right\}$：全ての有理数の集合.

$\mathbf{R}$：全ての実数の集合. これは座標を持った数直線と同一視される.

$\mathbf{C}$：全ての複素数の集合. これは $i = \sqrt{-1}$ として, $a + bi, a, b \in \mathbf{R}$ という形のもの全てであり, 座標平面の点 (a, b) と同一視することにより, 平面 $\mathbf{R}^2$ とみなせる.

$\mathbf{R}^n = \{(x_1, x_2, \cdots, x_n) | x_i \in \mathbf{R}\}$：座標のある n 次元空間. $n = 1$ の時は数直線 $\mathbf{R}$, $n = 2$ の時は平面, $n = 3$ の時は空間である. また, 第6章では n 次の列ベクトル全体と同一視する.

$[a, b] = \{x | a \leq x \leq b, x \in \mathbf{R}\}, [a, \infty) = \{x | a \leq x\}, (-\infty, b] = \{x | x \leq b\}$, ：閉区間.

$(a, b) = \{x | a < x < b\}, (a, \infty) = \{x | a < x\}, (-\infty, b) = \{x | x < b\}$：開区間.

$(a, b] = \{x | a < x \leq b\}, [a, b) = \{x | a \leq x < b\}$：半区間.

関数

次に微積分法の基礎となる関数の概念を定義しよう.

定義 1.2.　(1) X から Y への関数 (写像) $\boldsymbol{f : X \to Y}$ または $\boldsymbol{X \xrightarrow{f} Y}$ とは集合 X の要素 x に集合 Y の要素 y を対応させる, 対応づけである. X を定義域, Y を値域と言う. y を変数値 x に対する f の関数値と言い, 各 x ごとにただ一つ確定していなければならない. しばしば, $\boldsymbol{y = f(x)}$ あるいは $\boldsymbol{f : x \mapsto y}$ と表記し, $y = f(x)$ は X で定義されていると言う.

(2) 関数 $f : X \to Y$ は, もし $f(x) = f(x')$ ならば $x = x'$ になる時, 単射と呼ぶ. また, どの要素 $y \in Y$ に対しても適当な $x \in X$ があり $f(x) = y$ となる時, 全射と呼ぶ. 単射かつ全射である関数は全単射と呼ばれる.

　　$f : X \to Y$ が全単射の時, 任意の $y \in Y$ に対し, $f(x) = y$ となる $x \in X$ がただ一つある. したがって, 対応 $y \mapsto x$ は関数になる. これを逆関数と呼び, f^{-1} と表記する.

(3) 関数 $f : X \to Y, g : Y \to Z$ がある時, $x \in X$ に $g(f(x)) \in Z$ を対応させると, 新しい関数になる. これを合成関数と呼び, $g \circ f$ と表記する.

任意の集合 X の任意の要素 x に自分自身 x を対応させるのは関数になる．これを恒等関数と言い，$I_X : X \to X$ で表す．全単射 $f : X \to Y$ に対し，もし関数 $g : Y \to X$ が $g \circ f = I_X, f \circ g = I_Y$ となるならば，g は f の逆関数である．

定義域と値域が実数 R の時，関数 $f : \mathbf{R} \to \mathbf{R}$ はしばしば数式で表現される．例えば，$f(x) = x^2$ というのは，対応 $x \mapsto x^2$ のことである．また，$\mathbf{R}^2$ の部分集合 $G = \{(x, f(x)) | x \in G\}$ のことをグラフと呼び，これは普通には曲線を表現する．2変数の関数 $f : \mathbf{R}^2 \to \mathbf{R}$ の場合，グラフ $\{(x, y, f(x, y)) | (x, y) \in \mathbf{R}^2\} \subset \mathbf{R}^3$ は普通には曲面を表す．

例 1.1. (1) 二つの集合 $\{1, 2, 3\}, \{1, 2\}$ の間の対応 $1 \mapsto 1, 1 \mapsto 2, 2 \mapsto 2, 3 \mapsto 2$ は関数ではないが，$1 \mapsto 1, 2 \mapsto 1, 3 \mapsto 2$ は関数である．

(2) $f(x) = x$ とすると，$f : \mathbf{R} \to \mathbf{R}$ は恒等関数 $I_\mathbf{R}$ である．

(3) $f(x) = x^2$ とすると，$f : \mathbf{R} \to \mathbf{R}$ は全射にも単射にもならないが，$f : \mathbf{R} \to [0, \infty)$ は全射であり，$f : [0, \infty) \to [0, \infty)$ は全単射である．さらに $g(x) = \sqrt{x}$ とすると，$g : [0, \infty) \to [0, \infty)$ は f の逆関数である．

(4) $f(x) = 4x - 5, g(x) = x^2 + 3x + 2$ とすると，$g \circ f(x) = (4x - 5)^2 + 3(4x - 5) + 2$ である．

命題と証明

集合の要素に対する条件の表現には数学特有の言い回しと言葉があるので，ここで解説しておく．命題Pと言うのは，意味がはっきりしていて正しい（真）か正しくない（偽）かが客観的に判定できる文Pの事であり，ある集合の要素 x の一つ一つについて真か偽かが定まる時，命題関数と呼び $P(x)$ のように書く．

例 1.2. (1) 命題P「数 2 は自然数である．」真．「$\sqrt{2}$ は有理数である．」偽．

(2) 命題関数 $P(x)$ 「$x \geq 1$」x が自然数ならば常に真であるが，実数の時は値によって真と偽が定まる．

「$x^2 < 0$」x が実数ならば偽であるが，複素数の時は値によっては真になる．

「x は条件 P かつ Q を満たす」というのは，x について条件 P と Q が同時に成り立つことを意味する．記号として，$\boldsymbol{P(x) \wedge Q(x)}$ を使用する．「x は条件 P または Q を満たす」というのは，x について条件 P か Q か少なくとも一つが成り立つことを意味する．記号は $\boldsymbol{P(x) \vee Q(x)}$ である．もし，$X = \{x | P(x)\}, Y = \{x | Q(x)\}$ ならば $X \cap Y = \{x | P(x) \wedge Q(x)\}, X \cup Y = \{x | P(x) \vee Q(x)\}$．

また特殊な記号として，「$\forall$」と「$\exists$」がある．「$\forall$」は「任意の」と読み，全てのという意味である．例えば，「$\forall x \in X; P$」は「X の任意の要素 x に対し条件 P が成り立つ」と読み，「全ての X の要素 x に対し P が成り立つ」という意味であり，どんな x を選んできても P が成り立つ意味になる．「$\exists$」は「適当な」と読み，うまく選んだある要素という意味である．例えば，「$\exists x \in X; P$」は「X の適当な要素 x に対し条件 P が成り立つ」と

読み,「X のうまく選んだある一つの要素 x について P が成り立つ」という意味であり, 選んだ x 以外で P が成り立たなくてもよい.

「$P \Rightarrow Q$」は「P ならば Q」と読み,「条件 P が成り立つならば,条件 Q も成り立つ」という意味である.例えば,「$x>1 \Rightarrow x^2>1$」は $x>1$ ならば $x^2>1$ という意味である.これは「$\forall x>1; x^2>1$」と同じ意味内容になる.このように「$\Rightarrow$」を使った命題は常に「$\forall$」を使った形に言い換えることが出来る.「$P \Leftrightarrow Q$」は「条件 P は Q と同値である」と読み,「$P \Rightarrow Q$」かつ「$Q \Rightarrow P$」となることを意味する.この時,「P は Q の必要十分条件」とも言う.

命題関数 $P(x)$ の否定を $\overline{P(x)}$ と書く.$X = \{x|P(x)\}$ ならば,$\overline{X} = \{x|\overline{P(x)}\}$ である.

例 1.3. (1) $x < y$ の否定は $x \geq y$ である.
(2) $\overline{P(x) \wedge Q(x)}$ は $\overline{P(x)} \vee \overline{Q(x)}$ と,$\overline{P(x) \vee Q(x)}$ は $\overline{P(x)} \wedge \overline{Q(x)}$ と同じである.
(3) $\overline{\forall x; P(x)}$ は $\exists x; \overline{P(x)}$ と,$\overline{\exists x; P(x)}$ は $\forall x; \overline{P(x)}$ と同じである.
(4) 「$\forall \epsilon > 0, \exists N \in \mathbf{N}, \forall n > N; \frac{1}{n} < \epsilon$」を否定すると
$$\exists \epsilon > 0, \forall N \in \mathbf{N}, \exists n > N; \frac{1}{n} \geq \epsilon$$

例 1.4. (1) 「$\forall x \in \mathbf{R}; x^2 \geq 0$」は「任意の実数 x に対して $x^2 \geq 0$」という意味で正しい命題である.これは「$x \in \mathbf{R} \Rightarrow x^2 \geq 0$」と同じ意味内容である.また「$\forall x \in \mathbf{R}; x^2 \leq 0$」は間違った命題であり,「$\forall x \in \mathbf{R}; x^2 > 0$」も $x = 0$ で成り立たないから間違った命題である.

さらに,「$\exists x \in \mathbf{R}; x^2 \geq 0$」は「適当な実数 x を選ぶと $x^2 \geq 0$」という意味で,どの実数を選んでも成り立つから正しい命題である.「$\exists x \in \mathbf{R}; x^2 \leq 0$」も $x = 0$ を選ぶと成り立つから,正しい命題である.

(2) 「$\forall x \in \mathbf{R}, \exists y \in \mathbf{R}; x + y = 0$」は「任意の実数 x に対し,適当な実数 y があり,$x + y = 0$ となる」という意味であり,全ての x に対し,$y = -x$ を選べば成り立つから,正しい命題である.

一方,「$\exists x \in \mathbf{R}, \forall y \in \mathbf{R}; x + y = 0$」は「適当な実数 x を選ぶと,全ての実数 y に対し,$x + y = 0$ となる」という意味であり,どんな x を選んでも,例えば $y = -x + 1$ に対して $x + y = 1 \neq 0$ となるから,誤った命題である.

また,この命題は「$\exists x \in \mathbf{R}; y \in \mathbf{R} \Rightarrow x + y = 0$」とも書ける.意味内容はまったく同じである.

(3) a を実数とし,$\{a_n\}$ を実数列とする.「$\forall \epsilon \in \mathbf{R}, \exists N \in \mathbf{N}; n > N, n \in \mathbf{N} \Rightarrow |a_n - a| < \epsilon$」は,「全ての実数 ϵ に対して,適当に自然数 N を選ぶと,N よりも大きい全ての自然数 n について,$|a_n - a| < \epsilon$ となる」と言う意味である.これは極限の定義であり,3 節で解説する.

最後に数学における証明法について解説する.大きく分けて次の 3 通りの方法がある.

演繹法　「$P \Rightarrow P_1, P_1 \Rightarrow P_2, \cdots, P_n \Rightarrow Q$」のように順番に，仮定 P から結論 Q を導き出す方法であり，一番よく使われる．注意するのは，「$\forall x; Q(x)$」を導く時は，仮定からくる制限を除いて，ある特殊な x について議論してはいけないと言う事である．一方，「$\exists x; Q(x)$」を導く時は，ある特殊な x で $Q(x)$ が正しいものがあればよいから，そのような特別な x を求める事になる．証明する時の考え方がまったく違う．

例 1.5.　「$\forall \epsilon > 0, \exists N \in \mathbf{N}; n > N \Rightarrow \dfrac{1}{n} < \epsilon$」を証明してみよう．

(証明) $\epsilon > 0$ を任意の実数として，$n > N$ ならば $\dfrac{1}{n} < \epsilon$ となる自然数 N を探せばよい．$N < n$ ならば $\dfrac{1}{n} < \dfrac{1}{N}$ であるから，$\dfrac{1}{N} < \epsilon$ となる N を探す事になる．つまり，$\dfrac{1}{\epsilon} < N$ となる自然数を選べばよい． □

矛盾法　演繹法での証明が難しい場合に使われる．命題 $Q(x)$ を示すのに，$\overline{Q(x)}$ を仮定して矛盾を導く方法である．この中には対偶による証明も含まれる．すなわち，$P \Rightarrow Q$ を証明するのに，$\overline{Q} \Rightarrow \overline{P}$ を示す証明法である．

例 1.6.　$a > 1$ の時，「$x < y$ ならば $a^x < a^y$」を前提にして，「$a^x = a^y$ ならば $x = y$」を証明してみよう．

(証明) 結論 $x = y$ を否定すると，$x \neq y$ すなわち「$x < y$ または $x > y$」となる．すると前提から，「$a^x < a^y$ または $a^x > a^y$」となり，仮定 $a^x = a^y$ に矛盾する．したがって，$x \neq y$ が偽であるから，$x = y$ は正しい． □

例 1.7.　$\sqrt{2}$ は有理数ではない．

(証明) 否定して，有理数と仮定する．すると $\sqrt{2} = \dfrac{m}{n}$ となる自然数 n, m で共通の約数を持たないものがある．両辺を二乗して $2 = \dfrac{m^2}{n^2}$．つまり，$m^2 = 2n^2$ であり，m^2 は偶数になる．もし m が奇数 $2a+1$ ならば，$m^2 = (2a+1)^2 = 4(a^2+a)+1$ から，m^2 も奇数になるから矛盾し，m は偶数になる．そこで，$m = 2m_1$ (m_1 自然数) とすると $4m_1^2 = m^2 = 2n^2$ となり $n^2 = 2m_1^2$．同じように，n が奇数とすると n^2 も奇数になるから，n は偶数になる．そこで，$n = 2n_1$ とすると，n, m は共通の約数 2 を持つ．これは共通の約数を持たない事に反するから，矛盾である．よって，仮定は否定され，$\sqrt{2}$ は有理数でない． □

数学的帰納法　自然数 n についての命題関数 $P(n)$ を証明する方法であり，2 段階に分かれている．まず最初に $P(1)$ を証明し，次に $P(n)$ を仮定して $P(n+1)$ を証明する．これだけを証明しさえすれば，第 1 段階から $P(1)$ は正しく，第 2 段階から $P(2)$ が正しい事が分かる．さらに $P(3)$ も正しい．このようにして，順番に全ての自然数に対して正しい事が分かる．

自然数の定義の一つに，数学的帰納法が使える集合と言うのがある．したがって，自然数に関する命題は全て数学的帰納法により証明可能である．

例 1.8.　　(1) $a > 1$ ならば $a^n > 1$.

(証明) 数学的帰納法による.

$n = 1$ の時は仮定から $a^1 = a > 1$.

n の時, $a^n > 1$ を仮定すると, $a^{n+1} = a^n \times a > 1 \times a = a > 1$. したがって, $n+1$ の時も成り立つ. □

(2) (ベルヌイの不等式) $a > 0$ ならば $(1+a)^n > 1 + na$ 　$(n \geq 2)$

(証明) 数学的帰納法による.

$n = 2$ の時は $(1+a)^2 = 1 + 2a + a^2 > 1 + 2a$.

n の時, $(1+a)^n > 1 + na$ を仮定すると,

$$(1+a)^{n+1} = (1+a)(1+a)^n > (1+a)(1+na) = 1 + (n+1)a + na^2 > 1 + (n+1)a$$

したがって, $n+1$ の時も成り立つ. □

問題 1.2. (1) 2項定理

$$(a+b)^n = \sum_{i=0}^{n} {}_nC_i a^{n-i} b^i$$
$$= a^n + {}_nC_1 a^{n-1}b + {}_nC_2 a^{n-2}b^2 + \cdots + {}_nC_i a^{n-i}b^i + \cdots + {}_nC_{n-1}ab^{n-1} + b^n$$

を数学的帰納法により証明せよ. ただし, $0! = 1, n! = 1 \cdot 2 \cdot 3 \cdots (n-1) \cdot n$ として,

$$_nC_i = \frac{n!}{i!(n-i)!} = \frac{(n-i+1)(n-i+2)\cdots(n-1)n}{1 \cdot 2 \cdots (i-1)i}$$

であり, ${}_nC_0 = {}_nC_n = 1, {}_nC_i + {}_nC_{i-1} = {}_{n+1}C_i$ を使え.

(2) $0 < a < 1$ の時 $(1-a)^n > 1 - na$ 　$(n \geq 2)$ を数学的帰納法により証明せよ.

循環論法 これは, 間違った証明法である. P と言う事を証明するのに, P から導かれた結果 Q を使用する証明であり, どんなに正しく見えようと, このような証明は誤りであり, 結果も信用してはいけない. 特に基本的な事柄を証明する時に犯しやすい誤りであるので気を付けなければいけない.

例 1.9. (1) ベルヌイの不等式,「$x > 0$ の時, $(1+x)^n > 1 + nx$」を次のように証明する.

$f(x) = (1+x)^n - (1+nx)$ を考え, $f'(x) = n(1+x)^{n-1} - n > 0$ と $f(0) = 0$ から, 増減表を考えれば $x > 0$ ならば $f(x) > 0$.

この証明は論理としては正しく, しばしば微分の応用問題に使われる証明法である.

しかし, この本のように基礎から厳密に微分を記述する時は, このような証明は避けるべきである. と言うのは, 極限の様々な結果がこの不等式から得られ, よく注意していないと, この証明の中の $(x^n)' = nx^{n-1}$ などの微分に関する定理の証明が, 実はベルヌイの不等式を使った結果である場合がある. そこで循環論法になり, 証明が間違っている事になるからである.

そこで例題 1.8 (2) では最も初等的な方法で証明している。これからも，当たり前の事を，わざわざ難しく証明している場合があるが，全て循環論法を避けるためである。

(2) 後で，微分の応用として，$\lim_{x \to a} f(x) = \lim_{x \to a} g(x) = 0$ ならば $\lim_{x \to a} \dfrac{f(x)}{g(x)} = \lim_{x \to a} \dfrac{f'(x)}{g'(x)}$ となるという定理を証明する。これを使えば，$\lim_{x \to 0} \dfrac{\sin x}{x} = \lim_{x \to 0} \dfrac{(\sin x)'}{(x)'} = \lim_{x \to 0} \dfrac{\cos x}{1} = \cos 0 = 1$ と計算できる。しかし，この計算は間違っている。なぜなら，$(\sin x)' = \cos x$ の証明ではこの結果が使われているため，循環論法に陥っているからである。それで，この本ではこの結果をもっと面倒な方法で証明している。それから，その結果を使って，$(\sin x)' = \cos x$ を証明する事になる。

もちろん，この結果を使わず $(\sin x)' = \cos x$ が証明出来るならば，上の計算は正しい事になるが，残念ながら普通の三角関数の定義から，上の結果を使わず微分を計算する方法は知られていない。もっとも，後で少し触れるように，三角関数を厳密に定義した場合は，普通の定義とは違うので，微分が先に計算出来て，上の計算によって極限は導かれる事になる。このように，数学では，定義の仕方によって，証明の方法が違ってくる。そこでは，循環論法に陥らないように細心の注意が必要である。

自明　気を付けなければいけない用語に「自明」がある。これは，「自ずから明らか」，「当たり前」の意味であるが，しばしば，定理の証明の中で，「これは自明である」のように使われる。実は，正確に述べると，「筆者にとって自明であるので証明は読者に任せる」と言う意味であるから，読者はきちんとそれが正しいことを自分自身で確認する必要がある。また，証明と言うのは他の人に読まれるために書くと言う事を忘れてはいけない。自分に分かっているからいいかげんに証明を書くと言うのは，証明をしていないと言うのと同じである。あくまでも，自分よりも知識のない他人が分かるように書かなければならない。そのために，証明には一定の書き方がある。それを身に付けるためには，例えば，この本の証明を何度も読んで欲しい。

証明の書き方では，上の数学的帰納法などは，完成された形式であるから，この形以外では証明とみなされない。上の例の形式をよく理解して欲しい。大学の入試などにもよく数学的帰納法が出てくるが，受験者は答えが合っているからよく出来たと勘違いする事がある。ところが，答えが合っていても，数学的帰納法の記述方法を間違えているならば，それは何も証明した事にはならないから，0 点の答案である。

2. 実数の性質

有理数と実数

　微積分法の基礎をなす極限は，実数の持つ性質である．そのため，極限を理解するためには実数についてよく知る必要がある．歴史的には，自然数から始まって，数の概念を順次拡張する事によって実数の概念は得られた．さらなる拡張として，複素数，4元数，p-進数，超準数などがあるが，詳しくは エピングハウス他著 『数 (上下)』(シュプリンガー・フェアラーク東京) に説明されている．ここでは，実数に至る数の拡張をたどって，実数の性質を調べる．

　まず自然数 $\mathbf{N} = \{1, 2, 3, \cdots\}$ から始めよう．現代の数学では自然数も集合論を使って定義されているが，ここではすでに与えられているものとする．集合論による定義は 7 節にある．

　自然数同士は足し算 $n + m$ は自由に出来るが，引き算 $n - m$ は $n > m$ の時に限り可能である．それ以外では自然数にならない．整数 $\mathbf{Z} = \{\cdots, -2, -1, 0, 1, 2, \cdots\}$ は引き算が自由に出来る $\mathbf{N}$ を含む集合の中で最小のものである．整数同士は自由に掛け算が出来るが割り算は不可能な場合がある．有理数の集合 $\mathbf{Q}$ は整数を含んで割り算が自由に出来る最小の集合である．このように，有理数までは四則演算を自由に行うために拡張されるが，実数の場合は質が違ってくる．例えば，$\sqrt{2}$ は辺の長さ 1 の正方形の対角線の長さであるが，有理数と仮定すると矛盾を生じるので，有理数ではありえない．普通 $\sqrt{2} = 1.41\cdots$ と値を書くが，この小数点以下は規則なしに無限に続いているため，いつまでたっても値が確定しないように見える．これは，$1, 1.4, 1.41, \cdots$ という有理数の数列の極限として $\sqrt{2}$ が定義されているためである．このように，有理数以外の実数は全て，無限少数で表されるが，これは有理数の極限として実数を与えているわけである．実際に，実数を有理数から定義する方法をいくつか 7 節で与えているが，どれも本質的には有理数の極限として実数を定義している．

　以下に挙げるのは有理数と実数に共通の性質である．

有理数と実数に共通の性質

1) 四則演算が自由に出来る．

2) 数の間に大小関係があり，次が成り立つ．

(2.1) $$a \leq b \Rightarrow a + c \leq b + c$$

(2.2) $$a \leq b, \quad c > 0 \Rightarrow ac \leq bc$$

　3) (アルキメデスの原理) どんな二つの正の数 a, b に対しても ある自然数 n があり，$b < na$．論理記号で書くと

$$\forall a, \forall b \; \exists n; b < na$$

4) (稠密性) どんな二つの数 $a < b$ に対しても ある数 c があり, $a < c < b$. 論理記号で書くと
$$\forall a, \forall b\, ; a < b \Rightarrow (\exists c\, ; a < c < b)$$

このうち 3) は, a, b が整数の時を考える事により, 整数の集合 **Z** でも成り立っている. 一方, 4) は $a = 1, b = 2$ を考えれば明らかなように **Z** では成立しない有理数と実数に特有の性質である. 次に有理数にはなく実数に固有の性質を見ていく.

R の部分集合 X が上に有界とは,「$\exists a \in \mathbf{R}, \forall x \in X; x \leq a$」, すなわちある数 a があって X の全ての要素 x に対し $x \leq a$ となる事である. この時, a を X の上界と呼ぶ. X の上界の中で最小のものを上限と呼び $\sup X$ と書く. 注意するのは, 上に有界ならば定義から上界は存在するが, その中で最小のもの, すなわち上限が存在するかどうかは分からないという事である. 上限に対して, 下限も定義しておこう. X を **R** の部分集合として,「$\exists a \in \mathbf{R}, \forall x \in X; x \geq a$」となる時, X を下に有界と言い, a を X の下界と呼ぶ. X の下界の中で最大のものを下限と呼び $\inf X$ と書く.

定理 2.1. (1) X の上限を a とする. 任意の実数 $\epsilon > 0$ に対して, $a - \epsilon < x \leq a$ となる X の要素 x が存在する.

(2) X の下限を a とする. 任意の実数 $\epsilon > 0$ に対して, $a \leq x < a + \epsilon$ となる X の要素 x が存在する.

(証明) (1) 上限 a は上界の中で最小のものであるから, $a - \epsilon$ はもはや上界でない. 上界の定義から $a - \epsilon < x$ となる X の要素 x がある. a は X の上界であるから, $x \leq a$. □

問題 2.1. この定理 (2) を証明せよ.

実数に固有の性質

5) (完全性公理) **R** の上に有界な部分集合の上限は存在する.

例えば, $X = \{x | x \in \mathbf{Q} \wedge x^2 < 2\}$ を平方が 2 よりも小さい有理数の集合とすると, これは上に有界であり, 有理数 **Q** の中には上限が存在しないが, 実数 **R** の範囲では上限があり, それが $\sqrt{2}$ である. また, $\sqrt{2} = 1.41\cdots$ を使って $X = \{1, 1.4, 1.41, \cdots\}$ とすると, $\sup X = \sqrt{2}$ である. 一般にある実数 a を小数 $a = a_0.a_1 a_2 \cdots$ で表す事の意味を考えよう. これは有理数の部分集合 $X = \{a_0, a_0.a_1, a_0.a_1 a_2, \cdots\}$ を考えている事にほかならない. X は上に有界であり, その上限が実数 a である.

さて, **R** の部分集合 X が下に有界ならば, $X' = \{-x | x \in X\}$ は上に有界になり, $\sup X' = -\inf X$ になるから, 次は 5) と同値である.

5') **R** の下に有界な部分集合の下限は存在する.

実数の公理は上記の性質のうち, 1), 2), 5) である. すなわち, 1), 2), 5) を満たす集合は **R** ただ一つに限り, 実数のあらゆる性質はこの三つの公理から導かれる. ただし, 1), 2) に

ついては厳密な言い方でないので,詳しくは 7 節を参照して欲しい.特に前節で挙げた例や問題の証明は性質 1), 2) のみを使っている.これらは,これから使う事になる実数の重要で基本的な性質である.

また 3), 4) は重要な性質であるが,1), 2), 5) から導かれる性質である.具体的には 4) は $c = \dfrac{b-a}{2}$ と置けばよい.3) を 5) から導くには集合 $X = \{a, 2a, \cdots, na, \cdots\}$ を考えればよい.もし「$b < na$ となる n が存在しない」ならば,全ての $n \in \mathbf{N}$ について $b \geq na$ となり,b は X の上界になり,X は上に有界になる.よって 5) から X の上限 s がある.s は上界の中で最小のものであるから,s より小さい $s - a$ は上界でなく,これは $s - a < na$ となる n が存在する事を意味する.ところがこの不等式は $s < na + a = (n+1)a$ を意味し,s が X の上界である事に反する.矛盾するので,最初の仮定「$b < na$ となる n が存在しない」が間違っている事になり,5) から 3) が証明された.

上記のような論理は最初はなじみにくいが,数学の証明の典型的な例であるので,自分で納得いくまで何度も読み直して欲しい.また,4) と 5) を証明するのに,1), 2), 5) しか使っていない事にも注意して欲しい.これから様々な用語が定義され,使われる事になるが,その用語の厳密な定義のみを使用して定理の証明はされている.たぶん正しいとか,直感で当たり前とかいうような論理は一切使われていない.数学を応用するためには,数式を効率よく変形してなるべく早く答えを出す事が重要であるが,それが正しい結果である事を保証するのはこのような数学の証明である.そこで重要なのは,答えを出す事でなく,ある条件 (仮定) から厳密な論理により別な条件 (結果) を出す事である.これから,様々な定理を証明していく事になるが,定理を使った計算に習熟する以上に,定理の証明を理解するという事が重要であり,そのためには納得いくまで,何度も読み返す以外にない.数学の勉強の仕方はそれ以外にはありえない.

数学的な証明の別の例を出そう.$\mathbf{R}$ の部分集合 X が稠密 とは「$\forall a < \forall b \in \mathbf{R}, \exists x \in X; a < x < b$」,すなわち,全ての実数 $a < b$ に対し,$a < x < b$ となる X の要素 x が存在するという事である.

定理 2.2. 有理数の集合 $\mathbf{Q}$ が稠密である事と,$\mathbf{R}$ のアルキメデスの原理は同値である.

(証明) 1 節によれば,条件 P と Q が同値であるというのは,「$P \Rightarrow Q$」と「$P \Leftarrow Q$」が成り立つ事である.したがって,証明は二つの部分に分かれる.

($\Rightarrow$) $\mathbf{Q}$ が稠密である事を仮定する.気を付けるのは,$\mathbf{R}$ でのアルキメデスの原理は結論であるから使ってはいけないが,$\mathbf{Q}$ でアルキメデスの原理が成り立つ事は使ってよいという事である.

さて,任意の正の実数 a, b に対し,$\mathbf{Q}$ の稠密性より,$0 < q < a$, $b < r$ となる正の有理数 q, r がある.さらに $\mathbf{Q}$ でのアルキメデスの原理より,$r < nq$ となる自然数 n がある.その時,$b < r < nq < na$ より,$\mathbf{R}$ でアルキメデスの原理が成り立つ.

($\Leftarrow$) $\mathbf{R}$ でのアルキメデスの原理を仮定する.任意の実数 $a < b$ が与えられているとする.$1, \dfrac{1}{b-a}$ に対してのアルキメデスの原理より $\dfrac{1}{b-a} < n$ となる自然数 n がある.この

不等式は書き直すと $\frac{1}{n} < b-a$ となり,

(2.3) $$a + \frac{1}{n} < b$$

と書ける. さらに, $1, na$ に対するアルキメデスの原理より, $na < m$ となる自然数 m がある. このような m の中で最小のものを M とする. すると $M-1 \leq na < M$. これと (2.3) より

$$a < \frac{M}{n} = \frac{M-1}{n} + \frac{1}{n} \leq a + \frac{1}{n} < b$$

したがって, 有理数 $r = \frac{M}{n}$ を取れば, $a < r < b$ となり, $\mathbf{Q}$ は稠密である. □

この証明の中で, 使われているのはアルキメデスの原理そのものではなくて, それから導かれる次の実数の性質である.

6) 任意の正の実数 a に対し自然数 n があり, $a < n$ となる.

$$\forall a \in \mathbf{R}, \exists n \in \mathbf{N}; a < n$$

定義 2.1. 任意の実数 a に対し, 6) から $a < n$ となる自然数 n が存在する. そのような n の中で最小のものを N とする. ガウスの記号 $[a]$ で自然数 $N-1$ を表す. 言い換えると $m \leq a < m+1$ となる自然数 m を $[a]$ と表記し, これは a を超えない最大の整数である.

上記の定理の証明の中で, $M = [na] + 1$ である.

指数と対数

この節の最後に, 実数の性質の応用として指数関数の存在を与えておこう. $a > 0$ をある実数として, 順にそれの実数べきを定義していく.

まず自然数 n に対しては, 帰納法により, $a^1 = a, a^2 = a \times a, \cdots, a^{n+1} = a \times a^n, \cdots$ と順に定義され, 次の式が成り立つ.

(2.4) $$a^n \times a^m = a^{n+m}$$

(2.5) $$(a^n)^m = a^{nm}$$

連続関数については 8 節で議論するが, 次の問は, 関数 $y = x^n$ が連続になる事を示す時に使われる.

問題 2.2. 因数分解

$$x^n - y^n = (x-y)(x^{n-1} + x^{n-2}y + x^{n-3}y^2 + \cdots + xy^{n-2} + y^{n-1})$$

を利用して次の事を示せ.

(1) $x > 0$ を定数として, $nx^n > \epsilon > 0$ となる任意の実数 ϵ に対し, $y = x - \frac{\epsilon}{nx^{n-1}}$ とすると, $0 < y < x$ となり, $0 < x^n - y^n < \epsilon$.

(2) $n(x+1)^{n-1} > \epsilon > 0$ となる任意の実数 ϵ に対して, $y = x + \dfrac{\epsilon}{n(x+1)^{n-1}}$ と置くと, $x < y < x+1$ となり, $0 < y^n - x^n < \epsilon$.

次に, このべき乗の定義を整数に拡張する. まず, 式 $a^0 \times a^n = a^{n+0} = a^n, 1 \times a^n = a^n$ を比較する事で,

(2.6) $$a^0 = 1$$

と置ける事が分かる. さらに $a^{-n} \times a^n = a^{-n+n} = a^0 = 1, \frac{1}{a^n} \times a^n = 1$ より,

(2.7) $$a^{-n} = \dfrac{1}{a^n}$$

と置ける事も分かる.

さて n 乗根を定義する. 自然数 n について集合 $X = \{x > 0 | x^n \leq a\}$ を考えると, 実数の性質 6) より $a < M$ となる自然数 M があり, $x^n \leq a < M \leq M^n$ より, 常に $x < M$ (矛盾法により証明される) となるから, X は上に有界である. 5) から $b = \sup X$ とすると, 次の問題のように $b^n = a$ である. この b を n 乗根と呼び $\sqrt[n]{a}$ と書く事にする. 特に $\sqrt[2]{a}$ は $\sqrt{a}$ とも書く.

問題 2.3. (1) もし, $a < b^n$ ならば, 実数の性質 4) から, $0 < \epsilon < b^n - a$ となる ϵ がある. これを使って, 問題 2.2 (1) で $x = b$ とする事により, $a < y^n < b^n$, $0 < y < b$ となる y がある事を示せ.

(2) (1) のような y があるなら, b が X の上限である事から, $y < x$ となる $x \in X$ がある事を導き, X の定義から, $y^n < a$ となり, 矛盾する事を示せ.

(3) $a > b^n$ と仮定して, 上の (1), (2) の議論にならって, 問題 2.2 (2) を使う事により矛盾を導け.

(4) n を自然数として, 数学的帰納法により, $1^n = 1$ を示せ. また, 定義から $1^{-n} = 1$ も示せ.

(5) $x \leq 1$ ならば $x^n \leq 1$ (n は自然数) となる事を数学的帰納法により示せ. また $x > 1$ ならば $x^n > 1$ になる事も示せ.

(6) $X = \{x > 0 | x^n \leq 1\}$ とした時, (4) の結果を使って, $1 \in X$ を示せ.

(7) 1 が (6) の X の上界である事を示せ.

ヒント (5) を使って, 上界でないならば矛盾する事を導く.

(8) (6) と (7) から $\sup X = 1$ を示し, $\sqrt[n]{1} = 1$ を示せ.

さて, 式 $(a^{\frac{1}{n}})^n = a^{\frac{1}{n}n} = a^1 = a, (\sqrt[n]{a})^n = a$ より,

(2.8) $$a^{\frac{1}{n}} = \sqrt[n]{a}, \quad a^{\frac{m}{n}} = (\sqrt[n]{a})^m$$

と定義する. 以上で, 全ての有理数 $r = \pm\frac{m}{n}$ に対して, a^r が定義された. 一般の実数 x に対しては, 集合 $Y = \{a^r | r \leq x, r \in \mathbf{Q}\}$ を考え, その上限を a^x と定義する.

問題 2.4. (1) 実数の性質 6) を使って, Y が上に有界な事を示せ.
(2) x が有理数の時 $\sup Y = a^x$ となる事を確認せよ.
(3) 問題 2.3 (8) を使って, 有理数 r に対して $1^r = 1$ を示せ.

次の定理は当たり前に見えるが実数の公理と a^x の定義のみから証明しなければならない. 数学が科学の基礎と言われ, その正しさを保証しているのは, このようにあらゆる定理が公理と定義のみから厳密な論理により得られているからである. 逆に言うと証明されていない定理は, どんなに当たり前に見えても使ってはいけない.

定理 2.3. (1) $1^x = 1$
(2) $x > 0$, $a > 1$ ならば $a^x > 1$

(証明) (1) 問題 2.4 (3) から, x が有理数の時, 正しい. これより, 任意の実数 x に対し $X = \{1^r | r \leq x, r \in \mathbf{Q}\} = \{1\}$ となり, $1^x = \sup X = 1$.
(2) $x > 0$ が正の整数の時は $1 < a < a^2 \cdots < a^x$ となり成り立つ. 正確には数学的帰納法を使う. 次に有理数 $x = \frac{n}{m}$ ($n > 0, m > 0$ は整数) の時は, 今示した正の整数の時のこの定理から, $a^n > 1$. 一方, $a^x \leq 1$ ならば, 実数の性質 1), 2) より, $1 = a^{-x} \times a^x \leq a^{-x} \times 1$ となり, 正の整数の時のこの定理から, $1 \leq (a^{-x})^m = (a^{-\frac{n}{m}})^m = a^{-n}$. したがって, $a^n \times 1 \leq a^n \times a^{-n} = 1$. これは矛盾するから, $a^x > 1$.

$x > 0$ が実数の時は a^x は $X = \{a^r | r \leq x, r \in \mathbf{Q}\}$ の上限であるとして定義されている事に注意する. 定理 2.2 より $0 < r < x$ となる有理数 r があり, 有理数に対してのこの定理より $a^r > 1$. a^x は X の上界でもあるから, $1 < a^r \leq a^x$ (上界の定義). $\square$

問題 2.5. (1) 定理 2.3 (2) を x が自然数の時, 数学的帰納法により証明せよ.
(2) $x > 0$, $0 < a < 1$ の時に $a^x \leq 1$ となる事を, この証明にならって証明せよ.
(3) (2) で $a^x < 1$ を証明する事は非常に難しい. その理由を考察せよ.
(4) 実数の性質 2) と, この定理から, $x < y$ ならば $a^x < a^y$ $(a > 1)$, $a^x > a^y$ $(0 < a < 1)$ を証明せよ.
(5) $a^x < a^y$ $(a > 1)$ ならば $x < y$ になる事を (4) を使って導け. ただし, $x < y$ を否定すると矛盾する事を言う.
(6) 実数の性質 2) と, この定理から, $0 < a < b$, $x > 0$ ならば $a^x < b^x$ を証明せよ.

実数 $a > 0, a \neq 1, x > 0$ に対し, $x = a^y$ となる実数 y を x の a を底とする対数と呼び, $\log_a x$ と記す. 次の定理は対数の存在を保証している.

定理 2.4. 任意の実数 $a > 0, a \neq 1, x > 0$ に対し, $x = a^y$ となる実数 y がただ一つ存在する.

(証明) $a > 1$ とする. 集合 $Z = \{z | a^z \leq x, z \in \mathbf{R}\}$ を考える. これは下の問題の (2) より上に有界であるから, 実数の性質 5) から上限 y を持つ.

そこで, $x < a^y$ とすると, 下の問題 (4) で $\epsilon = \dfrac{a^y}{x} - 1 > 0$ と置くと, $a^{\frac{1}{n}} - 1 < \dfrac{a^y}{x} - 1$ となる自然数 n が存在する. その時, $xa^{\frac{1}{n}} < a^y$ から $x < a^{y - \frac{1}{n}}$. すると, $z \in Z$ に対し, $a^z \leq x < a^{y - \frac{1}{n}}$ となり, 問題 2.5 (5) から, $z < y - \dfrac{1}{n}$ になる. したがって $y - \dfrac{1}{n}$ は Z の上界である. ところが, y は上限, つまり上界の中で最小のものであるから, 矛盾する. 同様に, 下の問題 (5) のように, $a^y < x$ とすると y が Z の上界である事に矛盾するから, $a^y = x$ が結論される.

このような y がただ一つである事は下の問題 (6) である.

$0 < a < 1$ の時は, $\dfrac{1}{a} > 1$ であるから, 今証明した事より $\dfrac{1}{x} = \left(\dfrac{1}{a}\right)^y$ となる y がただ一つあり, その時 $x = a^y$ になる. □

問題 2.6. (1) $a > 1$ として, $\delta = a - 1 > 0$ とする. 実数の性質 6) を使って, $1 + N\delta > x$ となる自然数 N がある事を示せ.

(2) (1) の N が Z の上界になる事を示せ.

ヒント ベルヌイの不等式 (例 1.8 (2)) から $a^N = (1 + \delta)^N > x \geq a^z$ を示し, 問題 2.5 (4) を使う.

(3) ベルヌイの不等式から, $\delta > 0$ ならば $\left(1 + \dfrac{\delta}{n}\right)^n > 1 + \delta$ となる事を示し, それから, $\dfrac{\delta}{n} > (1 + \delta)^{\frac{1}{n}} - 1$ を示せ.

(4) $a > 1$ ならば任意の実数 $\epsilon > 0$ に対し, 適当な自然数 n があって $\epsilon > a^{\frac{1}{n}} - 1$ になる事を示せ.

ヒント 上の (3) ($\delta = a - 1$) 及び実数の性質 6) を使え.

(5) x, y を定理 2.4 の証明の中のものとする. もし $a^y < x$ ならば $y + \dfrac{1}{n} \in Z$ となる自然数 n がある事を示せ. さらに, これが y が上界である事に矛盾するのはなぜか考察せよ.

ヒント $\epsilon = \dfrac{x}{a^y} - 1$ と置いて, 上の (4) を使う.

(6) ある実数 y, y' あって, $a^y = x$, $a^{y'} = x$ になる時, $y = y'$ となる事を, 問題 2.5 (5) を使って示せ.

対数の性質を列挙しておこう.

定理 2.5. (1) $\log_a x = y$ と $x = a^y$ は同値である.
(2) $x = a^{\log_a x}$
(3) $\log_a xy = \log_a x + \log_a y$
(4) $\log_a x^y = y \log_a x$
(5) $\log_a x = \dfrac{\log_b x}{\log_b a}$
(6) $x > y$ ならば, $\log_a x > \log_a y$ $(a > 1)$, $\log_a x < \log_a y$ $(0 < a < 1)$

(証明) (1) これは $\log_a x$ の定義そのものである.
(2) これも定義そのものである.

(3) $s = \log_a x$, $t = \log_a y$ とすると, $x = a^s$, $y = a^t$ であるから, $xy = a^s a^t = a^{s+t}$ より, $\log_a xy = s + t = \log_a x + \log_a y$.

(4), (5), (6) は下の問題である. □

問題 2.7. (1) $s = \log_a x$ として, $x^y = a^{ys}$ を示す事で (4) を証明せよ.

(2) $s = \log_b a$, $t = \log_a x$ から $x = b^{st}$ を示す事で, $\log_b a \log_a x = \log_b x$ を証明し, それから (5) を証明せよ.

(3) 問題 2.5 (4) と $x = a^{\log_a x}$, $y = a^{\log_a y}$ を使って, 矛盾法により (6) を証明せよ.

3. 極限の定義と性質

極限の定義

　この節では極限の定義を与える．まず $\lim_{n\to\infty} a_n = a$ の素朴な定義，「n を大きくすると，a_n が a に果てしなく近づく」を考える．この表現は直感的には明らかであるが，数学の論理としては非常に曖昧である．例えば，数列 $\left\{\dfrac{1}{n}\right\}$ は 0 に収束する事を我々は「知っている」．ではそれを証明するにはどうしたらよいであろうか．数値を計算すると確かに値は果てしなく小さくなっていくように見えるが，それで証明された事になるのだろうか．数列 $\left\{\dfrac{1}{n} + \dfrac{1}{10^{100}}\right\}$ も，値を計算してみれば果てしなく小さくなり 0 に近づくように見える．この二つの数列の区別はどうすればよいのだろうか．また調和級数 $1 + \dfrac{1}{2} + \dfrac{1}{3} + \dfrac{1}{4} + \cdots$ は「無限に大きく」なるが，値を計算するだけでは発散するとは想像しにくい．実際に，1000 項までの和は 7.485, 100 万項までで 14.357, 10 億項まででほぼ 21, 1 兆項まででほぼ 28 となっている．本当に発散するのであろうか．また $1 + \dfrac{1}{2^{1.001}} + \dfrac{1}{3^{1.001}} + \dfrac{1}{4^{1.001}} + \cdots$ は「収束する」．だが 1000 項まで値を計算しても，調和級数との差はほとんどない．発散と収束の区別はどのようにすれば分かるのだろうか．このように極限について何かを証明しようとするには，厳密に極限を定義する必要がある．

　さて，極限の表現に戻る．これは，言い換えると「n を大きくすればするほど a_n と a の距離 $|a_n - a|$ は 0 に近づく」になる．ここで，曖昧さの第一の原因は「0 に近づく」という表現にある．上の例でも分かるように，どれだけ 0 に近いかを判定する基準が必要である．そのため，小さい実数 $\epsilon > 0$ を考える．そして「0 に近い」という代わりに，「ϵ よりも小さい」と表現する．つまり，「任意の実数 $\epsilon > 0$ に対し，$|a_n - a| < \epsilon$」．ここで ϵ はいくらでも小さいものが取れるので，果てしなく 0 に近づく事をこの表現で表している．次に「n を大きくすると」の部分も曖昧で，どの程度大きいのかがはっきりしない．これを明確にするため，また基準となる量 N を導入する．「N より大きい n 全てについて，$|a_n - a| < \epsilon$」．この表現で肝要なのは ϵ としていくらでも小さい値を採用できるところにある．この ϵ の値によって，十分大きい N を選ぶ事になる．

　ここで視点を変えて，似たような表現「任意の自然数 N に対して適当な $\epsilon > 0$ があって，$n > N$ ならば $|a_n - a| < \epsilon$」を考えてみよう．この場合は極限を正確に捉えているとは言えない．なぜなら，$a_n = \dfrac{1}{n}, a = -1$ とすると，任意の N に対し $\epsilon = \dfrac{1}{N} + 1$ とすれば，$n > N$ ならば $\left|\dfrac{1}{n} - (-1)\right| < \left|\dfrac{1}{N} + 1\right| = \epsilon$ となるが，明らかにこの数列は -1 に収束しない．ここで問題なのは $\epsilon > 1$ となりいくらでも小さくならないところにある．

　以上から，次の極限の定義を得る．この定義は $\epsilon - \delta$ 論法と呼ばれている．

定義 3.1. (1) 任意の実数 $\epsilon > 0$ に対して適当な自然数 N があり $n > N$ となる全ての自然数 n について $|a_n - a| < \epsilon$ となる時，a_n は a に収束すると言い，a を数列 $\{a_n\}$ の極限値と呼ぶ．記号として $\lim_{n\to\infty} a_n = a$ と書く．この定義は記号を使って表現すると次の

ようになる.

$$\forall \epsilon > 0, \exists N \in \mathbf{N}; n > N, n \in \mathbf{N} \Rightarrow |a_n - a| < \epsilon$$

(2) また, どんな実数 a にも収束しない時を発散と呼ぶ. すなわち,

$$\forall a, \exists \epsilon > 0, \forall N \in \mathbf{N}, \exists n > N; |a_n - a| \geq \epsilon$$

特に $\forall K > 0, \exists N; n > N \Rightarrow a_n > K$ の時, ∞ (無限大) に発散すると言い, $\forall K > 0, \exists N; n > N \Rightarrow a_n < -K$ の時 $-\infty$ (負の無限大) に発散すると言う. それぞれ $\lim_{n \to \infty} a_n = \pm \infty$ と書く. これら以外の発散は振動と呼ばれる.

注 (1) この定義で, ϵ は小さくなっていく数を考えているわけであるが, 収束を証明する時は, 単なる定数として扱い, N は $|a_n - a| < \epsilon$ を満たすように ϵ から求める事になる.

(2) ある定数 $d > 0$ があり, $d > \epsilon > 0$ に対し適当な自然数があり, $n > N$ ならば $|a_n - a| < \epsilon$ が言えるならば, この数列は収束する. なぜなら, $\epsilon \geq d$ ならば, $\epsilon > d > \epsilon' > 0$ となる実数 ϵ' が取れるから, それに対して, N があり, $n > N$ ならば $|a_n - a| < \epsilon' < \epsilon$ となる. これは ϵ として十分小さいものについて考えれば十分である事を意味している.

次の定理は極限の計算では基本的であるが, $\epsilon - \delta$ 論法によって初めて証明可能なものである.

定理 3.1. (1) 定数数列 $\{a_n = a\}$ は a に収束する.
(2) $\lim_{n \to \infty} \dfrac{1}{n} = 0$

(証明) (1) $a_n - a = 0$ であるから, 定義は全ての $\epsilon > 0, N$ について成り立つ.

(2) 任意の実数 $\epsilon > 0$ に対し, 2節のアルキメデスの原理から導かれる実数の性質 6) より, $\dfrac{1}{\epsilon} < N$ となる自然数 N が存在する. $\dfrac{1}{N} < \epsilon$ である事に注意すると, もし $n > N$ ならば,

$$\left|\frac{1}{n} - 0\right| < \frac{1}{N} < \epsilon$$

$\epsilon - \delta$ 論法により, $\lim_{n \to \infty} \dfrac{1}{n} = 0$. □

例題 3.1. $\lim_{n \to \infty} \dfrac{2n+1}{3n+2} = \dfrac{2}{3}$ を $\epsilon - \delta$ 論法により証明せよ.

(解答の前の準備) まず証明に入る前に, 証明すべき式を書いてみると, $\left|\dfrac{2n+1}{3n+2} - \dfrac{2}{3}\right| < \epsilon$ である. 左辺を通分すると $\left|\dfrac{2n+1}{3n+2} - \dfrac{2}{3}\right| = \left|\dfrac{-1}{3(3n+2)}\right| = \dfrac{1}{3(3n+2)}$. よって, $\dfrac{1}{3(3n+2)} < \epsilon$ を示せばよい. この式を変形すると, $\dfrac{1}{3}\left(\dfrac{1}{3\epsilon} - 2\right) < n$ になる. ここまでが準備である.

(解答) (証明) 実数の性質 6) より, $\frac{1}{3}\left(\frac{1}{3\epsilon} - 2\right) < N$ となる自然数 N がある. すると, $n > N$ ならば

$$\frac{1}{3}\left(\frac{1}{3\epsilon} - 2\right) < N < n$$

$$\frac{1}{3\epsilon} - 2 < 3n$$

$$\frac{1}{3\epsilon} < 3n + 2$$

$$\frac{1}{3(3n+2)} < \epsilon$$

以上から,

$$\left|\frac{2n+1}{3n+2} - \frac{2}{3}\right| = \frac{1}{3(3n+2)} < \epsilon$$

よって, 極限の定義より $\lim_{n\to\infty} \frac{2n+1}{3n+2} = \frac{2}{3}$. □

注 この解答で最も重要で難しいのは N を与えるための ϵ の式を見つける部分である. ところが, その部分は結果の不等式から逆に導かざるを得ないから, 証明の中に入れると循環論法になる. それで, 証明の前に, 準備としてその計算を行っている. この部分が主要なところであるにもかかわらず, 数学の厳密な論理構造のため証明に含めてはいけないのである. 結果が出ればよいという態度がいかに数学と掛け離れたものであるかが, ここにも現れている.

問題 3.1. 次の事を $\epsilon - \delta$ 論法により証明せよ. ただし, a, b は定数とする.
(1) $\lim_{n\to\infty} \frac{a}{n} = 0$ (2) $\lim_{n\to\infty} \frac{1}{n^2} = 0$ (3) $\lim_{n\to\infty} \frac{an+1}{n} = a$ (4) $\lim_{n\to\infty} \frac{an+b}{2n+1} = \frac{a}{2}$

ヒント 証明の前に $|a_n - a| < \epsilon$ を変形して, $n > (\epsilon\text{ の式})$ とし, N を $N > (\epsilon\text{ の式})$ と置く. 証明ではこの N を出発点にして逆に不等式 $|a_n - a| < \epsilon$ を導く.

実際の使用に当たっては, 定義 3.1 のままでは使いづらい面があるので少し変形する.

定理 3.2. ある定数 $k > 0$ に対し, もし

$$\forall \epsilon > 0, \exists N \in \mathbf{N}; n > N \Rightarrow |a_n - a| < k\epsilon$$

ならば, $\lim_{n\to\infty} a_n = a$.

(証明) 任意の $\epsilon > 0$ を考える. $\frac{\epsilon}{k}$ に対しての仮定から, 適当な自然数 N があり,

$$n > N \Rightarrow |a_n - a| < k\frac{\epsilon}{k} = \epsilon \quad \square$$

次に $\pm\infty$ に発散する数列が収束しない事を確認しよう.

定義 3.2. ある定数 $K > 0$ があり全ての n に対して $|a_n| \leq K$ となる時有界と言う.

例えば $\pm\infty$ に発散する数列は有界でない.

定理 3.3. 収束する数列 $\{a_n\}$ は有界である.

(証明) $\epsilon = 1$ の時の定義 3.1 より自然数 N があり, $n > N$ に対し $|a_n - a| < 1$ となる. これは $-1 < a_n - a < 1$, つまり $a - 1 < a_n < a + 1$ を意味する. 実数の性質 6) から, $a + 1, a_1, a_2, \cdots, a_N$ よりも大きい自然数 M がある. また, 同様に $-(a-1), -a_1, -a_2, \cdots, -a_N$ よりも大きい自然数 M' がある. この時, 全ての n について $-M' < a_n < M$ となり, M, M' のうち大きいほうを K とすれば, $|a_n| < K$. □

これから, 有界でない数列, 例えば $\pm\infty$ に発散する数列は収束しない事が分かる.

次の定理も基本的な数列についてのものである. 証明の前に $r > 1$ の時, 例 1.8 (2) で $a = r - 1$ と置く事により

(3.1) $$r^n > 1 + n(r - 1)$$

となる事に注意する. また, $r < 1$ ならば, $a = \frac{1}{r} - 1$ と置く事により,

(3.2) $$r^n < \frac{1}{1 + n(\frac{1}{r} - 1)}$$

となる.

定理 3.4. $\{r^n\}$ は $|r| < 1$ の時 0 に収束し, $r = 1$ の時 1 に収束する. これ以外では発散する.

(証明) $r = 0, 1$ の時は定数数列になるから定理 3.1 (1) から明らかである. $r = -1$ の時は下の問題により, 発散する事を確認して欲しい. そこで, $r \neq 0, \pm 1$ と仮定する.

$0 < |r| < 1$ の時, 任意の実数 $\epsilon > 0$ に対し, 実数の性質 6) から $\frac{1 - \epsilon}{(\frac{1}{|r|} - 1)\epsilon} < N$ となる自然数がある. その時, $n > N$ となる自然数 n に対し, $\frac{1 - \epsilon}{(\frac{1}{|r|} - 1)\epsilon} < N < n$ となり, 変形すると $1 < \epsilon + n(\frac{1}{|r|} - 1)\epsilon$ より, $\frac{1}{1 + n(\frac{1}{|r|} - 1)} < \epsilon$ となる. その時, (3.2) から,

$$|r^n - 0| = |r|^n < \frac{1}{1 + n(\frac{1}{|r|} - 1)} < \epsilon$$

$|r| > 1$ の時, どんな実数 $K > 0$ に対しても $\frac{K - 1}{|r| - 1} < n$ となる自然数 n があり, この時 $1 + n(|r| - 1) > K$ となるから, (3.1) から

$$|r^n| = |r|^n > 1 + n(|r| - 1) > K$$

となり, 有界にならず収束しない. つまり発散する. □

問題 3.2. (1) (3.1), (3.2) を証明せよ.

(2) 一般項 $a_n = (-1)^n$ の数列が発散 (振動) する事を次のように証明せよ.

矛盾法により, 極限値 a に収束すると仮定する. すると $|1-a|, |(-1)-a|$ のうち少なくとも一つは 0 でない. その 0 でないものを ϵ と置くと収束の定義を満たす自然数 N が取れない事を示せ.

(3) $r > 1$ の時 ∞ に発散する事を証明せよ.

(4) $r < -1$ の時 $\pm\infty$ に発散しない事を示せ.

極限の性質

これから極限の基本的な性質を証明していくが, そこでよく使う絶対値

$$|x| = \begin{cases} x & (x \geq 0) \\ -x & (x < 0) \end{cases}$$

の基本的な性質を見ておく. まず $|x| < \epsilon$ は $-\epsilon < x < \epsilon$ を意味し, したがって,

(3.3) $\qquad |x-a| < \epsilon$ は $a-\epsilon < x < a+\epsilon$ と同値である.

さらに次の不等式は頻繁に使用する.

(3.4) $\qquad$ 三角不等式 $\qquad |x+y| \leq |x| + |y|$

問題 3.3. $(|x|+|y|)^2 - (|x+y|)^2$ を計算する事で三角不等式を証明せよ.

今, 実数の集合 X に最大値があるならそれを $\max X$ と書く. すなわち, $a = \max X$ は,「$a \in X$ であり, もし $x \in X$ ならば $x \leq a$」を意味する. また最小値を $\min X$ と書く.

定理 3.5. $\lim_{n \to \infty} a_n = a$, $\lim_{n \to \infty} b_n = b$ として, 次が成り立つ.

(1) s, t を実定数として, $\lim_{n \to \infty}(sa_n + tb_n) = sa + tb$

(2) $\lim_{n \to \infty} a_n b_n = ab$

(3) $b \neq 0$ ならば, $\lim_{n \to \infty} \dfrac{a_n}{b_n} = \dfrac{a}{b}$

(4) $a_n \geq 0$ ならば $a \geq 0$

(5) $a_n \leq b_n$ ならば $a \leq b$

(6) (はさみうちの原理) 数列 $\{c_n\}$ があり, $a_n \leq c_n \leq b_n$, $a = b$ ならば $\{c_n\}$ は a に収束する.

(証明) 仮定は, 任意の実数 $\epsilon > 0$ に対し自然数 M, M' があり, $n > M, m > M'$ ならば $|a_n - a| < \epsilon$, $|b_m - b| < \epsilon$ を意味する.

(1) 任意の $\epsilon > 0$ に対し $N = \max\{M, M'\}$ とすると, $n > N$ ならば

$$|a_n - a| < \epsilon, \quad |b_n - b| < \epsilon$$

となり，
$$|sa_n + tb_n - (sa+tb)| = |s(a_n-a) + t(b_n-b)| \le |s||a_n-a| + |t||b_n-b| < (|s|+|t|)\epsilon$$
もし, $|s|+|t|=0$ ならば, $s=t=0$ であるから当然成り立つから, $|s|+|t|>0$ としてよい. 今, (1) は定理 3.2 より証明された.

(2) 定理 3.3 より, $\{b_n\}$ は有界になり, 全ての n に対し $|b_n|<K$ となる実数 $K>0$ がある事に注意する. 任意の $\epsilon>0$ に対し, $N=\max\{M,M'\}$ とすると, $n>N$ ならば
$$|a_nb_n - ab| = |a_nb_n - ab_n + ab_n - ab| \le |a_n-a||b_n| + a|b_n-b| < \epsilon K + a\epsilon = (K+a)\epsilon$$
よって定理 3.2 より証明された.

(3) $b>0$ とする. $b<0$ の時は下記の問題より $b>0$ の時から得られる.

すると, 実数の性質 4) から $0<\delta<b$ となる実数 δ がある. さらに収束の定義から, ある自然数 L があって, $n>L$ ならば $|b_n-b|<b-\delta$ となる. (3.3) から, これは $\delta<b_n<2b-\delta$ を意味する.

そこで, $N=\max\{M,M',L\}$ とすると, $n>N$ ならば
$$\left|\frac{a_n}{b_n} - \frac{a}{b}\right| = \left|\frac{a_nb - ab_n}{b_nb}\right| = \frac{|a_nb - ab + ab - ab_n|}{|b_n||b|}$$
$$\le \frac{|a_n-a|b + a|b-b_n|}{|b_n|b} < \frac{\epsilon b + a\epsilon}{\delta b} = \frac{b+a}{\delta b}\epsilon$$
よって定理 3.2 より証明された.

(4) 矛盾法による. $a<0$ と仮定すると, 実数の性質 4) から $0<\epsilon<-a$ となる実数 ϵ がある. 定義から $|a_n-a|<\epsilon$ となる n があるが, この式より $a-\epsilon<a_n<a+\epsilon$. ところが ϵ の定義から $a+\epsilon<0$ であるから $a_n<0$ となり, 仮定 $a_n>0$ に反するから, $a\ge 0$.

(5) (1) から $b-a = \lim_{n\to\infty}(b_n-a_n)$ であるから, (4) より明らかである.

(6) $\{c_n\}$ が収束するならば (5) から $a\le c$ かつ $c\le b = a$ より明らかであるが, 収束するかどうか分からないので, 直接の証明を与える.

任意の実数 $\epsilon>0$ に対し $N=\max\{M,M'\}$ とすると, $n>N$ ならば
$$a-\epsilon < a_n < a+\epsilon, \quad a-\epsilon < b_n < a+\epsilon$$
であるから, $a-\epsilon < a_n < c_n < b_n < a+\epsilon$. つまり, $|c_n-a|<\epsilon$ になるから, 定義より $\{c_n\}$ は a に収束する. □

問題 3.4. (1) $b>0$ の時, $\lim_{n\to\infty}\frac{a_n}{b_n} = \lim_{n\to\infty}\frac{a}{b}$ となる事から, $b<0$ の時の定理 3.5 (3) を証明せよ. ただし, (1) と $\frac{a_n}{b_n} = \frac{-a_n}{-b_n}$ を使え.

(2) 上の定理 (4) で $a_n>0$ と仮定しても $a>0$ は言えない. (4) の証明と同じ事をすると, どの部分が失敗して $a>0$ が結論できないのか考察せよ.

例題 3.2. 次の数列の極限値を証明せよ.

(1) $a > 0$ ならば, $\lim_{n \to \infty} \sqrt[n]{a} = 1$

(2) $\lim_{n \to \infty} \sqrt[n]{n} = 1$

(3) $a > 1, r > 0$ ならば $\lim_{n \to \infty} \dfrac{a^n}{n^r} = \infty$

(4) $a > 0$ ならば $\lim_{n \to \infty} \dfrac{a^n}{n!} = 0$

(証明) (1) $a = 1$ の時は $\sqrt[n]{a} = 1$ だから極限値も 1.

$a > 1$ の時は $x_n = \sqrt[n]{a} - 1$ とすると, $\sqrt[n]{a} > \sqrt[n]{1} = 1$ から $x_n > 0$. さらに, 例 1.8 (2) から $a = (1+x_n)^n > 1+nx_n$ から $0 < x_n < \dfrac{a-1}{n}$ となるから, 上の定理 (6) から $\lim_{n\to\infty} x_n = 0$. したがって, $\sqrt[n]{a}$ の極限値は 1.

$a < 1$ の時は $\dfrac{1}{a} > 1$ に対しての上の結果から $\lim_{n\to\infty} \sqrt[n]{a} = \lim_{n\to\infty} \dfrac{1}{\sqrt[n]{\frac{1}{a}}} = \dfrac{1}{1} = 1$.

(2) $x_n = \sqrt[n]{n} - 1$ とすると, $\sqrt[n]{n} > \sqrt[n]{1} = 1$ $(n \geq 2)$ より, $x_n > 0$ $(n \geq 2)$. 2項定理から

$$n = (1+x_n)^n = 1 + nx_n + \frac{n(n-1)}{2}x_n^2 + \cdots > \frac{n(n-1)}{2}x_n^2 \ (n \geq 3)$$

以上から, $0 < x_n^2 < \dfrac{2}{n-1}$. よって, x_n の極限値は 0 になり, $\sqrt[n]{n}$ は 1 に収束する.

(3) $r = 1$ の時は, $x = a - 1 > 0$ とすると, $a^n = (1+x)^n > \dfrac{n(n-1)}{2}x^2$ から,

$$\lim_{n\to\infty} \frac{a^n}{n} \geq \lim_{n\to\infty} (n-1)\frac{x^2}{2} = \infty$$

$r < 1$ ならば $\dfrac{a^n}{n^r} > \dfrac{a^n}{n}$ であるから, $r = 1$ の場合の上の結果から, ∞ に発散する.

$r > 1$ の時は, $a > 1$ から $a^{\frac{1}{r}} > 1$ であり, $r = 1$ の場合の上の結果から,

$$\lim_{n\to\infty} \frac{a^n}{n^r} = \left\{ \lim_{n\to\infty} \frac{(a^{\frac{1}{r}})^n}{n} \right\}^r = \infty$$

(4) $2a < M$ となる自然数 M を一つ固定する. すると, 任意の $\epsilon > 0$ に対して, $N > M$, $N > \dfrac{a^M}{M!}\dfrac{2^M}{\epsilon}$ となる自然数 N がある. もし $n > N$ ならば, $\dfrac{a}{M+i} < \dfrac{a}{M} < \dfrac{1}{2}$ であるから,

$$\frac{a^n}{n!} = \frac{a^M}{M!}\frac{a}{M+1}\frac{a}{M+2}\cdots\frac{a}{n} < \frac{a^M}{M!}\frac{1}{2^{n-M}} = \frac{a^M}{M!}\frac{2^M}{2^n} < \frac{a^M}{M!}\frac{2^M}{n} < \epsilon \quad \square$$

次に極限値が分からない時, 数列が収束するかどうかを判定するのによく使われる定理を証明しよう.

定義 3.3. 数列 $\{a_n\}$ は, 全ての自然数 n について $a_n \leq a_{n+1}$ ならば増加数列と呼び, $a_n \geq a_{n+1}$ ならば減少数列と呼ぶ. すなわち, 増加数列は $a_1 \leq a_2 \leq \cdots \leq a_n \leq a_{n+1} \leq \cdots$ であり, 減少数列ならば $a_1 \geq a_2 \geq \cdots \geq a_n \geq a_{n+1} \geq \cdots$ である. この定義で全ての n について $a_n < a_{n+1}$ ならば, 強い意味で増加数列と言い, $a_n > a_{n+1}$ ならば強い意味で減少数列と言う.

定理 3.6. 上に有界な増加数列 $\{a_n\}$ は収束する．また，下に有界な減少数列も収束する．有界でない時はそれぞれ $\lim_{n\to\infty} a_n = \pm\infty$.

(証明) 減少数列の場合は $\{-a_n\}$ を考える事により，増加数列の場合から証明される．または下の問題のように証明出来る．そこで，上に有界な増加数列の場合を証明する．

集合 $X = \{a_n | n \in \mathbf{N}\}$ は上に有界であるから，実数の性質 5) から上限 a がある．上限は最小の上界であるから，任意の実数 $\epsilon > 0$ に対し，$a - \epsilon$ は上界ではない．したがって，$a - \epsilon < a_N$ となる自然数 N がある．また，a は上界でもあるから全ての自然数 n に対して $a_n \leq a$ である事に注意する．すると増加数列より，$n > N$ ならば $a_n \geq a_N$ であるから $0 \leq a - a_n \leq a - a_N < \epsilon$. よって，定義より，$a$ に収束する． □

問題 3.5. 減少数列の場合を，この証明にならって証明せよ．

この定理の最初の応用は自然対数の底 e の定義である．これは

$$e = \lim_{n\to\infty} \left(1 + \frac{1}{n}\right)^n$$

により定義されるが，この数列が収束する事を保証するのが次の定理である．e は無理数であり，その値は $e = 2.71828\cdots$ である．

定理 3.7. (1) 数列 $a_n = \left(1 + \frac{1}{n}\right)^n$ は収束する．

(2) $\lim_{n\to\infty} \left(1 - \frac{1}{n}\right)^n = \frac{1}{e} = e^{-1}$

(証明) (1) 上記の定理から，この数列が増加数列でありしかも上に有界な事を示せばよい．2 項定理から，

$$a_n = \left(1 + \frac{1}{n}\right)^n = 1 + {}_nC_1 \frac{1}{n} + {}_nC_2 \frac{1}{n^2} + \cdots\cdots + {}_nC_i \frac{1}{n^i} + \cdots\cdots + {}_nC_n \frac{1}{n^n}$$

各項について，

$$\begin{aligned}
(3.5) \qquad {}_nC_i \frac{1}{n^i} &= \frac{(n-i+1)\cdots\cdots(n-2)(n-1)n}{i!} \frac{1}{n^i} \\
&= \frac{(n-i+1)}{n}\cdots\cdots\frac{(n-2)}{n}\frac{(n-1)}{n}\frac{n}{n}\frac{1}{i!} \\
&= \left(1 - \frac{i-1}{n}\right)\cdots\cdots\left(1 - \frac{2}{n}\right)\left(1 - \frac{1}{n}\right)\frac{1}{i!}
\end{aligned}$$

$n+1$ の時も同様にすると，

$$a_{n+1} = 1 + {}_{n+1}C_1 \frac{1}{n+1} + \cdots + {}_{n+1}C_i \frac{1}{(n+1)^i} + \cdots + {}_{n+1}C_{n+1} \frac{1}{(n+1)^{n+1}}$$

a_n と比べて項数は一つ多く, また各項を比較すると

$$_nC_i \frac{1}{n^i} = \left(1 - \frac{i-1}{n}\right) \cdots\cdots \left(1 - \frac{2}{n}\right)\left(1 - \frac{1}{n}\right)\frac{1}{i!}$$
$$\leq \left(1 - \frac{i-1}{n+1}\right) \cdots\cdots \left(1 - \frac{2}{n+1}\right)\left(1 - \frac{1}{n+1}\right)\frac{1}{i!}$$
$$= {}_{n+1}C_i \frac{1}{(n+1)^i}$$

以上から $a_n < a_{n+1}$ となり, 増加数列である.

さて, (3.5) で, $1 - \frac{k}{n} < 1$ より, $_nC_i \frac{1}{n^i} < \frac{1}{i!}$ となり,

$$a_n < 1 + 1 + \frac{1}{2!} + \frac{1}{3!} + \cdots\cdots + \frac{1}{n!}$$

さらに, $i \geq 2$ ならば

$$\frac{1}{i!} = \frac{1}{2 \cdot 3 \cdots i} < \frac{1}{2 \cdot 2 \cdots 2} = \frac{1}{2^{i-1}}$$

より,

$$a_n < 1 + 1 + \frac{1}{2} + \frac{1}{2^2} + \cdots\cdots \frac{1}{2^{n-1}} = 1 + \frac{1 - (\frac{1}{2})^n}{1 - \frac{1}{2}} = 1 + 2\left\{1 - \left(\frac{1}{2}\right)^n\right\} < 1 + 2 = 3$$

よって上に有界である. 定理 3.6 から, この数列は収束する.

(2) 問題 1.2 (2) の不等式から $1 > \left(1 - \frac{1}{n^2}\right)^n > 1 - n\frac{1}{n^2} = 1 - \frac{1}{n}$ であるから,

$$\left(1 - \frac{1}{n^2}\right)^n = \left(1 + \frac{1}{n}\right)^n \left(1 - \frac{1}{n}\right)^n$$

に注意して,

$$1 > \left(1 + \frac{1}{n}\right)^n \left(1 - \frac{1}{n}\right)^n > 1 - \frac{1}{n}$$
$$\frac{1}{(1 + \frac{1}{n})^n} > \left(1 - \frac{1}{n}\right)^n > \frac{1}{(1 + \frac{1}{n})^n}\left(1 - \frac{1}{n}\right)$$

極限の性質, この定理 (1), 定理 3.5 (2), (3) から不等号の左辺, 右辺は $\frac{1}{e}$ に収束するから, 定理 3.5 (6) より, 問題の数列も $\frac{1}{e}$ に収束する. □

次の定理は特定の性質を持つ実数を作る時によく使われる. 閉区間 $I = [a, b]$ の長さを $|I| = b - a$ で定義する.

定理 3.8 (区間縮小法の原理). 閉区間の列 (縮小区間列) $I_1 \supset I_2 \supset \cdots \supset I_n \supset I_{n+1} \supset \cdots$ で, $\lim_{n \to \infty} |I_n| = 0$ ならば, 全ての閉区間に含まれる実数 α がただ一つ存在する.

(証明) $I_n = [a_n, b_n]$ とすると, $I_1 \supset I_n$ から $a_1 < a_n < b_n < b_1$ となり, $\{a_n\}$ は上に有界, $\{b_n\}$ は下に有界になる. また $I_n \supset I_{n+1}$ から $a_n < a_{n+1} < b_{n+1} < b_n$ となり, $\{a_n\}$ は増加数列, $\{b_n\}$ は減少数列になる. したがって, 定理 3.6 よりどちらも収束する.

$$\lim_{n \to \infty} a_n = \alpha, \lim_{n \to \infty} b_n = \beta$$

とすると, 定理 3.5 (1) より

$$\beta - \alpha = \lim_{n\to\infty} b_n - \lim_{n\to\infty} a_n = \lim_{n\to\infty}(b_n - a_n) = \lim_{n\to\infty}|I_n| = 0$$

そこで, 実数 γ が全ての I_n に含まれているならば, $a_n < \gamma < b_n$ となり, 定理 3.5 (6) から $\gamma = \alpha$ となり, このような γ は α のみである. □

例えば $\sqrt{2}$ を作るには, 縮小区間列 $I_n = [a_n, b_n]$, $|I_n| = \dfrac{1}{2^{n-1}}$ で $a_n^2 \leq 2 < b_n^2$ となるものを作ればよい. そのために, $I_1 = [1,2], |I_1| = 1$ とし, $\left(\dfrac{1+2}{2}\right)^2 = \dfrac{9}{4} > 2$ に注意して $I_2 = [1, \dfrac{3}{2}]$, $|I_2| = \dfrac{1}{2}$ とする. $I_n = [a_n, b_n]$, $|I_n| = \dfrac{1}{2^{n-1}}$ まで作れたら, その中点 $c = \dfrac{a_n + b_n}{2}$ を取り, $c^2 \leq 2$ ならば $I_{n+1} = [c, b_n]$, $c^2 > 2$ ならば $I_{n+1} = [a_n, c]$ とすればよい. 定理 3.4 より $\lim_{n\to\infty}|I_n| = \dfrac{1}{2^{n-1}} = 0$ となるから, 上の定理から実数 α が一つ定まる. それが $\sqrt{2}$ である.

問題 3.6. (1) この例で, $\alpha^2 = 2$ になる事を示せ. ただし, 定理 3.5 を使え.
(2) 縮小区間列により, $\sqrt[3]{5}$ を作れ.

コーシーの収束条件

ある数列が収束するかどうかを判定する事はしばしば必要になる. その時, 極限の定義は極限値が分かっていないと使えない. そこで, 極限値が分からない時にも使える数列の収束判定条件が必要である. 実用上は定理 3.6 が便利であるが, 増加 (減少) 数列だけでなく全ての数列に適用されるのが次のコーシーの収束条件である.

定義 3.4. (コーシーの収束条件) 任意の実数 $\epsilon > 0$ に対して適当な自然数 N があり, $n > N, m > N$ ならば $|a_n - a_m| < \epsilon$, 言い換えると,

$$\forall \epsilon > 0, \exists N \in \mathbf{N}; n, m > N \Rightarrow |a_n - a_m| < \epsilon$$

となる数列 $\{a_n\}$ を**コーシー列**または**基本列**と呼ぶ.

次の定理が極限に関する最も基本的な定理である.

定理 3.9. 数列 $\{a_n\}$ が収束するための必要十分条件は, それがコーシー列になる事である. すなわち, 収束するならばコーシー列であり, コーシー列は収束する.

この定理を証明するためにはいくつかの準備が必要である.

定義 3.5. 数列 $\{a_n\}$ を考える. 自然数の強い意味での増加数列 $n_1 < n_2 < \cdots < n_i < n_{i+1} < \cdots$ から作られる数列 $\{a_{n_i}\} = \{a_{n_1}, a_{n_2}, \cdots, a_{n_i}, \cdots\}$ を**部分数列**と呼ぶ. 部分数列の極限値を $\{a_n\}$ の**集積点**と呼ぶ.

定理 3.10 (ワイエルストラスの集積点定理). 有界な数列には少なくとも一つ集積点がある.

(証明) 数列 $\{a_n\}$ が有界, すなわち, ある実数 K があり全ての自然数 n に対して $|a_n| < K, (-K < a_n < K)$ とする. 実数 x で $a_n \leq x$ となる n が無限個あるものの集合を X とする. すると $K \in X$ であり, $x \in X$ ならば無限個の n があって $-K < a_n \leq x$ であるから, $-K$ は X の下界である. 実数の性質 5') から, X は下限 a を持つ. 各自然数 i に対して $a + \frac{1}{i}$ は下限 a より大きいから下界ではなく, $x < a + \frac{1}{i}$ となる $x \in X$ がある. X の定義から $a_n < x < a + \frac{1}{i}$ となる n は無限個ある. また, $a > a - \frac{1}{i}$ は X の要素ではない (下の問題 (1)). つまり $a_n \leq a - \frac{1}{i}$ となる n は有限個になるから, $a - \frac{1}{i} < a_n < a + \frac{1}{i}$ となる n は無限個ある. そのような n に対して $|a_n - a| < \frac{1}{i}$ となる事に注意する.

さて, n_1 として $|a_n - a| < \frac{1}{1}$ となる無限個の n から一つを選ぶ. さらに, n_i が与えられている時, $|a_n - a| < \frac{1}{i+1}$ となる無限個の n の中で n_i よりも大きいものが必ずあるから, それを n_{i+1} とする. $n_1 < n_2 < \cdots < n_i < n_{i+1} < \cdots$. すると, 任意の実数 $\epsilon > 0$ に対し, 実数の性質 6) から $\frac{1}{\epsilon} < N$ となる自然数 N があり, もし $i > N$ ならば,

$$|a_{n_i} - a| < \frac{1}{i} < \frac{1}{N} < \epsilon$$

定義から, $\{a_{n_i}\}$ は部分数列であり, a に収束する. すなわち a は集積点である. □

問題 3.7. (1) $a - \frac{1}{i}$ が X の要素ならば a が X の下界である事に反する事を示せ.

(2) $I_1 = [-K, K]$ とし, $I_n = [b_n, c_n]$ まで定義されたとして, その中点を $d = \frac{b_n + c_n}{2}$ とし, $[b_n, d], [d, c_n]$ のうち無限個 a_i を含んでいるほうを I_{n+1} とする. $\lim_{n \to \infty} |I_n| = 0$ を示し, 定理 3.8 から上の定理を証明せよ.

さて, 定理 3.9 を証明しよう.

(定理 3.9 の証明) 必要十分条件であるから証明は二つの部分に分かれる.

(収束するならばコーシー列の証明) $\{a_n\}$ を収束する数列として, その極限値を a とする. 定義から, 任意の実数 $\epsilon > 0$ に対して自然数 N があり, $n > N$ ならば $|a_n - a| < \frac{\epsilon}{2}$ となる. その時, $m > N$ ならば, また $|a_m - a| < \frac{\epsilon}{2}$ であるから, 三角不等式より,

$$|a_n - a_m| = |(a_n - a) - (a_m - a)| \leq |a_n - a| + |a_m - a| < \frac{\epsilon}{2} + \frac{\epsilon}{2} = \epsilon$$

これは $\{a_n\}$ がコーシー列である事を意味する.

(コーシー列ならば収束するの証明) $\{a_n\}$ をコーシー列とする. すると, $\epsilon = 1$ に対し, 自然数 N があり, $n > N$ ならば $|a_n - a_{N+1}| < 1$. つまり $a_{N+1} - 1 < a_n < a_{N+1} + 1$ となり, $a_n < a_{N+1} + 1$ かつ $-a_n < -a_{N+1} + 1$. そこで, $A = \max\{a_1, a_2, \cdots, a_N, a_{N+1}\}, B = \max\{-a_1, -a_2, \cdots, -a_N, -a_{N+1}\}$ とすると, 全ての n に対し $a_n < A + 1$ かつ $-a_n < B + 1$. したがって, $K = \max\{A+1, B+1\}$ とすると $-K < a_n < K$, すなわち $|a_n| < K$ となり, $\{a_n\}$ は有界である.

今, 定理 3.10 より集積点 a がある. a に収束する部分数列を $\{a_{n_i}\}$ とすると, 任意の実数 $\epsilon > 0$ に対し自然数 I があり, $i > I$ ならば $|a_{n_i} - a| < \epsilon$. また, コーシー列だから, 自然数 N があり, $n, m > N$ ならば $|a_n - a_m| < \epsilon$. $n_1 < n_2 < \cdots$ は自然数の強い意味での増加数列であるから, $i > I, n_i > N$ となる i が存在する. すると, $n > N$ ならば,

$$|a_n - a| = |(a_n - a_{n_i}) + (a_{n_i} - a)| \leq |a_n - a_{n_i}| + |a_{n_i} - a| < \epsilon + \epsilon = 2\epsilon$$

定義から, $\{a_n\}$ は a に収束する. □

注 極限の定義には, 次のような方式もある.

数列 $\{a_n\}$ について, $b_n = \sup\{a_n, a_{n+1}, a_{n+2}, \cdots\}$, $c_n = \inf\{a_n, a_{n+1}, \cdots\}$ と置くと, $\{b_n\}$ は全て ∞ か減少数列, $\{c_n\}$ は $-\infty$ か増加数列である (∞ は上に有界でない事を, $-\infty$ は下に有界でない事を意味する). したがって, 定理 3.6 から $\lim_{n \to \infty} b_n$ と $\lim_{n \to \infty} c_n$ は $\pm\infty$ を含めて常に存在する. それぞれ, 上極限, 下極限と呼び, $\overline{\lim} \, a_n$, $\underline{\lim} \, a_n$ と書く. 定義から

$$\underline{\lim} \, a_n \leq \overline{\lim} \, a_n$$

となり, もし, 等式

$$\underline{\lim} \, a_n = \overline{\lim} \, a_n$$

が成り立つならそれを極限値と呼び, その値を $\lim_{n \to \infty} a_n$ と呼ぶ. この定義では $\pm\infty$ に発散する場合をも含んでいる.

4. 級数とべき級数

級数

数列 $\{a_n\}$ が与えられた時, 和 $a_n + a_{n+1} + \cdots + a_m$ を $\sum_{i=n}^{m} a_i$ と書く. これは i に n から m までを順に代入して足す事を意味し, 次のような性質を持つ.

(4.1)
$$\sum_{i=n}^{m} b = (m-n+1)b, \quad \sum_{i=n}^{m}(sa_i + tb_i) = s\sum_{i=n}^{m} a_i + t\sum_{i=n}^{m} b_i, \quad \sum_{i=n}^{m} a_i + \sum_{i=m+1}^{l} a_i = \sum_{i=n}^{l} a_i$$

定義 4.1. 数列 $\{a_n\}$ が与えられた時, 形式的な無限和 $\sum_{n=1}^{\infty} a_n = a_1 + a_2 + \cdots$ を 級数 と呼び, $s_n = \sum_{i=1}^{n} a_i$ を部分和と呼ぶ. 各項が正 $(a_n > 0)$ の時正項級数と呼ぶ.

級数はその部分和の数列 $\{s_n\}$ が s に収束する時収束すると言い
$$\sum_{n=1}^{\infty} a_n = a_1 + a_2 + \cdots\cdots = s$$
と書き, 部分和が発散する時発散すると言う. 特に $\pm\infty$ に発散する時,
$$\sum_{n=1}^{\infty} a_n = a_1 + a_2 + \cdots\cdots = \pm\infty$$
と書く. 特に $\sum_{n=1}^{\infty} |a_n|$ が収束するならば絶対収束すると言う.

定理 3.9 を級数に適用して次の定理を得る.

定理 4.1 (コーシーの収束条件). 級数 $\sum_{n=1}^{\infty} a_n$ が収束する必要十分条件は, 任意の実数 $\epsilon > 0$ に対し適当な自然数 N があり, $n, m > N$ ならば
$$|s_m - s_n| = \left|\sum_{i=n+1}^{m} a_i\right| < \epsilon$$
となる事である.

この定理で $m = n+1$ とする事で次の定理が得られる. この定理の逆, $\lim_{n\to\infty} a_n = 0$ であっても級数が収束するとは限らない. 有名な例は $\sum_{n=1}^{\infty} \frac{1}{n} = \infty$ である.

定理 4.2. 級数 $\sum_{n=1}^{\infty} a_n$ が収束するならば, $\lim_{n\to\infty} a_n = 0$.

また, 定理 4.1 より, 絶対収束級数は収束する事が分かる.

定理 4.3. 絶対収束級数は収束する.

問題 4.1. コーシーの収束条件と三角不等式からこの定理を証明せよ.

明らかに正項級数は収束するなら絶対収束である. 一般の収束級数では, 項を足す順序を変更すると無限和の値は変化するが, 絶対収束級数では変化しない. 証明なしであるが, これらを定理にしておく. 絶対収束しない収束級数の例は $\sum_{n=1}^{\infty}(-1)^{n-1}\frac{1}{n} = \log_e 2$ である.

定理 4.4. (1) 絶対収束級数は, その項の順序をどのように変更しても, 元と同じ和に収束する級数になる.

(2) (リーマン) 絶対収束しない収束級数から, 項の順序を適当に変更する事で, どんな値にも収束する級数を作れる. また, $\pm\infty$ に発散する級数も振動する級数も作れる.

ここで具体的な級数の例をいくつか見ておく.

定理 4.5. 等比級数 $\sum_{n=0}^{\infty} r^n = 1 + r + r^2 + \cdots\cdots$ は

(1) $|r| < 1$ の時にのみ収束し, その和は $\frac{1}{1-r}$ になり,

(2) $r \geq 1$ ならば ∞ に発散し,

(3) $r \leq -1$ ならば振動する.

(証明) 部分和 $s_n = \sum_{i=0}^{n} r^i = 1 + r + r^2 + \cdots + r^n$ を考えると,

$$s_n + r^{n+1} = 1 + r + r^2 + \cdots + r^{n+1} = 1 + r(1 + r + \cdots + r^n) = 1 + rs_n$$

から $\quad s_n = \begin{cases} \frac{1-r^{n+1}}{1-r} & (r \neq 1) \\ n+1 & (r = 1) \end{cases}$

定理 3.4 と問題 3.2 はこの定理を意味する. □

定理 4.6. (1) 調和級数 $\sum_{n=1}^{\infty} \frac{1}{n} = 1 + \frac{1}{2} + \frac{1}{3} + \cdots\cdots$ は ∞ に発散する.

(2) $\sum_{n=1}^{\infty} (-1)^{n-1} \frac{1}{n} = 1 - \frac{1}{2} + \frac{1}{3} - \frac{1}{4} + \cdots\cdots$ は収束する.

(3) $\sum_{n=1}^{\infty} \frac{1}{n^t}$ は $t \leq 1$ の時発散し, $t > 1$ の時収束する.

(証明) (1) 部分和を $s_n = \sum_{i=1}^{n} \frac{1}{i}$ とする. $2^{i-1} + 2^{i-1} = 2 \cdot 2^{i-1} = 2^i$ に注意すると

$$s_{2^n} = 1 + \left(\frac{1}{2^1}\right) + \left(\frac{1}{2^1+1} + \frac{1}{2^2}\right) + \cdots$$
$$+ \left(\frac{1}{2^{i-1}+1} + \frac{1}{2^{i-1}+2} + \cdots + \frac{1}{2^{i-1}+j} + \cdots + \frac{1}{2^i}\right) + \cdots$$
$$+ \left(\frac{1}{2^{n-1}+1} + \cdots + \frac{1}{2^n}\right)$$

そこで, 各項で $2^{i-1}+j \leq 2^{i-1}+2^{i-1}=2^i$ より $\frac{1}{2^{i-1}+j} \geq \frac{1}{2^i}$ となり, ( ) の中の項数は 2^{i-1} であるから, 各 ( ) の中は

$$\left(\frac{1}{2^{i-1}+1}+\frac{1}{2^{i-1}+2}+\cdots+\frac{1}{2^{i-1}+j}+\cdots+\frac{1}{2^i}\right) \geq \frac{1}{2^i}+\cdots+\frac{1}{2^i}=2^{i-1}\frac{1}{2^i}=\frac{1}{2}$$

以上から,

$$s_{2^n} \geq 1+\frac{1}{2}+\frac{1}{2}+\cdots+\frac{1}{2}=1+n\frac{1}{2}>\frac{n}{2}$$

そこで, 任意の実数 $K>0$ に対し, 実数の性質 6) より $N>2K$ となる自然数 N を取る. すると s_n は増加数列である事に注意すると $n>2^N$ ならば $s_n > s_{2^N} > \frac{N}{2} > K$ となり, これは定義より ∞ に発散する事を意味する.

(2) は次の問題による.

(3) $t \leq 1$ の時, $n^t \leq n$ から $\frac{1}{n} \leq \frac{1}{n^t}$ となるから, 下の定理 4.8 と (1) から発散する.
$s>1$ の時は, $2^i+2^i-1=2^{i+1}-1$ に注意して,

$$s_{2^n-1} = 1+\left(\frac{1}{(2^1)^t}+\frac{1}{(2^1+1)^t}\right)+\cdots$$
$$+\left(\frac{1}{(2^i)^t}+\frac{1}{(2^i+1)^t}+\cdots+\frac{1}{(2^i+j)^t}+\cdots+\frac{1}{(2^{i+1}-1)^t}\right)+\cdots$$
$$+\left(\frac{1}{(2^{n-1})^t}+\cdots+\frac{1}{(2^n-1)^t}\right)$$

で, $\frac{1}{(2^i+j)^t} \leq \frac{1}{(2^i)^t}$ だから各 ( ) の中は

$$\left(\frac{1}{(2^i)^t}+\frac{1}{(2^i+1)^t}+\cdots+\frac{1}{(2^i+j)^t}+\cdots+\frac{1}{(2^{i+1}-1)^t}\right) \leq 2^i\frac{1}{(2^i)^t}=\frac{1}{2^{(t-1)i}}$$

となり, $t-1>0$ より,

$$s_{2^n-1} \leq 1+\frac{1}{2^{(t-1)}}+\cdots+\frac{1}{2^{(t-1)i}}+\cdots\frac{1}{2^{(t-1)(n-1)}} = \sum_{i=0}^{n-1}\frac{1}{2^{(t-1)i}}=\frac{1-\frac{1}{2^{(t-1)n}}}{1-\frac{1}{2^{t-1}}} < \frac{1}{1-\frac{1}{2^{t-1}}}$$

今, 例 1.8 (2) により $n+1 \leq 2^n$ となる事と s_n が増加数列である事より,

$$s_n \leq s_{2^n-1} < \frac{1}{1-\frac{1}{2^{t-1}}}$$

となり有界である. そこで下の定理 4.7 から収束する. □

問題 4.2. (1) $i<i+1$ より $\frac{1}{i}>\frac{1}{i+1}$ を使って, $\frac{1}{n}-\frac{1}{n+1}+\cdots\pm\frac{1}{n+k}>0$ を示せ. ただし, k が奇数と偶数の場合に分けよ.

(2) (1) を使って,

$$-\frac{1}{n} < -\frac{1}{n}+\frac{1}{n+1}-\frac{1}{n+2}+\cdots+\pm\frac{1}{m}$$

と

$$\frac{1}{n}-\frac{1}{n+1}+\frac{1}{n+2}+\cdots\pm\frac{1}{m} < \frac{1}{n}$$

を示せ.

(3) (2) を使って, $\left|\sum_{i=n+1}^{m}(-1)^{i-1}\frac{1}{i}\right| < \frac{1}{n+1}$ を示し, 定理 4.1 から上の定理 (2) を証明せよ. その場合, 任意の $\epsilon > 0$ に対し自然数 N をどのように取ればよいか.

正項級数

次に正項級数の性質をいくつか見ていこう. すぐ分かるのは, 部分和 s_n が増加数列になる事である. したがってそれは収束するか ∞ に発散する. 定理 3.6 から次の定理が得られる.

定理 4.7. 正項級数が収束する必要十分条件は, その部分和数列が有界になる事である. つまり, ある実数 $K > 0$ があって $|s_n| = \sum_{i=1}^{n} a_i < K$.

正項級数の収束発散を調べる時, 他の良く分かっている正項級数と比較する事が有効な場合が多い.

定理 4.8. ある自然数 N があって, $n > N$ ならば $0 \leq a_n \leq b_n$ とする. もし $\sum_{n=1}^{\infty} b_n$ が収束するならば $\sum_{n=1}^{\infty} a_n$ も収束する. 逆に言うと, $\sum_{n=1}^{\infty} a_n$ が発散するならば $\sum_{n=1}^{\infty} b_n$ も発散する.

問題 4.3. (1) 定理 4.7 を使って, この定理を証明せよ.
(2) ある定数 $K > 0$ と自然数 N があって, $n > N$ ならば $a_n \leq Kb_n$ となるとする. この時, $\sum_{n=1}^{\infty} b_n$ が収束するならば, $\sum_{n=1}^{\infty} a_n$ も収束する事を示せ.

定理 4.9. ある自然数 N があって, $n > N$ ならば $a_n > 0, b_n > 0, \frac{a_{n+1}}{a_n} \leq \frac{b_{n+1}}{b_n}$ とする. もし $\sum_{n=1}^{\infty} b_n$ が収束するならば $\sum_{n=1}^{\infty} a_n$ も収束する. 逆に言うと, $\sum_{n=1}^{\infty} a_n$ が発散するならば $\sum_{n=1}^{\infty} b_n$ も発散する.

(証明) 条件式から $n > N$ ならば $\frac{a_{n+1}}{b_{n+1}} \leq \frac{a_n}{b_n}$ であるから $\frac{a_n}{b_n} \leq \frac{a_{n-1}}{b_{n-1}} \leq \cdots \leq \frac{a_{N+1}}{b_{N+1}}$. したがって, $n > N$ ならば $a_n \leq \frac{a_{N+1}}{b_{N+1}} b_n$ となり, 定理 4.8 から証明される. □

比較定理 4.8, 定理 4.9 で $\{b_n\}$ を等比級数とした時, それぞれ次の収束判定条件を得る. ダランベールの判定法は実用上便利であるが, コーシーの判定法のほうが適用範囲は広い.

つまり, $\lim_{n\to\infty} \frac{a_{n+1}}{a_n}$ が存在しなくとも $\lim_{n\to\infty} \sqrt[n]{a_n}$ が存在する場合があり, また $a = \lim_{n\to\infty} \frac{a_{n+1}}{a_n}$ が存在すれば $\lim_{n\to\infty} \sqrt[n]{a_n}$ はいつも存在し, その値は a になる.

定理 4.10 (コーシーの判定法). 正項級数 $\sum_{n=1}^{\infty} a_n$ について, 極限 $a = \lim_{n\to\infty} \sqrt[n]{a_n}$ が存在するならば, $\sum_{n=1}^{\infty} a_n$ は $0 \le a < 1$ の時収束し, $1 < a$ の時 ∞ に発散する.
また $a = \infty$ の場合も発散する.

(証明) $0 \le a < 1$ の時, 実数の性質 4) より $a < r < 1$ となる実数 r がある. 収束の定義で $\epsilon = r - a > 0$ とすると, ある自然数 N があって $n > N$ ならば $-(r-a) < \sqrt[n]{a_n} - a < r - a$ であるから, $0 \le a_n < r^n$. したがって, 定理 4.8 と定理 4.5 から収束する.
$1 < a, a = \infty$ の時は下の問題である. □

問題 4.4. (1) 上の定理で $1 < a$ の場合 ∞ に発散する事を証明せよ.
ヒント $1 < r < a$ となる実数があり, 収束の定義で $\epsilon > 0$ をうまく取ると, 適当な N があって $n > N$ ならば $r^n < a_n$ となる事を言えばよい.

(2) $a = \infty$ の時を証明せよ.
ヒント $a = \infty$ は, 任意の $K > 0$ に対し適当な N があり, $n > N$ ならば $\sqrt[n]{a_n} > K$ となる事を意味する. $K > 1$ に対して $K^n > K$ となる事を使用して, a_n が発散する事を, ∞ に発散の定義から示せ. さらに定理 4.2 を使う.

定理 4.11 (ダランベールの判定法). 正項級数 $\sum_{n=1}^{\infty} a_n$ について, 極限 $a = \lim_{n\to\infty} \frac{a_{n+1}}{a_n}$ が存在するならば, $\sum_{n=1}^{\infty} a_n$ は $0 \le a < 1$ の時収束し, $1 < a$ の時 ∞ に発散する.
また $a = \infty$ の場合も発散する.

問題 4.5. (1) $0 \le a < 1$ の時, 定理 4.10 の証明のように, $a < r < 1$ となる実数 r があって $\frac{a_{n+1}}{a_n} < r = \frac{r^{n+1}}{r^n}$ となる事を示して, 上の定理を証明せよ.
(2) $1 < a$ の時, 上の定理を証明せよ.
(3) $a = \infty$ の場合を証明せよ.

注 3 節最後の注で定義した上極限下極限を使って, 定理 4.10, 定理 4.11 でそれぞれ

$$\underline{a} = \underline{\lim} \sqrt[n]{a_n},\ \overline{a} = \overline{\lim} \sqrt[n]{a_n},\ \underline{a} = \underline{\lim} \frac{a_{n+1}}{a_n},\ \overline{a} = \overline{\lim} \frac{a_{n+1}}{a_n}$$

と置くと, 定理はそれぞれ, $0 \le \overline{a} < 1$ で収束, $1 < \underline{a}$ で発散となる. $\underline{\lim} = \overline{\lim}$ の時収束し, その値が $\lim_{n\to\infty}$ である事と, 次の不等式が成り立つ事に注意する.

(4.2) $$\underline{\lim} \frac{a_{n+1}}{a_n} \le \underline{\lim} \sqrt[n]{a_n} \le \overline{\lim} \sqrt[n]{a_n} \le \overline{\lim} \frac{a_{n+1}}{a_n}$$

これから, ダランベールの判定法が使える時は必ずコーシーの判定法でも収束発散が判定出来, またダランベールの判定法が使えなくてもコーシーの判定法により収束発散が判定出来る場合がある事が分かる.

べき級数

$\{a_n\}$ を $n = 0, 1, \cdots$ の数列, c を実定数とし, 変数 x についての級数

$$\sum_{n=0}^\infty a_n(x-c)^n = a_0 + a_1(x-c) + a_2(x-c)^2 + \cdots + a_n(x-a)^n + \cdots \cdots \tag{4.3}$$

をべき級数と言う. $x' = x - c$ とする事により, $c = 0$ の場合の級数

$$\sum_{n=0}^\infty a_n x^n = a_0 + a_1 x + a_2 x^2 + \cdots + a_n x^n + \cdots \cdots \tag{4.4}$$

が生ずる. したがってこの形のべき級数の性質を調べれば, (4.3) のべき級数の性質も分かる. 定理 4.3 より, 絶対収束級数は収束する事に注意する.

定理 4.12. (4.4) がある点 $x = x_0 \neq 0$ で収束するならば, $|x| < |x_0|$ となる x で絶対収束する.

(証明) 部分和 $s_n = \sum_{i=0}^n a_i x_0^n$ は収束するから定理 3.3 より有界になる. つまりある実数 $K > 0$ があり $|s_n| \leq K$. 特に $s_{-1} = 0$ として,

$$|a_n x^n| = \left|a_n x_0^n \left(\frac{x^n}{x_0^n}\right)\right| = \left|(s_n - s_{n-1})\left(\frac{x}{x_0}\right)^n\right| \leq (|s_n| + |s_{n-1}|) \left|\frac{x}{x_0}\right|^n \leq 2K \left|\frac{x}{x_0}\right|^n$$

$|x| < |x_0|$ ならば $\left|\frac{x}{x_0}\right| < 1$ だから, 定理 3.4 と問題 4.3 (2) からべき級数は絶対収束する. □

問題 4.6. $x = x_1$ で (4.4) が発散するならば $|x| > |x_1|$ で発散する事を, 上の定理を使って示せ.

ヒント 矛盾法を使う.

べき級数 (4.4) は $x = 0$ の時, a_0 であるから常に収束する事に注意して次の定理を得る. この定理の $R > 0$ を収束半径と呼ぶ.

定理 4.13. べき級数 (4.4) の収束発散については, 次の 3 通りの場合のみが起こる.
(1) ある実数 $R > 0$ があって, $|x| < R$ で収束し, $|x| > R$ で発散する.
(2) $x = 0$ でのみ収束し, それ以外では発散する. この時, $R = 0$ とする.
(3) 全ての x に対して収束する. この時, $R = \infty$ とする.

(証明) (2), (3) 以外の場合 (1) のような $R > 0$ がある事を示せばよい.

(2) 以外ならば収束する点 $x_0 \neq 0$ があり, (3) 以外ならば発散する点 $x_1 \neq 0$ がある. 定理 4.12 から $|x_0| \leq |x_1|$ である. そこで X を収束する点の集合とする. 定理 4.12 から $x \in X$ ならば $x \leq |x| \leq |x_1|$ であるから, X は上に有界であり, 実数の性質 5) から上限 R がある. また実数の性質 4) より, $0 < x < |x_0|$ となる x があり, 定理 4.12 から $x \in X$ だから, $0 < x \leq R$.

この $R > 0$ について, もし $0 < |x| < R$ ならば, R は X の上限であったから $|x|$ は上界ではない. それで, $|x| < x'$ となる $x' \in X$ がある. 定理 4.12 は x が収束 (絶対収束) する点である事を意味する.

もし $|x| > R$ ならば, 実数の性質 4) から $|x| > x'' > R$ となる x'' がある. もし $x'' \in X$ ならば R が X の上界である事に反するから, x'' は X の要素ではない. つまり, x'' では収束せず発散する. すると問題 4.6 は x で発散する事を意味する. □

収束半径を計算する公式は次の定理で与えられる. ただし, $\frac{1}{0} = \infty, \frac{1}{\infty} = 0$ とみなす.

定理 4.14 (コーシー). 極限値 $\rho = \lim_{n \to \infty} \sqrt[n]{|a_n|}$ が存在するならば, $R = \frac{1}{\rho}$ は収束半径である.

(証明) $R \neq 0, \infty$ の時には, $\rho = \frac{1}{R}$ であるから,
$$\lim_{n \to \infty} \sqrt[n]{|a_n x^n|} = \lim_{n \to \infty} \sqrt[n]{|a_n|}|x| = |x|\rho = \frac{|x|}{R}$$
となる. $|x| < R$ ならば $\frac{|x|}{R} < 1$, $|x| > R$ ならば $\frac{|x|}{R} > 1$ であるから, 定理 4.10 より, それぞれの場合につき絶対収束, 発散するから, R は収束半径である.

$R = \infty$ の時は $\rho = 0$ であり, 上の式から $\lim_{n \to \infty} \sqrt[n]{|a_n x^n|} = |x|\rho = 0$ であるから, 同じく定理 4.10 より, 全ての x について絶対収束する.

$R = 0$ の時は, $\rho = \infty$ であり, 上の式から $x \neq 0$ で $\lim_{n \to \infty} \sqrt[n]{|a_n x^n|} = \infty$. したがって, 定理 4.10 より, $x \neq 0$ で発散する. □

注 コーシーの定理を正確に述べると, 「収束半径は
$$R = \frac{1}{\overline{\lim} \sqrt[n]{|a_n|}}$$
になる.」である. $\lim_{n \to \infty}$ は存在しない時もあるが, $\overline{\lim}$ は常に存在する事に注意する. 証明は上の定理とほぼ同じである.

次の定理は実用上便利である.

定理 4.15 (ダランベール). 極限 $\lim_{n \to \infty} \left| \frac{a_n}{a_{n+1}} \right|$ が存在するならばそれは収束半径 R である.

(証明) (4.2) と上の注で述べたコーシーの定理から明らかである. □

問題 4.7. $\lim_{n\to\infty}\left|\dfrac{a_n x_n}{a_{n+1}x^{n+1}}\right| = \lim_{n\to\infty}\left|\dfrac{a_n}{a_{n+1}}\right|\dfrac{1}{|x|} = \dfrac{R}{|x|}$
と定理 4.11 から, 上の定理を直接証明せよ.

問題 4.8. 次のべき級数の収束半径を求めよ.
(1) $\displaystyle\sum_{n=0}^{\infty}\dfrac{x^n}{n!} = 1 + \dfrac{x}{1!} + \dfrac{x^2}{2!} + \cdots\cdots$
(2) $\displaystyle\sum_{n=1}^{\infty}(-1)^{n-1}\dfrac{x^n}{n} = x - \dfrac{x^2}{2} + \dfrac{x^3}{3} - \cdots\cdots$
(3) $\displaystyle\sum_{n=0}^{\infty}(-1)^n\dfrac{x^{2n}}{(2n)!} = 1 - \dfrac{x^2}{2!} + \dfrac{x^4}{4!} - \cdots\cdots$ （$y = x^2$ とおいて計算せよ）
(4) $\displaystyle\sum_{n=0}^{\infty}(-1)^n\dfrac{x^{2n+1}}{(2n+1)!} = x - \dfrac{x^3}{3!} + \dfrac{x^5}{5!} - \cdots\cdots$ （x で割り, $y = x^2$ とおいて計算せよ）
(5) $\displaystyle\sum_{n=0}^{\infty}x^n = 1 + x + x^2 + \cdots\cdots$ 　　(6) $\displaystyle\sum_{n=0}^{\infty}\dfrac{2^n}{n^2}x^n$ 　　(7) $\displaystyle\sum_{n=0}^{\infty}\dfrac{n^n}{(n+1)^{n+1}}x^n$

べき級数の性質は次の通りであるが, 使われている用語の定義はまだ先であり, 定理の証明は省略する.

定理 4.16. べき級数 $f(x) = \displaystyle\sum_{n=0}^{\infty}a_n x^n$ の収束半径を $R > 0$ とする.
(1) 関数 $f(x)$ は開区間 $(-R, R)$ で連続である.
(2) 区間 $(-R, R) \ni x$ で, 導関数 $f'(x)$ は存在し, べき級数 $\displaystyle\sum_{n=1}^{\infty}na_n x^{n-1}$ と等しい. また, このべき級数の収束半径も R である.
(3) 区間 $(-R, R) \ni x$ で, 定積分 $\displaystyle\int_0^x f(x)dx$ は存在し, べき級数 $\displaystyle\sum_{n=0}^{\infty}a_n \dfrac{x^{n+1}}{n+1}$ と等しい.

問題 4.9. $\rho = \lim_{n\to\infty}\sqrt[n]{a_n}$ が存在する時, べき級数 $\displaystyle\sum_{n=1}^{\infty}na_n x^{n-1}$ の収束半径も $R = \dfrac{1}{\rho}$ になる事を示せ.

5. 関数の極限

関数の極限の定義

この節では，ある開区間 (x_0, x_1) を定義域とする関数 $f : (x_0, x_1) \to \mathbf{R}$, $y = f(x)$ を考える．a がこの区間の 1 点である時，「$f(x)$ は a の近くで定義されている」という表現を使う．また，この本で取り扱う関数は主に数式で表された関数であるが，1 節の定義から分かるのは，関数 (写像) は数式で表せない場合のほうが多い事である．特にこの節では，数式にとらわれず一般の関数について論じている．

さて，x が a に近づく時，関数の値 $f(x)$ がある値 α に近づくという事をどのように表現するか考えてみよう．3 節の数列の極限の時のように，基準になる実数 $\epsilon > 0, \delta > 0$ を考えよう．これらは果てしなく小さく取れるものと解釈する．すると，x が a に近づくは $|x - a| < \delta$, $f(x)$ が α に近づくは $|f(x) - \alpha| < \epsilon$ となる事を意味する．そこで，$f(x)$ が α に近づくのであるから，どんな小さな $\epsilon > 0$ についても $|f(x) - \alpha| < \epsilon$ となる必要がある．そうなる x は a 以外で十分 a に近づいていればよい．以上から，

$$\forall \epsilon > 0, \exists \delta > 0; 0 < |x - a| < \delta \Rightarrow |f(x) - \alpha| < \epsilon$$

という表現で極限を定義する．これを $\epsilon - \delta$ 論法と言う．

この定義で注意するのは，$f(x)$ は $x = a$ で定義されていなくともよいという事である．つまり，f の定義域が (x_0, x_1) から点 a を抜いたものでよいという事である．例えば，$\lim_{x \to 1} \dfrac{x^2 - 1}{x - 1}$ では，この関数は $x = 1$ では値を持っていない．

次に注意するのは，似た表現 $\forall \delta > 0, \exists \epsilon > 0; 0 < |x - a| < \delta \Rightarrow |f(x) - \alpha| < \epsilon$ である．これは，いくらでも小さく $\epsilon > 0$ を取れるとは限らないので，$f(x)$ が α に近づくという極限を表現する事にはならない．このような例として次の問題を考えて欲しい．

問題 5.1. $f(x) = x^2, a = 0, \alpha = -1$ として，任意の $\delta > 0$ に対して，どのように $\epsilon > 0$ を取れば，$0 < |x - a| < \delta$ ならば $|f(x) - (-1)| < \epsilon$ となるか．

以上の議論から次の極限の定義を得る．この定義および，これを使った証明法を $\epsilon - \delta$ 法と言う．

定義 5.1. (1) 関数 $y = f(x)$ がある開区間 (x_0, x_1) で定義されていて，a をこの開区間のある一点とする．

任意の $\epsilon > 0$ に対し適当な $\delta > 0$ があり，$0 < |x - a| < \delta$ ならば $|f(x) - \alpha| < \epsilon$ となるならば，x が a に近づく時 $f(x)$ は極限値 α に収束すると言い，$\lim_{x \to a} f(x) = \alpha$ と書く．

(2) 任意の $K > 0$ に対し適当な $\delta > 0$ があり，$0 < |x - a| < \delta$ ならば $f(x) > K$ となるならば，x が a に近づく時，$f(x)$ は ∞ (無限大) に発散すると言い，$\lim_{x \to a} f(x) = \infty$ と書く．ここで，$0 < |x - a| < \delta$ ならば $f(x) < -K$ となるならば，x が a に近づく時 $f(x)$ は $-\infty$ (負の無限大) に発散すると言い，$\lim_{x \to a} f(x) = -\infty$ と書く．

(3) $x_1 = \infty$ の時, 任意の $\epsilon > 0$ に対し適当な $M > 0$ があり, $x > M$ ならば $|f(x)-\alpha| < \epsilon$ となるならば, x が ∞ に発散する時 $f(x)$ は極限値 α に収束すると言い, $\lim_{x \to \infty} f(x) = \alpha$ と書く.

また, $x_0 = -\infty$ の時, 任意の $\epsilon > 0$ に対し適当な $M > 0$ があり, $x < -M$ ならば $|f(x) - \alpha| < \epsilon$ となるならば, x が $-\infty$ に発散する時 $f(x)$ は極限値 α に収束すると言い, $\lim_{x \to -\infty} f(x) = \alpha$ と書く.

(4) 最後に片側極限値を定義しよう. 任意の $\epsilon > 0$ に対し適当な $\delta > 0$ があり, $0 < x-a < \delta$ ならば $|f(x)-\alpha| < \epsilon$ となるならば, α を右側極限値と呼び, $\lim_{x \to a+0} f(x) = \alpha$ と書く. この時 $a < x < a+\delta$ であるから, x は a よりも大きいほうから x に近づく時の極限値である. 同様に, x が a よりも小さいほうから近づく時の極限値は次のように定義される. 任意の $\epsilon > 0$ に対し適当な $\delta > 0$ があり, $0 < a - x < \delta$ ならば $|f(x) - \alpha| < \epsilon$ となるならば, α を左側極限値と呼び, $\lim_{x \to a-0} f(x) = \alpha$ と書く. ただし, $a = 0$ の時は $x \to +0, x \to -0$ と, それぞれ書く.

注 (1) この ϵ は, 定義ではどんどん小さくなるように取るのであるが, 証明でこの定義を使う時は, 定数とみなして, それに対して δ を決める事になる.

(2) 数列の極限の定義の注 (2) と同じ理由で, ある定数 $d > 0$ に対して, $d > \epsilon > 0$ となる ϵ について, 定義のような δ が取れれば, 収束する事になる. つまり, 十分小さい ϵ について証明すれば, 収束は証明出来る.

問題 5.2. 上の定義にならって,

$$\lim_{x \to \infty} f(x) = \infty, \lim_{x \to \infty} f(x) = -\infty, \lim_{x \to -\infty} f(x) = \infty, \lim_{x \to -\infty} f(x) = -\infty$$

を定義してみせよ.

例 5.1. (1) $\lim_{x \to 1} x^2 = 1$. これを証明するために $x^2 - 1$ を $x - 1$ で表示してみる. すると $x^2 - 1 = (x-1)^2 + 2(x-1)$ となる. そこで $\delta = x - 1, \epsilon = x^2 - 1$ と置いてみると, $\delta^2 + 2\delta = \epsilon$ であるから, $\delta = \sqrt{\epsilon+1} - 1$. これに注意して証明する.

(証明) 任意の実数 $\epsilon > 0$ に対し, $\delta = \sqrt{\epsilon+1} - 1$ と置く. すると, $\delta > \sqrt{1} - 1 = 0$ であり $\delta^2 + 2\delta = \epsilon$ となる. そこで, $0 < |x-1| < \delta$ ならば

$$|x^2 - 1| = |(x-1)^2 + 2(x-1)| < \delta^2 + 2\delta = \epsilon$$

定義から証明された. □

(2) $\lim_{x \to 2} \dfrac{x^3 - 8}{x - 2} = 12$. これを証明するためには

$$\frac{x^3 - 8}{x - 2} - 12 = x^2 + 2x + 4 - 12 = (x-2)^2 + 6(x-2) \quad (x \neq 2)$$

から, $\delta = x-2, \epsilon = \dfrac{x^3-8}{x-2} - 12$ とすると, $\delta^2 + 6\delta = \epsilon$ となり, $\delta = \sqrt{\epsilon+9} - 3$ となる事に注意する.

(証明) 任意の実数 $\epsilon > 0$ に対し $\delta = \sqrt{\epsilon+9} - 3$ とすると, $\delta > \sqrt{9} - 3 = 0, \delta^2 + 6\delta = \epsilon$. そこで, $0 < |x-2| < \delta$ ならば

$$\left|\dfrac{x^3-8}{x-2} - 12\right| = |(x-2)^2 + 6(x-2)| < \delta^2 + 6\delta = \epsilon \quad \square$$

問題 5.3. 次の式を $\epsilon - \delta$ 法により示せ.
(1) $\lim\limits_{x\to 3} x^2 = 9$ (2) $\lim\limits_{x\to 1} \dfrac{2x^2-2}{x-1} = 4$ (3) $\lim\limits_{x\to -1} \dfrac{x^3+1}{x+1} = 3$

極限の性質

次の定理は極限の基本的な性質である.

定理 5.1. $\lim\limits_{x\to a} f(x) = \alpha, \lim\limits_{x\to a} g(x) = \beta$ の時, 次が成り立つ.
(1) $\lim\limits_{x\to a} \{sf(x) + tg(x)\} = s\alpha + t\beta$
(2) $\lim\limits_{x\to a} f(x)g(x) = \alpha\beta$
(3) $\beta \neq 0$ ならば, $\lim\limits_{x\to a} \dfrac{f(x)}{g(x)} = \dfrac{\alpha}{\beta}$
(4) もし $f(x) \leq g(x)$ ならば $\alpha \leq \beta$
(5) もし $f(x) \leq h(x) \leq g(x), \alpha = \beta$ ならば $\lim\limits_{x\to a} h(x) = \alpha$
(6) もし, $\lim\limits_{x\to \alpha} g(x) = \gamma$ ならば, $\lim\limits_{x\to a} g(f(x)) = \lim\limits_{y\to \alpha} g(y) = \gamma$

(証明) 極限の定義から, 任意の実数 $\epsilon' > 0$ に対し $\delta_1 > 0, \delta_2 > 0$ があり, $0 < |x-a| < \delta_1$ ならば $|f(x) - \alpha| < \epsilon'$ となり, $0 < |x-a| < \delta_2$ ならば $|g(x) - \beta| < \epsilon'$ となる. そこで, 小さいほうを δ' とする. つまり $\delta' = \min\{\delta_1, \delta_2\}$. すると, $0 < |x-a| < \delta'$ ならば, $|f(x) - \alpha| < \epsilon'$ かつ $|g(x) - \beta| < \epsilon'$ となる事に注意する.

(1) $|s| + |t| = 0$ ならば成り立つのは明らかであるから, $|s| + |t| > 0$ と仮定する. 任意の $\epsilon > 0$ を考える. その時, 極限の定義から, $\epsilon' = \dfrac{\epsilon}{|s|+|t|}$ とし, 上の δ' を考える. そして $\delta = \delta'$ とする. その時, $0 < |x-a| < \delta$ ならば

$$|sf(x) + tg(x) - (s\alpha + t\beta)| = |s\{f(x) - \alpha\} + t\{g(x) - \beta\}| \leq |s||f(x) - \alpha| + |t||g(x) - \beta|$$
$$< |s|\dfrac{\epsilon}{|s|+|t|} + |t|\dfrac{\epsilon}{|s|+|t|} = \epsilon$$

よって, 定義より証明された. $\qquad\square$

(2) $\epsilon > 0$ を任意の実数として, $\epsilon' = \sqrt{\epsilon + \dfrac{(|\alpha|+|\beta|)^2}{4}} - \dfrac{|\alpha|+|\beta|}{2}$ とする. すると

$$\epsilon' > \sqrt{\frac{(|\alpha|+|\beta|)^2}{4}} - \frac{|\alpha|+|\beta|}{2} = 0.\ \text{さらに、} \epsilon'^2 + (|\alpha|+|\beta|)\epsilon' = \epsilon\ \text{となる.そこで,この}$$
ϵ' に対し,最初に注意した δ' を取り,$\delta = \delta'$ とする.その時,$0 < |x-a| < \delta$ ならば

$$|f(x)g(x) - \alpha\beta| = |\{f(x)-\alpha\}\{g(x)-\beta\} + \alpha\{g(x)-\beta\} + \beta\{f(x)-\alpha\}|$$
$$\leq |f(x)-\alpha||g(x)-\beta| + |\alpha||g(x)-\beta| + |\beta||f(x)-\alpha|$$
$$< \epsilon'^2 + (|\alpha|+|\beta|)\epsilon' = \epsilon$$

よって,定義より証明された. □

(3) $\beta \neq 0$ であるから,$0 < |\beta|$ となり,実数の性質 4) より $0 < c < |\beta|$ となる実数 c がある.その時,c に対してある実数 δ_c があり,$0 < |x-a| < \delta_c$ ならば $|g(x)-\beta| < c$ となる.その時,$-c < g(x) - \beta < c$ より

$$0 < \beta - c < g(x)$$

さて,任意の実数 $\epsilon > 0$ に対し,$\epsilon' = \frac{|\beta|(\beta-c)}{|\beta|+|\alpha|}\epsilon$ $(|\beta|+|\alpha| \geq |\beta| > 0)$ とし,最初の注意の δ' を取る.そこで,$\delta = \min\{\delta', \delta_c\}$ とすると,$0 < |x-a| < \delta$ ならば

$$\left|\frac{f(x)}{g(x)} - \frac{\alpha}{\beta}\right| = \frac{|\beta f(x) - \alpha g(x)|}{|\beta g(x)|}$$
$$= \frac{|\beta\{f(x)-\alpha\} - \alpha\{g(x)-\beta\}|}{|\beta||g(x)|}$$
$$\leq \frac{|\beta||f(x)-\alpha| + |\alpha||g(x)-\beta|}{|\beta||g(x)|}$$
$$< \frac{|\beta|\epsilon' + |\alpha|\epsilon'}{|\beta|(\beta-c)} = \epsilon$$

定義から証明された.

(4),(5) 下の問題である.

(6) 任意の実数 $\epsilon > 0$ に対し,定義から適当な $\delta_3 > 0$ があって,$0 < |x-\alpha| < \delta_3$ ならば $|g(x)-\gamma| < \epsilon$ となる.さらに,この $\delta_3 > 0$ に対し適当な $\delta > 0$ があって,$0 < |x-a| < \delta$ ならば $|f(x)-\alpha| < \delta_3$ となる.以上から,$0 < |x-a| < \delta$ ならば $|g(f(x))-\gamma| < \epsilon$. □

問題 5.4. 上の定理 (4) (5) を定理 3.5 (5) (6) の証明を参考にして証明せよ.

数列の極限との関係

関数の極限の素朴な考え,x が a に近づく時,$f(x)$ が α に近づくを厳密に述べて,定義 5.1 を得たが,別の述べ方をすると,「a に収束する全ての数列 $\{a_n\}(a_n \neq a)$ に対し,数列 $\{f(a_n)\}$ は α に収束する」となる.実際にこれが定義 5.1 と同値になる事を確認しよう.この定理から,数列の極限の性質の多くが関数の極限の場合にも成り立つ事が分かる.

定理 5.2. a に収束する全ての数列 $\{a_n\}(a_n \neq a)$ に対し, 数列 $\{f(a_n)\}$ が α に収束する事と, $\lim_{x \to a} f(x) = \alpha$ は同値である.

これは $a = \pm\infty$ または $\alpha = \pm\infty$ の場合でも成り立つ.

(証明) ($\Leftarrow$ の証明) $\lim_{x \to a} f(x) = \alpha$ とする. すると, 任意の実数 $\epsilon > 0$ に対し $\delta > 0$ があり, $0 < |x - a| < \delta$ ならば $|f(x) - \alpha| < \epsilon$ となる. 今, 数列 $\{a_n\}(a_n \neq a)$ について $\lim_{n \to \infty} a_n = a$ ならば, 定義より, 適当な自然数 N があり, $n > N$ ならば $|a_n - a| < \delta$ となる. よって, $|f(a_n) - \alpha| < \epsilon$ となるから, 極限の定義より $\lim_{n \to \infty} f(a_n) = \alpha$.

($\Rightarrow$ の証明) $\lim_{n \to \infty} a_n = a$ となる全ての数列 $\{a_n\}$ について, $\lim_{n \to \infty} f(a_n) = \alpha$ となる事を前提とする. 矛盾法により証明するので, $\lim_{x \to a} f(x) = \alpha$ とならないと仮定する. これは, ある実数 $\epsilon > 0$ があって, どんな $\delta > 0$ を取っても, $0 < |x - a| < \delta$, $|f(x) - \alpha| \geq \epsilon$ となる x がある事を意味する. 各自然数 n に対し $\delta = \dfrac{1}{n}$ とし, 上のような x を a_n とする. すると
$$0 < |a_n - a| < \frac{1}{n}, \quad |f(a_n) - \alpha| \geq \epsilon$$
これから, $\lim_{n \to \infty} a_n = a$ であるが, $\lim_{n \to \infty} f(a_n) \neq \alpha$ になって, 前提に反する. □

問題 5.5. (1) $a = \infty$ の時, 上の証明で δ を $K > 0$ に, $|x - a| < \delta$ を $x > K$ に置き換える事で, 上の定理を証明せよ.

(2) $\alpha = \infty$ の時, 上の証明で ϵ を $K > 0$ に, $|f(x) - \alpha| < \epsilon$ を $f(x) > K$ に, $|f(x) - \alpha| \geq \epsilon$ を $f(x) \leq K$ に置き換える事で, 上の定理を証明せよ.

定理 5.3.
$$\lim_{x \to \pm\infty} \left(1 + \frac{1}{x}\right)^x = e$$

(証明) 定理 5.2 より, 全ての $\lim_{n \to \infty} a_n = \pm\infty$ となる数列に対して, $\lim_{n \to \infty} \left(1 + \dfrac{1}{a_n}\right)^{a_n} = e$ となれば $\lim_{x \to \pm\infty} \left(1 + \dfrac{1}{x}\right)^x = e$ となる.

$\lim_{n \to \infty} a_n = \infty$ の時は, $s_n = [a_n]$ とすると, 定義 2.1 から $s_n \leq a_n < s_n + 1$ であるから
$$\left(1 + \frac{1}{s_n + 1}\right)^{s_n + 1} \left(1 + \frac{1}{s_n + 1}\right)^{-1} = \left(1 + \frac{1}{s_n + 1}\right)^{s_n}$$
$$< \left(1 + \frac{1}{a_n}\right)^{a_n}$$
$$< \left(1 + \frac{1}{s_n}\right)^{s_n + 1} = \left(1 + \frac{1}{s_n}\right)^{s_n} \left(1 + \frac{1}{s_n}\right)$$

定理 3.7 から左右の数列は e に収束するから, 定理 3.5 (6) から e に収束する.

$\lim_{n \to \infty} a_n = -\infty$ の場合は, $b_n = -a_n$ とすると,
$$\left(1 + \frac{1}{a_n}\right)^{a_n} = \left(1 - \frac{1}{b_n}\right)^{-b_n} = \left(\frac{b_n}{b_n - 1}\right)^{b_n} = \left(1 + \frac{1}{b_n - 1}\right)^{b_n - 1} \left(1 + \frac{1}{b_n - 1}\right)$$

$\lim_{n\to\infty} b_n = \infty$ であるから, 最初に証明した事から e に収束する. □

次の定理はコーシーの収束条件 (定理 3.9) の関数の極限についての場合である. これから, 極限値が分からない場合でも収束するかどうか判断出来る.

定理 5.4 (コーシーの収束条件). $\lim_{x\to a} f(x)$ が有限な値に収束する事と次は同値である.
(コーシーの収束条件): 任意の $\epsilon > 0$ に対し適当な $\delta > 0$ があり,
$0 < |x' - a| < \delta$, $0 < |x'' - a| < \delta$ ならば常に $|f(x') - f(x'')| < \epsilon$ となる.

(証明) ($\Rightarrow$ の証明) $\lim_{x\to a} f(x) = \alpha$ とすると, 任意の $\epsilon > 0$ に対し適当な $\delta > 0$ があり, $0 < |x - a| < \delta$ ならば $|f(x) - \alpha| < \frac{\epsilon}{2}$ となる. そこで, $0 < |x' - a| < \delta, 0 < |x'' - a| < \delta$ ならば

$$|f(x') - f(x'')| = |(f(x') - \alpha) - (f(x'') - \alpha)| \leq |f(x') - \alpha| + |f(x'') - \alpha| < \epsilon$$

となるから, コーシーの収束条件は成り立つ.

($\Leftarrow$ の証明) コーシーの収束条件を仮定して, ある α があり, a に収束する全ての数列 $\{a_n\}, (a_n \neq a)$ に対し, $\lim_{n\to\infty} f(a_n) = \alpha$ となる事を示せば, 定理 5.2 から $\lim_{x\to a} f(x) = \alpha$ が証明出来る.

まず, $\{f(a_n)\}$ が有限な値に収束する事を示そう. 任意の $\epsilon > 0$ に対し, コーシーの収束条件の中の $\delta > 0$ が取れる. $\lim_{n\to\infty} a_n = a$ から, この δ に対し適当な自然数 N があり, $n > N$ ならば $0 < |a_n - a| < \delta$ になる. すると, $n, m > N$ ならば, $0 < |a_n - a| < \delta, 0 < |a_m - a| < \delta$ だから, コーシーの収束条件より, $|f(a_n) - f(a_m)| < \epsilon$. 数列の場合のコーシーの収束条件 (定理 3.9) から $\lim_{n\to\infty} f(a_n)$ は有限な値に収束する.

次にこれらの極限値が全て同じ値 α である事を示そう. $\lim_{n\to\infty} a_n = a$ $(a_n \neq a)$, $\lim_{n\to\infty} b_n = a$ $(b_n \neq a)$ として, $\lim_{n\to\infty} f(a_n) = \alpha, \lim_{n\to\infty} f(b_n) = \beta$ とする. この時 $\alpha = \beta$ となる事を証明するのであるが, 矛盾法による.

そこで, $\alpha < \beta$ と仮定する. 実数の性質 4) より $0 < \epsilon < \beta - \alpha$ となる実数 ϵ がある. コーシーの収束条件より, ある実数 $\delta > 0$ があって, $0 < |x' - a| < \delta, 0 < |x'' - a| < \delta$ ならば $|f(x') - f(x'')| < \epsilon$ となる. これらの ϵ, δ に対して, 次のような自然数 N_1, N_2, M_1, M_2 がある.

$\lim_{n\to\infty} a_n = a$ から, 自然数 N_1 があって, $n > N_1$ ならば $0 < |a_n - a| < \delta$
$\lim_{n\to\infty} b_n = a$ から, 自然数 N_2 があって, $n > N_2$ ならば $0 < |b_n - a| < \delta$
$\lim_{n\to\infty} f(a_n) = \alpha$ から, 自然数 M_1 があって, $n > M_1$ ならば $|f(a_n) - \alpha| < \frac{\beta - \alpha - \epsilon}{2}$
これは次を意味する.

(5.1) $$\alpha - \frac{\beta - \alpha - \epsilon}{2} < f(a_n) < \alpha + \frac{\beta - \alpha - \epsilon}{2}$$

$\lim_{n\to\infty} f(b_n) = \beta$ から, 自然数 M_2 があって, $n > M_2$ ならば $|f(b_n) - \beta| < \frac{\beta - \alpha - \epsilon}{2}$

これは次を意味する.

(5.2) $$\beta - \frac{\beta - \alpha - \epsilon}{2} < f(b_n) < \beta + \frac{\beta - \alpha - \epsilon}{2}$$

そこで $N = \max\{N_1, N_2, M_1, M_2\}$ とすると, $n > N$ ならば

$$0 < |a_n - a| < \delta, \quad 0 < |b_n - a| < \delta$$

であり, (5.1) と (5.2) から,

$$f(b_n) - f(a_n) > \beta - \frac{\beta - \alpha - \epsilon}{2} - \left(\alpha + \frac{\beta - \alpha - \epsilon}{2}\right) = \epsilon$$

これはコーシーの収束条件に反する. $\alpha > \beta$ としても同様に矛盾するから $\alpha = \beta$ である. □

6. 連続関数

連続関数の定義

関数 $y = f(x) : \mathbf{R} \to \mathbf{R}$ が $x = a$ で連続というのは, 素朴な定義では, 言葉通りにそのグラフが $x = a$ でつながっている事である. これを数式で表現するために, 連続でない (不連続な) 場合を考える. $x = a$ でグラフが切れているのだから, $x < a$ と $a < x$ の二つの部分に分かれている. すると, x を左から a に近づけた時と, 右から近づけた時とでは $f(x)$ の近づく先は違っている筈である. もしどちらも $f(a)$ と同じならば, グラフは $x = a$ でつながっている事になる. グラフがつながっている時は, どちらから近づけても $f(a)$ に近づくはずである. 以上から, グラフが切れているならば $\lim_{x \to a} f(x)$ はないか, あってもそれは $f(a)$ にならない事が分かる. 逆に連続ならば $\lim_{x \to a} f(x) = f(a)$ となる事も分かる. そこで, $\lim_{x \to a} f(x) = f(a)$ を連続の定義として採用する. これを $\epsilon - \delta$ 法で述べたのが次の定義である.

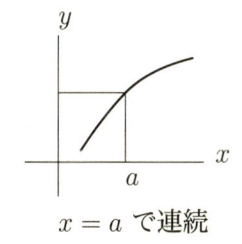

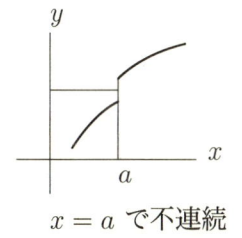

$x = a$ で連続　　　　　　　　　　　$x = a$ で不連続

図 6.1

定義 6.1. (1) 関数 $y = f(x)$ が開区間 (x_0, x_1) で定義されていて, a がその開区間の点とする. この関数 $y = f(x)$ が $x = a$ で連続とは,

任意の $\epsilon > 0$ に対し適当な $\delta > 0$ があり, $|x - a| < \delta$ ならば $|f(x) - f(a)| < \epsilon$ となる事である.

これは, 極限の定義から, $\lim_{x \to a} f(x) = f(a)$ と同値である.

(2) 開区間 (a, b) で $y = f(x)$ が連続とは, (a, b) の各点 c $(a < c < b)$ で連続, つまり $\lim_{x \to c} f(x) = f(c)$ となる事である.

閉区間 $[a, b]$ で $y = f(x)$ が連続とは, (a, b) の各点 c $(a < c < b)$ で連続, つまり $\lim_{x \to c} f(x) = f(c)$ となり, 両端では $\lim_{x \to a+0} f(x) = f(a)$, $\lim_{x \to b-0} f(x) = f(b)$ となる事である.

定義から直接次の事が分かる.

定理 6.1. 関数 $y = f(x)$ が点 $x = a$ で連続とする. もし $f(a) > 0$ ならば適当な $\delta > 0$ があって, 全ての $x \in (a - \delta, a + \delta)$ に対し, $f(x) > 0$ となる.

同様にもし $f(a) < 0$ ならば適当な $\delta > 0$ があって, 全ての $x \in (a - \delta, a + \delta)$ に対し, $f(x) < 0$ となる.

(証明) $f(a) > 0$ の時を証明する. $f(a) < 0$ の時の証明もまったく同じである.

連続の定義で $\epsilon = f(a)$ として, 定義の δ を取ればよい. その時 $x \in (a-\delta, a+\delta)$ は $a-\delta < x < a+\delta,\ \ -\delta < x - a < \delta$ より $|x-a| < \delta$ を意味し, 連続の定義から

$$|f(x) - f(a)| < \epsilon = f(a), \quad 0 = f(a) - \epsilon < f(x) < f(a) + \epsilon \quad \square$$

次の事は定理 5.2 から明らかである.

定理 6.2. 関数 $y = f(x)$ が $x = a$ で連続な事と次の事とは同値である.
$\lim_{n \to \infty} a_n = a$ となる全ての数列に対し, $\lim_{n \to \infty} f(a_n) = f(a)$.

次の連続関数の基本的な性質は, 極限の性質, 定理 5.1 からすぐ導かれる.

定理 6.3. $y = f(x), y = g(x)$ が点 $x = a$ で連続とする.
(1) s, t を定数として, $y = sf(x) + tg(x)$ も $x = a$ で連続である.
(2) $y = f(x)g(x)$ も $x = a$ で連続である.
(3) $g(a) \neq 0$ ならば, $y = \dfrac{f(x)}{g(x)}$ も $x = a$ で連続である.
(4) $y = f(x)$ が $x = a$ で連続, $y = g(x)$ が $x = f(a)$ で連続ならば, 合成関数 $y = g(f(x))$ は $x = a$ で連続である.

問題 6.1. 上の定理を証明せよ.

実際に連続関数の例を挙げよう.

例 6.1. n が自然数の時, $y = x^n$ は, 全ての点 $x = a$ で連続である. 次の定理で見るように, $n \neq 0$ がどんな実数でも $x = a > 0$ で連続であるが, その証明には指数・対数関数を使うので, ここでは直接の証明を与える. また, $n = 0$ の時は, 0^0 が定義されていないので, $x = 0$ では連続性について何も言えない. しかし, 定数 c について, 関数 $y = c$ は $\lim_{x \to a} c = c$ であるから, 常に連続である. 以上から全ての多項式関数 $y = c_0 + c_1 x + c_2 x^2 + \cdots + c_n x^n$ は, 定理 6.3 (1) から常に連続である事が分かる.

(証明) $a > 0$ の時, まず極限の定義の注から, $na^n > \epsilon > 0,\ \ n(a+1)^{n-1} > \epsilon > 0$ となる ϵ について証明すればよい. そこで, $\delta = \min\left\{\dfrac{\epsilon}{nx^{n-1}}, \dfrac{\epsilon}{n(x+1)^{n-1}}\right\}$ とすると, $|x - a| < \delta$ ならば, $a - \delta < x < a + \delta$. 問題 2.2 より, $0 < a - \delta$ であるから

$$0 < (a-\delta)^n < x^n < (a+\delta)^n$$

さらに, 問題 2.2 で $x = a, \ \ y = a \pm \delta$ とすれば,

$$0 < a^n - (a-\delta)^n < \epsilon, \quad 0 < (a+\delta)^n - a^n < \epsilon$$

以上から,

$$-\epsilon < (a-\delta)^n - a^n < x^n - a^n < (a+\delta)^n - a^n < \epsilon$$

これは $|x^n - a^n| < \epsilon$ を意味する.

$a = 0$ の時は, 任意の $\epsilon > 0$ に対し, $\delta = \sqrt[n]{\epsilon}$ とすれば, $|x-0| < \delta$ ならば $|x^n - 0| < \delta^n = \epsilon$ より連続である.

$a < 0$ の時は, n が偶数ならば $x^n = (-x)^n$, n が奇数ならば $x^n = -(-x)^n$ であるから, 定理 6.3 より $a > 0$ の場合と $y = x$ の連続性から証明出来る. $y = x$ が常に連続になる事は, 任意の $\epsilon > 0$ に対し, $\delta = \epsilon$ と取る事で容易に証明出来る. □

この例は次のように証明するのが簡単である.

問題 6.2. (1) 関数 $y = x$ が全ての点で連続な事を直接証明せよ.
(2) (1) と定理 6.3 から $y = x^n$ が連続な事を証明せよ.

基本的な関数について, その連続性について証明して置こう.

定理 6.4. (1) 全ての実数 t に対し, べき関数 $y = x^t$ は $x = a > 0$ で連続.
(2) $a > 0$ として, 指数関数 $y = a^x$ は全ての点 $x = b$ で連続.
(3) $a > 0$ として, 対数関数 $y = \log_a x$ は点 $x = b > 0$ で連続.

(証明) (1) 対数の定義から, ある定数 c を固定した時, $x > 0$ ならば $x = c^{\log_c x}$. よって, $y = x^t = c^{t \log_c x}$ となるから, (2), (3), 定理 6.3 (4) から連続である.

(2) $a = 1$ の時は $y = 1$ であるから連続である. $1 > a > 0$ の時は下の問題のように $a > 1$ の時と同じようにして証明出来る. そこで, $a > 1$ の場合を証明する. 極限の定義の注から, $a^b > \epsilon > 0$ となる任意の ϵ を考える. すると, $0 < 1 - \dfrac{\epsilon}{a^b} < 1$, $\quad 1 < 1 + \dfrac{\epsilon}{a^b}$ であるから, 定理 2.5 (6) より
$$\log_a \left(1 - \frac{\epsilon}{a^b}\right) < \log_a 1 = 0, \quad 0 < \log_a \left(1 + \frac{\epsilon}{a^b}\right)$$
そこで,
$$\delta = \min\left\{-\log_a \left(1 - \frac{\epsilon}{a^b}\right),\ \log_a \left(1 + \frac{\epsilon}{a^b}\right)\right\} > 0$$
とする. もし, $|x - b| < \delta$ ならば
$$\log_a \left(1 - \frac{\epsilon}{a^b}\right) \le -\delta < x - b < \delta \le \log_a \left(1 + \frac{\epsilon}{a^b}\right)$$
したがって問題 2.5 (4) から, 対数の定義 $s = a^{\log_a s}$ に注意して,
$$1 - \frac{\epsilon}{a^b} < a^{x-b} < 1 + \frac{\epsilon}{a^b}$$
$$a^b - \epsilon < a^b a^{x-b} = a^x < a^b + \epsilon$$
これは $|a^x - a^b| < \epsilon$ を意味する.

(3) $a > 1$ の時を証明する. $0 < a < 1$ の時は同様にして証明出来る.

任意の $\epsilon > 0$ に対し, 問題 2.5 (4) より, $1 = a^0 < a^\epsilon$, $\quad a^{-\epsilon} < a^0 = 1$ であるから, $b(a^\epsilon - 1) > 0$, $\quad b(a^{-\epsilon} - 1) < 0$. そこで, $\delta = \min\{b(a^\epsilon - 1), -b(a^{-\epsilon} - 1)\} > 0$ とする. もし $|x - b| < \delta$ ならば,
$$b(a^{-\epsilon} - 1) \le -\delta < x - b < \delta \le b(a^\epsilon - 1)$$

$$ba^{-\epsilon} < x < ba^{\epsilon}$$

定理 2.5 (6) から $\log_a b - \epsilon < \log_a x < \log_a b + \epsilon$, つまり $|\log_a x - \log_a b| < \epsilon$. □

問題 6.3. (1) $0 < a < 1$ の時, 上の定理 (2) の証明の中で

$$\log_a\left(1 - \frac{\epsilon}{a^b}\right) > \log_a 1 = 0, \quad 0 > \log_a\left(1 + \frac{\epsilon}{a^b}\right)$$

に注意して, 同じようにして (2) を証明せよ.

(2) $0 < a < 1$ では, 不等号の向きが変わる事に注意して, 上の証明のようにして, (3) を証明せよ.

べき関数の連続性の応用として, 定理 6.2 から次の定理を得る.

定理 6.5. (1) 任意の実数 x に対して, $\lim_{n\to\infty}\left(1 + \frac{x}{n}\right)^n = e^x$.

(2) 全ての x に対して, $e^x \geq 1 + x$. $x < 1$ ならば $e^x \leq \dfrac{1}{1-x}$.

(証明) (1) $x = 0$ の時は両辺は 1 になるから成り立つ. $x \neq 0$ とすると, $\lim_{n\to\infty} \dfrac{n}{x} = \pm\infty$ であるから, 定理 5.2 と定理 5.3 から, $\lim_{n\to\infty}\left(1 + \dfrac{1}{\frac{n}{x}}\right)^{\frac{n}{x}} = e$ である. そこで, べき関数の連続性と定理 6.2 から

$$\lim_{n\to\infty}\left(1 + \frac{x}{n}\right)^n = \lim_{n\to\infty}\left\{\left(1 + \frac{1}{\frac{n}{x}}\right)^{\frac{n}{x}}\right\}^x = \left\{\lim_{n\to\infty}\left(1 + \frac{1}{\frac{n}{x}}\right)^{\frac{n}{x}}\right\}^x = e^x$$

(2) $x > 0$ の時は, ベルヌイの不等式 (例 1.8 (2)) から, $\left(1 + \dfrac{x}{n}\right)^n > 1 + n\dfrac{x}{n} = 1 + x$ であるから, (1) より $e^x \geq 1 + x$.

$0 < x < 1$ の時は, 問題 1.2 (2) から, $\left(1 + \dfrac{-x}{n}\right)^n = \left(1 - \dfrac{x}{n}\right)^n > 1 - n\dfrac{x}{n} = 1 - x$ であるから, (1) から $e^{-x} = \dfrac{1}{e^x} \geq 1 - x$. したがって, $\dfrac{1}{1-x} \geq e^x$.

$x = 0$ の時はどちらの不等式の両辺も 1 になるから, 成り立つ.

$x < 0$ の時, $-x > 0$ であるから, $e^{-x} \geq 1 - x$ となり, $\dfrac{1}{1-x} \geq e^x$.

$-1 < x < 0$ ならば, $0 < -x < 1$ であるから, $e^{-x} \leq \dfrac{1}{1+x}$ となり, $1 + x \leq e^x$.

$x \leq -1$ ならば $e^x > 0 \geq x + 1$. □

中間値の定理

連続関数の性質を論ずる上で, 次の定理が最も基本的である. この定理は微積分の基礎のいたる所に表れる非常に重要な定理である. また, 内容は, つながっているグラフを考えれば当たり前の事実に見えるが, ここまでで与えた厳密な定義を元にして初めて証明可能になる.

定理 6.6 (中間値の定理). (1) 関数 $f(x)$ が閉区間 $[a,b]$ で連続で $f(a) \neq f(b)$ ならば, $f(x)$ は (a,b) において $f(a)$ と $f(b)$ の間の全ての値を取る.

(2) 関数 $f(x)$ が閉区間 $[a,b]$ で連続で $f(a)$ と $f(b)$ が異符号ならば, $f(c) = 0$ となる点が (a,b) にある.

(証明) (1) (2) はこれの特殊な場合であるが, (2) を仮定して証明する. $f(a)$ と $f(b)$ の間の任意の値を k とする. $g(x) = f(x) - k$ とすると, $f(a) > k > f(b)$ または $f(a) < k < f(b)$ である. どちらの場合でも, $g(a) = f(a) - k$ と $g(b) = f(b) - k$ は異符号になる. したがって, (2) から $g(c) = f(c) - k = 0$ となる点がある.

(2) $f(a) < 0$ の時は $-f(x)$ を考えればよいから, $f(a) > 0$ と仮定する. すると $f(b) < 0$. 今, $X = \{x \in [a,b] | f(x) > 0\}$ とすると, この集合は有界であるから上限 $c = \sup X$ がある.

$f(c) > 0$ と仮定すると, 実数の性質 4) から, $f(c) > \epsilon > 0$ となる ϵ がある. 連続性から, ある $\delta > 0$ があり $|x - c| < \delta$ ならば $|f(x) - f(c)| < \epsilon$ となる. その時, $-\epsilon < f(x) - f(c)$ から $0 < f(c) - \epsilon < f(x)$. 今, $c < x < c + \delta$ となる x を取ると, $f(x) > 0$ となり, c が X の上限である事に反する. したがって, $f(c) \leq 0$.

$f(c) < 0$ と仮定する. 前と同様に $f(c) < -\epsilon < 0$ となる $\epsilon > 0$ と $\delta > 0$ があり, $|x - c| < \delta$ ならば $|f(x) - f(c)| < \epsilon$. その時, $f(x) - f(c) < \epsilon$ より $f(x) < f(c) + \epsilon < 0$. 今, c は X の上限であるから, $c - \delta$ は上界でない. つまり, $c - \delta < x$ となる $x \in X$ がある. ここで, c は上界であるから, $x \leq c$ である. $|x - c| = c - x < \delta$ であるから, 上で述べた事より $f(x) < 0$ であるが, $x \in X$ は $f(x) > 0$ を意味するから矛盾する.

以上から $f(c) = 0$ 以外ありえない. $\square$

次の定理もよく使われる基本的な定理である.

定理 6.7 (ワイエルストラス). 関数 $f(x)$ が閉区間 $[a,b]$ で連続ならば, そこで最大値および最小値を取る. すなわち, ある点 $c, d \in [a,b]$ があって, 全ての $x \in [a,b]$ に対し $f(d) \leq f(x) \leq f(c)$.

(証明) 最小値の存在はまったく同様に証明出来るので, ここでは最大値の存在を示す.
まず $F = \{f(x) | x \in [a,b]\}$ が上に有界な事を示す. もしも有界でないならば, 全ての自然数 n に対し, $f(a_n) > n$ となる点 $a_n \in [a,b]$ が存在する事になる. すると, ワイエルストラスの集積点定理 (定理 3.10) から, 部分列 $\{a_{n_i}\}$ があり, $\lim_{i \to \infty} a_{n_i} = \alpha \in [a,b]$ が存在する. $\{n_i\}$ は増大列であるから $f(a_{n_i}) > n_i$ より, $\lim_{i \to \infty} f(a_{n_i}) = \infty$. 連続性から, これは $f(\alpha) = \infty$ である. しかし $f(x)$ は連続であるから $f(\alpha)$ は有限な値でなければならないから矛盾する. 以上から F は上に有界である.

実数の性質 5) から, 上限 $M = \sup F$ が存在する. すると, 任意の自然数 n に対して $M - \dfrac{1}{n}$ は上界でないので, $M - \dfrac{1}{n} < y_n \in F$ となる y_n がある. M は F の上界であるから, $y_n \leq M$ であり, $\lim_{n \to \infty} y_n = M$. 一方, F の定義から $y_n = f(x_n)$, $x_n \in [a,b]$. ワイエ

ルストラスの集積点定理から,部分列 $\{x_{n_i}\}$ があり $\lim_{i\to\infty} x_{n_i} = c$ が存在する.連続性から $f(c) = \lim_{i\to\infty} f(x_{n_i}) = \lim_{i\to\infty} y_{n_i} = M$.以上から,$f(c) = M$ が最大値である.　　□

逆関数

中間値の定理の応用として,連続関数の逆関数について考えよう.まず次の定義をしておく.

定義 6.2. 関数 $y = f(x)$ は,開区間 (a,b) で定義され,「$a < x' < x'' < b$ ならば $f(x') \leq f(x'')$」が常に成り立つならば,(a,b) で単調に増加と言い,「$a < x' < x'' < b$ ならば $f(x') < f(x'')$」が成り立つならば,強い意味で単調増加と呼ぶ.また,「$a < x' < x'' < b$ ならば $f(x') \geq f(x'')$」が成り立つならば,(a,b) で単調に減少と言い,「$a < x' < x'' < b$ ならば $f(x') > f(x'')$」ならば強い意味で単調減少と呼ぶ.(a,b) で単調に増加する関数または減少する関数の事を単調と言い,強い意味で増加または減少ならば強い意味で単調と言う.

条件 $a < x' < x'' < b$ は単に $x' < x''$ と $x', x'' \in (a,b)$ を意味しているだけであるから,これを $a \leq x' < x'' \leq b$ にすると,閉区間 $[a,b]$ で単調の定義が得られる.

この本で扱う関数の大部分は,その定義域の一部分に範囲を限ると単調な関数になる.関数 $y = f(x)$ の導関数が連続で,さらにある開区間でその微分係数 $f'(x)$ が 0 にならないならば,その関数はその開区間で単調になる.よって,$f'(x) = 0$ の解を大きさの順に並べた時,各解の間の区間で $f(x)$ は単調になる.関数の増減表はこの事実を元にして作られている.

単調関数の基本性質は次の定理である.

定理 6.8. (1) 関数 $y = f(x)$ が開区間 (a,b) で単調ならば,$\alpha = \lim_{x\to a+0} f(x)$,$\beta = \lim_{x\to b-0} f(x)$ が有限な値で存在するか,$\pm\infty$ である.
(2) 関数 $y = f(x)$ が閉区間 $[a,b]$ で単調であり,$f(a)$ と $f(b)$ の間の全ての値を取るならば,$[a,b]$ で連続である.

(証明) (1) $y = f(x)$ が単調に増加する時の $\lim_{x\to b} f(x)$ の存在を証明する.他の場合も同様である.

まず,任意の単調増加数列 $\{a_n\}$ で $\lim_{n\to\infty} a_n = b$ となるものを取ると,$\{f(a_n)\}$ は単調増加数列であるから,定理 3.6 からその極限 β が存在する.

次に,任意の数列 $\{b_n\}$ で $\lim_{n\to\infty} b_n = b$ となるものを取る.$\lim_{n\to\infty} a_n = b$ から,各 b_n に対し $b - a_i < b - b_n$ となる自然数 i があり,その中で最小のものを i_n とする.つまり

$$b - a_{i_n} < b - b_n \leq b - a_{i_n - 1}. \text{ よって } a_{i_n - 1} \leq b_n < a_{i_n}$$

また $f(x)$ は単調増加であるから

$$f(a_{i_n - 1}) \leq f(b_n) < f(a_{i_n})$$

$\{i_n\}$ は増加数列であるから, $\{a_{i_n}\}$ も増加数列で, 上の不等式の両側は β に収束するから, $f(b_n)$ もそこに収束する.

定理 5.2 より本定理は証明された.

(2) 矛盾法による. $f(x)$ が $c \in (a,b)$ で不連続とすると, (1) より,

$$\gamma_- = \lim_{x \to c-0} f(x), \ \gamma_+ = \lim_{x \to c+0} f(x)$$

が存在するから, $\gamma_- \neq \gamma_+$ となる. ところが, この時 $f(x)$ は γ_- と γ_+ の中間の値を取らない事になり, 仮定に矛盾する. 両端でも同様に証明される. □

問題 6.4. (1) $f(x)$ が $[a,b]$ で単調増加の時, $f(x)$ は $\gamma_- = \lim_{x \to c-0} f(x)$ と $\gamma_+ = \lim_{x \to c+0} f(x)$ の間の値を取らない ($f(c)$ を除く) 事を示せ.

ヒント $\gamma_- \leq f(c) \leq \gamma_+$ を示し, $a \leq x < c, \ c < x \leq b$ の 2 通りの場合に分けて $f(x)$ が (γ_-, γ_+) の範囲にない事を示す.

(2) 単調増加の時, $x = a$ で連続な事を示せ.

定義 1.2 (2) の逆写像の定義を思い出そう. 全単射 $y = f(x), x \mapsto y$ の逆写像は $x = f^{-1}(y), y \mapsto x$ である. 変数の文字にこだわらなければ $y = f^{-1}(x)$ と書く. どちらにしろ, 肝心な事は $b = f(a)$ と $f^{-1}(b) = a$ が同値な事である.

例 6.2. (1) $y = x$ の逆関数は自分自身である.

(2) $y = x^2 : [0, \infty) \to [0, \infty)$ の逆関数は $y = \sqrt{x} : [0, \infty) \to [0, \infty)$;
$$y = x^2 \Leftrightarrow \sqrt{x} = y$$

(3) $y = x^n : [0, \infty) \to [0, \infty) \ (n \in \mathbf{N})$ の逆関数は $y = \sqrt[n]{x} : [0, \infty) \to [0, \infty)$;
$$y = x^n \Leftrightarrow \sqrt[n]{y} = x$$

(4) $y = a^x : \mathbf{R} \to (0, \infty)$ の逆関数は $y = \log_a x : (0, \infty) \to \mathbf{R}$;
$$y = a^x \Leftrightarrow \log_a y = x$$

(5) $y = \sin x : [-\frac{\pi}{2}, \frac{\pi}{2}] \to [-1, 1]$ の逆関数は $y = \mathrm{Sin}^{-1}(x) : [-1, 1] \to [-\frac{\pi}{2}, \frac{\pi}{2}]$;
$$y = \sin x \Leftrightarrow \mathrm{Sin}^{-1} y = x$$
これは $\mathrm{Sin}^{-1} x$ の定義であり, 9 節で詳しく解説する.

例 1.1 (3) の $y = x^2$ の例のように, 一般の関数が逆写像を持つとは限らないが, その定義域の一部では持つ時がある. 関数 $y = f(x)$ が閉区間 $[a,b]$ や開区間 (a,b) で強い意味で単調連続の場合がそうである.

定理 6.9. 関数 $y = f(x)$ が閉区間 $[a,b]$ で連続で, 強い意味で単調ならば, $f : [a,b] \to [f(a), f(b)]$ または $f : [a,b] \to [f(b), f(a)]$ は全単射になる. その区間での, 逆関数 $y = f^{-1}(x)$ は強い意味で単調な連続関数になる.

(証明) $a \neq b$ で, 関数 $y = f(x)$ が強い意味で単調増加の場合を証明する. 減少の場合も証明は同じである.

$f(a) < f(b)$ であるから, $f : [a,b] \to [f(a), f(b)]$ となる事に注意する. 中間値の定理によりこの関数は全射である. 一方, $f(x') = f(x'')$ で $x' \neq x''$ とする. $x' < x''$ または $x' > x''$ であり, 強い意味で単調であるから $f(x') < f(x'')$ または $f(x') > f(x'')$ となり矛盾する. したがって, f は単射である. 以上から全単射.

$y' = f(x')$, $y'' = f(x'')$ と置くと, 逆関数の定義は $x' = f^{-1}(y')$, $x'' = f^{-1}(y'')$ を意味する. 今 $y' < y''$ とする. そこでもし $x' \geq x''$ ならば, 単調性から $y' \geq y''$ となり矛盾するから, $x' < x''$ である. これは逆関数 $x = f^{-1}(y)$ が強い意味で単調増加になる事を意味する.

$f^{-1} : [f(a), f(b)] \to [a,b]$ は単調で全射であるから, 定理 6.8 (2) から連続である. □

問題 6.5. 上の定理を単調減少の場合に証明せよ.

問題 6.6. 次の関数の逆関数を求めよ. ここで $y = f(x)$ を変形して x を y の式で表わせば, それが逆関数である.

(1) $y = 2x + 3 : \mathbf{R} \to \mathbf{R}$ (2) $y = x^2 - 2x - 3 = (x-1)^2 - 4 : [1, \infty) \to [-4, \infty)$

(3) $y = 5^{3x} : \mathbf{R} \to (0, \infty)$ (4) $y = \dfrac{1}{2x-1} : [1, 2] \to \left[\dfrac{1}{3}, 1\right]$

7. 実数の公理と集合論による数の体系

実数の理論の厳密化

これまで述べてきたように,極限や微積分を扱う時,実数の理論は最も基本になる理論である.実数の理論が論理的にあやふやであると数学全体の論理的正しさが疑われる事になる.そこで,改めて実数の理論を厳密に基礎づける必要がある.そこで,この節ではその理論の概略を紹介する事になる.数学はその基礎の部分,一般的には当たり前と思われている部分が一番難しい.実際に,このような形の実数の理論が始まったのは19世紀半ばのカントールによる集合論という革新的な概念が現れた時であり,一応完成したのは20世紀に入ってからである.

実数の集合を厳密に与えるためには,存在と唯一性の2段階の過程が必要になる.まず最初は実数の集合が実際に存在する事を見るために,自然数から始めて順に実数の集合までを厳密に定義する必要がある.困難は有理数から実数を得る段階に現れる.次に,実数の集合を特徴づける実数の公理を見つけ,この公理を満たす集合はただ一つである事を証明する必要がある.詳しく言うと,公理を満たす集合が二つあれば(それを X, Y とする),その間に全単射 $f : X \to Y$ があり,それは四則演算,順序,極限などを保つという事である.この f により X, Y は同じものとみなされる.

最初に,実数までの数を順に集合論で定義していこう.

自然数のペアノの公理系

自然数の集合は,空集合 ϕ を使って次のように定義される.

$$\mathbf{N} = \{\{\phi\}, \quad \{\phi, \{\phi\}\}, \quad \{\phi, \{\phi\}, \{\phi, \{\phi\}\}\}, \quad \cdots \}$$

ϕ は要素を持たない集合であるが,$\{\phi\}$ は空集合をただ一つの要素とする集合であり,ϕ とは違う集合である事に注意する.$\mathbf{N}$ の要素 A は,集合 $\{\phi\}$ から始まって,順に定義していく.A は n 個の要素を持つ集合でありすでに定義されているとする.$\{A\}$ は集合 A をただ一つの要素とする集合である.そこで,その次の集合 A' を $A' = A \cup \{A\} = \{\cdots, A\}$ と定義する.こうして順に定義された集合全てを要素とする集合が $\mathbf{N}$ である.これ以上は詳しく説明しないので,興味があるようなら自分で調べて欲しい.

さて,自然数の集合を特徴づける公理系を考えよう.著しい特徴は,各自然数 n にはその次の自然数 $n+1$ があるという事である.これを公理として採用したのがペアノであるが,集合論を使って下のように定式化したのはデデキンドである.

定義 7.1 (ペアノの公理系). 特別な要素 1 を含み,次の公理を満たすような自分自身への写像 $S : N \to N$ が与えられているような集合 N を自然数の集合と呼ぶ.$S(n)$ を n の次の要素と呼ぶ.

P 1) S は単射である.

P 2) $S(n) = 1$ となる要素 $n \in N$ はない.

P 3) N の部分集合 M が 1 を含み, 任意の $n \in M$ に対し $S(n) \in M$ となるならば, $M = N$.

素朴に考えた自然数の集合 $\mathbf{N} = \{1, 2, \cdots\}$ は, $S(n) = n+1$ とする事で, 上の公理を満たす. P 1) は $n+1 = m+1$ ならば $n = m$ だから, 明らかである. P 2) は $n+1 = 1$ となる自然数はないから正しい. P 3) は数学的帰納法である. ある命題 P の成り立つ部分集合を M とした時, 1 で成り立つ事を確認する. これが $1 \in M$ である. 次に n で成り立つ事を仮定して $(n \in M)$, $S(n) = n+1$ で成り立つ事 $(S(n) \in M)$ を証明する. すると全ての自然数について P が成り立つ事 $(M = \mathbf{N})$ が分かる.

次の定理はこのような集合は本質的にただ一つである事を保証している. それで, P 1), P 2), P 3) を満たす集合を $\mathbf{N}$ と書く事にする.

定理 7.1. 二つの集合 N, N', 要素 $1 \in N, 1' \in N'$, 写像 $S : N \to N, S' : N' \to N'$ があり, P 1), P 2), P 3) を N, N' のどちらも満たしているならば, 全単射 $f : N \to N'$ があり, $f(1) = f(1'), f(S(n)) = S'(f(n))$ となる.

このように自然数の集合を定義したが, そこには加法, 乗法, 大小関係はまだ定義されていない. 以下新たに定義する.

まず加法を定義する. $m+1$ は $S(n)$ で定義し, 数学的帰納法により, $m+n$ が定義されたとして, $m + S(n)$ を $S(m+n)$ により定義する. 乗法も $m \cdot 1 = m$ から始めて, 数学的帰納法により, $m \cdot n$ が定義されたとして $m \cdot S(n) = m \cdot n + m$ と定義する. 次に大小関係は, $n + k = m$ となる k がある時 $n < m$ と定義する. $n \leq m$ は $n < m$ または $n = m$ の時である. 加法・乗法・大小関係がこうして定義されたら, これらについての性質はすでによく知っているから, それを自由に使ってよい, と思うかも知れないが, それは間違っている. それらの性質は, この加法・乗法の定義からはまだ証明されていないから, まだ使ってはいけない. 定義から証明するべき基本的な性質は次の通りである. これらの定義からの証明は長く, 同じ事の繰り返しであるので省略し, 以降は証明されたものとして使用するが, 本来は証明が必要である.

演算 N1) (交換法則) $n + m = m + n, n \cdot m = m \cdot n$

演算 N2) (結合法則) $n + (m + l) = (n + m) + l, n \cdot (m \cdot l) = (n \cdot m) \cdot l$

演算 N3) (分配法則) $n \cdot (m + l) = n \cdot m + n \cdot l$

演算 N4) (単位元) 特別な要素 1 があり, 全ての要素 n に対し $1 \cdot n = n$

演算 N5) (整域) $nm = nm'$ ならば $m = m'$

順序 1) (全順序) 任意の二つ要素 n, m に対し $n \leq m$ または $m \leq n$

順序 2) (反射法則) $n \leq n$

順序 3) (反対称法則) $n \leq m$ かつ $m \leq n$ ならば $n = m$

順序 4) (推移法則) $n \leq m$ かつ $m \leq l$ ならば $n \leq l$

順序 5) (演算との両立) $n \leq m$ ならば $n + l \leq m + l$ であり $n \cdot l \leq m \cdot l$

直積と同値関係

上で定義した $\mathbf{N}$ を元にして,整数,有理数,そして実数の集合をこれから順に定義していくが,その前に,与えられた集合から新しい集合を作る方法をいくつか述べておく.ここで論じる方法はこれから実際に使う事になる.

まず一番簡単な方法は,与えられた集合からその部分集合を取る事である.次に有用なのは直積である.集合 X の要素 x と Y の要素 y の組 (x,y) 全体の集合を X と Y の直積と呼び,$X \times Y$ と書く.$X \times Y = \{(x,y) | x \in X, y \in Y\}$.これは X, Y よりも真に大きな集合であるから,これから頻繁に使用する事になる.

次に元になる集合と質の違う集合を作るのに使われるのは,同値関係を利用する方法である.集合 X を考え,$X \times X$ の部分集合 R を一つ固定する.X の二つの要素 x, y は $(x,y) \in R$ の時,R-関係にあるといい,$x \sim y$ と書く.数の間の大小関係も,この意味の関係であり,反射法則,反対称法則,推移法則が成り立つ関係を順序関係と呼んでいる.

さて,関係 $x \sim y$ について次の事が成り立つならば,同値関係と呼ぶ.

同値 1) (反射法則) 全ての $x \in X$ について,$x \sim y$

同値 2) (対称法則) $x \sim y$ ならば $y \sim x$

同値 3) (推移法則) $x \sim y$ かつ $y \sim z$ ならば $x \sim z$

$x \sim y$ が同値関係であるならば,任意の要素 $x \in X$ に対して部分集合 $[x]$ を $[x] = \{y | x \sim y, y \in X\}$ で定義して,x を含む同値類と呼び,$[x]$ の要素を $[x]$ の代表元と呼ぶ.すると,反射法則から $x \in [x]$ であり,対称法則から $y \in [x]$ ならば $x \in [y]$,推移法則と対称法則から $[x] \cap [y] \neq \phi$ ならば $x \sim y$.さらに $x \sim y$ ならば $[x] = [y]$ も示される.以上から,X は同値類 $[x]$ 全部の和集合であり,この同値類同士は $[x] \cap [y] = \phi$ または $[x] = [y]$ となる事が分かる.この同値類全部を要素とする集合を同値関係 $\sim$ による商集合と呼び,$X/\sim$ と書く.$X/\sim = \{[x] | x \in X\}$.

整数

上で定義した自然数の集合 $\mathbf{N}$ から整数の集合 $\mathbf{Z}$ を作るには,全ての整数 p は二つの自然数 n, m の差になる事を利用する $(p = n - m)$.$\mathbf{N} \times \mathbf{N} = \{(n, m) | n, m \in \mathbf{N}\}$ の二つの要素 $(n, m), (n', m')$ は $n + m' = n' + m$ の時 $(n, m) \sim (n', m')$ と書く事にすると,これは同値関係になる.つまり,反射法則,対称法則,推移法則が $\mathbf{N}$ で成り立つ法則から導かれる.整数の集合は $\mathbf{Z} = \mathbf{N} \times \mathbf{N}/\sim$ により定義される.加法は $[(n, m)] + [(n', m')] = [(n + m, m + m')]$ で定義される.これが代表元の取り方によらない事の証明は省略する.乗算は $(n-m)(n'-m') = nn' + mm' - (nm' + n'm)$ を考慮して,$[(n, m)] \cdot [(n', m')] = [(n \cdot n' + m \cdot m', n \cdot m' + n' \cdot m)]$ により定義される.これも代表元の取り方によらない事の証明は省略する.

記号の煩雑さを避けるため $\mathbf{Z}$ の要素を $p = [(n, m)]$ のように文字で表す.特別な同値類 $[(1,1)] \in \mathbf{Z}$ を記号 0 表す.また,$p = [(n, m)]$ に対し,要素 $-p$ を $[(m, n)]$ で定義する.減算 $p - q$ は $p + (-q)$ で定義される.

次に, 部分集合 $N, N_- \subset \mathbf{Z}$ を $N = \{[(n+1, 1)] | n \in \mathbf{N}\}, N_- = \{[(1, n+1)] | n \in \mathbf{N}\}$ で定義する. $\mathbf{Z} = N_- \cup \{0\} \cup N$ であり, N は $\mathbf{N}$ と同一視出来, 正の数の集合を表す. N_- は負の数の集合である. $p < q$ は $q - p \in N$ によって, 定義される. 順序 $p \leq q$ は $p < q$ または $p = q$ と定義する.

上で定義した $+, \cdot, \leq$ の性質は次の通りである. 証明は省略する.

演算 Z1) (交換法則) $p + q = q + p, p \cdot q = q \cdot p$

演算 Z2) (結合法則) $p + (q + r) = (p + q) + r, p \cdot (q \cdot r) = (p \cdot q) \cdot r$

演算 Z3) (分配法則) $p \cdot (q + r) = p \cdot q + p \cdot r$

演算 Z4) (単位元) 特別な要素 1 があり, 全ての要素 p に対し $1 \cdot p = p$.

演算 Z5) (零元) 特別な要素 0 があり, 全ての要素 p に対し $p + 0 = p$.

演算 Z6) (加法の逆元) 全ての要素 p に $p + q = 0$ となる要素 q がある. この q を $-p$ と書く.

演算 Z7) (整域) $pq = pr$ で $p \neq 0$ ならば $q = r$. これは $pq = 0$ ならば $p = 0$ または $q = 0$ と同値である.

順序 1) (全順序) 任意の二つ要素 p, q に対し $p \leq q$ または $q \leq p$

順序 2) (反射法則) $p \leq q$

順序 3) (反対称法則) $p \leq q$ かつ $q \leq p$ ならば $p = q$

順序 4) (推移法則) $p \leq q$ かつ $q \leq r$ ならば $p \leq r$

順序 5) (演算との両立) $p \leq q$ ならば $p + r \leq q + r$ であり, $r > 0$ ならば $p \cdot r \leq q \cdot r$

環, 整域, 体

整数の集合 $\mathbf{Z}$ の性質を整理しよう. ある集合 A に二つの演算, 加法 $+$ と乗法 $\cdot$ が定義されていて, 演算 Z2)-Z6) (結合法則, 分配法則, 単位元と零元の存在, 加法の逆元の存在) と, 加法についての交換法則が成り立つ時, A を環と呼ぶ. 特に乗法について可換法則が成り立つならば可換環と呼ぶ. 可換環で演算 Z7) が成り立つものは整域と呼ばれる.

ある集合の「順序関係」は, 上の順序 2), 3), 4) (反射法則, 反対称法則, 推移法則) が成り立つ時であった. さらに上の順序 1) が成り立つ時, 全順序関係と呼ぶ. さらに, A が環で, 全順序関係が定義されていて上の順序 5) が成り立てば, 加法乗法と両立する順序関係と呼ばれ, A は順序環と呼ばれる. 以上から $\mathbf{Z}$ の性質をまとめると, 次の定理になる. この定理の (2) は $\mathbf{Z}$ が, 本質的にただ一つである事を意味している.

定理 7.2. (1) $\mathbf{Z}$ は整域であり, 順序環になる.

(2) $\mathbf{Z}$ は $\mathbf{N}$ を含む最小の整域である.

次の目標は $\mathbf{Z}$ から有理数の集合を定義する事であるが, 任意の有理数 $a \neq 0$ に対して $\dfrac{1}{a}$ という有理数がある事を, 次の法則にする.

(乗法の逆元) $a \neq 0$ ならば, $ab = 1$ となる要素 b がある. この b を a^{-1} と書く.

環 K がこの法則 (乗法の逆元) を満たす時, 体と呼ぶ. さらに可換環でもあるならば, 可換体と呼ぶ. 可換体ならば整域である事に注意する. もし, 体が加法乗法と両立する全順序を持つなら, 順序体と呼ばれる. これから調べるが, 有理数の集合も実数の集合も可換体であり, しかも加法乗法に両立する全順序がある. これが 2 節で述べた, 有理数と実数に共通な性質 1), 2) の厳密な記述である.

有理数

さて, 話を元に戻して, $\mathbf{Z}$ から有理数の集合を定義しよう. そのために, 全ての有理数 a が $a = \dfrac{p}{q}$ ($p, q \neq 0 \in \mathbf{Z}$) という分数で表される事に注目する. そこで集合 $\mathbf{Z} \times \mathbf{Z} = \{(p,q) | p, q \in \mathbf{Z}, q \neq 0\}$ を考え, そこに同値関係 $(p,q) \sim (p', q')$ を, $p \cdot q' = q \cdot p'$ となる事と定義する. これが同値関係になる事は同値 1), 2), 3) を確かめれば分かる. そこで, 集合 $\mathbf{Z} - 0$ を $\mathbf{Z} - 0 = \{q | q \in \mathbf{Z}, q \neq 0\}$ により定義して, $\mathbf{Q} = \mathbf{Z} \times (\mathbf{Z} - 0) / \sim$ と定義する.

加法は $[(p,q)] + [(s,t)] = [(p \cdot t + q \cdot s, q \cdot t)]$ で, 乗法は $[(p,q)] \cdot [(s,t)] = [(p \cdot s, q \cdot t)]$ で定義する. これが代表元の選び方によらない事の証明は省略する. 整数の時と同様に $\mathbf{Q}$ の要素の同値類を文字を使って, $a = [(p,q)]$ のように表す. そして, $0, 1$ はそれぞれ $0 = [(0,1)] = \{(0,q) | q \neq 0\}, 1 = [(1,1)] = \{(p,p) | p \neq 0\}$ と定義される特別な要素である. この時, $\mathbf{Q}$ は可換体になる. 例えば逆元の存在は次のように確かめられる. $[(p,q)] + [(-p,q)] = [(0, q \cdot q)] = 0$. $[(p,q)] \neq 0$ ならば $p \neq 0$ であるから, $[(p,q)] \cdot [(q,p)] = [(p \cdot q, q \cdot p)] = 1$.

また, $\mathbf{Q}$ の部分集合 $Q_+ = \{[(p,q)] | p > 0, q > 0\}, Q_- = \{[(p,q)] | p < 0, q > 0\}$ を考えると, $\mathbf{Q} = Q_- \cup \{0\} \cup Q_+$ である. そこで $a < b$ を $b - a \in Q_+$ により定義し, $a \leq b$ を $a < b$ または $a = b$ により定義する. Q_+ の要素を正の有理数, Q_- の要素を負の有理数と呼ぶ. また, 部分集合 $Z = \{[(p,1)] | p \in \mathbf{Z}\}$ は $\mathbf{Z}$ と同じものとみなされる. $N \subset Z \subset \mathbf{Q}$.

次の定理は, $\mathbf{Q}$ が 2 節で述べた有理数と実数に共通な性質 1)-4) が実際に成り立つ事を言っている. また, (2) は $\mathbf{Q}$ が本質的にただ一つである事を保証している.

定理 7.3. (1) $\mathbf{Q}$ は可換順序体である.

(2) $\mathbf{Q}$ は可換環 $\mathbf{Z}$ を含む最小の体である.

(3) $\mathbf{Q}$ ではアルキメデスの原理が成り立つ. すなわち, どんな二つの正の有理数 $a, b \in \mathbf{Q}$ に対しても ある自然数 $n \in N$ があり, $b < n \cdot a$.

(4) $\mathbf{Q}$ は稠密である. すなわち, どんな二つの有理数 $a < b$ に対しても ある有理数 c があり, $a < c < b$.

これからは, $\mathbf{N}$ と N, $\mathbf{Z}$ と Z の区別をせずに全て $\mathbf{N}, \mathbf{Z}$ と書く事にする. また, 乗法 $a \cdot b$ を略して ab と, 除法 $a \cdot b^{-1}$ を $\dfrac{a}{b}$ と略して書く事にする.

デデキントの切断

さて, $\mathbf{Q}$ から実数の集合を定義する方法は, これまで見てきたような方法とは質的に違ってくる. 問題になるのは極限をどのように定式化するかである. 代表的な方法には次のようなものがある.

(1) (カントール) 有理数のコーシー列全部の集合 F を考える. 差の数列が 0 に収束するという同値関係 $\sim$ を導入して, $\mathbf{R} = F/\sim$ と定義する. この操作は完備化と呼ばれる.

(2) (バックマン) 有理数だけを区間の点とする, 縮小区間列を使用する方法.

(3) (デデキント) 実数を有理数の切断として捉える方法.

この中で, (1) は最も応用範囲の広い定義の仕方で, 実数は有理数の極限であるという直感によく合っている上, 実数以外にも幾何学で頻繁に使用される方法である. (2) は原理自体は古代から使われてきた自然な方法であるが, 実数の四則演算を定義するのに準備がかなり必要になる. (3) は最も抽象的な方法であるが, 理論的に非常に明晰であり, 準備がほとんど要らないという特徴がある. ここでは (3) により実数を構成する.

デデキントの切断の基本的なアイデアは, 実数と直線上の点とが1対1に対応しているという経験則による次の観測に基づいている. 直線 ℓ から1点 (実数) α を除くと二つの部分 $A = \{a | a < \alpha\}$, $B = \{b | b > \alpha\}$ に分かれ, $a \in A$, $b \in B$ ならば常に $a < b$ となる. 逆に, $a \in A$, $b \in B$ ならば常に $a < b$ となるように, 直線を二つの部分 A, B に分けると, A, B に挟まれた点 α が必ずあり $A = \{a | a \leq \alpha\}$, $B = \{b | b > \alpha\}$ または, $A = \{a | a < \alpha\}$, $B = \{b | b \geq \alpha\}$ となる.

定義 7.2 (デデキントの切断). $\mathbf{Q}$ の部分集合の対 (A, B) は次の条件が成り立っている時, 切断と呼ばれる.

(1) 全ての有理数は集合 A, B のちょうどどちらか一つに含まれ, A, B は共通部分を持たない. $\mathbf{Q} = A \cup B$, $A \cap B = \phi$. 言い換えると $\mathbf{Q}$ を全体集合として, A, B はお互いの補集合になっている. $\overline{A} = B, \overline{B} = A$.

(2) A, B はどちらも空集合ではない. $A \neq \phi, B \neq \phi$.

(3) A の任意の要素は B の任意の要素よりも小さい. $a \in A, b \in B$ ならば $a < b$.

(4) B には最小になる要素はない.

切断全部の集合を $\mathbf{R}$ で表し, その要素を実数と呼ぶ.

全ての有理数 $r \in \mathbf{Q}$ は, $A = \{a | a \leq r, a \in \mathbf{Q}\}$, $B = \{b | b > r, b \in \mathbf{Q}\}$ と置く事により, 切断 (A, B) を定義する. この対応により, $\mathbf{Q} \subset \mathbf{R}$ とみなす. 特に $0, 1 \in \mathbf{R}$. 二つの切断 $\alpha = (A, A')$, $\beta = (B, B')$ は $A \subset B$ の時, $\alpha \leq \beta$ と書く. この $\leq$ については, 証明は略すが, 順序 1)-4) が成り立ち, $\mathbf{R}$ の全順序になる.

以下, 証明は全て略すが, 加法乗法の定義の概略を与える. $\alpha = (A, A')$, $\beta = (B, B')$ に対し, $C = \{a + b | a \in A, b \in B\}$, $C' = \{a' + b' | a' \in A', b' \in B'\}$ とすると (C, C') は切断になり, $\alpha + \beta = (C, C')$ で加法を定義する. $\alpha = (A, A')$ に対し, $B' = \{-a | a \in A, a \neq \max A\}$, $B = \overline{B'}$ とすると, (B, B') も切断であり, $\alpha + (B, B') = 0$. そこで, $-\alpha = (B, B')$ と定義する. $\alpha - \beta = \alpha + (-\beta)$ と定義される.

次に乗法を定義しよう. まず $\alpha = (A, A') \geq 0$, $\beta = (B, B') \geq 0$ の時, $D' = \{a'b' | a' \in A', b' \in B'\}$, $D = \overline{D'}$ とすると (D, D') も切断になり, $\alpha \cdot \beta = (D, D')$ と定義する. さ

らに $\alpha = (A, A') > 0$ に対し, $B' = \{a^{-1} | a \in A, a > 0, a \neq \max A\}$, $B = \overline{B'}$ と置くと, (B, B') は切断になり, $\alpha \cdot (B, B') = 1$ となるから, $\alpha^{-1} = (B, B')$ と定義する.

一般の場合は, 任意の切断 γ が二つの切断 $\alpha \geq 0$, $\beta \geq 0$ により, $\gamma = \alpha - \beta$ となる事を示し, それから $\gamma = \alpha - \beta$, $\gamma' = \alpha' - \beta'$ に対し, $\mathbf{Z}$ の時と同様に,

$$\gamma \cdot \gamma' = \alpha \cdot \alpha' - \alpha \cdot \beta' - \alpha' \cdot \beta + \beta \cdot \beta'$$

と定義する. これが差の取り方によらない事が証明出来る. さらに逆元の存在は, $\gamma \neq 0$ ならば $\gamma \cdot \gamma > 0$ となる事を示し, それから, γ^{-1} を $\gamma \cdot (\gamma \cdot \gamma)^{-1}$ と定義すればよい.

このようにして, $\mathbf{R}$ について 2 節で述べた性質は全て証明される. 次の定理の (R1), (R2) は実数の性質 1), 2) を厳密に述べたものである.

定理 7.4. (R1) $\mathbf{R}$ は可換体である.
(R2) $\mathbf{R}$ には加法乗法と両立する全順序関係 $\leq$ がある.
(R3) (完全性公理) $\mathbf{R}$ の上に有界な部分集合は上限を必ず持つ.
(R4) (アルキメデスの原理) 任意の実数 a, b に対し自然数 n があり, $b < na$.
(R5) (稠密性) 任意の実数 $a < b$ に対しある実数 c があり, $a < c < b$.
(R6) (収束条件) 全てのコーシー列は収束する.
(R7) (縮小区間列) 全ての縮小区間列は列の全ての区間に含まれる要素をただ一つ持つ.

実数の公理

上の定理で, 特に (R1), (R2), (R3) は実数の公理系と呼ばれる. その意味は, この公理系から実数の全ての性質が導かれ, またこの公理系を満たす集合は本質的にただ一つになるという事である. 実際に 2 節で (R4) と (R5) は (R3) から導かれ, 定理 3.9, 定理 3.8 で (R6), (R7) は導かれている.

定理 7.5. 集合 X に加法 +, 乗法 ·, 全順序関係 $\leq$ が定義されていて, さらに零元 $0'$ と単位元 $1'$ が存在する時, (R1), (R2), (R3) が成り立つならば, 全単射 $f : X \to \mathbf{R}$ があり, $f(0') = 0, f(1') = 1$ となり, $f(x + y) = f(x) + f(y), f(x \cdot y) = f(x) \cdot f(y)$. もし, $x \leq y$ ならば $f(x) \leq f(y)$.

また, これらの性質の間の論理的な関係は次の通りである.

定理 7.6. ある集合 X で (R1) と (R2) が満たされているとする. その時次の 3 条件は同値である.
  (1) (R3) が成り立つ.
  (2) (R4) と (R6) が成り立つ.
  (3) (R4) と (R7) が成り立つ.

第2章 微分法

8. 微分係数と導関数

微分係数

微分は瞬間の速度の計算方法を定式化したものである.時間を x, 移動距離を $y=f(x)$ (x の関数) とする.時間が $x=a$ から $x=a+h$ まで変化すると,その間の移動距離は $f(a+h)-f(a)$ になり,平均速度は $\dfrac{f(a+h)-f(a)}{h}$ により計算される.瞬間の速度は $h=0$ の時であるが,これは $\dfrac{0}{0}$ になり計算不可能である.そこで,瞬間の速度は平均速度の極限 $\displaystyle\lim_{h\to 0}\dfrac{f(a+h)-f(a)}{h}$ として定義される.この考えを一般の関数 $y=f(x)$ の場合に適用したのが,微分係数である.その場合のグラフは次のようになる.

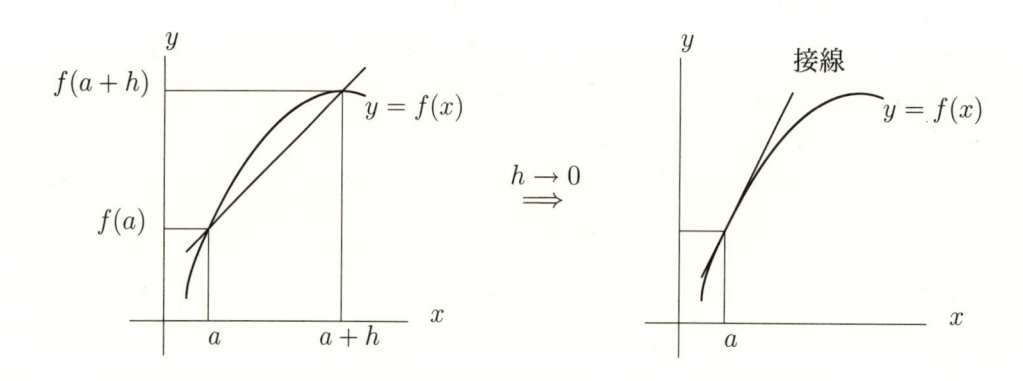

図 8.1

この図から分かるように,$\dfrac{f(a+h)-f(a)}{h}$ はグラフ上の2点間の直線の傾きであり,この直線は h を 0 に近づけると接線に近づく.したがって,$\displaystyle\lim_{h\to 0}\dfrac{f(a+h)-f(a)}{h}$ は接線の傾きを表す事になる.

また Δx で変数 x のわずかな変化量を表し,x の増分と呼ぶ事にすると,今の場合 $\Delta x=a$, $\Delta y=f(a+h)-f(a)$ である.

定義 8.1. 関数 $y=f(x)$ が a を含むある開区間で定義されているとする.極限
$$f'(a)=\lim_{h\to 0}\frac{f(a+h)-f(a)}{h}=\lim_{\Delta x\to 0}\frac{\Delta y}{\Delta x}$$
が有限な値で存在するならば,関数 $y=f(x)$ は点 $x=a$ で微分可能と言い,この極限値を $x=a$ での微分係数 $\boldsymbol{f'(a)}$ と言う.ある開区間の各点で微分可能な時,各点 x にその点での微分係数を対応させる事で,関数を得る.この関数を導関数と呼び,次のような記号で表す.
$$y',\quad f'(x),\quad \dot{y},\quad \dot{f}(x),\quad \frac{dy}{dx},\quad \frac{d}{dx}f(x)$$

最後の二つは分数の形をしているが, 決して分数ではない事に注意する. 各微分係数 $f'(a)$ は導関数 $f'(x)$ に値 $x=a$ を代入したものである. それを $\left.\dfrac{dy}{dx}\right|_{x=a}$ とも書く事にする. また, $y = f(x)$ から $f'(x)$ を求める事を微分すると言う.

導関数 $f'(x)$ は, 詳しくは第1次導関数と呼び, さらにこれの導関数 $f''(x)$ を第2次導関数と呼び, 次のように書く.

$$y'', \quad f''(x), \quad \ddot{y}, \quad \ddot{f}(x), \quad \dfrac{d^2y}{dx^2}, \quad \left(\dfrac{d}{dx}\right)^2 f(x)$$

同様に, n 回微分したものが第 n 次導関数であり, 次のように書く.

$$y^{(n)}, \quad f^{(n)}(x), \quad \dfrac{d^n y}{dx^n}, \quad \left(\dfrac{d}{dx}\right)^n f(x)$$

注 y' はラグランジュに, $\dot{y}$ はニュートンに, $\dfrac{dy}{dx}$ はライプニッツによる記号である. これらは使用目的や分野により使い分けられる事になる.

グラフ上では, 上で見たように微分係数は接線の傾きを表す. また, 接線は点 $(a, f(a))$ を通り傾き $f'(a)$ の直線であるから, 次の定理を得る. 厳密に言えば, これが接線の定義である事に注意する.

定理 8.1. 関数 $y = f(x)$ が点 $x = a$ で微分可能な事と, $x = a$ で接線がある事は同値である. 接線の方程式は $y - f(a) = f'(a)(x - a)$ である.

導関数の性質

次の定理は連続関数との関係で基本的である.

定理 8.2. 関数 $y = f(x)$ が $x = a$ で微分可能ならば, $x = a$ で連続である.

(証明) $f'(a)$ が存在するから,

$$\begin{aligned}
\lim_{x \to a} f(x) &= \lim_{x \to a} \left\{ f(a) + (x - a) \dfrac{f(x) - f(a)}{x - a} \right\} \\
&= f(a) + \lim_{x \to a}(x - a) \lim_{x \to a} \dfrac{f(x) - f(a)}{x - a} \\
&= f(a) + 0 \cdot f'(a) = f(a)
\end{aligned}$$

定義 6.1 から, $y = f(x)$ は $x = a$ で連続である. □

注 この定理の逆は正しくない. 実際にワイエルストラスは, 関数

$$y = \sum_{n=0}^{\infty} a^n \cos(\pi b^n x), \quad (0 < a < 1, b \text{ は奇数})$$

は, $ab > 1 + \dfrac{3\pi}{2}$ の時, 全ての x で連続であるが, 同時に全ての点で微分不可能である事を示した.

実際に導関数を計算する時に使われる次の公式は極限の性質 (定理 3.5) から導かれる.

定理 8.3. 関数 $y = f(x)$, $y = g(x)$ が微分可能ならば, 次の関数も微分可能で次の公式が成り立つ.

(1) $(af(x) + bg(x))' = af'(x) + bg'(x)$ (a, b は実数の定数)

(2) $(f(x)g(x))' = f'(x)g(x) + f(x)g'(x)$

(3) $g(x) \neq 0$ ならば $\left(\dfrac{f(x)}{g(x)}\right)' = \dfrac{f'(x)g(x) - f(x)g'(x)}{\{g(x)\}^2}$. 特に, $\left(\dfrac{1}{g(x)}\right)' = -\dfrac{g'(x)}{\{g(x)\}^2}$.

(4) (合成関数) $g(f(x))' = g'(f(x))f'(x)$. $t = f(x)$ と置いて書き換えると, $\dfrac{dy}{dx} = \dfrac{dy}{dt}\dfrac{dt}{dx}$.

(5) (逆関数) $(f^{-1}(x))' = \dfrac{1}{f'(f^{-1}(x))}$

$y = f^{-1}(x)$ は $x = f(y)$ と同値であり, $\dfrac{dy}{dx} = (f^{-1}(x))'$, $\dfrac{dx}{dy} = f'(y)$ に注意すると, この公式は $\dfrac{dy}{dx} = \dfrac{1}{\frac{dx}{dy}}$ になる.

注 関数 $y = f(x)$ が閉区間 $[a, b]$ で連続で強い意味で単調ならば定理 6.9 から逆関数 $y = f^{-1}(x)$ が存在する. この公式は, 強い意味で単調な関数 $f(x)$ が微分可能で $f'(x) \neq 0$ ならば $f^{-1}(x)$ も微分可能になる事を意味する.

(証明) (1) 定理 3.5 から

$$(af(x) + bg(x))' = \lim_{h \to 0} \frac{af(x+h) + bg(x+h) - (af(x) + bg(x))}{h}$$
$$= a \lim_{h \to 0} \frac{f(x+h) - f(x)}{h} + b \lim_{h \to 0} \frac{g(x+h) - g(x)}{h}$$
$$= af'(x) + bg'(x)$$

(2)

$$(f(x)g(x))' = \lim_{h \to 0} \frac{f(x+h)g(x+h) - f(x)g(x)}{h}$$
$$= \lim_{h \to 0} \frac{f(x+h)g(x+h) - f(x)g(x+h) + f(x)g(x+h) - f(x)g(x)}{h}$$
$$= \lim_{h \to 0} \frac{f(x+h) - f(x)}{h} g(x+h) + f(x) \lim_{h \to 0} \frac{g(x+h) - g(x)}{h}$$
$$= f'(x)g(x) + f(x)g'(x)$$

(3)

$$\left(\frac{f(x)}{g(x)}\right)' = \lim_{h \to 0} \frac{\frac{f(x+h)}{g(x+h)} - \frac{f(x)}{g(x)}}{h}$$
$$= \lim_{h \to 0} \frac{f(x+h)g(x) - f(x)g(x+h)}{g(x+h)g(x)h}$$
$$= \lim_{h \to 0} \frac{f(x+h)g(x) - f(x)g(x) + f(x)g(x) - f(x)g(x+h)}{g(x+h)g(x)h}$$

$$= \lim_{h\to 0} \frac{\frac{f(x+h)-f(x)}{h}g(x) - f(x)\frac{g(x+h)-g(x)}{h}}{g(x+h)g(x)}$$

$$= \frac{f'(x)g(x) - f(x)g'(x)}{g(x)g(x)}$$

(4) $t = f(x)$, $\Delta x = h$, $\Delta t = f(x+h) - f(x)$, $\Delta y = g(f(x+h)) - g(f(x))$ とすると $f(x+h) = f(x) + \Delta t = t + \Delta t$ であるから, $\Delta y = g(t + \Delta t) - g(t)$ であり, $\lim_{h\to 0}\Delta t = 0$, $\lim_{\Delta t\to 0}\Delta y = 0$ となる.

$$\frac{dy}{dx} = \lim_{\Delta x\to 0}\frac{\Delta y}{\Delta x} = \lim_{\Delta x\to 0}\frac{\Delta y}{\Delta t}\frac{\Delta t}{\Delta x} = \lim_{\Delta t\to 0}\frac{\Delta y}{\Delta t}\lim_{\Delta x\to 0}\frac{\Delta t}{\Delta x} = \frac{dy}{dt}\frac{dt}{dx}$$

(5) $\Delta y = f^{-1}(x + \Delta x) - f^{-1}(x)$ より $y = f^{-1}(x), x = f(y)$ だから

$$f^{-1}(x + \Delta x) = f^{-1}(x) + \Delta y = y + \Delta y, \quad x + \Delta x = f(y + \Delta y), \quad \Delta x = f(y + \Delta y) - f(y)$$

したがって,

$$\frac{dy}{dx} = \lim_{\Delta x\to 0}\frac{\Delta y}{\Delta x} = \lim_{\Delta x\to 0}\frac{1}{\frac{\Delta x}{\Delta y}} = \frac{1}{\lim_{\Delta y\to 0}\frac{\Delta x}{\Delta y}} = \frac{1}{\frac{dx}{dy}} \quad \square$$

この微分の性質を使って, べき関数の微分の公式 $(x^r)' = rx^{r-1}$ を r が有理数の場合に示そう. この公式は r がどんな実数でも成り立つが, 証明は対数関数を使うので 9 節で証明する.

定理 8.4. n を自然数とする.

(1) a を定数とすると $(a)' = 0$
(2) $(x^n)' = nx^{n-1}$
(3) $\left(\dfrac{1}{x^n}\right)' = -\dfrac{n}{x^{n+1}}$
(4) $(\sqrt[n]{x})' = \dfrac{1}{n}\dfrac{1}{(\sqrt[n]{x})^{n-1}}$. 特に $(\sqrt{x})' = \dfrac{1}{2\sqrt{x}}$
(5) r を有理数として $(x^r)' = rx^{r-1}$

(証明) (1) $f(x) = a$ とすると $f(x+h) = f(x) = a$ であるから $f'(x) = \lim_{h\to 0}\dfrac{a-a}{h} = 0$.
(2) 数学的帰納法で証明する.
$n = 1$ の時, $(x^1)' = \lim_{h\to 0}\dfrac{(x+h) - x}{h} = \lim_{h\to 0}\dfrac{h}{h} = \lim_{h\to 0}1 = 1 = 1x^0$. よって成り立つ.
n の時成り立つと仮定する. 定理 8.3 (2) から, $(x^{n+1})' = (xx^n)' = (x)'x^n + x(x^n)' = x^n + xnx^{n-1} = (n+1)x^n$. すなわち $n+1$ の時なりたつ.
数学的帰納法により, 全ての自然数に対してこの公式は成り立つ.
(3) 定理 8.3 (3) より, $\left(\dfrac{1}{x^n}\right)' = -\dfrac{(x^n)'}{(x^n)^2} = -\dfrac{nx^{n-1}}{x^{2n}} = -\dfrac{n}{x^{n+1}}$.
(4) 例 6.2 (3) で見たように関数 $y = \sqrt[n]{x}$ の逆関数は $x = y^n$ である. それで定理 8.3 (5) より, $(\sqrt[n]{x})' = \dfrac{1}{(y^n)'} = \dfrac{1}{ny^{n-1}} = \dfrac{1}{n(\sqrt[n]{x})^{n-1}}$.
(5) $r = 0$ の時は (1) から, $(x^0)' = (1)' = 0 = 0x^{-1}$ となり成り立つ. r が自然数の時は (2) である. $r = -n$ の時は (3) から $(x^{-n})' = -\dfrac{n}{x^{n+1}} = -nx^{-n-1} = rx^{r-1}$ であるから成り立つ.

$r = \frac{1}{n}$ の時は (4) から
$$(x^{\frac{1}{n}})' = \frac{1}{n}\frac{1}{(\sqrt[n]{x})^{n-1}} = \frac{1}{n}x^{-\frac{n-1}{n}} = \frac{1}{n}x^{\frac{1}{n}-1} = rx^{r-1}$$

$r = \frac{m}{n}$ (m 整数) の時はこれまでの結果と定理 8.3 (4) から
$$(x^{\frac{m}{n}})' = ((x^{\frac{1}{n}})^m)' = m(x^{\frac{1}{n}})^{m-1}(x^{\frac{1}{n}})' = mx^{\frac{m-1}{n}}\frac{1}{n}x^{\frac{1}{n}-1} = \frac{m}{n}x^{\frac{m}{n}-1} = rx^{r-1} \quad \square$$

問題 8.1. n が自然数の時, $(x^n)' = nx^{n-1}$ を 2 項定理を使って定義から直接証明せよ.

いくつか定理 8.3 と定理 8.4 の使用例を挙げよう.

例題 8.1. 次の関数の導関数を求めよ.

(1) $y = 2x^3 - 4x^2 + 3x - 5$ 　　(2) $f(x) = (2x-3)(x^3-1)$ 　　(3) $y = \dfrac{x^5}{3x+1}$

(4) $f(x) = (x^2+1)^8 - 3(x^2+1)^5 + 4$ 　(5) $y = (\sqrt[3]{2x+3})^2$ 　(6) $f(x) = \dfrac{x}{\sqrt{x^2+1}}$

(解答) (1) $y' = 2(x^3)' - 4(x^2)' + 3(x)' - (5)' = 2(3x^2) - 4(2x) + 3(1) - 0 = 6x^2 - 8x + 3$

(2) $f'(x) = (2x-3)'(x^3-1) + (2x-3)(x^3-1)' = 2(x^3-1) + 3x^2(2x-3) = 8x^3 - 9x^2 - 2$

(3) $\dfrac{dy}{dx} = \dfrac{(x^5)'(3x+1) - x^5(3x+1)'}{(3x+1)^2} = \dfrac{5x^4(3x+1) - 3x^5}{(3x+1)^2} = \dfrac{12x^5 + 5x^4}{(3x+1)^2}$

(4) $t = x^2 + 1$ とすると, $f(x) = t^8 - 3t^5 + 4$ であり, $\dfrac{df(x)}{dt} = 8t^7 - 15t^4$, $\dfrac{dt}{dx} = 2x$ となるから,
$$\frac{df(x)}{dx} = \frac{df(x)}{dt}\frac{dt}{dx} = (8t^7 - 15t^4)2x = 2x\{8(x^2+1)^7 - 15(x^2+1)^4\}$$
この計算を簡単に書くと,
$$f'(x) = \{8(x^2+1)^7 - 15(x^2+1)^4\}(x^2+1)' = 2x\{8(x^2+1)^7 - 15(x^2+1)^4\}$$

(5)
$$\frac{dy}{dx} = \left((2x+3)^{\frac{2}{3}}\right)' = \frac{2}{3}(2x+3)^{\frac{2}{3}-1}(2x+3)' = \frac{2}{3}(2x+3)^{-\frac{1}{3}}2 = \frac{4}{3}\frac{1}{(2x+3)^{\frac{1}{3}}}$$
$$= \frac{4}{3}\frac{1}{\sqrt[3]{2x+3}}$$

(6)
$$\frac{df(x)}{dx} = \frac{(x)'\sqrt{x^2+1} - x(\sqrt{x^2+1})'}{(\sqrt{x^2+1})^2} = \frac{\sqrt{x^2+1} - x\frac{1}{2\sqrt{x^2+1}}(x^2+1)'}{x^2+1}$$
$$= \frac{\sqrt{x^2+1} - \frac{x^2}{\sqrt{x^2+1}}}{x^2+1} = \frac{(x^2+1) - x^2}{(x^2+1)\sqrt{x^2+1}} = \frac{1}{(x^2+1)\sqrt{x^2+1}}$$

問題 8.2. 次の関数の導関数を求めよ.

(1) $y = 3x^7 + 2x^5 - 4x + 1$ (2) $f(x) = (x^2 - 3)(x^3 - x)$ (3) $y = \dfrac{x^2+1}{2x-1}$

(4) $f(x) = (2x+3)^4 - 2(2x+3) - 3$ (5) $y = (\sqrt[4]{x^2+1})^3$ (6) $f(x) = \dfrac{x}{\sqrt{3x+2}}$

問題 8.3. n を自然数として，ライプニッツの公式
$$\{f(x)g(x)\}^{(n)} = \sum_{i=0}^{n} {}_nC_i f^{(n-i)}(x)g^{(i)}(x)$$
$$= f^{(n)}(x)g(x) + \cdots + {}_nC_i f^{(n-i)}(x)g^{(i)}(x) + \cdots + f(x)g^{(n)}(x)$$
を数学的帰納法により証明せよ．

ただし，問題 1.2 (1) のヒントを参考にせよ．

媒介変数表示

平面を運動する物体の座標は，時間を変数とする関数により表される．このように，平面上の曲線の点 (x,y) はしばしば媒介変数 t を用いて，$y = f(t)$, $x = g(t)$ のように媒介変数表示で表される．$x = g(t)$ がある区間で強い意味で単調で連続ならば，定理 6.9 より逆関数 $t = g^{-1}(x)$ があり，$y = f(g^{-1}(x))$ という通常の関数表現を得る．次の定理は合成関数と逆関数の微分の公式から得られる．

定理 8.5. 媒介変数表示 $y = f(t)$, $x = g(t)$ が与えられているとする．ある区間で，$f(t), g(t)$ が微分可能，$g(t)$ は強い意味で単調，$g'(t) \neq 0$ ならば，y は x の関数として微分可能で，$\dfrac{dy}{dx} = \dfrac{\frac{dy}{dt}}{\frac{dx}{dt}} = \dfrac{f'(t)}{g'(t)}$ ．

9. 初等関数の導関数

指数・対数関数の導関数

定理 6.5 (2) より, $x < 1$ ならば $1 + x \leq e^x \leq \dfrac{1}{1-x}$ であるから,

$$x \leq e^x - 1 \leq \frac{1}{1-x} - 1 = \frac{x}{1-x}$$

したがって,

$$1 \leq \frac{e^x - 1}{x} \leq \frac{1}{1-x} \ (0 < x < 1), \quad 1 \geq \frac{e^x - 1}{x} \geq \frac{1}{1-x} \ (x < 0)$$

定理 5.1 (5) から

$$\lim_{x \to 0} \frac{e^x - 1}{x} = 1$$

この極限を使うと,

$$(e^x)' = \lim_{h \to 0} \frac{e^{x+h} - e^x}{h} = e^x \lim_{h \to 0} \frac{e^h - 1}{h} = e^x$$

対数関数 $\log_a x$ は $a = e$ の時, 自然対数と呼ばれ e を省略して, **$\log x$** と書かれる. $y = \log x$ は $e^y = x$ と同値であり, お互いの逆関数である事と $a^x = e^{x \log a}$ に注意する.

注 $\log_{10} x$ を常用対数と呼び, 分野によってはこれを $\log x$ と表示する場合がある. その場合は自然対数は lon または ln と表記される.

合成関数の微分により, $(a^x)' = (e^{x \log a})' = e^{x \log a}(x \log a)' = a^x \log a$.

対数関数については, $y = \log_a x$ が $x = a^y$ に同値であるから逆関数の微分を使って,

$$(\log_a x)' = \frac{1}{(a^y)'} = \frac{1}{a^y \log a} = \frac{1}{x \log a}$$

この計算は $a^y = x$ の両辺を x について微分して, $(a^y \log a)y' = 1$, $(x \log a)y' = 1$ としてもよい. $a = e$ の時の公式は $(\log x)' = \dfrac{1}{x}$. 以上を定理にまとめた.

定理 9.1.

(1) $(e^x)' = e^x$ (2) $(a^x)' = a^x \log a$ (3) $(\log x)' = \dfrac{1}{x}$ (4) $(\log_a x)' = \dfrac{1}{x \log a}$

合成関数の微分から, $(\log f(x))' = \dfrac{f'(x)}{f(x)}$. また関数 $y = \log x$ は $x > 0$ で定義されている事に注意する. $x < 0$ の時は $y = \log(-x)$ を考える事になる. その時, $(\log(-x))' = \dfrac{1}{-x}(-x)' = \dfrac{1}{x}$. 以上から,

定理 9.2. $(\log |x|)' = \dfrac{1}{x}$ $(x \neq 0)$, $(\log |f(x)|)' = \dfrac{f'(x)}{f(x)}$ $(f(x) \neq 0)$

問題 9.1. 次の関数の導関数を求めよ.

(1) $y = 2^x$ (2) $y = \log_3 x$ (3) $y = e^{2x+3}$ (4) $y = \log|x^2 - 2x + 3|$

(5) $y = (2-x)e^{x^2}$ (6) $y = 3^x \log_2 x$ (7) $y = \log\left|\dfrac{x-a}{x+a}\right|$ (8) $y = \log|x + \sqrt{x^2 + A}|$

(9) $y = x\sqrt{x^2 + A} + A\log|x + \sqrt{x^2 + A}|$

べき関数

任意の実数 r に対して, べき関数 $y = x^r$ $(x > 0)$ を考えよう. 両辺の対数をとって x について微分すると, 合成関数の微分から,

$$(\log|y|)' = (\log|x^r|)' = (r\log|x|)'$$
$$\frac{y'}{y} = r\frac{1}{x}$$
$$y' = r\frac{y}{x} = r\frac{x^r}{x} = rx^{r-1}$$

定理 9.3. 任意の実数 r に対し $(x^r)' = rx^{r-1}$ $(x > 0)$.

この定理の証明のように, $y = f(x)$ が乗算やべき乗の形をしている時は, 両辺の対数をとって微分すると計算が簡単になる場合が多い. このような計算を対数微分と呼んでいる.

問題 9.2. 対数微分により, 次の関数を微分せよ. ただし公式 $(\sin x)' = \cos x$ はすでに与えられているとする.

(1) $y = x^x$ (2) $y = x^{\sin x}$ (3) $y = (3x-1)^2(2x+3)^3$ (4) $y = \dfrac{(x+1)^3}{(x-1)^2}$

三角関数

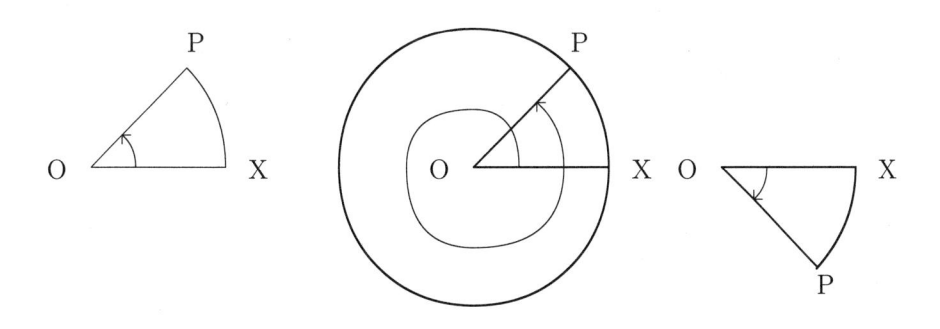

図 9.1

角度の単位 ° は直角を 60 等分したものを 1° として定義されている. ここでもっと自然な角度の単位を導入する. 半径 1 の円を考え, その半径を OX とし動径を OP とする. OX と OP の作る角を円弧 XP の長さで測る. この単位をラジアンと呼び, しばしば単位を省略して数値のみで角を表す. ただし, 反時計方向に OP を回転させた時の角の大きさは正で,

時計方向に回転させた時の角の大きさは負とする. また 1 回転以上させた場合は回転数分の円周を足すものとする. 詳しくは図 9.1 を参照. ラジアンと °の間の単位変換の公式は, 半径 1 の円の円周が 2π になる事とその時の角度は 360° になる事から得られる.

(9.1) $\qquad 180° = \pi$ ラジアン, $\quad 1° = \dfrac{\pi}{180}$ ラジアン, $\quad 1$ ラジアン $= \dfrac{180°}{\pi}$

問題 9.3. 次の角度を, 度はラジアンにラジアンは度に変換せよ.
(1) $\dfrac{\pi}{6}$ (2) $\dfrac{\pi}{4}$ (3) $\dfrac{\pi}{3}$ (4) $90°$ (5) $210°$ (6) $405°$ (7) $-\dfrac{\pi}{6}$ (8) $-120°$

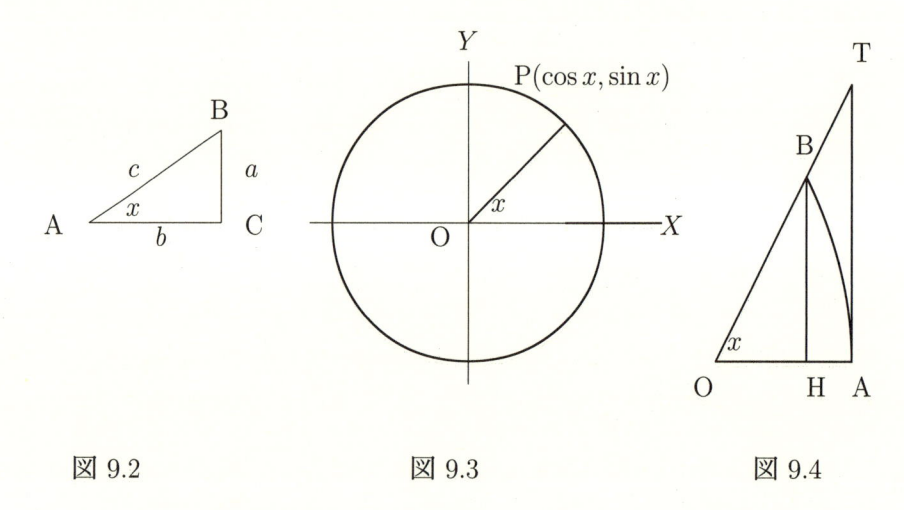

図 9.2 　　　　　　　　 図 9.3 　　　　　　　　 図 9.4

さて, $\angle C$ が直角な直角三角形 ABC を考え, $x = \angle A$ として, 図 9.2 を使って
$$\cos x = \frac{b}{c}, \quad \sin x = \frac{a}{c}, \quad \tan x = \frac{a}{b}$$
と三角関数を定義する. $\cos x$ をコサイン, $\sin x$ をサイン, $\tan x$ をタンジェント関数と呼ぶ.

問題 9.4. よく使われる直角三角形は直角二等辺三角形 (角 $\dfrac{\pi}{4}, a = 1, b = 1, c = \sqrt{2}$) と正三角形を半分にした直角三角形 (角 $\dfrac{\pi}{3}, \dfrac{\pi}{6}$, 辺 $1, 2$, 斜辺 $\sqrt{3}$) の二つである. これから, 角 $\dfrac{\pi}{4}, \dfrac{\pi}{6}, \dfrac{\pi}{3}$ の三角関数の値を全て求めよ.

三平方の定理と定義から次の基本的な関係式を得る.

(9.2) $\qquad \cos^2 x + \sin^2 x = 1, \quad \tan x = \dfrac{\sin x}{\cos x}, \quad 1 + \tan^2 x = \dfrac{1}{\cos^2 x}$

ここで, $\sin^n x = (\sin x)^n$ などを表す. この定義は $0 < x < \dfrac{\pi}{2}$ の範囲だけに通用する定義であるから, 一般の角にも三角関数を定義する必要がある. そのために, 上の直角三角形で $c = 1$ ならば, $b = \cos x, \quad a = \sin x$ になる事に注意する. XY 座標平面上に原点を中心とする半径 1 の円を考え, X 軸から角 x 回転させた半径 OP と円周との交点の座標を $(\cos x, \sin x)$ と定義する. 図 9.3 を参照. さらに $\tan x = \dfrac{\sin x}{\cos x}$ と定義する. 定義から, 1 回

転は 2π であるから，

(9.3)
$$\cos(x+2n\pi)=\cos x, \quad \sin(x+2n\pi)=\sin x, \quad \tan(x+2n\pi)=\tan x \quad (n\in\mathbf{Z})$$

(9.4) $\quad \cos(-x)=\cos x, \quad \sin(-x)=-\sin x, \quad \tan(-x)=-\tan x$

さらに (9.2) も同様に成り立つ．次の加法定理は三角関数の性質の中で最も重要なものである．(9.3) もこの公式から導かれる．

(9.5) $$\sin(x+y)=\sin x\cos y+\cos x\sin y$$

(9.6) $$\cos(x+y)=\cos x\cos y-\sin x\sin y$$

(9.7) $$\tan(x+y)=\frac{\tan x+\tan y}{1-\tan x\tan y}$$

左辺を $(x-y)$ にすると，右辺の $\pm$ は $\mp$ に変わる．また特に次の公式が加法定理から得られる．

(9.8) $\quad \cos\left(\dfrac{\pi}{2}-x\right)=\sin x, \quad \sin\left(\dfrac{\pi}{2}-x\right)=\cos x, \quad \tan\left(\dfrac{\pi}{2}-x\right)=\dfrac{1}{\tan x}$

$\qquad \sin\left(x+\dfrac{\pi}{2}\right)=\cos x$

問題 9.5. 次の角について三角関数の値を求めよ．

(1) 0 (2) $\dfrac{\pi}{2}$ (3) π (4) $-\dfrac{\pi}{2}$ (5) $\dfrac{2}{3}\pi$ (6) $\dfrac{11}{6}\pi$ (7) $\dfrac{29}{4}\pi$ (8) $\dfrac{32}{3}\pi$

三角関数の導関数を求めるために次の極限値を計算しておく．

定理 9.4. (1) $\lim\limits_{x\to 0}\dfrac{\sin x}{x}=1.$ (2) $\lim\limits_{x\to 0}\dfrac{\cos x-1}{x}=0$

(証明) (1) 図 9.4 で，$\mathrm{OA}=\mathrm{OB}=1$ とする．ラジアンで測った角 x は円弧 AB の長さであり，$\mathrm{HB}=\sin x$, $\mathrm{AT}=\tan x$. 図を見ると，$\sin x<x<\tan x$ が成り立っているように見える．これを厳密に説明するためには面積を使う．$\triangle\mathrm{OAB}=\dfrac{1}{2}\sin x$, 扇形 $\mathrm{OAB}=\dfrac{1}{2}x$ (円の面積 π, 円周 2π から，面積比により)，$\triangle\mathrm{OAT}=\dfrac{1}{2}\tan x$ であり，この順に包含関係があるから，$\triangle\mathrm{OAB}<$ 扇形 $\mathrm{OAB}<\triangle\mathrm{OAT}$. したがって，

$$\frac{1}{2}\sin x<\frac{1}{2}x<\frac{1}{2}\tan x$$

$$\sin x<x<\frac{\sin x}{\cos x}$$

$$\frac{\sin x}{x}<1, \quad \cos x<\frac{\sin x}{x}$$

$$\cos x<\frac{\sin x}{x}<1$$

$\lim\limits_{x\to 0}\cos x=\cos 0=1$ より，定理 5.1 (5) から (1) は証明される．

(2) (1) から，
$$\lim_{x\to 0}\frac{\cos x - 1}{x} = \lim_{x\to 0}\frac{(\cos x - 1)(\cos x + 1)}{x(\cos x + 1)} = \lim_{x\to 0}\frac{\cos^2 x - 1}{x(\cos x + 1)}$$
$$= -\lim_{x\to 0}\frac{x}{\cos x + 1}\frac{\sin^2 x}{x^2} = -\frac{0}{\cos 0 + 1}1^2 = 0 \quad \square$$

問題 9.6. 次の極限値を求めよ．
(1) $\displaystyle\lim_{x\to 0}\frac{\sin 3x}{x}$ (2) $\displaystyle\lim_{x\to 0}\frac{\sin 2x^3}{x^3}$ (3) $\displaystyle\lim_{x\to 0}\frac{\sin^2 3x}{x^2}$ (4) $\displaystyle\lim_{x\to 0}\frac{1-\cos x}{x^2}$

この定理を使用すると，三角関数の導関数の公式を得る．

定理 9.5.
$$(\sin x)' = \cos x, \quad (\cos x)' = -\sin x, \quad (\tan x)' = \frac{1}{\cos^2 x} = 1 + \tan^2 x$$

(証明) (1)
$$(\sin x)' = \lim_{h\to 0}\frac{\sin(x+h) - \sin x}{h}$$
$$= \lim_{h\to 0}\frac{\sin x \cos h + \cos x \sin h - \sin x}{h}$$
$$= \lim_{h\to 0}\frac{\sin x(\cos h - 1) + \cos x \sin h}{h}$$
$$= \sin x \lim_{h\to 0}\frac{\cos h - 1}{h} + \cos x \lim_{h\to 0}\frac{\sin h}{h}$$
$$= \sin x \cdot 0 + \cos x \cdot 1 = \cos x$$

(2) 下の問題である．
(3)
$$(\tan x)' = \left(\frac{\sin x}{\cos x}\right)'$$
$$= \frac{(\sin x)' \cos x - \sin x (\cos x)'}{\cos^2 x}$$
$$= \frac{\cos^2 x + \sin^2 x}{\cos^2 x}$$
$$= \frac{1}{\cos^2 x}, \quad = 1 + \tan^2 x \quad \square$$

問題 9.7. $(\cos x)' = -\sin x$ を証明せよ．

問題 9.8. 次の関数の導関数を求めよ．
(1) $y = \sin(2x - 3)$ (2) $y = \cos x^3$ (3) $y = \sin^4 x$ (4) $y = \dfrac{\cos x}{\sin x}$
(5) $y = \tan(x^2 - x + 1)$ (6) $y = \sin^2 x \cos 3x$ (7) $y = \log|\cos x|$ (8) $y = e^{2x}\sin 3x$

逆三角関数

三角関数は原点を中心とする半径 1 の円周上の点の座標 $(\cos x, \sin x)$ として定義された．座標の変化を見る事により，次の事が分かる．

$\sin x$ は区間 $\left[-\dfrac{\pi}{2}, \dfrac{\pi}{2}\right]$ で強い意味の増加関数．

$\cos x$ は区間 $[0, \pi]$ で強い意味の減少関数．

$\tan x$ は点 $x = \dfrac{\pi}{2} + n\pi \ (n \in \mathbf{Z})$ で値がなく，この点以外では強い意味の増加関数になり，$\left(-\dfrac{\pi}{2}, \dfrac{\pi}{2}\right)$ で全ての実数値をとる．

そこで，定理 6.9 から次のような逆関数を持つ．

定義 9.1. $y = \sin x$ の $\left[-\dfrac{\pi}{2}, \dfrac{\pi}{2}\right]$ での逆関数 $\mathbf{Sin^{-1}} : [-1, 1] \to \left[-\dfrac{\pi}{2}, \dfrac{\pi}{2}\right]$ をアークサインと呼ぶ．この範囲で $y = \sin x \Leftrightarrow \mathrm{Sin}^{-1} y = x$.

$y = \cos x$ の $[0, \pi]$ での逆関数 $\mathbf{Cos^{-1}} : [-1, 1] \to [0, \pi]$ をアークコサインと呼ぶ．この範囲で $y = \cos x \Leftrightarrow \mathrm{Cos}^{-1} y = x$.

$y = \tan x$ の $\left(-\dfrac{\pi}{2}, \dfrac{\pi}{2}\right)$ での逆関数 $\mathbf{Tan^{-1}} : \mathbf{R} \to \left(-\dfrac{\pi}{2}, \dfrac{\pi}{2}\right)$ をアークタンジェントと呼ぶ．この範囲で $y = \tan x \Leftrightarrow \mathrm{Tan}^{-1} y = x$.

これらの関数を逆三角関数と呼ぶ．

$x = \cos\left(\dfrac{\pi}{2} - y\right) = \sin y$ より $\mathrm{Cos}^{-1} x = \dfrac{\pi}{2} - y$, $\mathrm{Sin}^{-1} x = y$ であるから，

(9.9) $\qquad \mathrm{Sin}^{-1} x + \mathrm{Cos}^{-1} x = \dfrac{\pi}{2}, \quad \mathrm{Cos}^{-1} x = \dfrac{\pi}{2} - \mathrm{Sin}^{-1} x$

よって主に $\mathrm{Sin}^{-1} x$ が使われる．

問題 9.9. 次の逆三角関数の値を求めよ．

(1) $\mathrm{Sin}^{-1} \dfrac{1}{2}$　　(2) $\mathrm{Cos}^{-1} \dfrac{1}{2}$　　(3) $\mathrm{Tan}^{-1} 1$　　(4) $\mathrm{Sin}^{-1}\left(-\dfrac{\sqrt{2}}{2}\right)$　　(5) $\mathrm{Tan}^{-1}\left(-\sqrt{3}\right)$

逆三角関数の導関数は定理 8.3 (5) より三角関数の導関数から導かれる．

定理 9.6.
$$(\mathrm{Sin}^{-1} x)' = \frac{1}{\sqrt{1-x^2}}, \quad (\mathrm{Cos}^{-1} x)' = -\frac{1}{\sqrt{1-x^2}}, \quad (\mathrm{Tan}^{-1} x)' = \frac{1}{1+x^2}$$

(証明) $y = \mathrm{Sin}^{-1} x$ とすると $\sin y = x$ であり，両辺を x で微分すると $y' \cos y = 1$. 定義から $-\dfrac{\pi}{2} \le y \le \dfrac{\pi}{2}$ であるから，$\cos y \ge 0$ となり，$\cos y = \sqrt{1 - \sin^2 y} = \sqrt{1-x^2}$. よって

$$(\mathrm{Sin}^{-1} x)' = y' = \frac{1}{\cos y} = \frac{1}{\sqrt{1-x^2}}$$

これ以外は下の問題である． □

問題 9.10. $(\cos x)' = -\sin x, (\tan x)' = 1 + \tan^2 x$ を利用して $y = \mathrm{Cos}^{-1} x$, $y = \mathrm{Tan}^{-1} x$ の導関数を求めよ．

問題 9.11. 次の関数の導関数を求めよ. ただし a は定数である.

(1) $y = \operatorname{Sin}^{-1} \dfrac{x}{a}$
(2) $y = \operatorname{Tan}^{-1} \dfrac{x}{a}$
(3) $y = \operatorname{Sin}^{-1}(3x - 1)$
(4) $y = \operatorname{Tan}^{-1}(4x + 5)$

(5) $y = x\sqrt{a^2 - x^2} + a^2 \operatorname{Sin}^{-1} \dfrac{x}{a}$
(6) $y = \operatorname{Tan}^{-1}(2\tan x)$

注 ラジアン θ は半径 1 の円弧の長さと定義した. 例 15.2 で見るようにこの長さは定積分 $\theta = \displaystyle\int_0^y \dfrac{dx}{\sqrt{1-x^2}}$ により, 計算される. ここで, y は円周上の点の Y 座標である. 上の定理は $\theta = \operatorname{Sin}^{-1} y$, $y = \sin\theta$ を意味する. そこで, 論理的に明晰に三角関数を定義しようとすると, まず $y = \operatorname{Sin}^{-1}\theta$ をこの定積分で定義し, その逆関数として定義する事になる. あるいは積分なしでは, 次の節で述べるマクローリン展開で定義する事になる.

10. 導関数の応用

平均値の定理

微分を様々な問題に応用する時の基礎をなす「平均値の定理」を解説する．まずその特殊な場合であるロールの定理を解説しよう．$f(x)$ が $[a,b]$ で連続ならば，定理 6.7 により極大な点 $c \in [a,b]$ があり，この点での接線は X 軸に平行になる．これは $f'(c) = 0$ を意味している．これがロールの定理である．

定理 10.1 (ロールの定理). 関数 $y = f(x)$ が $[a,b]$ で連続，(a,b) で微分可能であり，$f(a) = f(b)$ ならば
$$f'(c) = 0, \quad c \in (a,b)$$
となる c がある．

(証明) 定理 6.7 より，$f(x)$ は $[a,b]$ で最大および最小になる．もし開区間 (a,b) で最大または最小にならないならば，端点 $x = a, b$ で最大最小になるが，$f(a) = f(b)$ であるから，これは $f(x)$ が $[a,b]$ で定数になる事を意味し，その時 $f'(x) = 0$ であるから定理は成り立つ．それで (a,b) で最大または最小になると仮定する．

証明は同じであるから，$c \in (a,b)$ で $f(x)$ が最大になる場合を証明する．この時 $f(c+h) \leq f(c)$ であるから，
$$\frac{f(c+h) - f(c)}{h} \geq 0 \ (h < 0), \quad \frac{f(c+h) - f(c)}{h} \leq 0 \ (h > 0)$$
したがって，h を負から 0 に近づける場合と，正から 0 に近づける場合によって，
$$f'(c) = \lim_{h \to -0} \frac{f(c+h) - f(c)}{h} \geq 0 \ (h < 0), \quad f'(c) = \lim_{h \to +0} \frac{f(c+h) - f(c)}{h} \leq 0 \ (h > 0)$$
$f'(c)$ は近づけ方によらないから，$f'(c) = 0$. □

平均値の定理はロールの定理の一般化であり，端点を結んだ直線の傾きと同じ傾きの接線がある事を保証している．これは，これから論ずる微分の応用の基礎をなしている．

定理 10.2 (ラグランジュの平均値の定理). $y = f(x)$ が $[a,b]$ で連続，(a,b) で微分可能な時，$c \in (a,b)$ があり，
$$\frac{f(b) - f(a)}{b - a} = f'(c)$$
となる．

特に，$h = b - a$, $\theta = \dfrac{c - a}{b - a}$ とすると，$b = a + h$, $c = a + \theta h \ (0 < \theta < 1)$ であり，
$$f(a + h) - f(a) = h f'(a + \theta h)$$

(証明) $F(x) = f(x) - f(a) - \dfrac{f(b)-f(a)}{b-a}(x-a)$ と置くと,

$$F(a) = F(b) = 0, \quad F'(x) = f'(x) - \dfrac{f(b)-f(a)}{b-a}$$

であるから, ロールの定理から題意の c が存在する. □

問題 10.1 (コーシーの平均値の定理). 関数 $f(x), g(x)$ が $[a,b]$ で連続, (a,b) で微分可能であって, (a,b) で $g'(x) \neq 0$ ならば

$$\dfrac{f(b)-f(a)}{g(b)-g(a)} = \dfrac{f'(c)}{g'(c)}, \quad c \in (a,b)$$

となる c が存在する事を次の順番で証明せよ.

(1) $g(b) - g(a) \neq 0$ を証明せよ.

ヒント $g(b) - g(a) = 0$ ならば仮定 $g'(x) \neq 0$ に矛盾する事をロールの定理を使って示せ.

(2) $F(x) = f(x)\{g(b)-g(a)\} - \{f(b)-f(a)\}g(x)$ と置くと $F(a) = F(b)$ となる事を示せ.

(3) 題意の c が存在する事を証明せよ.

ヒント (2) より $F(x)$ にロールの定理を適用する.

テイラー展開・マクローリン展開

平均値の定理は次のように一般化される. この定理の中の R_n をラグランジュの剰余項と言う.

定理 10.3 (テイラーの定理). 関数 $f(x)$ が $[a,b]$ で n 回微分可能であり, $f^{(r)}(x)$ ($0 \leq r \leq n-1$) が (a,b) で連続ならば,

$$f(b) = \sum_{r=0}^{n-1} \dfrac{f^{(r)}(a)}{r!}(b-a)^r + \dfrac{f^n(c)}{n!}(b-a)^n$$

$$= f(a) + \dfrac{f'(a)}{1!}(b-a) + \dfrac{f''(a)}{2!}(b-a)^2 + \cdots + \dfrac{f^{(n-1)}(a)}{(n-1)!}(b-a)^{n-1} + R_n$$

$$R_n = \dfrac{f^n(c)}{n!}(b-a)^n = \dfrac{f^n(a+\theta(b-a))}{n!}(b-a)^n, \quad a < c < b, \quad 0 < \theta = \dfrac{c-a}{b-a} < 1$$

となる c が存在する.

(証明) 関数の組

$$F(x) = f(b) - \sum_{r=0}^{n-1} \dfrac{f^{(r)}(x)}{r!}(b-x)^r, \quad G(x) = (b-x)^n$$

を考える. すると

$$F(b) = 0, \quad F(a) = f(b) - \sum_{r=0}^{n-1} \frac{f^{(r)}(a)}{r!}(b-a)^r$$

$$F'(x) = -\sum_{r=0}^{n-1} \frac{f^{(r+1)}(x)}{r!}(b-x)^r + \sum_{r=1}^{n-1} \frac{f^{(r)}(x)}{r!} r(b-x)^{r-1} = -\frac{f^{(n)}(x)}{(n-1)!}(b-x)^{n-1}$$

$$G(b) = 0, \quad G(a) = (b-a)^n, \quad G'(x) = -n(b-x)^{n-1}$$

コーシーの平均値の定理 (問題 10.1) から

$$\frac{F(b) - F(a)}{G(b) - G(a)} = \frac{F(a)}{(b-a)^n} = \frac{F'(c)}{G'(c)} = \frac{f^{(n)}(c)}{n!}$$

となる $c \in (a,b)$ がある. その時, $F(a) = \frac{f^{(n)}(c)}{n!}(b-a)^n$ はこの定理を意味する. □

関数 $f(x)$ が無限回微分可能であり, $b = x$, $\lim_{n \to \infty} R_n = 0$ ならば, この関数のべき級数展開

(10.1)
$$f(x) = \sum_{n=0}^{\infty} \frac{f^{(n)}(a)}{n!}(x-a)^n$$
$$= f(a) + f'(a)(x-a) + \frac{f''(a)}{2!}(x-a)^2 + \frac{f^{(3)}(a)}{3!}(x-a)^3 + \cdots\cdots$$

を得る. これを $x = a$ のまわりのテイラー展開と呼ぶ. 特に $a = 0$ の時をマクローリン展開と呼ぶ.

(10.2)
$$f(x) = \sum_{n=0}^{\infty} \frac{f^{(n)}(0)}{n!} x^n = f(0) + f'(0)x + \frac{f''(0)}{2!}x^2 + \frac{f^{(3)}(0)}{3!}x^3 + \cdots\cdots$$

例 10.1. 次の級数はマクローリン展開の例である. R は収束半径であり, 下の例はいずれも区間 $(-R, R)$ の点で成り立つ.

(1) $e^x = \sum_{n=0}^{\infty} \frac{x^n}{n!} = 1 + x + \frac{x^2}{2!} + \frac{x^3}{3!} + \cdots\cdots$, 収束半径 $R = \infty$

(2) $\sin x = \sum_{n=0}^{\infty} (-1)^n \frac{x^{2n+1}}{(2n+1)!} = x - \frac{x^3}{3!} + \frac{x^5}{5!} - \cdots\cdots$, 収束半径 $R = \infty$

(3) $\cos x = \sum_{n=0}^{\infty} (-1)^n \frac{x^{2n}}{(2n)!} = 1 - \frac{x^2}{2!} + \frac{x^4}{4!} - \cdots\cdots$, 収束半径 $R = \infty$

(4) $\log(1+x) = \sum_{n=1}^{\infty} (-1)^{n-1} \frac{x^n}{n} = x - \frac{x^2}{2} + \frac{x^3}{3} - \cdots\cdots$, 収束半径 $R = 1$

(5) $\frac{1}{1-x} = \sum_{n=0}^{\infty} x^n = 1 + x + x^2 + x^3 + \cdots\cdots$, 収束半径 $R = 1$

(6) $(1+x)^r = \sum_{n=0}^{\infty} \binom{r}{n} x^n$, 収束半径 $R = 1$

ここで, $\binom{r}{n} = \dfrac{r(r-1)\cdots(r-n+1)}{n!}$, $\binom{r}{0} = 1$ とする.

注 r は任意の実数であり, 特に r が自然数の時は $\binom{r}{n} = {}_rC_n$ $(0 \le n \le r)$, $\binom{r}{n} = 0$ $(n > r)$ になり, (6) は2項定理を意味する.

(証明) 収束半径はダランベールの定理から求められる.

(1) $f(x) = e^x$ とすると, $f^{(n)}(x) = e^x$ であるから, $f^{(n)}(0) = e^0 = 1$.
$$|R_n| = \left|\frac{f^n(\theta x)}{n!} x^n\right| < e^{|x|} \frac{|x|^n}{n!}$$
例題 3.2 (4) から剰余項は 0 に収束する. □

(2) $f(x) = \sin x$ とすると,
$$f^{(4n)}(x) = \sin x, \quad f^{(4n+1)}(x) = \cos x, \quad f^{(4n+2)}(x) = -\sin x, \quad f^{(4n+3)}(x) = -\cos x$$
以上から $f^{(2n)}(0) = (-1)^n \sin 0 = 0$, $f^{(2n+1)}(0) = (-1)^n \cos 0 = (-1)^n$
$$|R_n| < \left|\frac{f^n(\theta x)}{n!} x^n\right| < \frac{|x|^n}{n!}$$
例題 3.2 (4) から与えられたマクローリン展開が得られる. □

問題 10.2. (3)-(6) までのマクローリン展開を証明せよ. ただし, (4) (5) は下の微分を数学的帰納法で示し, それを使用せよ.

$$(\log(1+x))^{(n)} = (-1)^{n-1} \frac{(n-1)!}{(1+x)^n} \quad (n \ge 1), \quad \left(\frac{1}{1-x}\right)^{(n)} = \frac{n!}{(1-x)^{n+1}}$$

注 (1) x が複素数の時, e^x はべき級数 $\sum_{n=0}^{\infty} \dfrac{x^n}{n!}$ で定義される. $i = \sqrt{-1}$ とすると, $(xi)^{2m} = (-1)^m x^{2m}$, $(xi)^{2m+1} = (-1)^m x^{2m+1} i$ である. このべき級数は絶対収束するから, 和の順序を変えても収束値は同じである事に注意して, オイラーの公式
(10.3)
$$e^{xi} = \sum_{n=0}^{\infty} \frac{(xi)^n}{n!} = \sum_{m=0}^{\infty} (-1)^m \frac{x^{2m}}{(2m)!} + \sum_{m=0}^{\infty} (-1)^m \frac{x^{2m+1}}{(2m+1)!} i = \cos x + i \sin x$$
を得る.

(2) $(\mathrm{Tan}^{-1} x)' = \dfrac{1}{1+x^2}$ と上の (5) から
$$\mathrm{Tan}^{-1} x = \int_0^x \frac{1}{1+x^2} dx = \int_0^x (1 - x^2 + x^4 - \cdots\cdots) dx = x - \frac{x^3}{3} + \frac{x^5}{5} - \cdots\cdots$$
以上から $\mathrm{Tan}^{-1} 1 = \dfrac{\pi}{4}$ に注意して,
$$\frac{\pi}{4} = 1 - \frac{1}{3} + \frac{1}{5} - \frac{1}{7} + \cdots\cdots$$

実際の π の値の計算には $\alpha = \mathrm{Tan}^{-1}\dfrac{1}{5}$ として,

$$\tan 2\alpha = \frac{12}{5}, \quad \tan 4\alpha = 1 + \frac{1}{119}, \quad \tan\left(4\alpha - \frac{\pi}{4}\right) = \frac{\tan 4\alpha - 1}{\tan 4\alpha + 1} = \frac{1}{239}$$

これを利用して, 次の級数から計算される.

$$\frac{\pi}{4} = 4\,\mathrm{Tan}^{-1}\frac{1}{5} - \mathrm{Tan}^{-1}\frac{1}{239} = 4\left(\frac{1}{5} - \frac{1}{3\cdot 5^3} + \frac{1}{5\cdot 5^5} - \cdots\right) - \left(\frac{1}{239} - \frac{1}{3\cdot 239^3} + \cdots\right)$$

(3) 例題 10.1 (4) で $x = 1$ とすると,

$$1 - \frac{1}{2} + \frac{1}{3} - \frac{1}{4} + \cdots\cdots = \log 2$$

近似計算

$b = a + h$ として h が十分小さいならば, テイラーの定理は $f(b)$ の近似値を与える. R_n はその時の誤差である.

　1次の近似 $f(a+h) \fallingdotseq f(a) + f'(a)h$
　2次の近似 $f(a+h) \fallingdotseq f(a) + f'(a)h + \dfrac{f''(a)}{2}h^2$

例 10.2. $(2.01)^5$ の近似計算をしてみる. $f(x) = x^5$, $a = 2$, $h = 0.01$ とすると, $f'(x) = 5x^4$, $f''(x) = 20x^3$ から $f(2) = 2^5 = 32$, $f'(2) = 5\cdot 2^4 = 80$, $f''(2) = 20\cdot 2^3 = 160$

　1次の近似 $(2.01)^5 \fallingdotseq f(2) + f'(2)\cdot 0.01 = 32 + 80\cdot 0.01 = 32.8$
　2次の近似 $(2.01)^5 \fallingdotseq 32 + 80\cdot 0.01 + \dfrac{160}{2}\cdot(0.01)^2 = 32.808$
　実際の値は $(2.01)^5 = 32.8080401$

問題 10.3. 次の計算の2次の近似値を求めよ.
(1) $(5.02)^3$　(2) $e^{0.01}$　(3) $\log(1.002)$　(4) $\sin(\theta + 0.03)$ ただし, $\sin\theta = \dfrac{3}{5}, \cos\theta = \dfrac{4}{5}$

不定形

極限の見かけ上の形が $\dfrac{0}{0}$, $\dfrac{\infty}{\infty}$, $0\cdot\infty$, $\infty - \infty$, ∞^0, 0^0, 1^∞ である時, これらの極限を不定形と呼ぶ. 形式的に変形すれば,

$$\frac{\infty}{\infty} = \frac{\frac{1}{\infty}}{\frac{1}{\infty}} = \frac{0}{0}, \quad 0\cdot\infty = \frac{0}{\frac{1}{\infty}} = \frac{0}{0}, \quad \infty - \infty = \left(1 - \frac{\infty}{\infty}\right)\infty$$

$$\infty^0 = e^{0\log\infty} = e^{0\cdot\infty}, \quad 0^0 = e^{0\log 0} = e^{0\cdot(-\infty)}, \quad 1^\infty = e^{\infty\log 1} = e^{\infty\cdot 0}$$

などのように, これらは $\dfrac{0}{0}$ の形に出来る. さらに $\dfrac{0}{0}$ の形の不定形は導関数を使って計算出来る場合がある.

定理 10.4. 関数 $f(x), g(x)$ が開区間 (x_0, x_1) で連続, 点 $x = a \in (x_0, x_1)$ 以外で微分可能であり, $g'(x) \neq 0$ とする. さらに $\displaystyle\lim_{x\to a}\frac{f'(x)}{g'(x)}$ が存在すると仮定する.

(1) $f(a) = g(a) = 0$ ならば,
$$\lim_{x \to a} \frac{f(x)}{g(x)} = \lim_{x \to a} \frac{f'(x)}{g'(x)}$$

(2) $\lim_{x \to a} g(x) = \infty$ ならば,
$$\lim_{x \to a} \frac{f(x)}{g(x)} = \lim_{x \to a} \frac{f'(x)}{g'(x)}$$

(証明) (1) コーシーの平均値の定理 10.1 から a, x の間の点 c があり
$$\frac{f(x)}{g(x)} = \frac{f(x) - f(a)}{g(x) - g(a)} = \frac{f'(c)}{g'(c)}$$
$x \to a$ ならば, $c \to a$ であるから定理は成り立つ. □

(2) a, x の間の点 b を取り, b, x にコーシーの平均値の定理を適用すると, b, x の間に点 c があり
$$\frac{f(x) - f(b)}{g(x) - g(b)} = \frac{f'(c)}{g'(c)}$$
$$f(x) - f(b) = \{g(x) - g(b)\}\frac{f'(c)}{g'(c)}$$
$$\frac{f(x)}{g(x)} = \frac{f(b)}{g(x)} + \left\{1 - \frac{g(b)}{g(x)}\right\}\frac{f'(c)}{g'(c)}$$

例えば, $a < x$ ならば $a < b < c < x$ であり, $a > x$ ならば $a > b > c > x$ となる事に注意すると, $x \to a$ ならば, $b \to a$, $c \to a$ となり, $\lim_{x \to a} g(x) = \infty$ であるから,
$$\lim_{x \to a} \frac{f(b)}{g(x)} = \frac{f(a)}{\infty} = 0, \quad \lim_{x \to a} \frac{g(b)}{g(x)} = \frac{g(a)}{\infty} = 0$$
以上から, $x \to a$ の時定理は成り立つ. □

問題 10.4. 上の定理 (2) の証明の中の $\lim_{x \to a} \frac{f(b)}{g(x)} = 0$ と $\lim_{x \to a} \frac{g(b)}{g(x)} = 0$ を $\epsilon - \delta$ 論法により証明せよ.

例題 10.1. 次の極限値を求めよ.
(1) $\lim_{x \to 1} \frac{x^3 - 1}{x^2 - 1}$ (2) $\lim_{x \to \infty} \frac{x^n}{e^x}$ (3) $\lim_{x \to 0} \frac{e^x + e^{-x} - 2}{x^2}$ (4) $\lim_{x \to +\infty} \left(\frac{x-1}{x+1}\right)^x$

(解答) (1) $f(x) = x^3 - 1$, $g(x) = x^2 - 1$ とすると, $f(1) = g(1) = 0$ であるから, 上の定理 (1) を適用して,
$$\lim_{x \to 1} \frac{x^3 - 1}{x^2 - 1} = \lim_{x \to 1} \frac{(x^3 - 1)'}{(x^2 - 1)'} = \lim_{x \to 1} \frac{3x^2}{2x} = \frac{3}{2}$$

(2) $e^\infty = \infty$ であるから, 上の定理 (2) を適用して,
$$\lim_{x \to \infty} \frac{x^n}{e^x} = \lim_{x \to \infty} \frac{(x^n)'}{(e^x)'} = \lim_{x \to \infty} \frac{nx^{n-1}}{e^x} = \cdots = \lim_{x \to \infty} \frac{n!}{e^x} = 0$$

(3) $\frac{0}{0}$ の形であるから,
$$\lim_{x\to 0}\frac{e^x+e^{-x}-2}{x^2}=\lim_{x\to 0}\frac{e^x-e^{-x}}{2x}=\lim_{x\to 0}\frac{e^x+e^{-x}}{2}=\frac{e^0+e^0}{2}=1$$

(4) 1^∞ の形である. $f(x)=\left(\dfrac{x-1}{x+1}\right)^x$ として, 対数を取ると $\log f(x)=x\log\dfrac{x-1}{x+1}$ となり, $\infty\cdot 0$ に変形される. さらに次のように $\frac{0}{0}$ の形にする.

ただし, $\left(\log\dfrac{x-1}{x+1}\right)'=(\log(x-1)-\log(x+1))'=\dfrac{1}{x-1}-\dfrac{1}{x+1}=\dfrac{2}{x^2-1}$ である.

$$\log\lim_{x\to\infty}f(x)=\lim_{x\to\infty}\log f(x)=\lim_{x\to\infty}\frac{\log\frac{x-1}{x+1}}{\frac{1}{x}}=\lim_{x\to\infty}\frac{\frac{2}{x^2-1}}{-\frac{1}{x^2}}$$
$$=-2\lim_{x\to\infty}\frac{x^2}{x^2-1}=-2\lim_{x\to\infty}\frac{2x}{2x}=-2\lim_{x\to\infty}1=-2$$

よって,
$$\lim_{x\to\infty}f(x)=e^{-2}$$

問題 10.5. 次の極限値を求めよ.

(1) $\displaystyle\lim_{x\to 0}\frac{x-\log(1+x)}{x^2}$ (2) $\displaystyle\lim_{x\to 0}\frac{\sin(x+x^2)}{x}$ (3) $\displaystyle\lim_{x\to 0}\frac{e^x-\cos x}{x}$ (4) $\displaystyle\lim_{x\to 0}\frac{x^3-\sin^3 x}{x^5}$

(5) $\displaystyle\lim_{x\to\infty}x(e^{\frac{1}{x}}-1)$ (6) $\displaystyle\lim_{x\to 0}\left(\frac{1}{\sin x}-\frac{1}{x}\right)$ (7) $\displaystyle\lim_{x\to 0}x\log x$ (8) $\displaystyle\lim_{x\to 0}(3x+1)^{\frac{1}{x}}$

11. 関数のグラフの概形

増加・減少関数と極大・極小

関数の増加・減少は導関数 $f'(x)$ の符号により判断される.

定理 11.1. 関数 $y = f(x)$ が閉区間 $[a,b]$ で連続であり, 開区間 (a,b) で微分可能とする.
(1) (a,b) で $f'(x) = 0$ ならば $f(x)$ は $[a,b]$ で定数である.
(2) (a,b) で $f'(x) > 0$ ならば $f(x)$ は $[a,b]$ で強い意味の増加関数である.
(3) (a,b) で $f'(x) < 0$ ならば $f(x)$ は $[a,b]$ で強い意味の減少関数である.

(証明) $[a,b]$ 内の 2 点 $a \le x_1 < x_2 \le b$ に対してのラグランジュの平均値の定理 10.2 から, $x_1 < c < x_2$ となる c があって

$$\frac{f(x_2) - f(x_1)}{x_2 - x_1} = f'(c)$$

$x_2 - x_1 > 0$ であるから $f'(c) = 0, > 0, < 0$ のそれぞれの場合に

$$f(x_2) = f(x_1), \quad f(x_2) > f(x_1), \quad f(x_2) < f(x_1)$$

$x_1 < x_2$ は任意であるから, これは定理を意味する. □

増加と減少の境目では局所的に最大最小になっている. その点での関数の値を極値と呼ぶ.

定義 11.1. 点 a を含むある開区間 (x_1, x_2) で, 関数 $y = f(x)$ が $x = a$ で最大または最小になる時, $x = a$ で極大または極小になると言い, $f(a)$ を極大値または極小値と言う.

ロールの定理 10.1 の証明と同じようにして, 次の定理が示される.

定理 11.2. 関数 $y = f(x)$ が $x = a$ で極大または極小になるならば $f'(a) = 0$.

注 この定理の逆は成り立たない. 例えば $y = x^3$ は増加関数で極大・極小になる点はないが, $y' = 3x^2$ より $f'(0) = 0$.

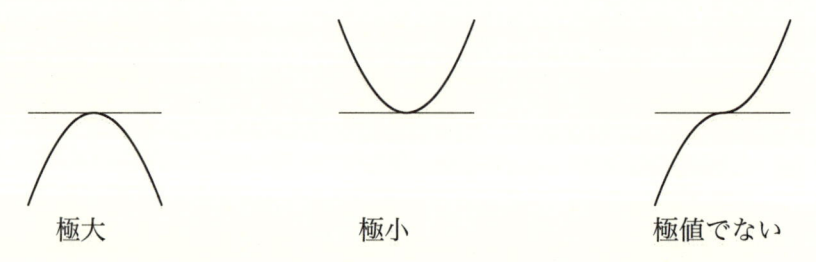

問題 11.1. 次の関数の極値を求めよ.
(1) $y = x^3 - 3x + 1$　(2) $y = xe^{-2x}$　(3) $y = x \log x$　(4) $y = \sin x$

グラフの凹凸

これからグラフの曲がり方を見ていく．グラフが下にふくらみながら曲がっている状態を凸と言い，グラフが上にふくらみながら曲がっている状態を凹と言う．これの定義の仕方はいくつかあるが，ここでは次の定義を採用する．

定義 11.2. 関数 $f(x)$ のグラフが点 $x = a$ の近くで接線よりも上にある時，$x = a$ で凸であると言う．接線の下にある時，$x = a$ で凹であると言う．またグラフが接線を横切る時，$x = a$ を変曲点と言う．

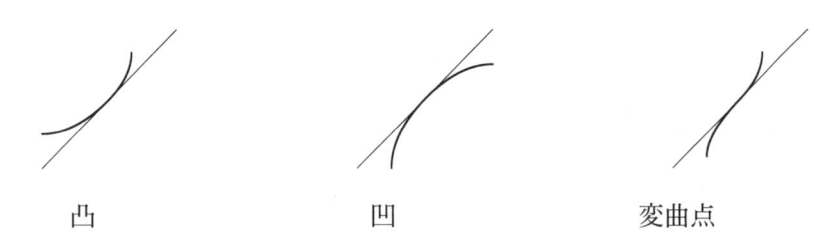

凸　　　　　凹　　　　　変曲点

注 (1) 第2次導関数との関係から，このように「凸凹」を決めたが，これは正確には「下に凸, 下に凹」と呼ぶべきものである．これらはそれぞれ「上に凹」「上に凸」とも言い，こちらの言い方のほうが視覚的にはなじみやすいが，数学ではあまり使われない言い方である．例えば，$y = x^2$ は全ての点で凸であり，$y = -x^2$ や $y = \sqrt{x}$ は全ての点で凹である．

(2) 関数 $f(x)$ が区間 $[a,b]$ の全ての点で凸ならば，この区間の任意の2点 x_1, x_2 に対して

$$(11.1) \qquad f\left(\frac{x_1 + x_2}{2}\right) \leq \frac{1}{2}\left(f(x_1) + f(x_2)\right)$$

が成り立つ．逆に (11.1) がこの区間の任意の2点で成り立つならば，そこで関数は凸になる．

そこで，(11.1) が成り立つ時，この区間で凸関数であると定義する．関数が凸関数になるための必要十分条件は $f''(x) \geq 0$ になる事である．この事実から様々な重要不等式を得る事が出来る．

関数の凹凸の定義を数式を使って表現してみよう．関数 $y = f(x)$ のグラフが $y = g(x)$ のグラフよりも上にあるとは $f(x) \geq g(x)$ となる事である．これに注意すると，定理 8.1 から，$x = a$ での接線の方程式は $y = f(a) + f'(a)(x - a)$ であるから，凸になるとは a の近くの x で

$$(11.2) \qquad f(x) \geq f(a) + f'(a)(x - a), \quad f(x) - f(a) - f'(a)(x - a) \geq 0$$

となる事であり，凹になるとは

$$(11.3) \qquad f(x) \leq f(a) + f'(a)(x - a), \quad f(x) - f(a) - f'(a)(x - a) \leq 0$$

となる事である．また変曲点は $x = a$ で $f(x) - f(a) - f'(a)(x - a)$ の符号が変わる点である．

$y = f(x)$ が第2次までの導関数を持つならば, $n = 2$ の場合のテイラーの定理 10.3 から, a, x の間に点 c があって,
$$f(x) = f(a) + f'(a)(x-a) + \frac{f''(c)}{2}(x-a)^2$$

(11.2) と見比べる事で, 曲線の凹凸・変曲点は $f''(c)$ の符号による事が分かる. $x \to a$ の時, $c \to a$ であるから, 次の定理を得る.

定理 11.3. 関数 $y = f(x)$ が $x = a$ を含むある開区間で2回微分可能であり, $f''(x)$ はそこで連続とする. $x = a$ で

(1) 凸ならば $f''(a) \geq 0$, (2) 凹ならば $f''(a) \leq 0$, (3) 変曲点であるならば $f''(a) = 0$.

また, $f''(a) > 0$ ならば定理 6.1 から x が十分 a に近ければ $f''(c) > 0$ となるから, $x = a$ で凸である. 同様に $f''(a) < 0$ ならば凹である. また, 極小の定義からグラフはそこで凸になり, 極大の時は凹になる. 以上を定理にまとめる.

定理 11.4. 関数 $y = f(x)$ が $x = a$ を含むある開区間で2回微分可能であり, $f''(x)$ はそこで連続とする.

(1) $f''(a) > 0$ ならば $x = a$ で凸であり, もし $f'(a) = 0$ ならば極小である.

(2) $f''(a) < 0$ ならば $x = a$ で凹であり, もし $f'(a) = 0$ ならば極大である.

(3) $f''(a) = 0$ であり, a の近くで $f''(x)$ の符号が $x < a$ の時と $a < x$ の時で違うならば変曲点である.

注 $f'(a) = f''(a) = 0$ の場合は, 極小・極大の判定は $f(x)$ の $x = a$ の近くでの増加減少の様子から判断しなければならない.

グラフの概形

これまで述べてきたグラフの増大・減少, 極大・極小, 凹凸, 変曲点を考慮する事により, $f(x), f'(x), f''(x)$ が連続な区間で, グラフの概形を描く事が出来るようになる. そのためには, まず $f'(x) = 0$ と $f''(x) = 0$ を解き, これらの解に挟まれた区間では $f'(x)$ は同じ符号になり, $f''(x)$ も同じ符号になる事を利用する. $f'(x), f''(x)$ の符合により判定されるその区間でのグラフの様子を次の表にまとめた.

	$f'(a) = 0$	$f'(x) > 0$	$f'(x) < 0$
$f''(x) > 0$	極小 ⌣	凸増大 ↗	凸減少 ↘
$f''(x) < 0$	極大 ⌢	凹増大 ↗	凹減少 ↘

例題 11.1. 関数 $y = x^3 - 3x^2 + 2$ のグラフの概形を描け.

(解答) $y = f(x) = x^3 - 3x^2 + 2$ とする.

$y' = 3x^2 - 6x = 3x(x-2) = 0$ を解いて $x = 0, 2$.

$y'' = 6x - 6 = 6(x-1) = 0$ を解いて $x = 1$.

これらの解を基準にして増減表を作る.

1行目は x の値でこの解を大きさの順に並べ, 各解の間はその区間に対応する欄を設け, $\cdots$ を書き入れる.

2行目は y' の値で, $y' = 0$ の解の下には 0 を入れ, それ以外では y' の符号 $\pm$ を入れる. 符号を知るためには, 対応する区間では同じ符号であるから, その区間の値を $y' = f'(x)$ に代入すればよい.

例えば $(-\infty, 0)$ ならば $f'(-1) = 3(-1)(-1-2) = 9$ であるから $+$.

$(0, 2)$ では $f'(1) = 3 \cdot 1(1-2) = -3$ であるから $-$.

$(2, \infty)$ では $f'(3) = 3 \cdot 3(3-2) = 9$ であるから $+$.

3行目は y'' の値で, 2行目と同様に 0 と符号を入れる.

$(-\infty, 1)$ では $f''(0) = 6(0-1) = -6$ より $-$.

$(1, \infty)$ では $f''(2) = 6(2-1) = 6$ より $+$.

4行目は y の値と概形である. x の値が決まっている欄は値を計算し, 極大・極小, 変曲点が判定出来るならばそれを書き入れる. それ以外の欄は区間であるから, y', y'' の符号から上の表に基づいてグラフの概形を右向きの矢印で表す.

以上から次の増減表を得る.

x	$\cdots$	0	$\cdots$	1	$\cdots$	2	$\cdots$
y'	$+$	0	$-$	$-$	$-$	0	$+$
y''	$-$	$-$	$-$	0	$+$	$+$	$+$
y	↗	2 極大	↘	0 変曲点	↘	-2 極小	↗

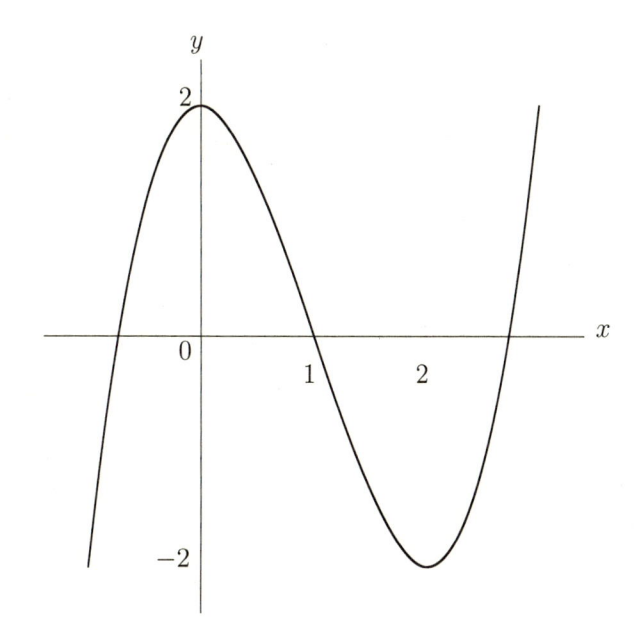

一般の場合は, $f(x), f'(x), f''(x)$ の不連続点を増減表に入れたり, 漸近線 (グラフが限りなく近づく直線) なども考慮してグラフの概形を描く事になる.

問題 11.2. 次の関数のグラフの概形を描け.
(1) $y = \frac{1}{3}x^3 + x^2 - 3x - 3$ (2) $y = x^4 - 6x^2 + 1$
(3) $y = \frac{1}{x} + x$,   不連続点 $x = 0$,   漸近線 $x = 0, y = x$
(4) $y = xe^{-2x}$,   漸近線 $y = 0$, $y < 0 \ (x < 0)$, $y > 0 \ (x > 0)$
(5) (正規分布曲線) $y = e^{-x^2}$,   漸近線 $y = 0$, $y > 0$
(6) $y = \log(1 + x^2)$
(7) $y = x^2 \log x \ (x > 0)$, $= 0 \ (x = 0)$, $\lim_{x \to +0} x^2 \log x = 0$, $\lim_{x \to +0} x(2\log x + 1) = 0$
(8) $y = x + \sin x \quad (0 \leq x \leq 2\pi)$

第3章 積分法

12. 不定積分と定積分

不定積分

　この章では積分を扱う．積分には不定積分と定積分の2種類がある．不定積分は微分の逆計算であり，定積分は面積の計算方法を定式化したもので，もともとはまったく違ったものであった．微積分の基本定理の発見により両者の関係が解明されて，面積などの極限を使う難解な計算が著しく簡易化された．

　定義 12.1. 関数 $F(x)$ が微分可能で $F'(x) = f(x)$ が成り立つ時，$F(x)$ を $f(x)$ の原始関数と呼ぶ．原始関数は一つには決まらないが，他の原始関数を $G(x)$ とすると $(F(x) - G(x))' = 0$ であるから定理 11.1 (1) より，ある定数 C があって $G(x) = F(x) + C$ となる．この C を積分定数と呼ぶ．積分定数 C を任意の実数として，原始関数全体を記号

$$\int f(x)\,dx = F(x) + C$$

によって表す．特に $f(x)$ が連続の時，原始関数を不定積分と呼ぶ．

　注 (1) しばしば積分定数 C を落として書く人がいるが，それでは不定積分の意味がまったく分かっていないと判断されて0点にされてもやむを得ない．また，計算の結果としてある積分定数が他の積分定数 C の複雑な式になる事があるが，C は任意の実数であるから，その複雑な式の値も任意の定数になる．したがって，複雑な式全体を新たに C と書いて差し支えない．実用上は不定積分の記号 $\int dx$ がなくなったら，$+C$ を付けると覚えても問題はほとんどない．ただし，積分定数に条件が付くような問題では正確に C の式を記述する必要がある．

$$\int 2x\,dx + \int 1\,dx = \int 2x\,dx + x + C_1^5 - e^{C_1} = x^2 + \log C_2 - \sqrt{C_2} + x + C_1^5 - e^{C_1} = x^2 + x + C$$

　(2) 積分の記号は $\int$ と dx で一組である．$\int$ で積分を，dx で積分する変数を指定している．どちらか一方だけでは，その式は意味をなさない．必ず両方があって初めて意味を持つ事に注意せよ．片方だけが書かれているならば，意味不明の式であるから0点になる．

　なお，これらの記号は定積分の定義から得られている．すなわち，$\int$ は $\sum$ の極限であり，dx は変数 x の無限小である．形式的な計算では，$\int dx = \int 1\,dx = x + C$ に注意すると，無限小 d の逆操作を $\int$ と解釈する事が便利な事がある．この解釈は厳密性からは程遠いので，計算に使われている時には十分な注意が必要である．

　(3) 厳密には，不定積分は，定積分可能な関数 $f(t)$ に対して $\int_a^x f(t)\,dt$ として定義される．微積分の基本定理により $f(x)$ が連続ならば原始関数は上の定義のように不定積分で

表される．しかし，$f(x)$ が連続でない時は，不定積分が存在しても原始関数が存在しなかったり，原始関数が存在しても不定積分の存在しない例がある．

不定積分の公式は微分の公式から得られる．実際に以下の公式は右辺を微分する事により証明出来，これまでの例題や問題ですでに計算されているものばかりである．

定理 12.1. 次の公式が成り立つ．ただし，a, b, r, A は定数である．

(12.1) $$\int \{af(x) + bg(x)\}\,dx = a\int f(x)\,dx + b\int g(x)\,dx$$

(12.2) $$\int f(ax+b)\,dx = \frac{1}{a}F(ax+b) + C, \quad (F(x) = \int f(x)\,dx \quad a \neq 0)$$

(12.3) $$\int x^r\,dx = \frac{x^{r+1}}{r+1} + C \quad (r \neq -1), \quad \int 1\,dx = x + C$$
$$\int \frac{1}{x^n}\,dx = -\frac{1}{(n-1)x^{n-1}} + C \quad (n \neq 1), \quad \int \sqrt{x}\,dx = \frac{2}{3}\sqrt{x^3} + C$$

(12.4) $$\int \frac{1}{x}\,dx = \log|x| + C$$

(これは上の公式で除外された $r = -1$ の場合である)

(12.5) $$\int e^x\,dx = e^x + C, \quad \int a^x\,dx = \frac{a^x}{\log a} + C$$

(12.6) $$\int \sin x\,dx = -\cos x + C, \quad \int \cos x\,dx = \sin x + C$$

(12.7) $$\int \tan x\,dx = -\log|\cos x| + C, \quad \int \frac{1}{\cos^2 x}\,dx = \tan x + C$$

(12.8) $$\int \frac{1}{x^2 + a^2}\,dx = \frac{1}{a}\mathrm{Tan}^{-1}\frac{x}{a} + C \quad (a > 0)$$

(12.9) $$\int \frac{1}{x^2 - a^2}\,dx = \frac{1}{2a}\log\left|\frac{x-a}{x+a}\right| + C \quad (a > 0)$$

(12.10) $$\int \frac{1}{\sqrt{a^2 - x^2}}\,dx = \mathrm{Sin}^{-1}\frac{x}{a} + C \quad (a > 0)$$

(12.11) $$\int \frac{1}{\sqrt{x^2 + A}}\,dx = \log\left|x + \sqrt{x^2 + A}\right| + C$$

(12.12) $$\int \sqrt{a^2 - x^2}\,dx = \frac{1}{2}\left(x\sqrt{a^2 - x^2} + a^2\mathrm{Sin}^{-1}\frac{x}{a}\right) + C \quad (a > 0)$$

(12.13) $$\int \sqrt{x^2 + A}\,dx = \frac{1}{2}\left(x\sqrt{x^2 + A} + A\log\left|x + \sqrt{x^2 + A}\right|\right) + C$$

注 (1) 公式 (12.2) の特別な場合として次の公式を得る.

(12.14)
$$\int \sin(ax+b)\,dx = -\frac{1}{a}\cos(ax+b) + C$$
$$\int \cos(ax+b)\,dx = \frac{1}{a}\sin(ax+b) + C$$

(12.15)
$$\int \frac{1}{ax+b}\,dx = \frac{1}{a}\log|ax+b| + C$$
$$\int e^{ax+b}\,dx = \frac{1}{a}e^{ax+b} + C$$

(2) 公式 (12.3) で $r=-1$ の時は $\frac{x^0}{0}$ になり成立しない. 実際 $(x^0)' = (1)' = 0$ であるから, $(x^r)' = rx^{-1}$ となるような r は存在しない. そこで, $r=-1$ の時は $x^{-1} = \frac{1}{x}$ であるから, 公式 (12.4) を使う.

(3) 公式 (12.4) で, $\frac{1}{x}$ は $x=0$ で不連続であり, 変数 x は正負どちらの値をも取れるが, 関数 $\log x$ の変数 x は正の値しか取れない事に注意する. それで, $x>0$ の時の不定積分は $\log x + C$ でよいが, $x<0$ の時には $\log x + C$ は意味をなさない. そこで, $x<0$ の時まで含めるには定理 9.2 を使ったこの公式になる.

(4) 分数の積分で (12.8)-(12.11) のような形の時は省略して
$$\int \frac{dx}{f(x)} = \int \frac{1}{f(x)}\,dx$$
のようにしばしば書き表す.

(5) 公式 (12.8)-(12.13) は似たような形の式の積分が並んでいるが, 積分結果はまったく似ていない. 微分とは違い, 式のわずかな変化で積分は違ってくるので細心の注意を払う必要がある.

(6) 三角関数の積分では公式 (12.6), (12.7), (12.14) などを使う事になるが, これらを適用可能な形に変形するのに次の公式は有用である. これらは全て加法定理から証明されるが省略する.

(12.16)
$$\sin^2 x = \frac{1}{2} - \frac{1}{2}\cos 2x, \quad \cos^2 x = \frac{1}{2} + \frac{1}{2}\cos 2x, \quad \sin x \cos x = \frac{1}{2}\sin 2x$$

(12.17)
$$\sin^3 x = \frac{3}{4}\sin x - \frac{1}{4}\sin 3x, \quad \cos^3 x = \frac{3}{4}\cos x + \frac{1}{4}\cos 3x$$

(12.18)
$$\sin A \sin B = -\frac{1}{2}\cos(A+B) + \frac{1}{2}\cos(A-B)$$
$$\cos A \cos B = \frac{1}{2}\cos(A+B) + \frac{1}{2}\cos(A-B)$$
$$\sin A \cos B = \frac{1}{2}\sin(A+B) + \frac{1}{2}\sin(A-B)$$

問題 12.1. 上の定理 12.1 の公式を, 右辺を微分する事により示せ.

問題 12.2. 次の関数の不定積分を求めよ.

(1) $\displaystyle\int 2x^2 - 3x + 4\,dx$ 　　(2) $\displaystyle\int 5\sqrt[3]{x^2} - \frac{1}{x^3}\,dx$ 　　(3) $\displaystyle\int \left(x - \frac{1}{x}\right)^2 dx$

(4) $\displaystyle\int 3e^{2x} - 4\sin 3x\,dx$ 　　(5) $\displaystyle\int \frac{3}{x} + \cos(2x+1)\,dx$ 　　(6) $\displaystyle\int \frac{1}{3x-2} - 2e^{2x+3}\,dx$

(7) $\displaystyle\int \sqrt{e^x}\,dx$ 　　(8) $\displaystyle\int \sin^2 x\,dx$ 　　(9) $\displaystyle\int \frac{1}{x^2} + \frac{1}{x^2+4}\,dx$

(10) $\displaystyle\int \frac{3}{2x+1} + \frac{3}{x^2-9}\,dx$ 　　(11) $\displaystyle\int \sqrt{x} - \frac{1}{\sqrt{2-x^2}}\,dx$ 　　(12) $\displaystyle\int \frac{1}{\sqrt{x}} + \frac{1}{\sqrt{x^2+2}}\,dx$

(13) $\displaystyle\int \sqrt{x+3}\,dx$ 　　(14) $\displaystyle\int \sqrt{3-x^2}\,dx$ 　　(15) $\displaystyle\int \sqrt{3+x^2}\,dx$

(12.8)-(12.13) で気を付けるのは, x^2 の係数である. 公式に合わせて ± 1 でなければならない.

例 12.1. (1) $\displaystyle\int \frac{1}{4x^2+1}\,dx = \frac{1}{4}\int \frac{1}{x^2+\frac{1}{4}}\,dx = \frac{1}{2}\mathrm{Tan}^{-1} 2x + C$

(2) $\displaystyle\int \frac{1}{1-2x^2}\,dx = -\frac{1}{2}\int \frac{1}{x^2-\frac{1}{2}}\,dx = -\frac{\sqrt{2}}{4}\log\left|\frac{x-\frac{1}{\sqrt{2}}}{x+\frac{1}{\sqrt{2}}}\right| + C$

$\displaystyle\qquad = -\frac{\sqrt{2}}{4}\log\left|\frac{\sqrt{2}x-1}{\sqrt{2}x+1}\right| + C$

(3) $\displaystyle\int \frac{1}{\sqrt{9x^2-1}}\,dx = \frac{1}{3}\int \frac{1}{\sqrt{x^2-\frac{1}{9}}}\,dx = \frac{1}{3}\log\left|x + \sqrt{x^2 - \frac{1}{9}}\right| + C$

$\displaystyle\qquad = \frac{1}{3}\log\left|3x + \sqrt{9x^2-1}\right| + C$

最後の式の積分定数は正確には $-\frac{1}{3}\log 3 + C$ であるが, これを一まとめにして C としている.

(4) $\displaystyle\int \frac{1}{\sqrt{1-9x^2}}\,dx = \frac{1}{3}\int \frac{1}{\sqrt{\frac{1}{9}-x^2}}\,dx = \frac{1}{3}\mathrm{Sin}^{-1} 3x + C$

また, $x^2 - a^2, x^2 + A$ の代わりに, 2 次式 $ax^2 + bx + c$ である場合は平方完成

$$ax^2 + bx + c = a\left\{\left(x + \frac{b}{2a}\right)^2 - \frac{b^2 - 4ac}{4a^2}\right\}$$

を実行して, (12.2) と公式 (12.8)-(12.13) を使う事になる.

例 12.2. (1) $\displaystyle\int \frac{1}{3x^2 - 12x + 9}\,dx = \frac{1}{3}\int \frac{1}{(x-2)^2 - 1}\,dx = \frac{1}{6}\log\left|\frac{x-3}{x-1}\right| + C$

(2) $\displaystyle\int \frac{1}{-3x^2 + 12x - 15}\,dx = -\frac{1}{3}\int \frac{1}{(x-2)^2 + 1}\,dx = -\frac{1}{3}\mathrm{Tan}^{-1}(x-2) + C$

問題 12.3. 次の積分を求めよ.

(1) $\displaystyle\int \frac{1}{x^2 + 2x}\,dx$ 　　(2) $\displaystyle\int \frac{1}{2x^2 + 4x + 4}\,dx$ 　　(3) $\displaystyle\int \frac{1}{\sqrt{-4x^2 + 8x - 3}}\,dx$

(4) $\displaystyle\int \frac{1}{\sqrt{4x^2 - 8x + 3}}\,dx$ 　　(5) $\displaystyle\int \sqrt{-x^2 + 4x - 1}\,dx$ 　　(6) $\displaystyle\int \sqrt{x^2 - 4x + 1}\,dx$

定積分

定積分は面積の計算方法を定式化したものである．閉区間 $[a,b]$ で定義されている関数 $y = f(x)$ を考える．閉区間を $n-1$ 個の点 $a < a_1 < a_2 < \cdots < a_{n-1} < b$ で分割する．特に $a_0 = a$, $a_n = b$ とすると，分割した各小区間は $[a_{i-1}, a_i]$ $(i = 1, \cdots, n)$ で表され，その長さは $\delta x_i = a_i - a_{i-1}$ となる．さらに各小区間 $[a_{i-1}, a_i]$ の中から点 x_i を任意に一つずつ取ってくる．底辺 $[a_{i-1}, a_i]$, 高さ $f(x_i)$ の長方形を考えると，その面積は $f(x_i)\delta x_i$ になる．この長方形を全て足した値

$$(12.19) \qquad \sum_{i=1}^{n} f(x_i)\,\delta x_i$$

は X 軸と $x = a, x = b, y = f(x)$ に囲まれた図形の面積の近似値になっている．

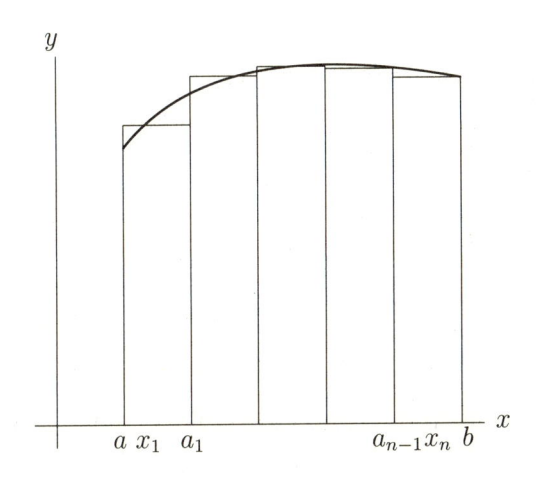

図 12.1

そこで，区間 $[a,b]$ の分割を δx_i が全て 0 に近づくように細かくしていった時, (12.19) の値 $\sum_{i=1}^{n} f(x_i)\,\delta x_i$ が x_i をどのように取っても一定の値に収束する時, $y = f(x)$ は $[a,b]$ で積分可能と言い，その極限値を

$$(12.20) \qquad \int_a^b f(x)\,dx$$

で表し，a から b までの定積分と言う．

$$\sum_{i=1}^{n} f(x_i)\,\delta x_i \longrightarrow \int_a^b f(x)\,dx$$

この定義は $a < b$ である場合になされている．$a > b$ である場合は

$$\int_a^b f(x)\,dx = -\int_b^a f(x)\,dx$$

と定義する．

注 (1) 区間 $[a,b]$ で $f(x) \geq 0$ ならば定積分 $\int_a^b f(x)\,dx$ は面積を表す. 逆に, 面積はこの定積分により定義される.

しかし, $f(x) < 0$ となる点があるならば, 定積分は面積とは限らない. それは, (X 軸より上の部分の面積) − (X 軸より下の部分の面積) になる.

(2) ここで記述した定積分はリーマン積分と呼ばれる. 積分の拡張としてルベーグ積分と呼ばれるものがある. リーマン積分での積分範囲は閉区間であったが, 積分範囲をもっと一般の $\mathbf{R}$ の部分集合に拡張したのがルベーグ積分である. そのために集合論を使い, 集合の長さ, 面積 (測度と言う) とは何かについて深い考察を必要とするが, 積分範囲が閉区間で関数が連続ならばリーマン積分と一致するので省略する.

(3) 定積分は, 存在するならば不定積分とは違い確定した値であり, 変数の文字には左右されない. 例えば

$$\int_a^b f(x)\,dx = \int_a^b f(t)\,dt = \int_a^b f(y)\,dy$$

例 12.3. 関数 $y = k$ (k は定数) を考える. すると, $\sum_{i=1}^n \delta x_i = \sum_{i=1}^n (a_i - a_{i-1}) = b - a$ であるから

$$\sum_{i=1}^n k\,\delta x_i = k(b-a), \quad \int_a^b k\,dx = k(b-a)$$

次に, 連続関数に限れば定積分が存在する事を示す. 証明を厳密に述べるためには, 記号を整備し準備がかなり要るので概略のみを述べる.

定理 12.2. 関数 $y = f(x)$ が閉区間 $[a,b]$ で連続ならば, この区間で積分可能である. すなわち $\int_a^b f(x)\,dx$ が存在する.

(証明の概略) 上で記述したような $[a,b]$ の分割を記号 Δ で表す. また, 各小区間の長さ δx_i の中の最大値を δ_Δ で表す. $\delta x_i \leq \delta_\Delta$. 関数 $y = f(x)$ は連続であるから, ワイエルストラスの定理 6.7 から $[a,b]$ で最小値 m 最大値 M を取る. さらに各小区間 $[a_{i-1}, a_i]$ でも最小値 m_i 最大値 M_i がある.

$$m \leq f(x) \leq M \quad (x \in [a,b]), \quad m_i \leq f(x) \leq M_i \quad (x \in [a_{i-1}, a_i])$$

そこで, 次のように s_Δ, S_Δ を定義する.

$$s_\Delta = \sum_{i=1}^n m_i\,\delta x_i, \quad S_\Delta = \sum_{i=1}^n M_i\,\delta x_i$$

すると,

$$m(b-a) \leq s_\Delta \leq \sum_{i=1}^n f(x_i)\,\delta x_i \leq S_\Delta \leq M(b-a)$$

分割 Δ を細かくすると s_Δ は増加し S_Δ は減少する. 上の不等式からどちらも有界であるから収束する. それを s, S とする. 不等式から $s = S$ が言えれば, 問題の和も収束する事が言える.

閉区間で連続であるから, 任意の実数 $\epsilon > 0$ に対して適当な実数 $\delta > 0$ があって, 全ての $x', x'' \in [a, b]$ に対して, $|x' - x''| < \delta$ ならば $|f(x') - f(x'')| < \epsilon$ となる (これは一様連続という性質である). そこで各小区間で $M_i = f(x_i')$, $m_i = f(x_i'')$ とし, $\delta_\Delta < \delta$ となる分割を取れば, $|x' - x''| \leq \delta_\Delta < \delta$ $(x', x'' \in [a_{i-1}, a_i])$ より

$$0 \leq S_\Delta - s_\Delta = \sum_{i=1}^n (M_i - m_i)\delta x_i = \sum_{i=1}^n (f(x_i'') - f(x_i'))(a_i - a_{i-1})$$
$$< \sum_{i=1}^n \epsilon(a_i - a_{i-1}) < (b-a)\epsilon$$

したがって, ϵ を 0 に近づける事により $S - s = 0$. よって問題の和も収束する. □

注 (1) 同様な証明により, 区間 $[a, b]$ で有界な関数は, 不連続な点が有限個の時, 積分可能である.

(2) 上の証明の中の s は不足積分, S は過剰積分と呼ばれ, 常に存在する. これらはダルブーにより導入された. ダルブーに従って, $\boldsymbol{s = \underline{\int} f(x)\,dx}$, $\boldsymbol{S = \overline{\int} f(x)\,dx}$ と書く. 関数 $f(x)$ が $[a, b]$ で積分可能になる必要十分条件は

$$\underline{\int} f(x)\,dx = \overline{\int} f(x)\,dx$$

となる事である.

定積分の性質

以下の定積分の性質は定義から直接得られる.

(12.21)
$$\int_a^b \{sf(x) + tg(x)\}\,dx = s\int_a^b f(x)\,dx + t\int_a^b g(x)\,dx \quad (s, t \text{ は定数})$$

(12.22) $\quad a < b, \quad f(x) \geq 0 \quad$ ならば $\quad \int_a^b f(x)\,dx \geq 0$

(12.23) $\quad a < b, \quad f(x) \geq g(x) \quad$ ならば $\quad \int_a^b f(x)\,dx \geq \int_a^b g(x)\,dx$

(12.24)
$$\int_a^b f(x)\,dx + \int_b^c f(x)\,dx = \int_a^c f(x)\,dx$$

特に, $-|f(x)| \leq f(x) \leq |f(x)|$ であるから $-\int_a^b |f(x)|\,dx \leq \int_a^b f(x)\,dx \leq \int_a^b |f(x)|\,dx$ となり,

(12.25) $\quad a < b \quad$ ならば $\quad \left|\int_a^b f(x)\,dx\right| \leq \int_a^b |f(x)|\,dx$

次は, 定積分の性質を示す時の基本となる定理である.

定理 12.3 (定積分の平均値の定理). 関数 $y = f(x)$ が閉区間 $[a,b]$ で連続ならば, 点 $c \in (a,b)$ があり,
$$\int_a^b f(x)\,dx = f(c)(b-a)$$

(証明) ワイエルストラスの定理から最小値 m 最大値 M があり, 定理 12.2 の証明の中の不等式から
$$m(b-a) \le \int_a^b f(x)\,dx \le M(b-a)$$
(これは, $m \le f(x) \le M$ と例 12.3 からも導ける.)

これから
$$m \le \frac{1}{b-a}\int_a^b f(x)\,dx \le M$$
となる. 中間値の定理 6.6 により, $c \in (a,b)$ があり
$$\frac{1}{b-a}\int_a^b f(x)\,dx = f(c)$$
この式は定理を意味する. □

次の定理は微分と定積分の間の基本的な関係である. それまで複雑で難解であった面積の計算を簡単にし, 様々な物理量の計算を可能にした非常に重要な大定理である. 現在の科学の発展はこの定理のおかげと言っても言い過ぎではない.

定理 12.4 (微積分の基本定理). 関数 $y = f(x)$ がある開区間 (x_0, x_1) で連続とする. a をこの開区間のある一点とする. その時, 関数
$$F(x) = \int_a^x f(t)\,dt$$
はこの区間で微分可能であり,
$$F'(x) = f(x)$$

(証明) $x, x+h \in (x_0, x_1)$ とすると, 平均値の定理 12.3 より
$$\frac{F(x+h)-F(x)}{h} = \frac{1}{h}\left(\int_a^{x+h} f(t)\,dt - \int_a^x f(t)\,dt\right) = \frac{1}{h}\int_x^{x+h} f(t)\,dt = f(c)$$
となる c があり, $x < c < x+h$ である. $\lim_{h \to 0} c = x$ であるから, 連続性より
$$F'(x) = \lim_{h \to 0}\frac{F(x+h)-F(x)}{h} = \lim_{c \to x} f(c) = f(x) \quad □$$

定理 12.5. ある開区間で連続な関数は常に不定積分 (原始関数) を持つ.

定積分と不定積分

以上の定理から定積分を不定積分を使用して計算する方法が得られる．関数 $y = f(x)$ が区間 $[a,b]$ で連続ならばその原始関数 $F(x)$ がある．関数 $\int_c^x f(t)\,dt \ (c \in (a,b))$ は微積分の基本定理より原始関数になるから，

$$\int_c^x f(t)\,dt = F(x) + C$$

と書ける．よって，

$$\int_a^b f(t)\,dt = \int_c^b f(t)\,dt - \int_c^a f(t)\,dt = F(b) - C - (F(a) - C) = F(b) - F(a)$$

最後の式を $[F(x)]_a^b$ と書き，次の定理を得る．

定理 12.6. 関数 $y = f(x)$ が区間 $[a,b]$ で連続であり，$F(x)$ が原始関数ならば，

$$\int_a^b f(x)\,dx = [F(x)]_a^b = F(b) - F(a)$$

原始関数 $F(x)$ は不定積分 $\int f(x)\,dx$ の中の一つの関数であるから，積分定数 C に具体的な値を代入したものである．

注 実際の計算では $C = 0$ となる不定積分を使うのが普通である．

例題 12.1. 次の定積分の値を求めよ．
(1) $\displaystyle\int_1^2 x^3\,dx$ (2) $\displaystyle\int_{-1}^{\sqrt{3}} \frac{dx}{\sqrt{4-x^2}}$ (3) $\displaystyle\int_0^3 \sqrt{x^2+16}\,dx$

(解答) (1) 少し丁寧に計算を説明しよう．公式 (12.3) から $\int x^3\,dx = \frac{1}{4}x^4 + C$．$C = 0$ の関数を採用して，

$$\int_1^2 x^3\,dx = \left[\frac{1}{4}x^4\right]_1^2 = \frac{1}{4}2^4 - \frac{1}{4}1^4 = \frac{15}{4}$$

また，次の計算でもよい．計算が複雑になるだけで結果は同じである．

$$\int_1^2 x^3\,dx = \left[\frac{1}{4}x^4 + \frac{2}{\sqrt{3}}\right]_1^2 = \frac{1}{4}2^4 + \frac{2}{\sqrt{3}} - \left(\frac{1}{4}1^4 + \frac{2}{\sqrt{3}}\right) = \frac{15}{4}$$

(2) 公式 (12.10) から

$$\int_{-1}^{\sqrt{3}} \frac{dx}{\sqrt{4-x^2}} = \left[\mathrm{Sin}^{-1}\frac{x}{2}\right]_{-1}^{\sqrt{3}} = \mathrm{Sin}^{-1}\frac{\sqrt{3}}{2} - \mathrm{Sin}^{-1}\left(-\frac{1}{2}\right) = \frac{\pi}{3} - \left(-\frac{\pi}{6}\right) = \frac{1}{2}\pi$$

ここで，$\sin\frac{\pi}{3} = \frac{\sqrt{3}}{2}$, $\sin\left(-\frac{\pi}{6}\right) = -\frac{1}{2}$ より Sin^{-1} の値は求める事が出来る．

(3) 公式 (12.13) より

$$\int_0^3 \sqrt{x^2+16}\,dx = \left[\frac{1}{2}\left(x\sqrt{x^2+16}+16\log\left|x+\sqrt{x^2+16}\right|\right)\right]_0^3$$
$$= \frac{1}{2}\left\{3\sqrt{25}+16\log\left(3+\sqrt{25}\right)\right\} - \frac{1}{2}\left(16\log\sqrt{16}\right)$$
$$= \frac{15}{2}+24\log 2 - 16\log 2$$
$$= \frac{15}{2}+8\log 2$$

問題 12.4. 次の定積分の値を求めよ.

(1) $\displaystyle\int_{-1}^2 x^2+x-2\,dx$
(2) $\displaystyle\int_1^4 \frac{1}{\sqrt{x}}\,dx$
(3) $\displaystyle\int_1^2 \frac{dx}{2x+1}$
(4) $\displaystyle\int_0^1 e^{3x-1}\,dx$
(5) $\displaystyle\int_0^{\frac{\pi}{4}} \sin 3x\,dx$
(6) $\displaystyle\int_0^{\frac{\pi}{6}} \tan 2x\,dx$
(7) $\displaystyle\int_0^3 \frac{dx}{x^2+9}$
(8) $\displaystyle\int_0^1 \frac{dx}{x^2-9}$
(9) $\displaystyle\int_0^1 \frac{dx}{\sqrt{4-x^2}}$
(10) $\displaystyle\int_0^1 \frac{dx}{\sqrt{4+x^2}}$
(11) $\displaystyle\int_0^1 \sqrt{2-x^2}\,dx$
(12) $\displaystyle\int_0^1 \sqrt{2+x^2}\,dx$

和の極限値

関数 $y=f(x)$ は区間 $[0,1]$ で積分可能とする. 定積分の定義で, 区間 $[0,1]$ を n 等分した時を考える. すると $a_i = \dfrac{i}{n}$, $\delta x_i = \dfrac{1}{n}$, さらに $x_i = a_i$ とすると和 (12.19) は $n\to\infty$ の時 $\displaystyle\int_0^1 f(x)\,dx$ に収束するから,

(12.26) $$\lim_{n\to\infty}\left\{\sum_{i=1}^n f\left(\frac{i}{n}\right)\right\}\frac{1}{n} = \int_0^1 f(x)\,dx$$

例題 12.2. 次の極限値を求めよ.

(1) $\displaystyle\lim_{n\to\infty}\sum_{i=1}^n \frac{i^4}{n^5}$
(2) $\displaystyle\lim_{n\to\infty}\sum_{i=1}^n \frac{n}{n^2+i^2}$

(解答) 上の公式を, それぞれ $f(x)=x^4$, $\dfrac{1}{x^2+1}$ に適用すると,

(1) $\displaystyle\lim_{n\to\infty}\sum_{i=1}^n \frac{i^4}{n^5} = \lim_{n\to\infty}\sum_{i=1}^n \frac{i^4}{n^4}\frac{1}{n} = \int_0^1 x^4 dx = \left[\frac{x^5}{5}\right]_0^1 = \frac{1}{5}$

(2) $\displaystyle\lim_{n\to\infty}\sum_{i=1}^n \frac{n}{n^2+i^2} = \lim_{n\to\infty}\sum_{i=1}^n \frac{1}{1+\left(\frac{i}{n}\right)^2}\frac{1}{n} = \int_0^1 \frac{dx}{1+x^2} = \left[\mathrm{Tan}^{-1} x\right]_0^1 = \frac{\pi}{4}$

問題 12.5. 次の和の極限値を求めよ.

(1) $\displaystyle\lim_{n\to\infty}\sum_{i=1}^n \frac{i^2}{n^3}$
(2) $\displaystyle\lim_{n\to\infty}\sum_{i=1}^n \frac{1}{n+i}$
(3) $\displaystyle\lim_{n\to\infty}\sum_{i=1}^n \frac{n}{i^2-4n^2}$

異常積分・無限積分

関数 $y = f(x)$ が $(a,b]$ で積分可能であるが $x = a$ では値を持たない時でも, 次の極限値が存在する時がある. それを**異常積分**と呼ぶ.

$$(12.27) \qquad \int_a^b f(x)\,dx = \lim_{\epsilon \to a+0} \int_\epsilon^b f(x)\,dx$$

例 12.4. 関数 $y = \frac{1}{x^r}$ $(r > 0)$ は $x = 0$ では値がない. $\int_0^1 \frac{dx}{x^r}$ は, $r \geq 1$ の時には異常積分の値はないが, $0 < r < 1$ の時には異常積分の値はあり $\frac{1}{1-r}$ になる.

(証明) $r \neq 1$ の時は, $\int_\epsilon^1 \frac{1}{x^r}\,dx = \int_\epsilon^1 x^{-r}\,dx = \left[\frac{x^{-r+1}}{-r+1}\right]_\epsilon^1 = \frac{1}{r-1}\left(-1 + \epsilon^{1-r}\right)$ であるから, $\epsilon \to +0$ にするとこの結果が導かれる. $r = 1$ の時は同様に $\lim_{\epsilon \to +0} \log \epsilon = -\infty$ から値を持たない事が分かる. □

また次の極限値が存在する時**無限積分**と呼ぶ.

$$(12.28) \qquad \int_a^\infty f(x)\,dx = \lim_{b \to \infty} \int_a^b f(x)\,dx, \qquad \int_{-\infty}^b f(x)\,dx = \lim_{a \to -\infty} \int_a^b f(x)\,dx$$

例 12.5. (1) $\int_1^\infty \frac{1}{x^r}\,dx$ は $r > 1$ の時 $\frac{1}{r-1}$ になり, $r \leq 1$ の時は値がない.
(2) $\int_0^\infty e^{-x}\,dx = 1$. \qquad (3) $\int_0^\infty e^{-x^2}\,dx = \frac{\sqrt{\pi}}{2}$

(証明) (1) は異常積分の時の例と同じ積分による. (3) は重積分を使って証明する (定理 18.6).

(2) $\int_0^b e^{-x}\,dx = \left[-e^{-x}\right]_0^b = -\frac{1}{e^b} + 1$ から $b \to \infty$ とする事により得られる. □

13. 置換積分法

置換積分

この節では様々な関数を積分する計算方法を扱う．基本的な考え方は積分の式を変形して，前節の公式が使える形にする事である．これから述べる置換積分が最も基本的な変形である．

$y = f(x)$, $F(x) = \int f(x)\,dx$, $x = \varphi(t)$ として合成関数の微分の公式

$$\frac{dF(x)}{dt} = \frac{dF(x)}{dx}\frac{d\varphi(t)}{dt}$$

を t で積分する．左辺は，定義から $\int \frac{dF(x)}{dt}\,dt = F(x) = \int f(x)\,dx$, 右辺は微積分の基本定理から $\frac{dF(x)}{dx} = f(x) = f(\varphi(t))$, $\frac{d\varphi(t)}{dt} = \varphi'(t)$ であるから，次の公式を得る．

定理 13.1 (置換積分). $a = \varphi(\alpha)$, $b = \varphi(\beta)$ とすると，

(13.1)
$$\int f(x)\,dx = \int f(\varphi(t))\varphi'(t)\,dt, \quad \int_a^b f(x)\,dx = \int_\alpha^\beta f(\varphi(t))\varphi'(t)\,dt$$

注 (1) 実用上使用頻度が高いのは $t = \phi(x)$ と置いた場合である．この場合，合成関数の微分の公式 $\frac{dF(x)}{dx} = \frac{dF(x)}{dt}\frac{d\phi(x)}{dx} = \frac{dF(x)}{dt}\phi'(x)$ を変形して，$\frac{dF(x)}{dt} = \frac{dF(x)}{dx}\frac{1}{\phi'(x)}$ を得るから，これを t で積分する．$\alpha = \phi(a)$, $\beta = \phi(b)$ とすると，

(13.2)
$$\int f(x)\,dx = \int f(x)\frac{1}{\phi'(x)}\,dt, \quad \int_a^b f(x)\,dx = \int_\alpha^\beta f(x)\frac{1}{\phi'(x)}\,dt$$

この場合，右辺の積分の中が t のみで書き表せるならば (例えば $x = \varphi(t)$ と書ける場合)，置換積分は成功であるが，x が残る時は失敗であるので，別の式を t と置いて試すなどの更なる工夫が必要になる．

(2) $x = \varphi(t)$ ならば $\frac{dx}{dt} = \varphi'(t)$ であり，$t = \phi(x)$ ならば $\frac{dt}{dx} = \phi'(x)$ である．置換積分の公式は，形式的には，左辺の dx に上式からの $dx = \varphi'(t)\,dt$ または $dx = \frac{1}{\phi'(x)}\,dt$ を代入した形になっている．これは正しい式変形ではないが，簡易計算としては便利である．

問題 13.1. 公式 (12.2) を $t = ax + b$ と置いて置換積分する事により示せ．

例題 13.1. 次の積分を置換積分により計算せよ．
(1) $\displaystyle\int (x^3 + 2)^4 x^2\,dx$
(2) $\displaystyle\int \frac{x}{x^2 + 1}\,dx$
(3) $\displaystyle\int_0^{\frac{\pi}{3}} \sin x \cos^3 x\,dx$
(4) $\displaystyle\int_0^1 xe^{-x^2+1}\,dx$

(5) $\int_0^{\frac{\pi}{6}} \frac{1}{\cos x} dx$

(解答) (1) $t = x^3 + 2$ と置くと, $\frac{dt}{dx} = (x^3+2)' = 3x^2$, $dx = \frac{1}{3x^2} dt$ であるから,

$$\int (x^3+2)^4 x^2 dx = \int t^4 x^2 \frac{1}{3x^2} dt = \frac{1}{3} \int t^4 dt = \frac{1}{3} \frac{t^5}{5} + C = \frac{(x^3+2)^5}{15} + C$$

最後の式が解答であり, x の式に直して書いている. t という変数は解答者が適当に置いた変数であり, 解答者には分かっていても解答を見る人には分からない変数である. それで, もともとの問題にある変数 x に戻す必要がある. このように答案とは人に見せるものであるという事を常に意識して書かねばならない.

また問題の積分が $\int (x^3+2)^4 dx$ ならば, $t = x^3 + 2$ と置く置換積分は, t だけの式にならず x が残るから失敗する. この場合はまた別の工夫をする必要がある.

(2) $t = x^2 + 1$ と置くと, $\frac{dt}{dx} = (x^2+1)' = 2x$, $dx = \frac{1}{2x} dt$ から

$$\int \frac{x}{x^2+1} dx = \int \frac{x}{t} \frac{1}{2x} dt = \frac{1}{2} \int \frac{1}{t} dt = \frac{1}{2} \log|t| + C = \frac{1}{2} \log|x^2+1| + C$$

この場合も最後は x だけの式に戻している事に注意して欲しい. また, 問題の積分が $\int \frac{1}{x^2+1} dx$ ならば, この置換積分は失敗する事を確認して欲しい. この場合の答えは公式 (12.8) から $\operatorname{Tan}^{-1} x + C$ である.

(3) $t = \cos x$ と置く. この場合は定積分であるから積分範囲をも置換する必要がある. $t = \cos 0 = 1$, $t = \cos \frac{\pi}{3} = \frac{1}{2}$

次に不定積分の時と同様に $\frac{dt}{dx} = (\cos x)' = -\sin x$, $dx = \frac{-1}{\sin x} dt$ から,

$$\int_0^{\frac{\pi}{3}} \sin x \cos^3 x \, dx = \int_1^{\frac{1}{2}} \sin x \, t^3 \frac{-1}{\sin x} dt = -\int_1^{\frac{1}{2}} t^3 \, dt = -\left[\frac{t^4}{4}\right]_1^{\frac{1}{2}} = -\left[\frac{(\frac{1}{2})^4}{4} - \frac{1^4}{4}\right] = \frac{15}{64}$$

この場合も $t = \sin x$ と置くと失敗する事を確認して欲しい. さらに, 不定積分の時とは違い x に直していない事にも注意して欲しい. 不定積分の時には, 答えに t が残るから x に戻したが, 定積分の時には値を代入すれば数値は確定し t が答えに出てくる事はないから, x に戻す必要はない. これをわざわざ戻して $-\left[\frac{\cos^4 x}{4}\right]_1^{\frac{1}{2}}$ と書く人を時々見掛けるが, これでは数値がまったく違う式であるから 0 点になる.

(4) $t = -x^2 + 1$ と置くと, 積分範囲は $t = -0^2 + 1 = 1$, $t = -1^2 + 1 = 0$ であり, $\frac{dt}{dx} = (-x^2+1)' = -2x$, $dx = \frac{1}{-2x} dt$ より,

$$\int_0^1 xe^{-x^2+1} dx = \int_1^0 xe^t \frac{1}{-2x} dt = -\frac{1}{2} \int_1^0 e^t dt = -\frac{1}{2} [e^t]_1^0 = -\frac{1}{2}(e^0 - e^1) = \frac{e-1}{2}$$

(5) $t = \sin x$ と置くと, 積分範囲は $t = \sin 0 = 0, \quad t = \sin\frac{\pi}{6} = \frac{1}{2}$ であり,
$\frac{dt}{dx} = (\sin x)' = \cos x, \quad dx = \frac{1}{\cos x} dt$ および $\cos^2 x = 1 - \sin^2 x = 1 - t^2$ より

$$\int_0^{\frac{\pi}{6}} \frac{1}{\cos x} dx = \int_0^{\frac{1}{2}} \frac{1}{\cos^2 x} dt = \int_0^{\frac{1}{2}} \frac{1}{1-t^2} dt = -\int_0^{\frac{1}{2}} \frac{1}{t^2-1} dt$$

$$= -\left[\frac{1}{2}\log\left|\frac{t-1}{t+1}\right|\right]_0^{\frac{1}{2}} = -\left(\frac{1}{2}\log\frac{1}{3} - \frac{1}{2}\log 1\right) = \frac{1}{2}\log 3$$

問題 13.2. 次の積分を ( ) 内の置換を利用して求めよ.

(1) $\int (x^2 - 2x - 1)^3 (x-1)\, dx \quad (t = x^2 - 2x - 1)$ (2) $\int \frac{\cos x}{\sin x} dx \quad (t = \sin x)$

(3) $\int x\sqrt{x+1}\, dx \quad (t = \sqrt{x+1}, x = t^2 - 1)$ (4) $\int_{\frac{\pi}{3}}^{\frac{\pi}{2}} \frac{1}{\sin x} dx \quad (t = \cos x)$

(5) $\int_1^e \frac{(\log x)^2}{x} dx \quad (t = \log x)$ (6) $\int_0^{\log\sqrt{3}} \frac{e^x}{e^{2x}+1} dx \quad (t = e^x)$

置換積分を利用して公式 (12.11), (12.12) を示してみよう.

例題 13.2. 次の積分を求めよ.

(1) $\int \frac{dx}{\sqrt{x^2+A}}$ (2) $\int \sqrt{a^2 - x^2}\, dx \quad (a > 0)$

(解答) (1) $t = x + \sqrt{x^2+A}$ と置くと, $(t-x)^2 = x^2 + A$ から $2xt = t^2 - A$ となり, $x = \frac{t^2-A}{2t}$. これから

$$\frac{1}{\sqrt{x^2+A}} = \frac{1}{t-x} = \frac{1}{t-\frac{t^2-A}{2t}} = \frac{2t}{t^2+A}, \quad \frac{dx}{dt} = \left(\frac{t^2-A}{2t}\right)' = \frac{t^2+A}{2t^2}, \quad dx = \frac{t^2+A}{2t^2} dt$$

そこで,

$$\int \frac{dx}{\sqrt{x^2+A}} = \int \frac{2t}{t^2+A} \frac{t^2+A}{2t^2} dt = \int \frac{1}{t} dt = \log|t| + C = \log|x + \sqrt{x^2+A}| + C$$

(2) $a^2 - x^2 \geq 0$ より $-a \leq x \leq a$ になり, $-1 \leq \frac{x}{a} \leq 1$ は $x = a\sin t \quad \left(-\frac{\pi}{2} \leq t \leq \frac{\pi}{2}\right)$ と置ける事を意味する.

$$\sqrt{a^2 - x^2} = \sqrt{a^2 - a^2\sin^2 t} = a\sqrt{1-\sin^2 t} = a\sqrt{\cos^2 t} = a\cos t$$

$$\frac{dx}{dt} = (a\sin t)' = a\cos t, \quad dx = a\cos t\, dt$$

以上から

$$\int \sqrt{a^2 - x^2}\, dx = \int a^2 \cos^2 t\, dt = a^2 \int \frac{1}{2} + \frac{1}{2}\cos 2t\, dt = \frac{1}{2}a^2 t + \frac{1}{2}a^2 \frac{\sin 2t}{2} + C$$

そこで, $x = a\sin t$ より, $a\cos t = a\sqrt{1-\sin^2 t} = \sqrt{a^2-x^2}$ に注意すると

$$t = \mathrm{Sin}^{-1}\frac{x}{a}, \quad a^2\frac{\sin 2t}{2} = a^2 \sin t \cos t = x\sqrt{a^2-x^2}$$

であるから, 項の順序を逆にして

$$\int \sqrt{a^2-x^2}\,dx = \frac{1}{2}\left(x\sqrt{a^2-x^2} + a^2 \mathrm{Sin}^{-1}\frac{x}{a}\right) + C$$

偶関数・奇関数

置換積分の応用として, 特殊な関数について $\int_{-a}^{a} f(x)\,dx$ の形の定積分の計算が簡略化される事実を見よう.

定義 13.1. 関数 $y = f(x)$ は, $f(-x) = f(x)$ が成り立つならば偶関数, $f(-x) = -f(x)$ が成り立つならば奇関数と呼ばれる.

例 13.1. $x^{2n}\ (n \in \mathbf{Z})$, $\cos x$ などは偶関数である.
$x^{2n+1}\ (n \in \mathbf{Z})$, $\sin x$, $\tan x$ などは奇関数である.

$t = -x$ と置く事により,

$$\int_{-a}^{0} f(x)\,dx = \int_{a}^{0} -f(-t)\,dt = \int_{0}^{a} f(-t)\,dt = \int_{0}^{a} f(-x)\,dx = \begin{cases} \int_{0}^{a} f(x)\,dx & \text{偶関数} \\ -\int_{0}^{a} f(x)\,dx & \text{奇関数} \end{cases}$$

さらに, $\int_{-a}^{a} f(x)\,dx = \int_{-a}^{0} f(x)\,dx + \int_{0}^{a} f(x)\,dx$ であるから

定理 13.2.
$$\int_{-a}^{a} f(x)\,dx = \begin{cases} 2\int_{0}^{a} f(x)\,dx & \text{偶関数} \\ 0 & \text{奇関数} \end{cases}$$

例題 13.3. 次の定積分を求めよ.
(1) $\displaystyle\int_{-1}^{1} 2x^3 - x^2 + 3x + 1\,dx$ \qquad (2) $\displaystyle\int_{-\frac{\pi}{2}}^{\frac{\pi}{2}} 3\sin^3 x + 2\cos x\,dx$

(解答) 上の定理と例 13.1 から,
(1) $\displaystyle\int_{-1}^{1} 2x^3 - x^2 + 3x + 1\,dx = 2\int_{0}^{1} -x^2 + 1\,dx = 2\left[-\frac{x^3}{3} + x\right]_0^1 = \frac{4}{3}$
(2) $\displaystyle\int_{-\frac{\pi}{2}}^{\frac{\pi}{2}} 3\sin^3 x + 2\cos x\,dx = 2\int_{0}^{\frac{\pi}{2}} 2\cos x\,dx = 2\left[2\sin x\right]_0^{\frac{\pi}{2}} = 4$

問題 13.3. 次の定積分の値を求めよ.

(1) $\displaystyle\int_{-2}^{2} 2x^5 - 3x^3 + 3x^2 - 5x - 2 \, dx$ (2) $\displaystyle\int_{-\frac{\pi}{4}}^{\frac{\pi}{4}} 2\tan^5 x + \frac{1}{\cos^2 x} \, dx$

三角関数の積分

三角関数の有理関数を積分するためには, 公式 (12.16), (12.17), (12.18) を使ったり, $t = \sin x$ または $t = \cos x$ などと置いて, 工夫する事になる. ここでは三角関数の有理式を $t = \tan\dfrac{x}{2}$ と置く事により t の有理式に置換する方法を述べる. ただし, 得られた有理関数の積分が計算可能とは限らない.

さて, $t = \tan\dfrac{x}{2}$ と置くと, 公式 (12.16) から

$$t^2 = \frac{\sin^2 \frac{x}{2}}{\cos^2 \frac{x}{2}} = \frac{1 - \cos x}{1 + \cos x}, \quad t^2 + t^2 \cos x = 1 - \cos x, \quad (1+t^2)\cos x = 1 - t^2$$

$$\cos x = \frac{1 - t^2}{1 + t^2}$$

また,

$$\sin^2 x = 1 - \cos^2 x = 1 - \left(\frac{1-t^2}{1+t^2}\right)^2 = \frac{(1+t^2)^2 - (1-t^2)^2}{(1+t^2)^2} = \frac{4t^2}{(1+t^2)^2}$$

$\sin x$ と $t = \tan\dfrac{x}{2}$ が同じ符合を持つ事に注意して

$$\sin x = \frac{2t}{1 + t^2}$$

さらに

$$\frac{dt}{dx} = \left(\tan\frac{x}{2}\right)' = \left(1 + \tan^2 \frac{x}{2}\right)\left(\frac{x}{2}\right)' = \frac{1 + t^2}{2}$$

以上から, 置換積分に必要な公式は次のようであり, これによって積分は t の有理式の積分に変わる.

(13.3) $\quad t = \tan\dfrac{x}{2}, \quad \cos x = \dfrac{1-t^2}{1+t^2}, \quad \sin x = \dfrac{2t}{1+t^2}, \quad dx = \dfrac{2}{1+t^2} dt$

例題 13.4. 次の不定積分を求めよ.
(1) $\displaystyle\int \frac{1}{\cos x} dx$ (2) $\displaystyle\int \frac{1}{3\sin x + 5} dx$

(解答) $t = \tan\dfrac{x}{2}$ と置くと,
(1)

$$\int \frac{1}{\cos x} dx = \int \frac{1}{\frac{1-t^2}{1+t^2}} \frac{2}{1+t^2} dt = -2 \int \frac{dt}{t^2 - 1}$$

$$= -\log\left|\frac{t-1}{t+1}\right| + C = \log\left|\frac{\tan\frac{x}{2} + 1}{\tan\frac{x}{2} - 1}\right| + C$$

(2)
$$\int \frac{1}{3\sin x + 5} dx = \int \frac{1}{3\frac{2t}{1+t^2} + 5} \frac{2}{1+t^2} dt = 2\int \frac{1}{5t^2 + 6t + 5} dt = \frac{2}{5}\int \frac{1}{t^2 + \frac{6}{5}t + 1} dt$$
$$= \frac{2}{5}\int \frac{dt}{\left(t + \frac{3}{5}\right)^2 + \left(\frac{4}{5}\right)^2} = \frac{2}{5} \frac{1}{\frac{4}{5}} \mathrm{Tan}^{-1} \frac{t + \frac{3}{5}}{\frac{4}{5}} + C$$
$$= \frac{1}{2}\mathrm{Tan}^{-1}\left(\frac{5}{4}t + \frac{3}{4}\right) + C = \frac{1}{2}\mathrm{Tan}^{-1}\left(\frac{5}{4}\tan\frac{x}{2} + \frac{3}{4}\right) + C$$

問題 13.4. 次の不定積分を求めよ.

(1) $\displaystyle\int \frac{1}{\sin x} dx$
(2) $\displaystyle\int \frac{1}{2\cos x + 3} dx$
(3) $\displaystyle\int \frac{1}{2\sin x + 3} dx$

14. 部分積分法と有理関数の積分

部分積分

微分計算の基本公式 (定理 8.3 (2)) から得られる式 $f'(x)g(x) = \{f(x)g(x)\}' - f(x)g'(x)$ を積分して, 次の部分積分の公式が得られる.

(14.1)
$$\int f'(x)g(x)\,dx = f(x)g(x) - \int f(x)g'(x)\,dx$$
$$\int_a^b f'(x)g(x)\,dx = [f(x)g(x)]_a^b - \int_a^b f(x)g'(x)\,dx$$

注 (1) 実際の計算では, $\int f(x)g(x)\,dx$ のような形の積分に使用される. 例えば $f(x)$ から $F'(x) = f(x)$ となる関数 $F(x)$ を探し,

$$\int f(x)g(x)\,dx = \int F'(x)g(x)\,dx = F(x)g(x) - \int F(x)g'(x)\,dx$$

のようにこの公式を適用する事になる. ここで $f(x)$ から $F(x)$ を見つけるのは, 不定積分による. $F(x) = \int f(x)\,dx$. 部分的に積分するのでこの名前がある.

(2) またこの公式が有効なのは $f(x)g(x)$ よりも $F(x)g'(x)$ が簡単になる場合である. そのため, 積分しても複雑にならない関数 ($\sin x,\quad \cos x,\quad e^x$) などが $f(x)$ として, しばしば使用される.

(3) 不定積分のこの公式では, 積分定数に任意の値を代入した関数の集合が等しいという意味で = を使っているので, 結果的に積分定数 C は一つあればよい. 次の例題参照.

例題 14.1. 次の積分を求めよ.

(1) $\displaystyle\int \log x\,dx$ \qquad (2) $\displaystyle\int x\sin x\,dx$ \qquad (3) $\displaystyle\int_0^1 x^2 e^{2x}\,dx$

(解答) (1) $\displaystyle\int 1\,dx = x + C$ であるから,

$$\int (x)'\log x\,dx = x\log x - \int x(\log x)'\,dx = x\log x - \int 1\,dx = x\log x - x + C$$

(2) $\displaystyle\int \sin x\,dx = -\cos x + C$ より,

$$\int x\sin x\,dx = \int x(-\cos x)'\,dx = -x\cos x - \int (x)'(-\cos x)\,dx$$
$$= -x\cos x + \int \cos x\,dx = -x\cos x + \sin x + C$$

(3) $\int e^{2x}\,dx = \dfrac{1}{2}e^{2x} + C$ より

$$\int_0^1 x^2 e^{2x}\,dx = \int_0^1 x^2\left(\dfrac{1}{2}e^{2x}\right)'\,dx = \left[x^2 \dfrac{1}{2}e^{2x}\right]_0^1 - \int_0^1 (x^2)' \dfrac{1}{2}e^{2x}\,dx$$
$$= \dfrac{1}{2}e^2 - \int_0^1 x e^{2x}\,dx = \dfrac{1}{2}e^2 - \int_0^1 x\left(\dfrac{1}{2}e^{2x}\right)'\,dx$$
$$= \dfrac{1}{2}e^2 - \left[x \dfrac{1}{2}e^{2x}\right]_0^1 + \int_0^1 (x)' \dfrac{1}{2}e^{2x}\,dx$$
$$= \dfrac{1}{2}e^2 - \dfrac{1}{2}e^2 + \dfrac{1}{2}\int_0^1 e^{2x}\,dx = \dfrac{1}{2}\left[\dfrac{1}{2}e^{2x}\right]_0^1 = \dfrac{e^2 - 1}{4}$$

問題 14.1. 次の積分を求めよ.

(1) $\displaystyle\int x^2 \log x\,dx$ (2) $\displaystyle\int x^2 \cos x\,dx$ (3) $\displaystyle\int x e^{3x}\,dx$

(4) $\displaystyle\int_1^e x \log x\,dx$ (5) $\displaystyle\int_0^{\frac{\pi}{6}} x \sin 2x\,dx$ (6) $\displaystyle\int_0^1 x^3 e^x\,dx$

漸化式

部分積分の使い方の一つに, 求める積分を I と置いて, 部分積分により I についての方程式を導き, それを解く事により積分を求める方法がある. 公式 (12.13) を例にして解説しよう.

例題 14.2. 公式 (12.13) を部分積分により求めよ.

(解答) $I = \displaystyle\int \sqrt{x^2 + A}\,dx$ と置くと, $\displaystyle\int 1\,dx = x + C$ であるから,

$$I = \int (x)' \sqrt{x^2 + A}\,dx = x\sqrt{x^2 + A} - \int x(\sqrt{x^2 + A})'\,dx$$
$$= x\sqrt{x^2 + A} - \int x \dfrac{(x^2)'}{2\sqrt{x^2 + A}}\,dx = x\sqrt{x^2 + A} - \int \dfrac{x^2}{\sqrt{x^2 + A}}\,dx$$
$$= x\sqrt{x^2 + A} - \int \dfrac{x^2 + A - A}{\sqrt{x^2 + A}}\,dx = x\sqrt{x^2 + A} - \int \sqrt{x^2 + A}\,dx + \int \dfrac{A}{\sqrt{x^2 + A}}\,dx$$
$$= x\sqrt{x^2 + A} - I + A\log|x + \sqrt{x^2 + A}| + C$$

最後の積分は公式 (12.11) を使った. これで I に関する方程式が得られた. これは一次方程式であるから, 解くと,

$$I = \dfrac{1}{2}\left(x\sqrt{x^2 + A} + A\log|x + \sqrt{x^2 + A}|\right) + C$$

最後の積分定数は, すなおに計算するならば $\dfrac{C}{2}$ であるが, C は任意の実数であるから $\dfrac{C}{2}$ も任意の実数であるので, 簡略化して $\dfrac{C}{2}$ を C と書いている. 前節の不定積分の定義 12.1 注 (1) を参照して欲しい.

問題 14.2. $a \neq 0, b$ を定数として,
$$I = \int e^{ax} \sin bx \, dx, \quad J = \int e^{ax} \cos bx \, dx$$
と置いて, 次の問いに答えよ.

(1) I を部分積分して, J の式で表せ. ただし $\int e^{ax} dx = \dfrac{1}{a} e^{ax} + C$ を使用せよ.

(2) J を部分積分して, I の式で表せ. ただし $\int e^{ax} dx = \dfrac{1}{a} e^{ax} + C$ を使用せよ.

(3) (1), (2) の結果を連立方程式とみなして, I, J を求めよ.

このような部分積分の使い方には漸化式を導く方法もある.

例題 14.3. 次の公式を示せ.

(14.2)
$$\int_0^{\frac{\pi}{2}} \cos^n x \, dx = \int_0^{\frac{\pi}{2}} \sin^n x \, dx = \begin{cases} \dfrac{n-1}{n} \cdot \dfrac{n-3}{n-2} \cdots \dfrac{3}{4} \cdot \dfrac{1}{2} \cdot \dfrac{\pi}{2} & (n \text{ 偶数}) \\ \dfrac{n-1}{n} \cdot \dfrac{n-3}{n-2} \cdots \dfrac{4}{5} \cdot \dfrac{2}{3} & (n \text{ 奇数}) \end{cases}$$

(解答) 最初の式は, $t = \dfrac{\pi}{2} - x$ と置いて置換積分する. $x = \dfrac{\pi}{2} - t, dx = -dt$, 加法定理から $\cos\left(\dfrac{\pi}{2} - t\right) = \sin t$ に注意する.

$$\int_0^{\frac{\pi}{2}} \cos^n x \, dx = \int_{\frac{\pi}{2}}^0 \cos^n\left(\frac{\pi}{2} - t\right)(-1) dt = \int_0^{\frac{\pi}{2}} \sin^n t \, dt = \int_0^{\frac{\pi}{2}} \sin^n x \, dx$$

そこで, この積分を I_n と置くと
$$I_0 = \int_0^{\frac{\pi}{2}} 1 \, dx = [x]_0^{\frac{\pi}{2}} = \frac{\pi}{2}$$
$$I_1 = \int_0^{\frac{\pi}{2}} \cos x \, dx = [\sin x]_0^{\frac{\pi}{2}} = \sin \frac{\pi}{2} - \sin 0 = 1$$

さて, I_n $(n \geq 2)$ に部分積分を適用する. $\int \cos x \, dx = \sin x + C$ であり, $\sin 0 = 0$, $\cos \dfrac{\pi}{2} = 0$ に注意すると

$$I_n = \int_0^{\frac{\pi}{2}} (\sin x)' \cos^{n-1} x \, dx = \left[\sin x \cos^{n-1} x\right]_0^{\frac{\pi}{2}} - \int_0^{\frac{\pi}{2}} \sin x (\cos^{n-1} x)' dx$$
$$= -\int_0^{\frac{\pi}{2}} \sin x (n-1) \cos^{n-2} x (-\sin x) dx = (n-1) \int_0^{\frac{\pi}{2}} \sin^2 x \cos^{n-2} x \, dx$$
$$= (n-1) \int_0^{\frac{\pi}{2}} (1 - \cos^2 x) \cos^{n-2} x \, dx = (n-1) \int_0^{\frac{\pi}{2}} \cos^{n-2} x \, dx - (n-1) \int_0^{\frac{\pi}{2}} \cos^n x \, dx$$
$$= (n-1) I_{n-2} - (n-1) I_n$$

これで I_n, I_{n-2} の関係式が得られたから, I_n について解くと漸化式
$$I_n = \frac{n-1}{n} I_{n-2}$$

が得られる. よって,

$$I_n = \frac{n-1}{n}I_{n-2} = \frac{n-1}{n}\cdot\frac{n-3}{n-2}I_{n-4} = \cdots = \begin{cases} \frac{n-1}{n}\cdot\frac{n-3}{n-2}\cdots\cdot\frac{3}{4}\cdot\frac{1}{2}I_0 & (n \text{ 偶数}) \\ \frac{n-1}{n}\cdot\frac{n-3}{n-2}\cdots\cdot\frac{4}{5}\cdot\frac{2}{3}I_1 & (n \text{ 奇数}) \end{cases}$$

最初に計算した I_0, I_1 から公式は得られる.

問題 14.3. 次の定積分を求めよ.
(1) $\displaystyle\int_0^{\frac{\pi}{2}} \cos^3 x\,dx$
(2) $\displaystyle\int_0^{\frac{\pi}{2}} \sin^4 x\,dx$
(3) $\displaystyle\int_0^{\frac{\pi}{2}} \cos^5 x\,dx$

問題 14.4 (ガンマ関数). $\Gamma(s) = \displaystyle\int_0^\infty e^{-x}x^{s-1}\,dx\ (s > 0)$ と置いた時次の事を証明せよ.
注 この関数はガンマ関数と呼ばれ, 階乗 $n!$ の一般化である.
また, $s \leq 0$ で $s \neq 0, -1, -2, \cdots$ の時は

$$\Gamma(s) = \frac{\Gamma(s+1)}{s+1} = \frac{\Gamma(s+2)}{(s+1)(s+2)} = \cdots = \frac{\Gamma(s+n)}{(s+1)\cdots(s+n)} \qquad ((s+n) > 0)$$

によりガンマ関数は定義される.

(1) $s > 1$ ならば, $\Gamma(s) = (s-1)\Gamma(s-1)$

ヒント $(-e^{-x})' = e^{-x}$ から部分積分を実行する. 例題 10.1 (2) 参照.

(2) s が自然数ならば, $\Gamma(s) = (s-1)!$

問題 14.5 (ラプラス変換). 関数 $f(x)$ に関数 $F(t) = \displaystyle\int_0^\infty e^{-tx}f(x)\,dx$ を対応させる変換をラプラス変換 $L(f) = F(t)$ と呼ぶ. これは微分方程式を代数方程式のように解く理論に使われる. 次の基本的な性質を示せ.

(1) $f(x) = 1$ ならば $L(f) = F(t) = \dfrac{1}{t}\quad (t > 0)$

(2) $f(x) = e^{ax}$ ならば $L(f) = F(t) = \dfrac{1}{t-a}\quad (t > a)$

(3) $f(x) = x^{n-1}$ ならば $L(f) = F(t) = \dfrac{\Gamma(n)}{t^n}\quad (t > 0)$

ヒント $y = tx$ と置いて置換積分して, y の定積分に直す.

(4) $f(x) = \sin ax$ ならば $L(f) = F(t) = \dfrac{a}{t^2 + a^2}\quad (t > 0)$

(5) $f(x) = \cos ax$ ならば $L(f) = F(t) = \dfrac{t}{t^2 + a^2}\quad (t > 0)$

ヒント $I = \displaystyle\int_0^\infty e^{-tx}\sin ax\,dx,\quad J = \displaystyle\int_0^\infty e^{-tx}\cos ax\,dx$ と置いて, 部分積分により I, J の連立方程式を導き, それを解け.

(6) 関数 $f(x)$ のラプラス変換を $L(f) = F(t)$ とすると, $f'(x)$ のラプラス変換は

$$L(f') = tF(t) - f(0) \quad (\text{ただし }\lim_{x\to\infty}\frac{f(x)}{e^{tx}} = 0)$$

ヒント 部分積分による.

部分分数分解

これから有理関数 (多項式の分数) の積分 $\int \frac{g(x)}{f(x)} dx$ ($f(x), g(x)$ は多項式) の計算方法を調べる. その場合基本になるのは次の公式である.

(14.3) $$\int \frac{1}{x-a} dx = \log|x-a| + C$$

(14.4) $$\int \frac{1}{(x-a)^n} dx = -\frac{1}{(n-1)(x-a)^{n-1}} + C \quad (n \geq 2)$$

一般の場合, $f(x)$ の次数を n, $g(x)$ の次数を m とする. もし, $m \geq n$ ならば $g(x)$ を $f(x)$ で割り, 商を $h(x)$, 余りを $r(x)$ とすると,

$$g(x) = h(x)f(x) + r(x), \quad \frac{g(x)}{f(x)} = h(x) + \frac{r(x)}{f(x)}$$

であり, $r(x)$ の次数は n 未満である. $h(x)$ は多項式であるから, 積分の計算はやさしい. 問題になるのは分数部分であり, この割り算によって $m < n$ となる分数に変形出来るから, 以降では $m < n$ の場合を説明する.

例 14.1. 次の積分を求めよ.
(1) $\int \frac{16x^4}{4x^2+1} dx$ (2) $\int \frac{x^3+2x}{x^2+x+1} dx$

(解答) どちらも割り算を実行する.

(1)
$$\int \frac{16x^4}{4x^2+1} dx = \int 4x^2 - 1 + \frac{1}{4x^2+1} dx = \frac{4}{3}x^3 - x + \frac{1}{4}\int \frac{1}{x^2+\left(\frac{1}{2}\right)^2} dx$$
$$= \frac{4}{3}x^3 - x + \frac{1}{2}\mathrm{Tan}^{-1} 2x + C$$

(2)
$$\int \frac{x^3+2x}{x^2+x+1} dx = \int x - 1 + \frac{2x+1}{x^2+x+1} dx$$
$$= \frac{1}{2}x^2 - x + \int \frac{1}{t} dt \quad (t = x^2+x+1)$$
$$= \frac{1}{2}x^2 - x + \log|t| + C = \frac{1}{2}x^2 - x + \log|x^2+x+1| + C$$

問題 14.6. 次の積分を求めよ.
(1) $\int \frac{x^2-x-2}{x+1} dx$ (2) $\int \frac{x^3+x+2}{x^2+1} dx$ (3) $\int \frac{2x^3}{x^2-4} dx$

さて, $f(x)$ が 1 次式に因数分解される場合の積分は部分分数分解により公式 (14.3), (14.4) に還元される.

定理 14.1 (部分分数分解). 分子の多項式 $g(x)$ の次数が分母の多項式 $f(x)$ の次数未満であり, $f(x) = (x-a_1)^{n_1}(x-a_2)^{n_2}\cdots(x-a_r)^{n_r}$ ならば, 次の式が成り立つ定数 A_{ij} $(1 \leq i \leq r, 1 \leq j \leq n_r)$ がある.

$$\frac{g(x)}{(x-a_1)^{n_1}(x-a_2)^{n_2}\cdots(x-a_r)^{n_r}} = \frac{A_{11}}{x-a_1} + \frac{A_{12}}{(x-a_1)^2} + \cdots + \frac{A_{1n_1}}{(x-a_1)^{n_1}}$$

$$+ \frac{A_{21}}{x-a_2} + \frac{A_{22}}{(x-a_2)^2} + \cdots + \frac{A_{2n_2}}{(x-a_2)^{n_2}}$$

$$+ \cdots\cdots$$

$$+ \frac{A_{r1}}{x-a_r} + \frac{A_{r2}}{(x-a_r)^2} + \cdots + \frac{A_{rn_r}}{(x-a_r)^{n_r}}$$

特に $\dfrac{1}{(x-a)(x-b)} = \dfrac{A}{x-a} + \dfrac{B}{x-b}$ となる定数 A, B がある.

証明は長いので省略する.

実際にこの定理を使って積分を計算するには定数 A_{ij} を求める必要がある. 厳密な解法では, この定理の部分分数分解の式の両辺に $f(x)$ を掛けて x について両辺を整理し, 係数が等しい事から連立方程式を立て, それを解いて求める事になる. ただこの解法では計算量が多くなるので, この定理を認めた上での簡易計算法を解説しよう.

原理は多項式が等しいならば, x に任意の値を代入しても等しくなる事である. そこで, 部分分数分解の式の両辺に $(x-a_i)^{n_i}$ を掛けて, $x = a_i$ を代入してみる. すると因子 $(x-a_i)$ の残っている項は全て 0 になるので,

(14.5) $$\left.\frac{g(x)}{f(x)}(x-a_i)^{n_i}\right|_{x=a_i} = A_{in_i}$$

ただし, 左辺は $(x-a_i)^{n_i}$ で約分した結果に $x = a_i$ を代入したものである. 同様に,

$$\left.\left(\frac{g(x)}{f(x)} - \frac{A_{in_i}}{(x-a_i)^{n_i}}\right)(x-a_i)^{n_i-1}\right|_{x=a_i} = A_{i(n_i-1)}$$

順に繰り返して

(14.6) $$\left.\left(\frac{g(x)}{f(x)} - \sum_{k=j+1}^{n_i}\frac{A_{ik}}{(x-a_i)^k}\right)(x-a_i)^j\right|_{x=a_i} = A_{ij}$$

例題 14.4. 次の積分を求めよ.

(1) $\displaystyle\int \frac{x+1}{(x-1)(x+2)}\,dx$ (2) $\displaystyle\int \frac{x^2-x+1}{(x-1)(x+1)^2}\,dx$ (3) $\displaystyle\int \frac{x^3+1}{(x+2)x^3}\,dx$

(解答) (1) まず部分分数分解をする.

$$\frac{x+1}{(x-1)(x+2)} = \frac{A}{x-1} + \frac{B}{x+2}$$

と置いて, 定数 A, B を求める. そのために上で記述した方法を使う.

$$A = \frac{x+1}{(x-1)(x+2)}(x-1)\bigg|_{x=1} = \frac{1+1}{1+2} = \frac{2}{3}$$

$$B = \frac{x+1}{(x-1)(x+2)}(x+2)\bigg|_{x=-2} = \frac{-2+1}{-2-1} = \frac{1}{3}$$

以上から,

$$\int \frac{x+1}{(x-1)(x+2)} dx = \int \frac{\frac{2}{3}}{x-1} + \frac{\frac{1}{3}}{x+2} dx = \frac{2}{3}\log|x-1| + \frac{1}{3}\log|x+2| + C$$
$$= \log \sqrt[3]{|(x-1)^2(x+2)|} + C$$

(2) 部分分数分解すると

$$\frac{x^2-x+1}{(x-1)(x+1)^2} = \frac{A}{x-1} + \frac{B_1}{x+1} + \frac{B_2}{(x+2)^2}$$

$$A = \frac{x^2-x+1}{(x-1)(x+1)^2}(x-1)\bigg|_{x=1} = \frac{1}{4}$$

$$B_2 = \frac{x^2-x+1}{(x-1)(x+1)^2}(x+1)^2\bigg|_{x=-1} = -\frac{3}{2}$$

$$B_1 = \left(\frac{x^2-x+1}{(x-1)(x+1)^2} - \frac{-\frac{3}{2}}{(x+1)^2}\right)(x+1)\bigg|_{x=-1} = \frac{x^2+\frac{1}{2}x-\frac{1}{2}}{(x-1)(x+1)^2}(x+1)\bigg|_{x=-1}$$
$$= \frac{(x-\frac{1}{2})(x+1)}{(x-1)(x+1)^2}(x+1)\bigg|_{x=-1} = \frac{-1-\frac{1}{2}}{-1-1} = \frac{3}{4}$$

以上から,

$$\int \frac{x^2-x+1}{(x-1)(x+1)^2} dx = \int \frac{\frac{1}{4}}{x-1} + \frac{\frac{3}{4}}{x+1} + \frac{-\frac{3}{2}}{(x+2)^2} dx$$
$$= \frac{1}{4}\log|x-1| + \frac{3}{4}\log|x+1| + \frac{3}{2(x+2)} + C$$

(3) 部分分数分解は

$$\frac{x^3+1}{(x+2)x^3} = \frac{A}{x+2} + \frac{B_1}{x} + \frac{B_2}{x^2} + \frac{B_3}{x^3}$$

したがって,

$$
\begin{aligned}
A &= \left.\frac{x^3+1}{(x+2)x^3}(x+2)\right|_{x=-2} = \frac{7}{8} \\
B_3 &= \left.\frac{x^3+1}{(x+2)x^3}x^3\right|_{x=0} = \frac{1}{2} \\
B_2 &= \left.\left(\frac{x^3+1}{(x+2)x^3} - \frac{\frac{1}{2}}{x^3}\right)x^2\right|_{x=0} = \left.\frac{x^3-\frac{1}{2}x}{(x+2)x^3}x^2\right|_{x=0} = \frac{0^2-\frac{1}{2}}{0+2} = -\frac{1}{4} \\
B_1 &= \left.\left(\frac{x^3+1}{(x+2)x^3} - \frac{\frac{1}{2}}{x^3} - \frac{-\frac{1}{4}}{x^2}\right)x^2\right|_{x=0} = \left.\left(\frac{x^3-\frac{1}{2}x}{(x+2)x^3} - \frac{-\frac{1}{4}}{x^2}\right)x\right|_{x=0} \\
&= \left.\frac{x^3+\frac{1}{4}x^2}{(x+2)x^3}x\right|_{x=0} = \frac{0+\frac{1}{4}}{0+2} = \frac{1}{8}
\end{aligned}
$$

以上から

$$
\begin{aligned}
\int \frac{x^3+1}{(x+2)x^3}\,dx &= \int \frac{\frac{7}{8}}{x+2} + \frac{\frac{1}{8}}{x} + \frac{-\frac{1}{4}}{x^2} + \frac{\frac{1}{2}}{x^3}\,dx \\
&= \frac{7}{8}\log|x+2| + \frac{1}{8}\log|x| + \frac{1}{4x} - \frac{1}{4x^2} + C
\end{aligned}
$$

問題 14.7. 次の積分を求めよ.

(1) $\displaystyle\int \frac{x}{(x-2)(x+1)}\,dx$ (2) $\displaystyle\int \frac{x^2+x+1}{(x-1)x^2}\,dx$ (3) $\displaystyle\int \frac{x+1}{x(x+2)^3}\,dx$

有理関数の積分

分母が2次関数の場合の有理関数 $\dfrac{fx+g}{ax^2+bx+c}$ の積分を考えよう. 分母と分子を a で割る事により,

$$\int \frac{fx+g}{x^2+ax+b}\,dx$$

という形の積分を考えれば良い. これは $t = x^2+ax+b$ という置換積分により

(14.7)
$$
\begin{aligned}
\int \frac{fx+g}{x^2+ax+b}\,dx &= \int \frac{\frac{f}{2}(2x+a)}{x^2+ax+b}\,dx + \left(g - \frac{af}{2}\right)\int \frac{1}{x^2+ax+b}\,dx \\
&= \frac{f}{2}\log|x^2+ax+b| + \left(g - \frac{af}{2}\right)\int \frac{1}{x^2+ax+b}\,dx
\end{aligned}
$$

最後の積分 $\int \dfrac{1}{x^2+ax+b}\,dx$ は判別式 $D=a^2-4b$ の符合により次の様に積分出来る．以下の α,β は方程式 $x^2+ax+b=0$ の解とする．

(14.8) $\quad\quad D>0 \quad \int \dfrac{1}{(x-\alpha)(x-\beta)}\,dx$ （部分分数分解)

(14.9) $\quad\quad D=0 \quad \int \dfrac{1}{(x-\alpha)^2}\,dx \quad (t=x-\alpha$ と置いて置換積分)

(14.10) $\quad\quad D<0 \quad \int \dfrac{1}{\left(x+\frac{a}{2}\right)^2+\frac{-D}{4}}\,dx = \dfrac{2}{\sqrt{-D}}\operatorname{Tan}^{-1}\dfrac{2\left(x+\frac{a}{2}\right)}{\sqrt{-D}}+C$

一般の有理関数の場合は部分積分の解説の最初に述べたように $h(x)+\dfrac{g(x)}{f(x)}$ ($g(x)$ の次数は $f(x)$ の次数未満) と書ける．さらに 2 項目の分母を因数分解して

(14.11)
$$f(x)=(x-\alpha_1)^{n_1}\cdots(x-\alpha_r)^{n_r}\cdot(x^2+a_1x+b_1)^{m_1}\cdots(x^2+a_sx+b_s)^{m_s}$$

ただし $x^2+a_ix+b_i$ の判別式 D_i は全て $D_i<0$．この因数分解から次の部分分数分解を得る．

(14.12)
$$\begin{aligned}
\dfrac{g(x)}{f(x)} =\ & \dfrac{A_{11}}{x-\alpha_1}+\dfrac{A_{12}}{(x-\alpha_1)^2}+\cdots+\dfrac{A_{1n_1}}{(x-\alpha_1)^{n_1}} \\
& +\dfrac{A_{21}}{x-\alpha_2}+\dfrac{A_{22}}{(x-\alpha_2)^2}+\cdots+\dfrac{A_{2n_2}}{(x-\alpha_2)^{n_2}} \\
& +\cdots\cdots \\
& +\dfrac{A_{r1}}{x-\alpha_r}+\dfrac{A_{r2}}{(x-\alpha_r)^2}+\cdots+\dfrac{A_{rn_r}}{(x-\alpha_r)^{n_r}} \\
& +\dfrac{B_{11}x+C_{11}}{x^2+a_1x+b_1}+\dfrac{B_{12}x+C_{12}}{(x^2+a_1x+b_1)^2}+\cdots+\dfrac{B_{1m_1}x+C_{1m_1}}{(x^1+a_1x+b_1)^{m_1}} \\
& +\dfrac{B_{21}x+C_{21}}{x^2+a_2x+b_2}+\dfrac{B_{22}x+C_{22}}{(x^2+a_2x+b_2)^2}+\cdots+\dfrac{B_{2m_2}x+C_{2m_2}}{(x^1+a_2x+b_2)^{m_2}} \\
& \cdots\cdots \\
& +\dfrac{B_{s1}x+C_{s1}}{x^2+a_sx+b_s}+\dfrac{B_{s2}x+C_{s2}}{(x^2+a_sx+b_s)^2}+\cdots+\dfrac{B_{sm_s}x+C_{sm_s}}{(x^1+a_sx+b_s)^{m_s}}
\end{aligned}$$

これを利用する事により全ての有理関数は積分可能である．

15. 積分法の応用

面積

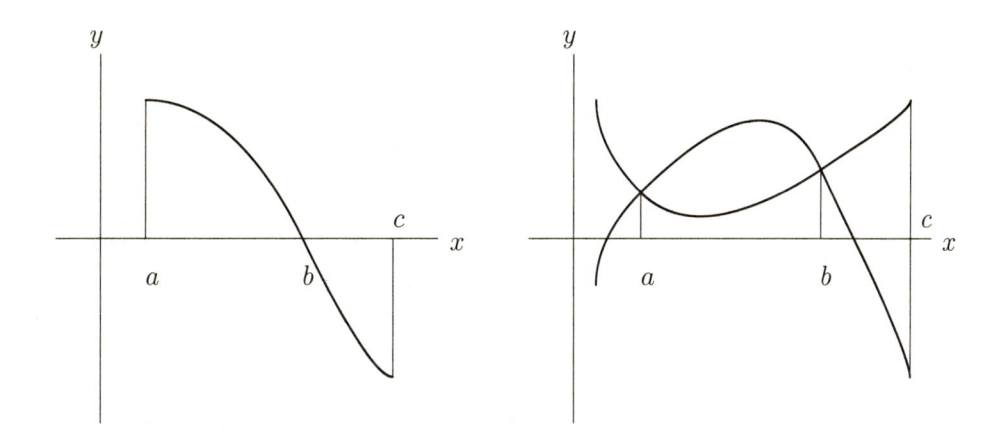

図 15.1　　　　　　　　図 15.2

定積分の定義で述べたように, 閉区間 $[a,b]$ で $f(x) \geq 0$ であるならば, $x = a, x = b$ と X 軸と $y = f(x)$ で囲まれた部分の面積は定積分 $\int_a^b f(x)\,dx$ により計算出来る. もし $f(x) \leq 0$ ならば $-\int_a^b f(x)\,dx$ が面積である. グラフが X 軸を横切る時はそこで面積を分けて計算する事になる. 図 15.1 の場合の面積は次のようである. ただし b は $f(b) = 0$ となる点である.

$$\int_a^b f(x)\,dx - \int_b^c f(x)\,dx$$

二つの曲線 $y = f(x)$, $y = g(x)$ と $x = a, x = b$ とで囲まれた部分の面積は, $[a,b]$ で $f(x) \geq g(x)$ ならば $\int_a^b f(x) - g(x)\,dx$ である. 交点がある場合は交点で図形は二つの部分に分かれる. 図 15.2 の場合は次のようである. ただし a, b は方程式 $f(x) = g(x)$ の解とする.

$$\int_a^b g(x) - f(x)\,dx + \int_b^c f(x) - g(x)\,dx$$

問題 15.1. 次の曲線で囲まれた図形の面積を求めよ.

(1) $y = x^3$, $x = -1$, $x = 2$, X 軸　　(2) $y = \dfrac{2}{x}$, $y = -x + 3$, $x = 3$ 　(交点 $x = 1, 2$)
(3) $y^2 = 4px$, $x = p$ 　$(p > 0)$　　(4) $y = \sin x$ 　$(0 \leq x \leq \pi)$, X 軸
(5) 曲線 $y^2 = x^2(1 - x)$ の自分自身で囲まれた部分 $(0 \leq x \leq 1)$

例題 15.1. (1) 楕円 $\dfrac{x^2}{a^2}+\dfrac{y^2}{b^2}=1$ $(a>0, b>0)$ の面積が πab になる事を示せ．特に $a=b$ の時は半径 a の円の面積が πa^2 になる事を意味する．

(2) この楕円と $x=0$, $x=\dfrac{a}{2}$ で囲まれた図形の面積を求めよ．

(解答) (1) 楕円の方程式から $y=\pm\dfrac{b}{a}\sqrt{a^2-x^2}$ であり，求める面積は，X 軸，Y 軸で囲まれた部分の 4 倍であるから

$$4\int_0^a \frac{b}{a}\sqrt{a^2-x^2}\,dx = 4\frac{b}{a}\left[\frac{1}{2}\left(x\sqrt{a^2-x^2}+a^2\mathrm{Sin}^{-1}\frac{x}{a}\right)\right]_0^a \quad (公式\,(12.12))$$
$$= 4\frac{b}{2a}\left(a^2\mathrm{Sin}^{-1}1 - a^2\mathrm{Sin}^{-1}0\right) = ab\pi$$

(2) 同様に

$$2\int_0^{\frac{a}{2}} \frac{b}{a}\sqrt{a^2-x^2}\,dx = 2\frac{b}{a}\left[\frac{1}{2}\left(x\sqrt{a^2-x^2}+a^2\mathrm{Sin}^{-1}\frac{x}{a}\right)\right]_0^{\frac{a}{2}}$$
$$= \frac{b}{a}\left(\frac{a}{2}\sqrt{a^2-\left(\frac{a}{2}\right)^2}+a^2\mathrm{Sin}^{-1}\frac{1}{2} - a^2\mathrm{Sin}^{-1}0\right) = \frac{\sqrt{3}}{4}ab + ab\frac{\pi}{6}$$

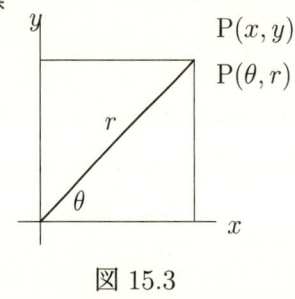

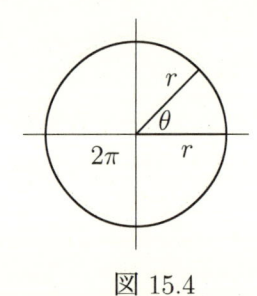

極座標

図 15.3 図 15.4

座標平面上の点 $\mathrm{P}(x,y)$ を表す方法には，直交座標以外に極座標による表示がある．r を原点 O と点 P の間の距離 $r=\mathrm{OP}$ とし，OX と OP の間の角を $\theta=\angle\mathrm{XOP}$ とし，組 (r,θ) で点 P を表す (図 15.3 参照)．これを極座標と呼ぶ．直交座標 (x,y) との関係は次の式で与えられる．

(15.1) $$\begin{cases} x = r\cos\theta \\ y = r\sin\theta \end{cases} \quad \begin{cases} r = \sqrt{x^2+y^2} \\ \theta = \mathrm{Tan}^{-1}\frac{y}{x} \end{cases}$$

平面上の曲線は $r=f(\theta)$ で表される．この極座標表示を使って図形の面積を求める公式をこれから導く．そのために，図 15.4 の扇型の面積 S (中心角 θ) を求める．これは半径 r の円の一部であり，円の面積は πr^2 (中心角 2π) であるから，比例式より

(15.2) $$S:\pi r^2 = \theta : 2\pi, \quad S=\frac{r^2}{2}\theta$$

図 15.5　　　　　　　　　　　図 15.6

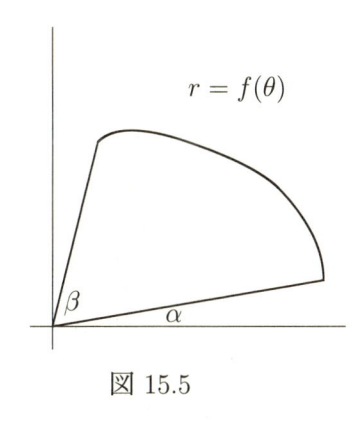

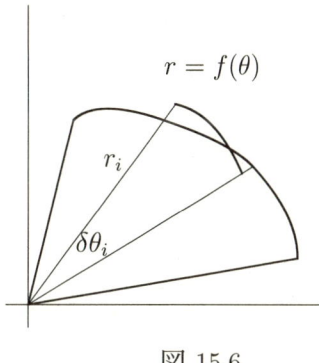

さて, 図 15.5 のように曲線 $r = f(\theta)$ と原点からの二つの半直線 $\theta = \alpha, \theta = \beta$ とで囲まれた図形の面積を求める. 中心角を $\alpha_0 = \alpha < \alpha_1 < \cdots < \alpha_n = \beta$. $\delta\theta_i = \alpha_i - \alpha_{i-1}$ と分割し, θ_i を $\alpha_{i-1} \leq \theta_i \leq \alpha_i$ となるように取る. $r_i = f(\theta_i)$ とすると, 円弧 $r = r_i$, 半直線 $\theta = \alpha_{i-1}, \theta = \alpha_i$ で囲まれた図形の面積は, (15.2) から $\frac{1}{2}r^2 \delta\theta_i$ となる (図 15.6 参照). これを全て足した値は求める面積の近似値になっている. そこで $r^2 = \{f(\theta)\}^2$ が積分可能ならば, 次の積分により面積は求まる.

(15.3) $$\sum_{i=1}^{n} \frac{1}{2}r^2 \delta\theta_i \longrightarrow \frac{1}{2}\int_{\alpha}^{\beta} r^2 \, d\theta = \frac{1}{2}\int_{\alpha}^{\beta} \{f(\theta)\}^2 \, d\theta$$

次は, 極座標で表される曲線の例である.

例 15.1. (1)　　$r = a\theta$　　$(a > 0, \theta \geq 0)$

(2) 3葉線　　$r = a\sin 3\theta$　　$(a > 0, r \geq 0)$
　　　　　　$\sin 3\theta \geq 0$ から, $0 \leq \theta \leq \frac{\pi}{3}$,　$\frac{2\pi}{3} \leq \theta \leq \pi$,　$\frac{4\pi}{3} \leq \theta \leq \frac{5\pi}{3}$
原点での接線は $y = \pm\sqrt{3}x$ および x 軸。
また、y 軸および $y = \frac{x}{\sqrt{3}}$ を軸にして線対称である。

(3) 4葉線　　$r = a|\sin 2\theta|$　　$(a > 0)$
原点での接線は x 軸および y 軸

(4) カーディオイド (心臓形)　　$r = a(1 + \cos\theta)$　　$(a > 0,\ r \geq 0)$
原点での接線は x 軸。

(5) レムニスケート (連珠形)　　$r^2 = a^2 \cos 2\theta$　　$(a > 0,\ r \geq 0)$
　　　　　　$\cos 2\theta \geq 0$ から, $-\frac{\pi}{4} \leq \theta \leq \frac{\pi}{4}$,　$\pi - \frac{\pi}{4} \leq \theta \leq \pi + \frac{\pi}{4}$
原点での接線は $y = \pm x$

(6) デカルトの葉線 $x^3 + y^3 - 3xy = 0$ 極座標に直すと $r = \dfrac{3\cos\theta \sin\theta}{\cos^3\theta + \sin^3\theta}$　　$(r \geq 0)$
漸近線は $y = -x - 1$ であり、点 $(\sqrt[3]{2}, \sqrt[3]{4})$ で極大になる。

また、直線 $y = x$ を中心軸にして線対称であり、$y = x$ との交点は $\left(\dfrac{3}{2}, \dfrac{3}{2}\right)$ である。

(1) ら旋 $r = a\theta$

(2) 3葉線 $r = a\sin 3\theta$

(3) 4葉線 $r = a|\sin 2\theta|$

(4) カーディオイド
(心臓形)
$r = a(1 + \cos\theta)$

(5) レムニスケート
(連珠形)
$r^2 = a^2 \cos 2\theta$

(6) デカルトの葉線
$x^3 + y^3 - 3xy = 0$
$r = \dfrac{3\cos\theta \sin\theta}{\cos^3\theta + \sin^3\theta}$

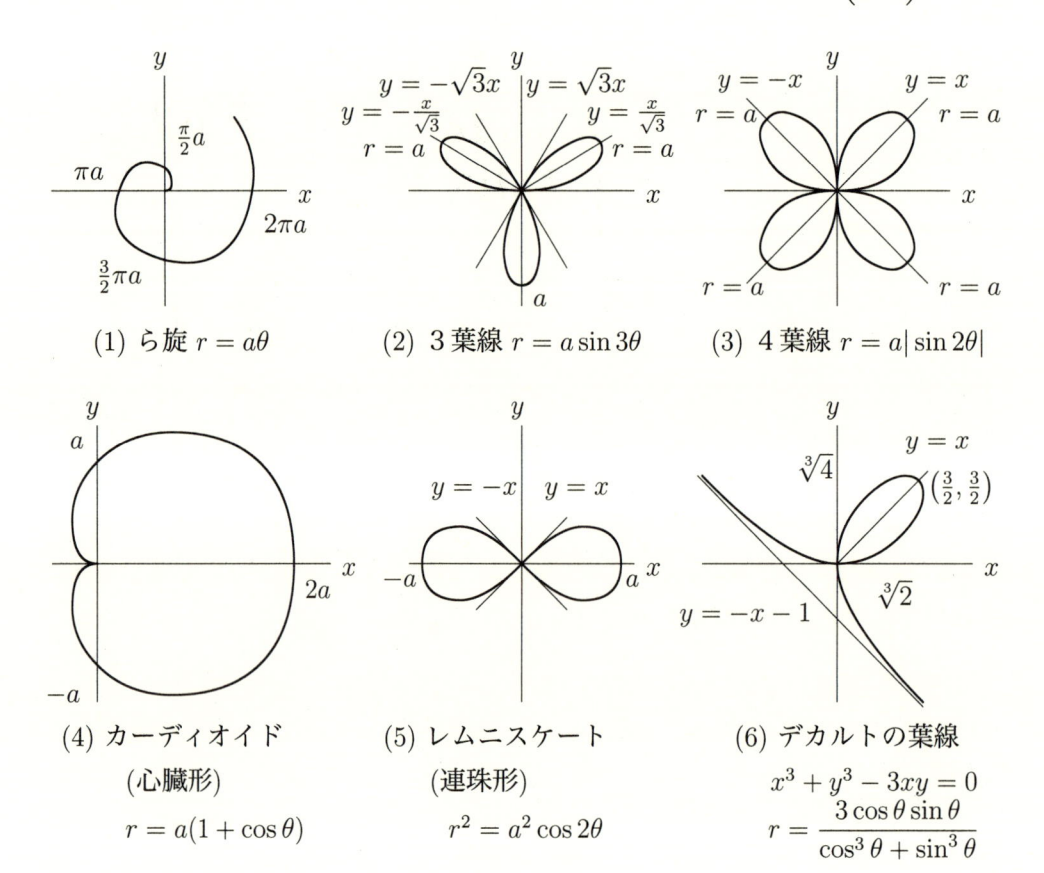

図 15.7

問題 15.2. 動線が次の範囲を動いて出来る図の部分の面積を求めよ．
(1) 積分範囲 $0 \leq \theta \leq \pi$ (2) 積分範囲 $0 \leq \theta \leq \dfrac{\pi}{3}$
(3) 積分範囲 $0 \leq \theta \leq \dfrac{\pi}{2}$
半角の公式 (12.16) を使用するか, $\sin 2\theta = 2\sin\theta\cos\theta$, $\cos^2\theta = 1 - \sin^2\theta$ から (14.2) を使用する．
(4) 積分範囲 $0 \leq \theta \leq \pi$ の部分の 2 倍
半角の公式を使うか, $1 + \cos\theta = 2\cos^2\dfrac{\theta}{2}$ を使用して $t = \dfrac{\theta}{2}$ と置換してから (14.2) を使用する．
(5) 積分範囲 $0 \leq \theta \leq \dfrac{\pi}{4}$ の部分の 4 倍
(6) 積分範囲 $0 \leq \theta \leq \dfrac{\pi}{2}$
$t = \tan\theta = \dfrac{\sin\theta}{\cos\theta}$ と置換すると, $\lim\limits_{\theta \to \frac{\pi}{2}} t = \infty$. さらに $u = t^3 + 1$ と置換する．

曲線の長さ

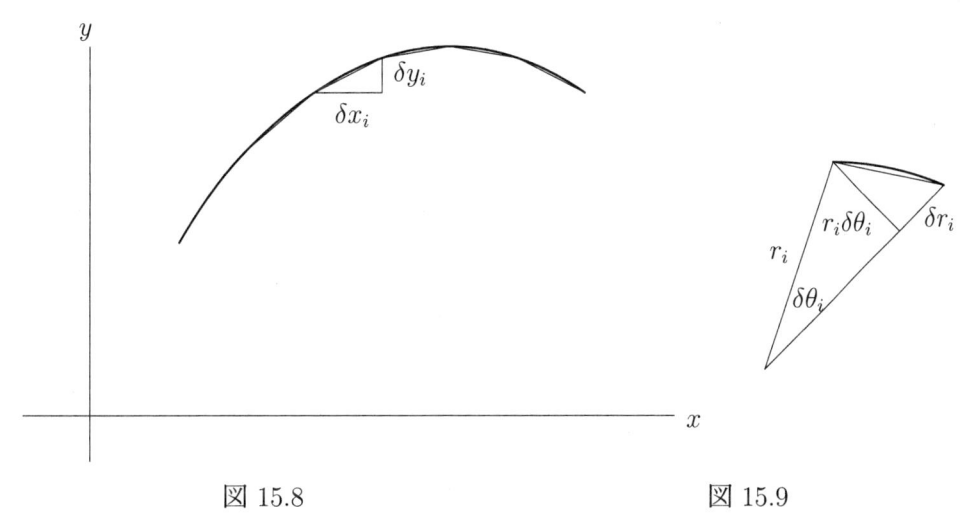

図 15.8　　　　　図 15.9

曲線 $y = f(x)$ の $x = a$ から $x = b$ までの長さを考えよう．定積分の定義と同様に $[a,b]$ を分割して $a_0 = a < a_1 < \cdots < a_n = b$ として，$\delta x_i = a_i - a_{i-1}$, $\delta y_i = f(a_i) - f(a_{i-1})$ とする．この分割に合わせて曲線も分割し各部分を直線で近似すると，その長さは $\sqrt{(\delta x_i)^2 + (\delta y_i)^2}$ となる (図 15.8 参照)．このまま和を取り極限を求めると $\int_a^b \sqrt{dx^2 + dy^2}$ のような意味不明の式になるので，次のように変形する．

(15.4)
$$\text{曲線の長さ}\quad \sum_{i=1}^n \sqrt{(\delta x_i)^2 + (\delta y_i)^2} = \sum_{i=1}^n \sqrt{1 + \left(\frac{\delta y_i}{\delta x_i}\right)^2}\, \delta x_i \longrightarrow \int_a^b \sqrt{1 + \{f'(x)\}^2}\, dx$$

ここで，ラグランジュの平均値の定理 10.2 より $\frac{\delta y_i}{\delta x_i} = f'(x_i)$ となる $x_i \in [a_{i-1}, a_i]$ が存在するから，積分可能ならば上式の定積分に収束する．逆にこの定積分が曲線の長さの定義である．

例 15.2. 原点を中心として半径 a の円の一部の $x = 0$ から $x = x_1$ までの円弧の長さを求めてみよう．円の方程式は $x^2 + y^2 = a^2$ であるから，$y = \sqrt{a^2 - x^2}$, $y' = -\dfrac{x}{\sqrt{a^2 - x^2}}$ であるから

$$\int_0^{x_1} \sqrt{1 + \frac{x^2}{a^2 - x^2}}\, dx = a \int_0^{x_1} \frac{1}{\sqrt{a^2 - x^2}}\, dx$$

特に $a = 1$ の時が θ の定義である．

曲線が媒介変数表示 $\begin{cases} x = f(t) \\ y = g(t) \end{cases}$ されている場合は (15.4) で,

$$\sqrt{(\delta x_i)^2 + (\delta y_i)^2} = \sqrt{\left(\frac{\delta x_i}{\delta t_i}\right)^2 + \left(\frac{\delta y_i}{\delta t_i}\right)^2}\, \delta t_i$$

であるから

(15.5)　　　媒介変数表示での曲線の長さ　$\int_\alpha^\beta \sqrt{\{f'(t)\}^2 + \{g'(t)\}^2}\, dt$

特に極座標表示 $r = f(\theta)$ の時は $\begin{cases} x = r\cos\theta \\ y = r\sin\theta \end{cases}$ より

$$\frac{dx}{d\theta} = \frac{dr}{d\theta}\cos\theta - r\sin\theta, \quad \frac{dy}{d\theta} = \frac{dr}{d\theta}\sin\theta + r\cos\theta$$

であるから $\left(\dfrac{dx}{d\theta}\right)^2 + \left(\dfrac{dy}{d\theta}\right)^2 = \left(\dfrac{dr}{d\theta}\right)^2 + r^2$ になり,

(15.6)　　　極座標での曲線の長さ　$\int_\alpha^\beta \sqrt{\left(\dfrac{dr}{d\theta}\right)^2 + r^2}\, d\theta$

注　これは図 15.9 を使った解釈も可能である.

$$\sum_{i=1}^n \sqrt{(\delta r_i)^2 + (r_i \delta\theta_i)^2} = \sum_{i=1}^n \sqrt{\left(\frac{\delta r_i}{\delta\theta_i}\right)^2 + (r_i)^2}\, \delta\theta_i \longrightarrow \int_\alpha^\beta \sqrt{\left(\frac{dr}{d\theta}\right)^2 + r^2}\, d\theta$$

ただしこの解釈は, 厳密には近似値のもっと精密な評価が必要である.

例 15.3. カーディオイド $r = a(1 + \cos\theta)$ の全長は, $\dfrac{dr}{d\theta} = -a\sin\theta$ より,

$$2\int_0^\pi \sqrt{a^2 \sin^2\theta + a^2(1+\cos\theta)^2}\, d\theta = 2a\int_0^\pi \sqrt{2(1+\cos\theta)}\, d\theta$$
$$= 2a\int_0^\pi \sqrt{2 \cdot 2\cos^2\frac{\theta}{2}}\, d\theta = 4a\int_0^\pi \cos\frac{\theta}{2}\, d\theta$$
$$= 4a\left[2\sin\frac{\theta}{2}\right]_0^\pi = 8a$$

注　楕円 $\dfrac{x^2}{a^2} + \dfrac{y^2}{b^2} = 1$ の一部分の長さは

$$\int_0^x \sqrt{\frac{a^2 - k^2 x^2}{a^2 - x^2}}\, dx \quad (k^2 = \frac{a^2 - b^2}{a^2})$$

レムニスケート $r^2 = a^2 \cos 2\theta$ の一部分の長さは

$$a\int_0^x \frac{dx}{\sqrt{1 - x^4}}\, dx$$

どちらの積分も初等関数により記述できない新しい関数を生じ，楕円積分と呼ばれる．これらの積分の逆関数は楕円関数と呼ばれ，三角関数と似た性質を持ち，整数論など多方面で使われる．

媒介変数表示される曲線の例を出そう．

例 15.4. (1) サイクロイド $\begin{cases} x &= a(\theta - \sin\theta) \\ y &= a(1 - \cos\theta) \end{cases}$ $(a > 0,\ 0 \leq \theta \leq 2\pi)$

これは x 軸上を転がる半径 a の円板の円周上の 1 点が描く軌跡である．

この曲線は，$x = a\pi$ を軸として、線対称である。実際に、点 (x, y) に対称な点を (x_1, y_1) とすると、$x_1 = 2a\pi - x, y_1 = y$ である。$\theta_1 = 2\pi - \theta$ と置くと、

$$a(\theta_1 - \sin\theta_1) = a(2\pi - \theta + \sin\theta) = 2a\pi - x = x_1, a(1 - \cos\theta') = a(1 - \cos\theta) = y = y_1$$

であるから、θ, θ' に対応する点が対称点になっている。

また、$\dfrac{dx}{d\theta} = a(1 - \cos\theta), \dfrac{dy}{d\theta} = a\sin\theta$ であるから、$\dfrac{dy}{dx} = \dfrac{\sin\theta}{1 - \cos\theta}$ である。よって、$\theta = \pi$ すなわち $x = a(a\pi - \sin\pi) = a\pi$ で最大値 $a(1 - \cos\pi) = 2a$ を持つ。

なお、$\theta = 0$ のとき、原点での接線の傾きは、

$$\lim_{x \to 0} = \lim_{x \to 0} \frac{dx}{dy} = \lim_{\theta \to 0} \frac{\sin\theta}{1 - \cos\theta} = \lim_{\theta \to 0} \frac{(\sin\theta)'}{(1 - \cos\theta)'} == \lim_{x \to 0} \frac{\cos\theta}{\sin\theta} = \infty$$

(2) アステロイド (星芒形) $x^{\frac{2}{3}} + y^{\frac{2}{3}} = a^{\frac{2}{3}}$ $(a > 0)$

これは媒介変数を使うと
$\begin{cases} x &= a\cos^3\theta \\ y &= a\sin^3\theta \end{cases}$

また、$\dfrac{dx}{d\theta} = -3a\cos^2\theta\sin\theta, \dfrac{dy}{d\theta} = 3a\sin^2\theta\cos\theta$ であるから、$\dfrac{dy}{dx} = -\dfrac{\sin\theta}{\cos\theta} = \tan\theta$ である。

$\theta = 0$ のときの点は $(a, 0)$ で、接線は x 軸である。$\theta = \dfrac{\pi}{2}$ のときの点は $(0, a)$ で、接線は y 軸である。$\theta = \pi$ のときの点は $(-a, 0)$ で、接線は x 軸である。$\theta = \dfrac{3}{2}\pi$ のときの点は $(0, -a)$ で、接線は y 軸である。

また、$\theta = \dfrac{\pi}{4}$ のときの点は $\left(\dfrac{\sqrt{2}}{4}a, \dfrac{\sqrt{2}}{4}a\right)$ であり、この点での接線は $y = -x + \dfrac{\sqrt{2}}{2}$ である。

サイクロイド

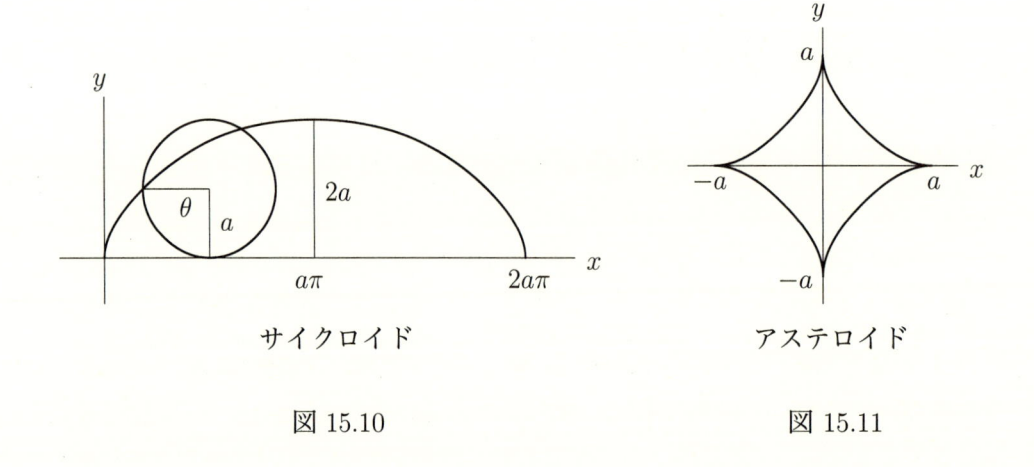

図 15.10

アステロイド

図 15.11

問題 15.3. (1) サイクロイドの長さを求めよ. (2) アステロイドの曲線の長さを求めよ.

体積

物体を X 軸に垂直な平面で切った断面積を $S(x)$ とする. 区間 $[a,b]$ を分割して $a_0 = a < a_1 < \cdots < a_n = b$ とし, $\delta x_i = a_i - a_{i-1}$ とすると体積は

$$\sum_{i=1}^{n} S(x_i)\delta x_i \longrightarrow \int_a^b S(x)\,dx \tag{15.7}$$

になる. 特に平面上の曲線 $y = f(x)$ を X 軸の周りに回転させて出来る物体の断面は半径 $y = f(x)$ の円になり, 断面積は $S(x) = \pi y^2$ であるから, 体積は

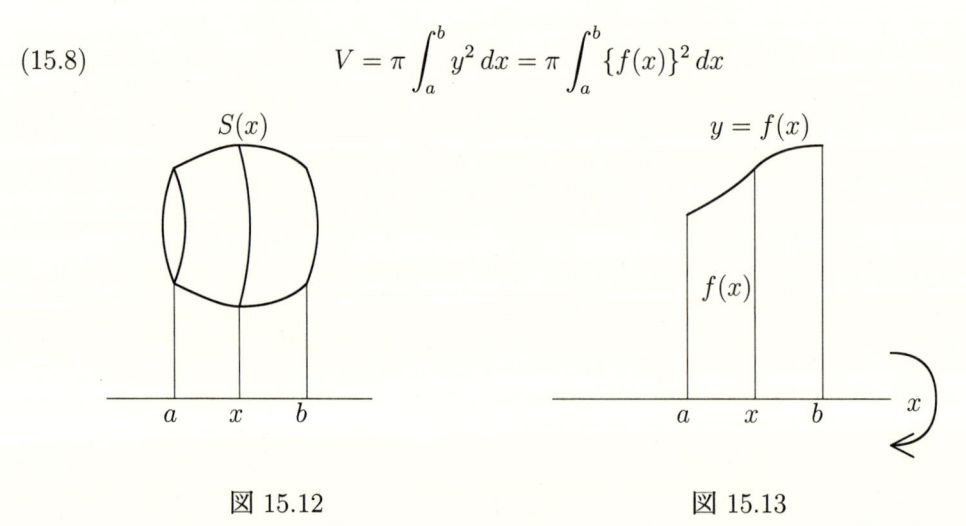

$$V = \pi \int_a^b y^2\,dx = \pi \int_a^b \{f(x)\}^2\,dx \tag{15.8}$$

図 15.12

図 15.13

例 15.5. (1) 底面積 A 高さ h の角錐の体積を求める. X 軸を底面に垂直に取り, 頂点を原点にすると, $x = h$ が底面になる. x での X 軸に垂直な平面で切った断面積を $S(x)$

とすると $S(h) = A$ であり，比例式 $S(x) : A = x^2 : h^2$ より $S(x) = \dfrac{A}{h^2} x^2$ となる．したがって体積は

$$V = \int_0^h \frac{A}{h^2} x^2 \, dx = \left[\frac{A}{h^2} \frac{x^3}{3} \right]_0^h = \frac{Ah}{3}$$

(2) 楕円 $\dfrac{x^2}{a^2} + \dfrac{y^2}{b^2} = 1 \; (a > 0, b > 0)$ を X 軸の周りに回転させた物体の体積は

$$V = \pi \int_{-a}^{a} y^2 \, dx = 2\pi \int_0^a b^2 - \frac{b^2}{a^2} x^2 \, dx = 2\pi \left[b^2 x - \frac{b^2}{a^2} \frac{x^3}{3} \right]_0^a = \frac{4}{3} \pi a b^2$$

特に $a = b$ の時半径 a の球の体積の公式 $V = \dfrac{4}{3} a^3$ が得られた．

(3) 円 $x^2 + (y-b)^2 = a^2 \; (0 < a < b)$ を X 軸の周りに回転させた物体 (トーラス) の体積は

$$V - V' = \pi \int_{-a}^{a} (b + \sqrt{a^2 - x^2})^2 \, dx - \pi \int_{-a}^{a} (b - \sqrt{a^2 - x^2})^2 \, dx = 2\pi \int_0^a 4b \sqrt{a^2 - x^2} \, dx$$
$$= 8\pi b \left[\frac{1}{2} \left(x \sqrt{a^2 - x^2} + a^2 \operatorname{Sin}^{-1} \frac{x}{a} \right) \right]_0^a = 2\pi^2 a^2 b$$

問題 15.4. 次の物体の体積を求めよ．
(1) 直線 $y = x$ を $1 \leq x \leq 2$ の範囲で X 軸の周りに 1 回転させた物体．
(2) $y^2 = 4px \; (p > 0)$ を $0 \leq x \leq a$ の範囲で X 軸の周りに 1 回転させた物体．
(3) サイクロイドを $0 \leq \theta \leq 2\pi$ の範囲で X 軸の周りに 1 回転させた物体．
ヒント
 $x = a(\theta - \sin\theta)$ より，x の範囲は $0 \leq x \leq 2\pi a$ であり，$0 \leq x \leq \pi a$ の範囲の体積の 2 倍になる．よって $\pi \int_0^{2\pi a} y^2 \, dx = 2\pi \int_0^{\pi a} y^2 \, dx$ を計算すればよい．この積分は，$y^2 = a^2 (1 - \cos\theta)^2$ と $\frac{dx}{d\theta}$ の式から $\theta \; (0 \leq \theta \leq \pi)$ の積分に置換積分出来る．最後の積分は，$1 - \cos\theta = 2 \sin^2 \dfrac{\theta}{2}$ と (14.2) から計算される．

(4) アステロイド $x^{\frac{2}{3}} + y^{\frac{2}{3}} = a^{\frac{2}{3}}$ を X 軸の周りに 1 回転させて出来る物体．
ヒント
$y^2 = \left(a^{\frac{2}{3}} - x^{\frac{2}{3}} \right)^3$ である．

第4章 2変数関数の微積分法

16. 偏導関数

平面と領域

これから多変数関数の微積分を解説する. 主に2変数の場合を論ずるが, 大部分の結果は多変数の場合に容易に拡張される.

2変数関数 $z = f(x, y)$ の定義域は $X-Y$ 平面 $\mathbf{R}^2$ に含まれているので, 開区間および閉区間に相当する開集合, 閉集合, 領域を定義する.

定義 16.1. $X-Y$ 平面 $\mathbf{R}^2$ 上の2点 $P_1(x_1, y_1)$, $P_2(x_2, y_2)$ の間の距離は
$$|P_1P_2| = \sqrt{(x_2-x_1)^2 + (y_2-y_1)^2}$$
により与えられる. 点 $A(a, b)$ を中心として半径 $\epsilon > 0$ の円板の内部
$$U_\epsilon(A) = \{P(x, y) \mid |AP| = \sqrt{(x-a)^2 + (y-b)^2} < \epsilon\}$$
を A の ϵ 近傍または単に近傍と呼ぶ.

$\mathbf{R}^2$ の部分集合 E の点 A は, ある近傍が E に含まれるならば E の内点と呼ばれる. E の要素が全て内点になる時 E を開集合と呼ぶ. E の補集合が開集合の時 E を閉集合と呼ぶ. 部分集合 E の補集合の内点を外点と言う. 内点でも外点でもない点を境界点と呼び, 境界点の集合を E の境界と呼ぶ.

部分集合 E の任意の2点が連続な曲線で結ばれる時 E は連結と呼ばれ, 連結な開集合 D を領域と呼ぶ. 領域にその境界を付け加えた集合は閉領域と呼ばれる.

ある閉曲線で囲まれた部分の内部 (閉曲線を含まない) は, 開集合であり領域でもある. 任意の集合に境界を付け加えると, 閉集合になる. 点列の極限との関係は次の定義である.

定義 16.2. 平面上の点列 $\{P_n\}$ がある点 P に収束するとは, 任意の $\epsilon > 0$ に対し適当な自然数 N があり, $n > N$ ならば $|PP_n| < \epsilon$ になる事である. 記号で $\lim_{n\to\infty} P_n = P$ または $P_n \to P$ と書く.

言い換えると, P の任意の近傍 $U_\epsilon(P)$ に対し, 適当な N があり $n > N$ ならば $P_n \in U_\epsilon(P)$.

問題 16.1. (1) 任意の集合 E にその境界を付け加えると閉集合になる事を示せ.

(2) 点 $P \notin E$ が集合 E の境界点ならば, P のどの ϵ 近傍 U も E の点を少なくとも一つ含む事を示せ.

(3) (2) の結果で $\epsilon = \frac{1}{n}$ とする事により, E に含まれない境界点は必ず E のある点列の収束点になる事を示せ.

2変数関数

この本ではある領域 D で定義された2変数関数 $z = f(x,y) : D \to \mathbf{R}$ を主に扱う．関数の極限や連続性は次のように1変数の場合にならって定義され，1変数のほとんどの性質は同様な証明で成立する．

定義 16.3. 点 A は領域 D の点か境界点とする．ある実数 a があり，任意の実数 $\epsilon > 0$ に対し適当な実数 $\delta > 0$ があって，$|AP| < \delta$ ならば $|f(P) - a| < \epsilon$ となる時，$\lim_{P \to A} f(P) = a$ と書き，a を極限値と言う．これは言い換えると，任意の $\epsilon > 0$ に対し適当な近傍 $U_\delta(A)$ があり，$P \in U_\delta(A)$ ならば $|f(P) - f(A)| < \epsilon$ になるという事である．

この定義は，P が A にどの方向から近づいても $f(P)$ が同じ値 a に近づく事を意味する．

点 A, P が領域 D に含まれている時，$\lim_{P \to A} f(P) = f(A)$ となるならば，点 $A(a,b)$ で関数 $z = f(x,y)$ は連続と言う．言い換えると，任意の $\epsilon > 0$ に対し適当な近傍 $U_\delta(A)$ があり，$P \in U_\delta(A)$ ならば $|f(P) - f(A)| < \epsilon$ になるという事である．

注 (1) 関数 $z = \begin{cases} \frac{x^2}{x^2 + y^2} & (x,y) \neq (0,0) \\ 0 & (x,y) = (0,0) \end{cases}$ は，点 P を X 軸 $(y=0)$ に沿って原点 $(0,0)$ に近づけると極限値は 1 になり，Y 軸 $(x=0)$ に沿って近づけると 0 になるから，原点で連続ではない．

(2) 連続の定義を見直すと，$f : \mathbf{R}^2 \to \mathbf{R}$ が全ての点で連続とは，$\mathbf{R}$ の任意の近傍 U_ϵ に対し D の近傍 U_δ があり $f(U_\delta) \subset U_\epsilon$ となる事である．これは，開集合の定義から，$f^{-1}(U_\epsilon) = \{P | f(P) \in U_\epsilon\}$ が開集合になる事と同値である．さらに，任意の開集合 $E \subset \mathbf{R}$ に対し $f^{-1}(E) = \{P | f(P) \in E\}$ が開集合になる事にも同値である．

以上から，関数 $f : \mathbf{R}^n \to \mathbf{R}^m$ が連続関数とは，任意の開集合 E に対し $f^{-1}(E)$ も開集合になると定義する．

最初に書いたように3節の極限の性質や6節の連続の性質はほとんどがほぼそのまま成り立つ．特に，多項式，有理式，三角関数，指数対数関数を組み合わせた式で表される関数は点 A で確定した値を持つならば連続である．

偏導関数

グラフについて説明する．座標軸 X,Y,Z を持つ空間を考える．$\mathbf{R}^3 = \{(x,y,z)\}$．2変数関数 $z = f(x,y)$ が与えられた時，点 $(x,y,f(x,y))$ の集合を考えると，これは関数のグラフであり，関数 $z = f(x,y)$ が連続ならば曲面を表す．1変数の場合の曲線の接線に相当するのは接平面である．Y 軸に垂直な平面 $(X - Z$ 平面に平行$)$ で点 P を通るものでこの曲面を切ると切り口は曲線になり，その曲線の点 P での接線を X 軸方向の接線と呼ぶ．同様に，X 軸に垂直な平面 $(Y - Z$ 平面に平行$)$ で点 P を通るものでこの曲面を切った曲線の点 P での接線を Y 軸方向の接線と呼ぶ．接平面は，存在するならばこの二つの接線を含み，これらにより決まる平面である．

図 16.1　　　　　　　　　図 16.2

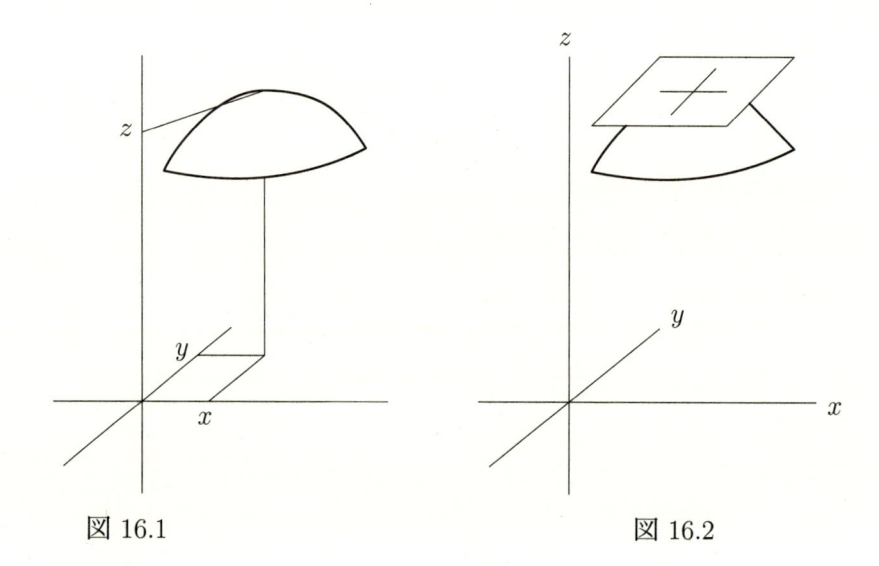

　さて，X 軸方向の接線の傾きは y を一定にした関数 $z = f(x, y)$ を x の関数とみなして微分した微分係数になる．同様に，Y 軸方向の接線の傾きは x を一定にした関数を y で微分した微分係数である．これらを偏微分係数と呼び，x, y の関数とみなして偏導関数を定義する．

定義 16.4. 関数 $z = f(x, y)$ で変数 y を一定にした次の極限値が存在するならば x に関する偏導関数と言う．

$$\frac{\partial z}{\partial x} = \lim_{h \to 0} \frac{f(x+h, y) - f(x, y)}{h}$$

また，変数 x を一定にした次の極限値が存在するならば y に関する偏導関数と言う．

$$\frac{\partial z}{\partial y} = \lim_{h \to 0} \frac{f(x, y+h) - f(x, y)}{h}$$

偏導関数 $\dfrac{\partial z}{\partial x}, \dfrac{\partial z}{\partial y}$ が共に存在する時 $z = f(x, y)$ は偏微分可能であると言う．また偏導関数を求める事をそれぞれ x で偏微分する，y で偏微分すると言う．偏導関数を表す記号には次のものがある．

$$\frac{\partial f(x, y)}{\partial x}, \quad \frac{\partial f(x, y)}{\partial y}, \quad z_x, \quad z_y, \quad f_x, \quad f_y, \quad \partial_x f, \quad \partial_y f$$

　偏微分した関数をさらに偏微分した関数を第 2 次偏導関数と呼び，偏微分する変数の順序により次の 4 種類がある．

$$\frac{\partial}{\partial x} f_x = \frac{\partial^2 f}{\partial x^2} = f_{xx}, \quad \frac{\partial}{\partial y} f_x = \frac{\partial^2 f}{\partial y \partial x} = f_{xy}, \quad \frac{\partial}{\partial x} f_y = \frac{\partial^2 f}{\partial x \partial y} = f_{yx}, \quad \frac{\partial}{\partial y} f_y = \frac{\partial^2 f}{\partial y^2} = f_{yy}$$

同様に第 n 次導関数は n 回の偏微分により定義され，偏微分する変数の順番により，次のような記号が使われる．
$$\frac{\partial^7 f}{\partial y \partial^2 x \partial^3 y \partial x} = f_{xyyyxxy}$$

偏微分は微分であるから，8 節で述べた微分の性質はそのまま成り立つ．実際に偏微分する時は，微分しない変数を定数とみなして微分する事になる．

例題 16.1. 次の関数の第 2 次までの偏導関数を全て求めよ．
(1) $z = x^4 - 2x^3 y^2 + 4xy^3 - 5y^4$ (2) $z = \dfrac{x}{y}$ (3) $f = e^{x^2 y}$ (4) $f = \sin(x+y^2)$

(解答) (1) $\dfrac{\partial z}{\partial x} = \partial_x(x^4) - 2\partial_x(x^3)y^2 + 4\partial_x(x)y^3 - \partial_x(5y^4) = 4x^3 - 6x^2 y^2 + 4y^3$
$\dfrac{\partial z}{\partial y} = \partial_y(x^4) - 2x^3 \partial_y(y^2) + 4x\partial_y(y^3) - 5\partial_y(y^4) = -4x^3 y + 12xy^2 - 20y^3$
$\dfrac{\partial^2 z}{\partial x^2} = \partial_x(4x^3 - 6x^2 y^2 + 4y^3) = 4\partial(x^3) - 6\partial(x^2)y^2 + \partial_x(4y^3) = 12x^2 - 12xy^2$
$\dfrac{\partial^2 z}{\partial y \partial x} = \partial_y(4x^3 - 6x^2 y^2 + 4y^3) = -12x^2 y + 12y^2$
$\dfrac{\partial^2 z}{\partial x \partial y} = \partial_x(-4x^3 y + 12xy^2 - 20y^3) = -12x^2 y + 12y^2$
$\dfrac{\partial^2 z}{\partial y^2} = \partial_y(-4x^3 y + 12xy^2 - 20y^3) = -4x^3 + 24xy - 60y^2$
(2) $z_x = \dfrac{1}{y}\partial_x(x) = \dfrac{1}{y}$, $\quad z_y = x\partial_y\left(\dfrac{1}{y}\right) = -\dfrac{x}{y^2}$
$z_{xx} = \partial_x\left(\dfrac{1}{y}\right) = 0$, $\quad z_{xy} = \partial_y\left(\dfrac{1}{y}\right) = -\dfrac{1}{y^2}$
$z_{yx} = \partial_x\left(-\dfrac{x}{y^2}\right) = -\dfrac{1}{y^2}$, $\quad z_{yy} = \partial_y\left(-\dfrac{x}{y^2}\right) = \dfrac{2x}{y^3}$
(3) $\dfrac{\partial f}{\partial x} = e^{x^2 y}\partial_x(x^2 y) = 2xy e^{x^2 y}$, $\quad \dfrac{\partial f}{\partial y} = e^{x^2 y}\partial_y(x^2 y) = x^2 e^{x^2 y}$
$\dfrac{\partial^2 f}{\partial x^2} = \partial_x(2xy e^{x^2 y}) = \partial_x(2xy)e^{x^2 y} + 2xy\partial_x(e^{x^2 y}) = (2y + 4x^2 y^2)e^{x^2 y}$
$\dfrac{\partial^2 f}{\partial y \partial x} = \partial_y(2xy e^{x^2 y}) = \partial_y(2xy)e^{x^2 y} + 2xy\partial_y(e^{x^2 y}) = (2x + 2x^3 y)e^{x^2 y}$
$\dfrac{\partial^2 f}{\partial x \partial y} = \partial_x(x^2 e^{x^2 y}) = \partial_x(x^2)e^{x^2 y} + x^2 \partial_x(e^{x^2 y}) = (2x + 2x^3 y)e^{x^2 y}$
$\dfrac{\partial^2 f}{\partial y^2} = \partial_y(x^2 e^{x^2 y}) = x^2 \partial_y(e^{x^2 y}) = x^4 e^{x^2 y}$
(4) $f_x = \cos(x+y^2) \cdot \partial_x(x+y^2) = \cos(x+y^2)$
$f_y = \cos(x+y^2) \cdot \partial_y(x+y^2) = 2y\cos(x+y^2)$
$f_{xx} = \partial_x\{cos(x+y^2)\} = -\sin(x+y^2) \cdot \partial_x(x+y^2) = -\sin(x+y^2)$
$f_{xy} = \partial_y\{\cos(x+y^2)\} = -\sin(x+y^2) \cdot \partial_y(x+y^2) = -2y\sin(x+y^2)$
$f_{yx} = 2y\partial_x\{\cos(x+y^2)\} = -2y\sin(x+y^2) \cdot \partial_x(x+y^2) = -2y\sin(x+y^2)$
$f_{yy} = \partial_y\{2y\cos(x+y^2)\} = \partial_y(2y)\cos(x+y^2) + 2y\partial_y\{\cos(x+y^2)\}$
$\qquad = 2\cos(x+y^2) - 4y^2 \sin(x+y^2)$

問題 16.2. 次の関数の第2次までの偏導関数を全て求めよ.

(1) $z = 2x^3 - 4x^2y^3 + 3xy^4 - 2y^5$ (2) $z = \sqrt{x^2 + xy}$ (3) $z = \log(x^2 + y^2)$
(4) $f = x^y$ (5) $f = \operatorname{Tan}^{-1}\dfrac{x}{y}$ (6) $f = e^{(2x+3y)}$

上の例題や問題の答えを見ると, 全て $f_{xy} = f_{yx}$ になっている. 多くの場合にこれは成り立つので, 普通の場合は微分する順番にこだわらなくともよい.

定理 16.1. 関数 $z = f(x,y)$ について, f_{xy}, f_{yx} が共に連続関数であるならば

$$f_{xy}(x,y) = f_{yx}(x,y)$$

(証明) $F = f(x+h, y+k) - f(x, y+k) - f(x+h, y) + f(x,y)$ とすると,

$$\begin{aligned}
f_{xy} &= \lim_{k \to 0} \frac{f_x(x, y+k) - f_x(x, y)}{k} \\
&= \lim_{k \to 0} \frac{1}{k}\left(\lim_{h \to 0} \frac{f(x+h, y+k) - f(x, y+k)}{h} - \lim_{h \to 0} \frac{f(x+h, y) - f(x,y)}{h}\right) \\
&= \lim_{k \to 0} \lim_{h \to 0} \frac{F}{hk} \\
f_{yx} &= \lim_{h \to 0} \frac{f_y(x+h, y) - f_y(x, y)}{h} \\
&= \lim_{h \to 0} \frac{1}{h}\left(\lim_{k \to 0} \frac{f(x+h, y+k) - f(x+h, y)}{k} - \lim_{k \to 0} \frac{f(x, y+k) - f(x,y)}{k}\right) \\
&= \lim_{h \to 0} \lim_{k \to 0} \frac{F}{hk}
\end{aligned}$$

次に $\varphi(x,y) = f(x+h,y) - f(x,y)$, $\phi(x,y) = f(x,y+k) - f(x,y)$ と置くと, 平均値の定理 10.2 によって, $0 < \theta_1, \theta_2, \theta_3, \theta_4 < 1$ があって,

$$\begin{aligned}
F &= \varphi(x, y+k) - \varphi(x, y) = k\varphi_y(x, y + \theta_1 k) \\
&= \phi(x+h, y) - \phi(x, y) = h\phi_x(x + \theta_2 h, y) \\
\varphi_y(x, y + \theta_1 k) &= f_y(x+h, y+\theta_1 k) - f_y(x, y+\theta_1 k) = hf_{yx}(x+\theta_3 h, y+\theta_1 k) \\
\phi_x(x+\theta_2 h, y) &= f_x(x+\theta_2 h, y+k) - f_x(x+\theta_2 h, y) = kf_{xy}(x+\theta_2 h, y+\theta_4 k) \\
\frac{F}{hk} &= f_{yx}(x+\theta_3 h, y+\theta_1 k) = f_{xy}(x+\theta_2 h, y+\theta_4 k)
\end{aligned}$$

f_{yx}, f_{xy} は連続であるから, $h \to 0$, $k \to 0$ より, $f_{yx} = f_{xy}$. □

いつも $f_{xy} = f_{yx}$ とは限らない. 次の例はペアノによる.

$$f(x,y) = \begin{cases} \dfrac{xy(x^2-y^2)}{x^2+y^2} & (x,y) \neq (0,0) \\ 0 & (x,y) = (0,0) \end{cases}$$

すると, $(x,y) = (0,0)$ で $F = \dfrac{hk(h^2 - k^2)}{h^2 + k^2}$ であるから,

$$f_{xy}(0,0) = \lim_{k \to 0} \lim_{h \to 0} \frac{F}{hk} = \lim_{k \to 0} \lim_{h \to 0} \frac{(h^2 - k^2)}{h^2 + k^2} = \lim_{k \to 0} -\frac{k^2}{k^2} = -1$$

$$f_{yx}(0,0) = \lim_{h \to 0} \lim_{k \to 0} \frac{F}{hk} = \lim_{h \to 0} \lim_{k \to 0} \frac{(h^2 - k^2)}{h^2 + k^2} = \lim_{h \to 0} \frac{h^2}{h^2} = 1$$

平均値の定理と全微分

関数 $z = f(x,y)$ が領域 D で定義されているとする. D の2点を (a,b), $(a+h, b+k)$ とし, z の増分を $\Delta z = f(a+h, b+k) - f(a,b)$ とする. 偏微分係数が X 軸および Y 軸方向の接線の傾きである事から, 増分は次のように近似される.

(16.1) $\qquad \Delta z = f(a+h, b+k) - f(a,b) = h f_x(a,b) + k f_y(a,b) + \epsilon$

この Δz について次の平均値の定理が成り立つ.

定理 16.2. 関数 $z = f(x,y)$ が領域 D で偏微分可能ならば

$$\Delta z = f(a+h, b+k) - f(a,b) = h f_x(a+\theta h, b+k) + k f_y(a, b+\theta k)$$

となる $0 < \theta < 1$ が存在する. ただし, 線分 $(a+ht, b+k)$, $(a, b+kt)$ $(0 \le t \le 1)$ は D に含まれるとする.

(証明) $F(t) = f(a+ht, b+k) + f(a, b+kt)$ とすると, 合成関数の微分から

$$F'(t) = h f_x(a+ht, b+k) + k f_y(a, b+kt)$$

また, $F(1) = f(a+h, b+k) + f(a, b+k)$, $F(0) = f(a, b+k) + f(a,b)$ であるから, 平均値の定理 10.2 から, $0 < \theta < 1$ があり,

$$\Delta z = F(1) - F(0) = F'(\theta)$$

これは定理を意味する. □

定義 16.5. 近似式 (16.1) で $\rho = \sqrt{h^2 + k^2}$ に対し,

(16.2) $$\lim_{\rho \to 0} \frac{\epsilon}{\rho} = 0$$

になる時, $z = f(x,y)$ は点 (a,b) で**全微分可能**であると言う. D の全ての点で全微分可能ならば D で全微分可能と言う. この時, 形式的に

$$df = f_x dx + f_y dy$$

と書き, これを f の全微分と呼ぶ時がある.

定理 16.3. 領域 D で偏導関数 $f_x(x,y)$, $f_y(x,y)$ が連続ならば, 関数 $z = f(x,y)$ は全微分可能である.

(証明) $\epsilon_1 = f_x(a+\theta h, b+k) - f_x(a,b)$, $\epsilon_2 = f_y(a, b+\theta h) - f_y(a,b)$ と置くと,平均値の定理 16.2 から

$$\Delta z = h f_x(a,b) + h\epsilon_1 + k f_y(a,b) + k\epsilon_2$$

近似式 (16.1) と比べて, $\epsilon = h\epsilon_1 + k\epsilon_2$. f_x, f_y は連続であるから, $\rho = \sqrt{h^2+k^2} \to 0$ ならば, $\epsilon_1 \to 0$, $\epsilon_2 \to 0$. 以上から

$$\lim_{\rho \to 0} \left|\frac{\epsilon}{\rho}\right| \le \lim_{\rho \to 0} \left(\left|\frac{h}{\sqrt{h^2+k^2}}\right| |\epsilon_1| + \left|\frac{k}{\sqrt{h^2+k^2}}\right| |\epsilon_2| \right) \le \lim_{\rho \to 0} (|\epsilon_1| + |\epsilon_2|) = 0$$

よって,全微分可能. □

注 $z = f(x,y)$ が偏微分可能であっても全微分可能とは限らない.

例えば, $z = \sqrt{|xy|}$ は $f_x(0,0) = f_y(0,0) = 0$ であるが, $\epsilon = f(h,k) - f(0,0) = \sqrt{|hk|}$ であるから, $\lim_{\rho \to 0} \frac{\epsilon}{\rho} = \lim_{\rho \to 0} \frac{\sqrt{|hk|}}{\sqrt{h^2+k^2}}$ は極限値を持たない. これは,直線 $k = ah$ に沿って $(0,0)$ に近づけると

$$\lim_{\rho \to 0} \frac{\epsilon}{\rho} = \lim_{h \to 0} \sqrt{\frac{|ah^2|}{h^2+a^2h^2}} = \sqrt{\frac{|a|}{1+a^2}}$$

となる事から分かる.

合成関数の微分

全微分の直接の応用は合成関数の微分である.

定理 16.4. 関数 $z = f(x,y)$ が全微分可能で, $x = \varphi(t)$, $y = \phi(t)$ が共に微分可能ならば,

$$\frac{df(\varphi(t), \phi(t))}{dt} = f_x(\varphi(t), \phi(t)) \frac{d\varphi(t)}{dt} + f_y(\varphi(t), \phi(t)) \frac{d\phi(t)}{dt}$$

これを略して,次のように書く.

$$\frac{df}{dt} = f_x \frac{dx}{dt} + f_y \frac{dy}{dt}$$

(証明) $\Delta x = \varphi(t + \Delta t) - \varphi(t)$, $\Delta y = \phi(t+\Delta t) - \phi(t)$ と置くと近似式 (16.1) から

$$\frac{f(x+\Delta x, y+\Delta y) - f(x,y)}{\Delta t} = \frac{f_x \Delta x + f_y \Delta y + \epsilon}{\Delta t} = f_x \frac{\Delta x}{\Delta t} + f_y \frac{\Delta y}{\Delta t} + \frac{\epsilon}{\Delta t}$$

$\lim_{\Delta t \to 0} \frac{\Delta x}{\Delta t} = \varphi'(t)$, $\lim_{\Delta t \to 0} \frac{\Delta y}{\Delta t} = \phi'(t)$ であるから, $\rho = \sqrt{\Delta x^2 + \Delta y^2}$ より

$$\lim_{\Delta t \to 0} \left|\frac{\epsilon}{\Delta t}\right| = \lim_{\Delta t \to 0} \left|\frac{\epsilon}{\rho} \frac{\rho}{\Delta t}\right| = \lim_{\Delta t \to 0} \left|\frac{\epsilon}{\rho}\right| \sqrt{\left|\frac{\Delta x}{\Delta t}\right|^2 + \left|\frac{\Delta y}{\Delta t}\right|^2} = 0 \cdot \sqrt{(\varphi'(t))^2 + (\phi'(t))^2} = 0$$

よって,定理は成り立つ. □

問題 16.3. 関数 $f = x^y$ について次の問題に答えよ.

(1) 偏導関数 f_x, f_y を求めよ.

(2) $x = x$, $y = x$ と置く事により,合成関数の微分の公式から $(x^x)' = x^x(1 + \log x)$ を導け.

この定理は次のように一般化される．

定理 16.5. 関数 $z = f(x, y)$ が全微分可能であり，$x = \varphi(u, v)$, $y = \phi(u, v)$ も共に全微分可能であるならば，合成関数 $z = f(\varphi(u, v), \phi(u, v))$ も全微分可能であり，

$$\frac{\partial f}{\partial u} = f_x \frac{\partial x}{\partial u} + f_y \frac{\partial y}{\partial u}$$
$$\frac{\partial f}{\partial v} = f_x \frac{\partial x}{\partial v} + f_y \frac{\partial y}{\partial v}$$

(証明) 前の定理の証明と同様の記号を使い，$\rho_1 = \sqrt{\Delta x^2 + \Delta y^2}$, $\rho_2 = \sqrt{\Delta u^2 + \Delta v^2}$ とすると，(16.1) から

$$\Delta z = f_x \Delta x + f_y \Delta y + \epsilon_1, \quad \lim_{\rho_1 \to 0} \frac{\epsilon_1}{\rho_1} = 0$$

$$\Delta x = x_u \Delta u + x_v \Delta v + \epsilon_2, \quad \Delta y = y_u \Delta u + y_v \Delta v + \epsilon_3$$

$$\lim_{\rho_2 \to 0} \frac{\epsilon_2}{\rho_2} = 0 \quad \lim_{\rho_2 \to 0} \frac{\epsilon_3}{\rho_2} = 0 \quad \text{より,}$$

$$\Delta z = (f_x x_u + f_y y_u) \Delta u + (f_x x_v + f_y y_v) \Delta v + \epsilon$$

$$\epsilon = \epsilon_1 + f_x \epsilon_2 + f_y \epsilon_3$$

$$\frac{\epsilon}{\rho_2} = \frac{\epsilon_1}{\rho_1} \frac{\rho_1}{\rho_2} + f_x \frac{\epsilon_2}{\rho_2} + f_y \frac{\epsilon_3}{\rho_2}$$

そこで，$\Delta v = 0$ とすると，$\rho_2 = |\Delta u|$ である．その時 $f_u = \lim_{\Delta u \to 0} \frac{\Delta z}{\Delta u} = \lim_{\Delta u \to 0} \frac{\Delta z}{\pm \rho_2}$ である (ρ_2 に付いている符合は Δu と同じ). また

$$\frac{\rho_1}{\rho_2} = \frac{\sqrt{\Delta x^2 + \Delta y^2}}{|\Delta u|} = \sqrt{\left(\frac{\Delta x}{\Delta u}\right)^2 + \left(\frac{\Delta y}{\Delta u}\right)^2}$$

であるから，

$$\lim_{\rho_2 \to 0} \frac{\epsilon}{\rho_2} = \lim_{\rho_2 \to 0} \left(\frac{\epsilon_1}{\rho_1} \frac{\rho_1}{\rho_2} + f_x \frac{\epsilon_2}{\rho_2} + f_y \frac{\epsilon_3}{\rho_2} \right) = 0 \cdot \sqrt{(x_u)^2 + (y_u)^2} + f_x \cdot 0 + f_y \cdot 0 = 0$$

以上を使って，

$$f_u = \lim_{\rho_2 \to 0} \frac{\Delta z}{\pm \rho_2} = \lim_{\rho_2 \to 0} \frac{(f_x x_u + f_y y_u) \Delta u + \epsilon}{\pm \rho_2} = f_x x_u + f_y y_u \pm \lim_{\rho_2 \to 0} \frac{\epsilon}{\rho_2} = f_x x_u + f_y y_u$$

$\Delta u = 0$ とする事により，f_v の公式も同様に示される． □.

注 多変数関数 $z = f(x_1, x_2, \cdots, x_n) : \mathbf{R}^n \to \mathbf{R}$ と $x_i = \varphi_i(u_1, u_2, \cdots, u_n) : \mathbf{R}^n \to \mathbf{R}$ $(i = 1, 2, \cdots, n)$ を考える．$(\varphi_1, \varphi_2, \cdots, \varphi_n)$ は関数 $\mathbf{R}^n \to \mathbf{R}^n$ を定義する事になる．そこで, 合成関数の偏微分はこの定理と同様な公式が成り立つが, 行列を使う事により, 簡潔に

表現可能になる.

$$\begin{pmatrix} f_{u_1} \\ f_{u_2} \\ . \\ . \\ . \\ f_{u_n} \end{pmatrix} = \begin{pmatrix} \frac{\partial x_1}{\partial u_1} & \frac{\partial x_2}{\partial u_1} & \cdots & \frac{\partial x_n}{\partial u_1} \\ \frac{\partial x_1}{\partial u_2} & \frac{\partial x_2}{\partial u_2} & \cdots & \frac{\partial x_n}{\partial u_2} \\ . & . & \cdots & . \\ . & . & \cdots & . \\ . & . & \cdots & . \\ \frac{\partial x_1}{\partial u_n} & \frac{\partial x_2}{\partial u_n} & \cdots & \frac{\partial x_n}{\partial u_n} \end{pmatrix} \begin{pmatrix} f_{x_1} \\ f_{x_2} \\ . \\ . \\ . \\ f_{x_n} \end{pmatrix}$$

問題 16.4. 関数 $z = f(x, y)$ を $x = r\cos\theta$, $y = r\sin\theta$ によって極座標 (r, θ) に変換する時, 次の式を r, θ およびそれらによる偏微分の式で表せ.

(1) $\dfrac{\partial f}{\partial x}, \dfrac{\partial f}{\partial y}$

ヒント 合成関数の微分の公式から, $f_r = f_x x_r + f_y y_r$, $f_\theta = f_x x_\theta + f_y y_\theta$ を計算し, 連立方程式とみなして, f_x, f_y について解く.

(2) $\left(\dfrac{\partial f}{\partial x}\right)^2 + \left(\dfrac{\partial f}{\partial y}\right)^2$

(3) $\dfrac{\partial^2 f}{\partial x^2} + \dfrac{\partial^2 f}{\partial y^2}$

ヒント (1) の結果で, f の代わりにそれぞれ f_x, f_y を入れた式 $f_{xx} = \dfrac{\partial f_x}{\partial x}$, $f_{yy} = \dfrac{\partial f_y}{\partial y}$ を偏微分 $\dfrac{\partial f_x}{\partial r}, \dfrac{\partial f_x}{\partial \theta}, \dfrac{\partial f_y}{\partial r}, \dfrac{\partial f_y}{\partial \theta}$ の式に直す. これらは (1) の結果を偏微分して計算する.

テイラー展開

関数 $z = f(x, y)$ に対し, 記号 $D^i f$ を

$$D^0 f = f, \quad D^i f = \left(h\frac{\partial}{\partial x} + k\frac{\partial}{\partial y}\right)^i f = \sum_{j=0}^{i} {}_i C_j h^{i-j} k^j \frac{\partial^i f}{\partial x^{i-j} \partial y^j}$$

と定義する.

(16.3) $$D^1(D^i f) = D^{i+1} f$$

となる事が次のようにして示される.

$$D^1(D^i f) = \left(h\frac{\partial}{\partial x} + k\frac{\partial}{\partial y}\right) \sum_{j=0}^{i} {}_i C_j h^{i-j} k^j \frac{\partial^i f}{\partial x^{i-j} \partial y^j}$$

$$= \sum_{j=0}^{i} {}_i C_j h^{i-j+1} k^j \frac{\partial^{i+1} f}{\partial x^{i-j+1} \partial y^j} + \sum_{j=0}^{i} {}_i C_j h^{i-j} k^{j+1} \frac{\partial^{i+1} f}{\partial x^{i-j} \partial y^{j+1}}$$

$$= \sum_{j=0}^{i} {}_i C_j h^{i-j+1} k^j \frac{\partial^{i+1} f}{\partial x^{i-j+1} \partial y^j} + \sum_{j'=1}^{i+1} {}_i C_{j'-1} h^{i-j'+1} k^{j'} \frac{\partial^{i+1} f}{\partial x^{i-j'+1} \partial y^{j'}} \quad (j' = j+1)$$

$$= h^{i+1} \frac{\partial^{i+1} f}{\partial x^{i+1}} + \sum_{j=1}^{i} \left({}_i C_j + {}_i C_{j-1}\right) h^{i-j+1} k^j \frac{\partial^{i+1} f}{\partial x^{i-j+1} \partial y^j} + k^{i+1} \frac{\partial^{i+1} f}{\partial y^{i+1}}$$

$$= h^{i+1}\frac{\partial^{i+1}f}{\partial x^{i+1}} + \sum_{j=1}^{i}{}_{i+1}C_j h^{i-j+1}k^j \frac{\partial^{i+1}f}{\partial x^{i-j+1}\partial y^j} + k^{i+1}\frac{\partial^{i+1}f}{\partial y^{i+1}}$$

$$= \sum_{j=0}^{i+1}{}_{i+1}C_j h^{i-j+1}k^j \frac{\partial^{i+1}f}{\partial x^{i-j+1}\partial y^j} = D^{i+1}f$$

定理 16.6 (テイラー展開). 関数 $z = f(x,y)$ が点 (a,b) の近傍で連続な第 n 次偏導関数を持つならば, 十分小さい h, k に対し

$$f(a+h, b+k) = \sum_{i=0}^{n-1}\frac{1}{i!}D^i f(a,b) + \frac{1}{n!}D^n f(a+\theta h, b+\theta k)$$

となる $0 < \theta < 1$ が存在する.

(証明) $F(t) = f(a+ht, b+kt)$ とすると, $|t| \leq 1$ で連続な第 n 次導関数を持つから, テイラーの定理 10.3 により

$$F(t) = \sum_{i=0}^{n-1}\frac{F^{(i)}(0)}{i!}t^i + \frac{F^{(n)}(\theta t)}{n!}t^n$$

となる $0 < \theta < 1$ がある.

一方, $F^{(i)}(t) = D^i f(a+ht, b+kt)$ となる事が, 合成関数の微分の公式と数学的帰納法により次のように示される.

$i = 0$ の時は定義から明らかである.

i の時成り立つならば,

$$\begin{aligned}F^{(i+1)}(t) &= \frac{d}{dt}F^{(i)}(t) \\ &= \frac{\partial}{\partial x}D^i f(a+ht, b+kt) \cdot \frac{d(a+ht)}{dt} + \frac{\partial}{\partial y}D^i f(a+ht, b+kt) \cdot \frac{d(b+kt)}{dt} \\ &= h\frac{\partial}{\partial x}D^i f(a+ht, b+kt) + k\frac{\partial}{\partial y}D^i f(a+ht, b+kt) \\ &= D^1 D^i f(a+ht, b+kt) = D^{i+1}f(a+ht, b+kt)\end{aligned}$$

より, $i+1$ でも成り立つ.

以上から, $t = 1$ での $F(t)$ のテイラー展開から定理は示される. □

17. 偏導関数の応用

陰関数

二つの変数 x, y が関係 $F(x, y) = 0$ により結び付けられている時, y を x の陰関数と呼ぶ. 陰関数については次の定理が基本的である.

定理 17.1 (ヤング). 関数 $z = F(x, y)$ が領域 D で各変数について連続であり, 点 $(a, b) \in D$ で $F(a, b) = 0$, $F_y(a, b) \neq 0$ ならば, a の近傍 $(a - \delta, a + \delta)$ で関数 $y = f(x)$ があり,

$$(17.1) \qquad F(x, f(x)) = 0, \quad b = f(a)$$

さらに, $z = F(x, y)$ が 2 変数関数として連続であり, y について強い意味で単調ならば, $y = f(x)$ はただ一つに限り, a の近傍で連続である. さらに点 (a, b) で全微分可能ならば

$$(17.2) \qquad f'(a) = -\frac{F_x(a, b)}{F_y(a, b)}$$

注 F_x, F_y があり, それらが連続ならば, 定理 16.3 から全微分可能になり, $F(a, b) = 0$, $F_y(a, b) \neq 0$ ならば上の条件は全て満たされ, $y = f(x)$, $y' = f'(x)$ があり上の二つの式は成り立つ.

(証明) 必要ならば, $-F(x, y)$ を新たに F とする事により, $F_y(a, b) > 0$ と仮定してよい. すると y の関数 $F(a, y)$ は $y = b$ で増加になり, $F(a, b) = 0$ より適当な実数 $\delta_1 > 0$ があり $F(a, b - \delta_1) < 0 < F(a, b + \delta_1)$. 変数 x について連続であるから, ある実数 $\delta > 0$ があって, $|x - a| < \delta$ ならば

$$F(x, b - \delta_1) < 0 < F(x, b + \delta_1)$$

その時, $|x - a| < \delta$ となる x を一つ固定すると, $F(x, y)$ は y について連続であるから, 中間値の定理 6.6 から

$$F(x, y_0) = 0, \quad b - \delta_1 < y_0 < b + \delta_1$$

となる値 y_0 が存在する. この y_0 を $f(x)$ と置くと, $y = f(x)$ は (17.1) を満たす.

F が y について強い意味で単調ならば上の式を満たす $f(x)$ はただ一つである. さらに任意の $x \in (a - \delta, a + \delta)$ とこの区間の数列 $\{x_n\}$ で $\lim_{n \to \infty} x_n = x$ となるものを取る. $F(x_n, f(x_n)) = 0$, $|f(x_n) - b| < \delta_1$ であるから $\{f(x_n)\}$ は有界であり, 集積点 $\overline{y}$ がある. $F(x, y)$ は連続であるから $F(x, \overline{y}) = 0$. $f(x)$ はただ一つであるので $\overline{y} = f(x)$. これは全ての集積点が $f(x)$ になる事を意味するから,

$$\lim_{n \to \infty} f(x_n) = f(x)$$

定理 6.2 より, $y = f(x)$ は連続である.

最後に $F(x,y)$ が (a,b) で全微分可能ならば,

$$F(a+h,b+k) - F(a,b) = hF_x(a,b) + kF_y(a,b) + \epsilon, \quad \lim_{\rho \to 0} \frac{\epsilon}{\rho} = 0 \quad \rho = \sqrt{h^2+k^2}$$

ここで, $k = f(a+h) - f(a)$ とすると $F(a,b) = 0$, $F(a+h,b+k) = F(a+h, f(a+h)) = 0$ となるから

$$hF_x(a,b) + \{f(a+h) - f(a)\}F_y(a,b) + \epsilon = 0$$

よって,

$$f'(x) = \lim_{h \to 0} \frac{f(a+h) - f(a)}{h} = -\lim_{h \to 0}\left(\frac{F_x(a,b)}{F_y(a,b)} + \frac{1}{F_y(a,b)}\frac{\epsilon}{h}\right) = -\frac{F_x(a,b)}{F_y(a,b)} \quad \square$$

例 17.1. $y' = f'(x) = -\dfrac{F_x}{F_y}$ を x について微分して, 合成関数の微分 (定理 16.4) を使うと

(17.3)
$$f''(x) = -\frac{(F_{xx} + F_{xy}y')F_y - F_x(F_{yx} + F_{yy}y')}{(F_y)^2}$$
$$= -\frac{F_{xx}F_y^2 - 2F_{xy}F_xF_y + F_{yy}F_x^2}{(F_y)^3}$$

注 実際の計算では, $F(x,y) = 0$ を合成関数の微分により x について微分して $F_x + F_y y' = 0$ を y' について解く事で計算する. また y'' は, 2 回微分して同様に y'' について解く事で求める.

例題 17.1. $x^2 + 2xy + 3y^2 = 1$ で表される関数 $y = f(x)$ について $f'(x), f''(x)$ を求めよ.

(解答) 両辺を x で 2 回微分して

$$2x + 2y + 2xy' + 6yy' = 0$$
$$2 + 2y' + 2y' + 2xy'' + 6(y')^2 + 6yy'' = 0$$

よって

$$y' = -\frac{x+y}{x+3y}$$
$$y'' = -\frac{1 + 2y' + 3(y')^2}{x+3y} = -\frac{1 - 2\frac{x+y}{x+3y} + 3\frac{(x+y)^2}{(x+3y)^2}}{x+3y}$$
$$= -\frac{(x+3y)^2 - 2(x+y)(x+3y) + 3(x+y)^2}{(x+3y)^3} = -\frac{2(x^2+2xy+3y^2)}{(x+3y)^3}$$
$$= -\frac{2}{(x+3y)^3}$$

問題 17.1. 次の方程式で表される関数 $y = f(x)$ の導関数 $f'(x), f''(x)$ を求めよ.
(1) $x^2 + 3xy + 2y^2 = 1$ (2) $xe^x + ye^y = 1$

極値

定義 17.1. 関数 $z = f(x, y)$ が点 (a, b) のある ϵ 近傍で,そこでの最大値を (a, b) で取る時,点 (a, b) で極大になると言い,$f(a, b)$ を極大値と言う.同様に,(a, b) である ϵ 近傍での最小値を取るならば,点 (a, b) で極小になると言い,$f(a, b)$ を極小値と言う.

(a, b) が極値ならば,1 変数関数 $f(x, b)$, $f(a, y)$ はそれぞれ $x = a$, $y = b$ で極値になるから,次の定理は明らかである.

定理 17.2. 関数 $z = f(x, y)$ が点 (a, b) で極値を取るならば,
$$f_x(a, b) = 0, \quad f_y(a, b) = 0$$

この定理の逆は成り立たない.極値になるかどうかの判定には,さらに次の関数を使う.

(17.4) $$D(x, y) = \begin{vmatrix} f_{xx} & f_{xy} \\ f_{yx} & f_{yy} \end{vmatrix} = f_{xx}(x, y) f_{yy}(x, y) - \{f_{xy}(x, y)\}^2$$

ここで | | は 26 節で扱う行列式を表す.

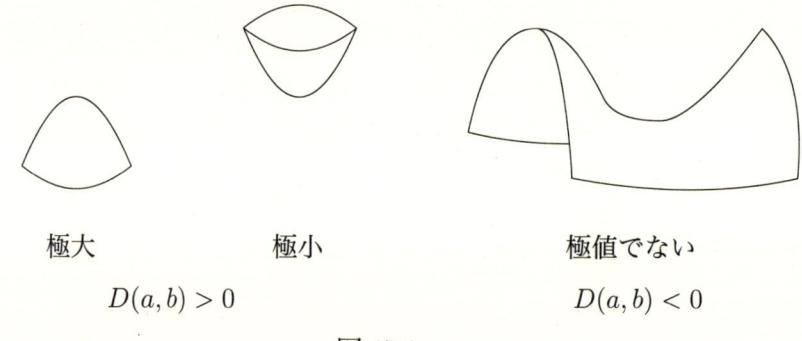

極大 　　　　極小 　　　　　　　極値でない
$D(a, b) > 0$ 　　　　　　　　$D(a, b) < 0$

図 17.1

定理 17.3. 関数 $z = f(x, y)$ が第 2 次の偏導関数と共に連続であり,点 (a, b) で $f_x(a, b) = 0$, $f_y(a, b) = 0$ になるとする.
(1) $D(a, b) > 0$, $f_{xx}(a, b) < 0$ ならば,点 (a, b) で極大である.
(2) $D(a, b) > 0$, $f_{xx}(a, b) > 0$ ならば,点 (a, b) で極小である.
(3) $D(a, b) < 0$ ならば,点 (a, b) で極値を取らない.

(証明) $f_x = f_y = 0$ であるから,テイラー展開 (定理 16.6) の $n = 2$ の時から,次の式を満たす $0 < \theta < 1$ がある.

$$2\Delta f = 2\{f(a + h, b + k) - f(a, b)\}$$
$$= f_{xx}(a + \theta h, b + \theta k)h^2 + 2f_{xy}(a + \theta h, b + \theta k)hk + f_{yy}(a + \theta h, b + \theta k)k^2$$

十分小さい全ての h, k に対して $2\Delta f$ の符合が負ならば極大, 正ならば極小である. そこで, $\epsilon_1, \epsilon_2, \epsilon_3, \epsilon$ を次のように置く.

$$\epsilon_1 = f_{xx}(a+\theta h, b+\theta k) - f_{xx}(a,b), \quad \epsilon_2 = f_{xy}(a+\theta h, b+\theta k) - f_{xy}(a,b)$$

$$\epsilon_3 = f_{yy}(a+\theta h, b+\theta k) - f_{yy}(a,b), \quad \epsilon = \epsilon_1 h^2 + 2\epsilon_2 hk + \epsilon_3 k^2$$

すると, 第2次偏導関数の連続性から,

$$\lim_{(h,k)\to(0,0)} \epsilon_1 = 0, \quad \lim_{(h,k)\to(0,0)} \epsilon_2 = 0, \quad \lim_{(h,k)\to(0,0)} \epsilon_3 = 0$$

(17.5)
$$\lim_{(h,k)\to(0,0)} \left|\frac{\epsilon}{h^2+k^2}\right| \leq \lim_{(h,k)\to(0,0)} \left(\left|\frac{h^2}{h^2+k^2}\epsilon_1\right| + \left|\frac{2hk}{h^2+k^2}\epsilon_2\right| + \left|\frac{k^2}{h^2+k^2}\epsilon_3\right|\right)$$
$$\leq \lim_{(h,k)\to(0,0)} (|\epsilon_1| + |\epsilon_2| + |\epsilon_3|) = 0$$

そして,

$$2\Delta f = (f_{xx}(a,b) + \epsilon_1)h^2 + 2(f_{xy}(a,b) + \epsilon_2)hk + (f_{yy}(a,b) + \epsilon_3)k^2$$
$$= f_{xx}(a,b)h^2 + 2f_{xy}(a,b)hk + f_{yy}(a,b)k^2 + \epsilon$$

$$2f_{xx}(a,b)\Delta f = \{f_{xx}(a,b)h + f_{xy}(a,b)k\}^2 - \{f_{xy}(a,b)k\}^2 + f_{xx}(a,b)f_{yy}(a,b)k^2 + f_{xx}(a,b)\epsilon$$
$$= \{f_{xx}(a,b)h + f_{xy}(a,b)k\}^2 + D(a,b)k^2 + f_{xx}(a,b)\epsilon$$

したがって, $k \neq 0$ ならば (17.5) より, h, k を十分小さく取れば

$$\left|\frac{D(a,b)}{f_{xx}(a,b)}\right| > \left|\frac{\epsilon}{k^2}\right| \quad \text{すなわち} \quad |D(a,b)k^2| > |f_{xx}(a,b)\epsilon| \geq -f_{xx}(a,b)\epsilon$$

と出来る. これは, $D(a,b) > 0$ ならば $D(a,b)k^2 + f_{xx}(a,b)\epsilon > 0$ となる事を意味し, $2f_{xx}(a,b)\Delta f \geq D(a,b)k^2 + f_{xx}(a,b)\epsilon > 0$ となる.

同様に (17.5) より, $k = 0$ ならば, 十分小さい h を取れば

$$\{f_{xx}(a,b)\}^2 > \left|f_{xx}(a,b)\frac{\epsilon}{h^2}\right| \geq -f_{xx}(a,b)\frac{\epsilon}{h^2}$$

と出来るから, $2f_{xx}(a,b)\Delta f = \{f_{xx}(a,b)h\}^2 + f_{xx}(a,b)\epsilon > 0$ と出来る.

以上から, $D(a,b) > 0$ ならば, h, k を十分小さく取れば $2f_{xx}(a,b)\Delta f > 0$ となるから, $f_{xx}(a,b)$ の符合により極大極小になる.

次に $D(a,b) < 0$ の時を考える. $k = 0$ とすると h を十分小さくすると上で述べたように

$$2f_{xx}(a,b)\Delta f > 0$$

一方 $h = -\frac{f_{xy}}{f_{xx}}k$ とすると, (17.5) より, k を十分小さく取れば

$$-D(a,b) > \left|f_{xx}(a,b)\frac{\epsilon}{k^2}\right| \geq f_{xx}(a,b)\frac{\epsilon}{k^2}$$

と出来る. それで, $2f_{xx}(a,b)\Delta f = D(a,b)k^2 + f_{xx}(a,b)\epsilon < 0$. これらは (a,b) が極値でない事を意味する. □

例題 17.2. 関数 $z = x^3 - 3axy + y^3 \quad (a > 0)$ の極値を求めよ.

(解答) $f(x, y) = x^3 - 3axy + y^3$ とすると,
$$f_x = 3x^2 - 3ay, \quad f_y = -3ax + 3y^2$$
$$f_{xx} = 6x, \quad f_{xy} = f_{yx} = -3a, \quad f_{yy} = 6y$$
$$D(x, y) = f_{xx}f_{yy} - \{f_{xy}\}^2 = 36xy - 9a^2$$

次に $f_x = 0, f_y = 0$ を解く. $y = \dfrac{x^2}{a}$ を $y^2 - ax = 0$ に代入して $x^4 - a^3 x = 0, \quad x(x^3 - a^3) = 0$. よって $x = 0, a$ になり, 解は $(x, y) = (0, 0), \quad (a, a)$.

以上から,

$(x, y) = (0, 0)$ ならば $D(0, 0) = -9a^2 < 0$ より極値でない.

$(x, y) = (a, a)$ ならば $D(a, a) = 27a^2 > 0, \quad f_{xx}(a, a) = 6a > 0$ より極小.

答え 点 (a, a) で極小値 $f(a, a) = -a^3$.

問題 17.2. 次の関数の極値を求めよ.

(1) $z = x^2 + 3xy + 2y^2 - 4x - 5y$ (2) $f = x(x^2 + y^2 - 3)$ (3) $z = e^{-(x^2+y^2)}(x^2 + 2y^2)$

条件付き極値

関数 $z = f(x, y)$ の極値を, 条件 $g(x, y) = 0 \ (g_y \neq 0)$ の元で求める問題を条件付き極値と言う. 条件 $g(x, y) = 0$ から定まる陰関数 $y = \varphi(x)$ を使うと $z = f(x, \varphi(x))$ の極値を求める事になる. $\varphi'(x) = -\dfrac{g_x}{g_y}$ であるから, 合成関数の微分により, 極値では
$$\frac{dz}{dx} = f_x + f_y y' = f_x - f_y \frac{g_x}{g_y} = 0$$

そこで, $\lambda = -\dfrac{f_y}{g_y}$ と置く事により, 次の定理を得る. この λ をラグランジュの乗数と呼ぶ.

定理 17.4 (ラグランジュの乗数法). 関数 $z = f(x, y)$ の条件 $g(x, y) = 0$ 付きの極値は
$$f_x + \lambda g_x = 0, \quad f_y + \lambda g_y = 0$$

の解の中にある.

注 実際の計算では, $F = f + \lambda g$ として, $F_x = 0, F_y = 0$ から λ を消去し, x, y だけの方程式を求め, それと $g(x, y) = 0$ との連立方程式を解く事になる.

例題 17.3. 条件 $xy = 1$ のもとで $f = x^2 + y^2$ の極値を求めよ.

(解答) $F = (x^2 + y^2) + \lambda(xy - 1)$ と置くと
$$F_x = 2x + \lambda y = 0, \quad F_y = 2y + \lambda x = 0$$

λ を消去して, $x^2 - y^2 = 0$ であるから, $y = \pm x$. $xy = 1$ に代入すると, $\pm x^2 = 1$. 以上から $x = y = 1$, $x = y = -1$. いずれの場合も $f = 2$.

$xy = 1$ より, $f = (x-y)^2 + 2xy = (x-y)^2 + 2 \geq 2$ であるから, $f = 2$ は最小値.

答え $x = y = \pm 1$ で最小値 $f = 2$.

問題 17.3. 次の条件のもとで, 与えられた関数の極値を求めよ.
(1) 条件 $x^2 + y^2 = 2$ の時の関数 $f = xy$
(2) 条件 $x^2 + y^2 = 4$ の時の関数 $f = 3x^2 + 4xy + 3y^2$
(3) 条件 $x^2 - 2y^2 = 1$ の時の関数 $f = y - x$

18. 重積分法

2重積分

2変数関数 $z = f(x,y)$ が集合 D で定義されているとする．D を含む長方形 $E = \{(x,y) | a \leq x \leq b,\ c \leq y \leq d\}$ を考え，D 以外の E の点 (x,y) では $f(x,y) = 0$ とする事で，この関数の定義域を E に広げる．

x の区間 $[a,b]$ と y の区間 $[c,d]$ を小区間に分割する．

$$\Delta : a_0 = a < a_1 < \cdots < a_n = b, \quad c_0 = c < c_1 < \cdots < c_m = d$$

各小区間から任意の点 $a_{i-1} \leq x_i \leq a_i$, $c_{j-1} \leq y_j \leq c_j$ を取る．E を小長方形 $E_{ij} = \{(x,y) | x \in [a_{i-1}, a_i], y \in [c_{i-1}, c_i]\}$ に分割する．$(x_i, y_j) \in E_{ij}$. E_{ij} の面積は $\Delta S_{ij} = (a_i - a_{i-1})(c_j - c_{j-1}) = \Delta x_i \Delta y_j$ である．次の和

(18.1)
$$\sum_{i=1}^{n} \sum_{j=1}^{m} f(x_i, y_j)\, \Delta S_{ij} = \sum_{i=1}^{n} \sum_{j=1}^{m} f(x_i, y_j)\, \Delta x_j \Delta y_i = \sum_{i=1}^{n} \sum_{j=1}^{m} f(x_i, y_j)\, \Delta y_j \Delta x_i$$

が，分割 Δ を限りなく細かくしていった時，一定の値に収束するならば，$z = f(x,y)$ は D で積分可能と言い，その値を**2重積分**と呼び，次のように書く．

(18.2)
$$\iint_D f(x,y)\, dS = \iint_D f(x,y)\, dxdy$$

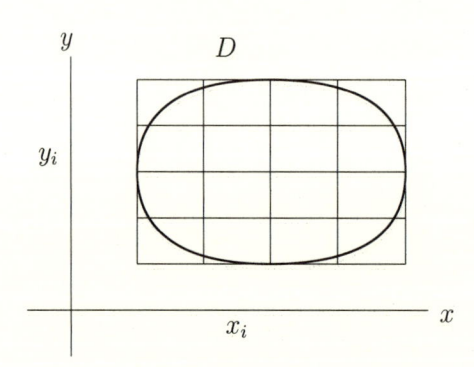

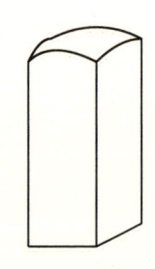

図 18.1

次の諸定理は1変数関数の定積分の場合と同様に証明出来る．

定理 18.1. 領域 D で有界な連続関数 $z = f(x,y)$ は D で積分可能である．

定理 18.2 (平均値の定理). 関数 $z = f(x,y)$ が有界閉領域 D で連続ならば，D の内部に1点 (a,b) があって，D の面積 S_D に対し，

$$\iint_D f(x,y)\, dS = f(a,b) S_D.$$

18. 重積分法

定理 18.3. D を有界閉領域とする.

(1) $\iint_D \{\alpha f(x,y) + \beta g(x,y)\}\, dS = \alpha \iint_D f(x,y)\, dS + \beta \iint_D g(x,y)\, dS$

(2) $f(x,y) \geq g(x,y)$ $((x,y) \in D)$ ならば $\iint_D f(x,y)\, dS \geq \iint_D g(x,y)\, dS$

(3) $\left| \iint_D f(x,y)\, dS \right| \leq \iint_D |f(x,y)|\, dS$

(4) D が二つの領域 D_1, D_2 に分けられるならば,

$$\iint_D f(x,y)\, dS = \iint_{D_1} f(x,y)\, dS + \iint_{D_2} f(x,y)\, dS$$

累次積分

関数 $y = \varphi_1(x)$ $y = \varphi_2(x)$ が区間 $[a,b]$ で連続であり, $\varphi_1(x) < \varphi_2(x)$ となるとする. 閉領域 D が直線 $x = a$, $x = b$, $y = \varphi_1(x)$, $\varphi_2(x)$ で囲まれている時, 和 (18.1) の内側の和の極限は

$$\sum_{j=1}^m f(x_i, y_j)\, \Delta y_j \longrightarrow \int_{\varphi_1(x_i)}^{\varphi_2(x_i)} f(x_i, y)\, dy$$

さらに外側の和の極限は

$$\sum_{i=1}^n \int_{\varphi_1(x_i)}^{\varphi_2(x_i)} f(x_i, y)\, dy\, \Delta x_i \longrightarrow \int_a^b \left\{ \int_{\varphi_1(x)}^{\varphi_2(x)} f(x,y)\, dy \right\} dx$$

になる. この定積分を 2 回したものは累次積分と呼ばれる. 同様に, D が $y = c$, $y = d$, $x = \phi_1(y)$, $x = \phi_2(y)$ で囲まれている時, 最初に x で次に y で積分した累次積分が定義される. これらの累次積分は互いに他から積分順序を交換したものと言い, 記号としては次のようなものが使われる.

(18.3)
$$\int_a^b \left\{ \int_{\varphi_1(x)}^{\varphi_2(x)} f(x,y)\, dy \right\} dx = \int_a^b dx \int_{\varphi_1(x)}^{\varphi_2(x)} f(x,y)\, dy$$

$$\int_c^d \left\{ \int_{\phi_1(y)}^{\phi_2(y)} f(x,y)\, dx \right\} dy = \int_c^d dy \int_{\phi_1(y)}^{\phi_2(y)} f(x,y)\, dx$$

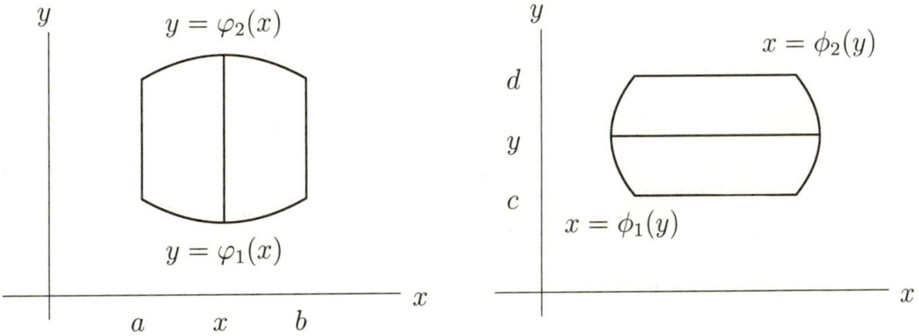

図 18.2

重積分はこの累次積分により計算される.

定理 18.4. 関数 $z = f(x, y)$ が閉領域 D で連続ならば

$$\iint_D f(x,y)\,dS = \int_a^b \left\{ \int_{\varphi_1(x)}^{\varphi_2(x)} f(x,y)\,dy \right\} dx = \int_c^d \left\{ \int_{\phi_1(y)}^{\phi_2(y)} f(x,y)\,dx \right\} dy$$

注 内側の定積分は, 偏微分の逆を使用して計算する. すなわち, 積分しない変数は定数とみなして不定積分する. 例えば $\dfrac{\partial}{\partial y} F(x,y) = f(x,y)$ ならば

$$\int_a^b \left\{ \int_{\varphi_1(x)}^{\varphi_2(x)} f(x,y)\,dy \right\} dx = \int_a^b [F(x,y)]_{\varphi_1(x)}^{\varphi_2(x)}\,dx = \int_a^b \{F(x,\varphi_2(x)) - F(x,\varphi_1(x))\}\,dx$$

例題 18.1. 次の2重積分を求めよ.
(1) $D : x \geq 0,\ y \geq 0,\ x^2 + y^2 \leq a^2$ として $\iint_D xy\,dS$
(2) $D : 0 \leq x \leq 1,\ x^2 \leq y \leq 1$ として $\iint_D xy^2\,dxdy$

(解答) (1) i) D の図を書くと $0 \leq x \leq a$ の範囲で $y = 0,\ y = \sqrt{a^2 - x^2}$ に挟まれた図形である. よって,

$$\iint_D xy\,dS = \int_0^a \int_0^{\sqrt{a^2-x^2}} xy\,dy\,dx = \int_0^a \left[\frac{1}{2}xy^2\right]_0^{\sqrt{a^2-x^2}} dx$$
$$= \frac{1}{2}\int_0^a x(a^2 - x^2)\,dx = \frac{1}{2}\left[\frac{1}{2}a^2 x^2 - \frac{1}{4}x^4\right]_0^a = \frac{a^4}{8}$$

ii) 積分順序の交換をすると, D は $0 \leq y \leq a$ の範囲で $x = 0,\ x = \sqrt{a^2 - y^2}$ に挟まれた図形.

$$\iint_D xy\,dS = \int_0^a \int_0^{\sqrt{a^2-y^2}} xy\,dx\,dy = \int_0^a \left[\frac{1}{2}x^2 y\right]_0^{\sqrt{a^2-y^2}} dy$$
$$= \frac{1}{2}\int_0^a (a^2 - y^2)y\,dy = \frac{1}{2}\left[\frac{1}{2}a^2 y^2 - \frac{1}{4}y^4\right]_0^a = \frac{a^4}{8}$$

(2) i) D を図にすると $0 \leq x \leq 1$ の範囲で $y = x^2,\ y = 1$ に挟まれた図形.

$$\iint_D xy^2\,dxdy = \int_0^1 \int_{x^2}^1 xy^2\,dy\,dx = \int_0^1 \left[\frac{1}{3}xy^3\right]_{x^2}^1 dx$$
$$= \frac{1}{3}\int_0^1 x - x^7\,dx = \frac{1}{3}\left[\frac{1}{2}x^2 - \frac{1}{8}x^8\right]_0^1 = \frac{1}{8}$$

ii) D の図は $0 \leq y \leq 1$ の範囲で $x = 0,\ x = \sqrt{y}$ に挟まれた図.

$$\iint_D xy^2\,dxdy = \int_0^1 \int_0^{\sqrt{y}} xy^2\,dx\,dy = \int_0^1 \left[\frac{1}{2}x^2 y^2\right]_0^{\sqrt{y}} dy$$
$$= \frac{1}{2}\int_0^1 y^3\,dy = \frac{1}{2}\left[\frac{1}{4}y^4\right]_0^1 = \frac{1}{8}$$

18. 重積分法

問題 18.1. 次の重積分を求めよ.

(1) $D: 1 \leq x \leq 2,\ -1 \leq y \leq 2$ として $\iint_D x^2 y^3\, dS$

(2) $D: 0 \leq x \leq 1,\ 0 \leq y \leq x^2$ として $\iint_D xy\, dxdy$

(3) $D: 0 \leq x \leq 1,\ 0 \leq y \leq x$ として $\iint_D \sqrt{x^2 - y^2}\, dxdy$

(4) $D: y^2 \leq x \leq y + 2$ として $\iint_D y\, dS$　ヒント $\int_{-1}^{2} dy \int_{y^2}^{y+2} y\, dx$

(5) $D: x + y \leq 1,\ 0 \leq x,\ 0 \leq y$ として $\iint_D x^2 + y^2\, dS$

(6) $D: 0 \leq x \leq \frac{\pi}{2},\ 0 \leq y \leq x$ として $\iint_D \cos(x + 2y)\, dxdy$

(7) $D: x^2 + y^2 \leq 1,\ 1 \leq x + y$ として $\iint_D x\, dS$

問題 18.2. 次の積分領域を図示し, 積分の順序を変更せよ.

(1) $\int_0^1 \int_0^{2x} f(x,y) dy\, dx$

(2) $\int_0^1 \int_{2x}^{3x} f(x,y) dy\, dx$　ヒント $0 \leq y \leq 2,\ 2 \leq y \leq 3$ に分ける.

(3) $\int_0^1 \int_y^{\sqrt{2-y^2}} f(x,y) dx\, dy$　ヒント $0 \leq x \leq 1,\ 1 \leq x \leq \sqrt{2}$ に分ける.

多重積分

2重積分と同様の定義により, 多変数関数の**多重積分**

$$(18.4) \qquad \int \cdots \int_V f(x_1, \cdots, x_n)\, dV = \int \cdots \int_V f(x_1, \cdots, x_n)\, dx_1 \cdots dx_n$$

が定義される. ここで V は $\mathbf{R}^n$ の閉領域である. この積分も累次積分により計算される. 例えば3重積分の場合の累次積分の例は次の式である.

$$(18.5) \qquad \iiint_V f(x,y,z)\, dV = \int_a^b \int_{\phi_1(x)}^{\phi_2(x)} \int_{\varphi_1(x,y)}^{\varphi_2(x,y)} f(x,y,z)\, dz\, dy\, dx$$

極座標による重積分

15 節で述べた極座標により, 積分領域 D が表示されている場合の重積分の表示を考えよう.

D が $\alpha \leq \theta \leq \beta$ の範囲で曲線 $r = \varphi_1(\theta),\ r = \varphi_2(\theta)$ に挟まれた図形とする. D を含む領域 $E: \alpha \leq \theta \leq \beta,\ c \leq r \leq d$ を考え, D 以外の点では $f(x,y) = 0$ とする事で関数 $z = f(x,y) = f(r\cos\theta, r\cos\theta)$ を E に拡張する. この領域を次のように分割する.

$$\Delta: \alpha_0 = \alpha < \alpha_1 < \cdots < \alpha_i < \cdots < \alpha_n = \beta, \quad c_0 = c < c_1 < \cdots < c_j < \cdots < c_m = d$$

$\Delta\theta_i = \alpha_i - \alpha_{i-1},\ \Delta r_j = c_j - c_{j-1}$ とする. すると 15 節で述べた事から, 各小領域

$E_{ij} = \{(r,\theta) | \alpha_{i-1} \leq \theta \leq \alpha_i,\ c_{j-1} \leq r \leq c_j\}$ の面積は

$$\Delta E_{ij} = \frac{1}{2}c_j^2 \Delta\theta_i - \frac{1}{2}c_{j-1}^2 \Delta\theta_i = \frac{1}{2}(c_j + c_{j-1})(c_j - c_{j-1})\Delta\theta_i = \frac{1}{2}(c_j + c_{j-1})\Delta r_j \Delta\theta_i$$

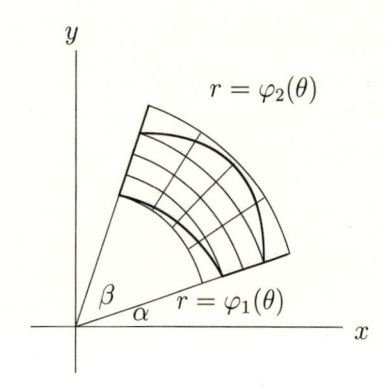

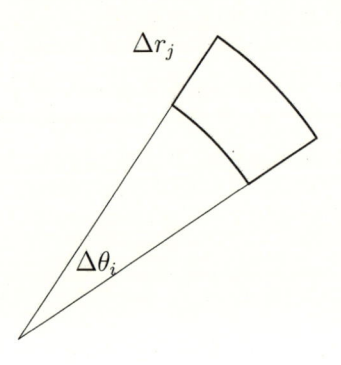

図 18.3

平均値の定理 18.2 から, 各 E_{ij} に点 (r_j, θ_i) があって,

$$\iint_{E_{ij}} f(x,y)\, dS = f(r_j \cos\theta_i, r_j \sin\theta_i)\Delta E_{ij} = f(r_j \cos\theta_i, r_j \sin\theta_i)\frac{1}{2}(c_j + c_{j-1})\Delta r_j \Delta\theta_i$$

したがって, 極限を取ると

$$\iint_D f(x,y)\, dS = \sum_{i=1}^n \sum_{j=1}^m \iint_{E_{ij}} f(x,y) dS = \sum_{i=1}^n \sum_{j=1}^m f(r_j \cos\theta_i, r_j \sin\theta_i)\frac{1}{2}(c_j + c_{j-1})\Delta r_j \Delta\theta_i$$

$$\longrightarrow \sum_{i=1}^n \int_{\varphi_1(\theta_i)}^{\varphi_2(\theta_i)} f(r\cos\theta_i, r\sin\theta_i) r\, dr\, \Delta\theta_i \longrightarrow \int_\alpha^\beta \int_{\varphi_1(\theta)}^{\varphi_2(\theta)} f(r\cos\theta, r\sin\theta) r\, dr\, d\theta$$

定理 18.5. 積分領域 D が極座標表示されている時,

$$\iint_D f(x,y)\, dS = \int_\alpha^\beta \int_{\varphi_1(\theta)}^{\varphi_2(\theta)} f(r\cos\theta, r\sin\theta) r\, dr\, d\theta$$

この極座標表示を利用すると次の定理を証明する事が出来る.

定理 18.6 (正規分布曲線の面積).

$$\int_0^\infty e^{-x^2}\, dx = \frac{\sqrt{\pi}}{2}$$

(証明) 半径 a の円板の 4 分の 1 に当たる閉領域を $D(a) = \{(x,y) | x^2 + y^2 \leq a^2,\ 0 \leq x,\ 0 \leq y\}$ とする. これは極座標表示では $D(a) = \{(r,\theta) | 0 \leq \theta \leq \frac{\pi}{2},\ 0 \leq r \leq a\}$ であるから,

$$\iint_{D(a)} e^{-(x^2+y^2)}\, dS = \int_0^{\frac{\pi}{2}} \int_0^a e^{-r^2} r\, dr\, d\theta = \int_0^{\frac{\pi}{2}} \left[-\frac{1}{2}e^{-r^2}\right]_0^a d\theta = \frac{1}{2}\int_0^{\frac{\pi}{2}} \left(1 - e^{-a^2}\right) d\theta$$

$$= \frac{1}{2}\left(1 - e^{-a^2}\right)[\theta]_0^{\frac{\pi}{2}} = \frac{\pi}{4}\left(1 - e^{-a^2}\right)$$

次に $I(a) = \int_0^a e^{-x^2} dx$ と置き,辺の長さ a の正方形 $E(a) = \{(x,y)|0 \leq x \leq a, 0 \leq y \leq a\}$ を考えると

$$\iint_{E(a)} e^{-(x^2+y^2)} dS = \int_0^a \int_0^a e^{-x^2} e^{-y^2} dy\, dx = \int_0^a e^{-x^2} \left\{\int_0^a e^{-y^2} dy\right\} dx$$
$$= \int_0^a e^{-x^2} I(a)\, dx = I(a) \int_0^a e^{-x^2} dx = \{I(a)\}^2$$

領域の間の包含関係 $D(a) \subset E(a) \subset D(\sqrt{2}a)$ と $e^{-(x^2+y^2)} > 0$ から

$$\frac{\pi}{4}\left(1 - e^{-a^2}\right) = \iint_{D(a)} e^{-(x^2+y^2)} dS \leq \iint_{E(a)} e^{-(x^2+y^2)} dS = \{I(a)\}^2$$
$$\leq \iint_{D(\sqrt{2}a)} e^{-(x^2+y^2)} dS = \frac{\pi}{4}\left(1 - e^{-2a^2}\right)$$

極限 $a \to \infty$ を取る事により,

$$\{I(a)\}^2 = \left\{\int_0^\infty e^{-x^2} dx\right\}^2 = \frac{\pi}{4}$$

よって,定理が得られる. □

問題 18.3. 極座標表示を使う事により,次の重積分を求めよ.
(1) $\iint_D (x^2 + y^2)\, dS \quad D = \{(x,y)|x^2 + y^2 \leq 1,\ 0 \leq x,\ 0 \leq y\}$
(2) $\iint_D y^2\, dS \quad D = \{(x,y)|x^2 + y^2 \leq 4,\ 0 \leq x\}$
(3) $\iint_D \mathrm{Tan}^{-1} \dfrac{y}{x}\, dS \quad D = \{(x,y)|x^2 + y^2 \leq a^2,\ 0 \leq x, 0 \leq y\}$
(4) $\iint_D \sqrt{1 - x^2 - y^2}\, dS \quad D = \{(x,y)|x^2 + y^2 \leq 1\}$

体積

2重積分の定義から,D で $f(x,y) \geq 0$ ならば,D を底面とした直柱を上面 $z = f(x,y)$ で切った柱体の体積は次の重積分で与えられる.

(18.6) $$\iint_D f(x,y)\, dS$$

さらに,D で $g(x,y) \leq f(x,y)$ ならば,D 上の直柱の 2 曲面 $z = g(x,y)$, $z = f(x,y)$ で囲まれた部分の体積は次のようになる.

(18.7) $$\iint_D \{f(x,y) - g(x,y)\}\, dS$$

例題 18.2. 次の立体の体積を求めよ.
(1) 円柱面 $x^2 + y^2 = a^2\ (a > 0)$, 2 平面 $z = 0$, $z = x$ で囲まれた立体.
(2) 半径 $a > 0$ の球の体積.

(解答) (1) $D = \{(x,y) | x^2 + y^2 \leq a^2, 0 \leq x\}$ とすると，求める体積は

$$\iint_D (x-0)\,dS = \int_{-a}^{a} \int_0^{\sqrt{a^2-y^2}} x\,dx\,dy = \int_{-a}^{a} \left[\frac{1}{2}x^2\right]_0^{\sqrt{a^2-y^2}} dy = \frac{1}{2}\int_{-a}^{a}(a^2-y^2)\,dy$$

$$= \frac{1}{2}\left[a^2 y - \frac{1}{3}y^3\right]_{-a}^{a} = \frac{1}{2}\left(a^3 - \frac{1}{3}a^3 - \left(-a^3 + \frac{1}{3}a^3\right)\right) = \frac{2}{3}a^3$$

または $\displaystyle\int_{-\frac{\pi}{2}}^{\frac{\pi}{2}} \int_0^a r^2\cos\theta\,dr\,d\theta = \int_{-\frac{\pi}{2}}^{\frac{\pi}{2}} \frac{a^3}{3}\cos\theta\,d\theta = \frac{2}{3}a^3$.

(2) $D = \{(x,y) | x^2 + y^2 \leq a^2\}$ とし，球の方程式 $x^2 + y^2 + z^2 = a^2$ を使うと，$z = 0$ より上の部分は球の体積の半分であるから，極座標表示を使って，

$$2\iint_D \sqrt{a^2-x^2-y^2}\,dS = 2\int_0^{2\pi}\int_0^a \sqrt{a^2-r^2}\,r\,dr\,d\theta = 2\int_0^{2\pi}\int_{a^2}^0 \sqrt{t}\,r\left(-\frac{1}{2r}\right)dt\,d\theta$$

$$= -\int_0^{2\pi}\int_{a^2}^0 t^{\frac{1}{2}}\,dt\,d\theta = -\int_0^{2\pi}\left[\frac{2}{3}\sqrt{t^3}\right]_{a^2}^0 d\theta = \frac{2}{3}a^3 \int_0^{2\pi} 1\,d\theta = \frac{4}{3}\pi a^3$$

問題 18.4. 次の立体の体積を求めよ．

(1) 4平面 $\dfrac{x}{a} + \dfrac{y}{b} + \dfrac{z}{c} = 1$, $x = 0$, $y = 0$, $z = 0$ で囲まれた4面体 (3角錐).
ヒント 上面の平面は3点 $(a,0,0)$, $(0,b,0)$, $(0,0,c)$ を通る平面であり，
底面は $D = \left\{(x,y) \,\middle|\, \dfrac{x}{a} + \dfrac{y}{b} \leq 1,\ 0 \leq x,\ 0 \leq y\right\}$

(2) 曲面 $z = x^2 + y^2$ と平面 $z = 1$ で囲まれた立体.
ヒント D は2曲面の交わる曲線 $x^2 + y^2 = 1$ の内部である．計算は極座標表示を使う．

(3) 二つの円柱面 $x^2 + y^2 = a^2$, $y^2 + z^2 = a^2$ で囲まれた立体.
ヒント 平面 $z = 0$ で半分に切ると，断面は円板 $x^2 + y^2 \leq a^2$ になり，
上面は $z = \sqrt{a^2 - y^2}$ になる．
さらに4分の1の円を $D = \{(x,y) | x^2 + y^2 \leq a^2, 0 \leq x, 0 \leq y\}$ とすると，求める体積は $8\iint_D \sqrt{a^2-y^2}\,dS$.

注 (1) 曲面 $z = f(x,y)$ の D 上の面積は

(18.8) $$\iint_D \sqrt{1 + f_x^2 + f_y^2}\,dS = \int_D \sqrt{r^2 + \{rf_r\}^2 + \{f_\theta\}^2}\,dr\,d\theta$$

(2) 曲線 $z = f(x)$ $(a \leq x \leq b)$ を Z 軸の周りに回転して出来る曲面の面積は

(18.9) $$2\pi \int_a^b x\sqrt{1 + \{f'(x)\}^2}\,dx$$

重心

平面図形 D の各点 $P(x,y)$ に密度 $\rho(x,y)$ で質量が分布している時, 全質量は重積分の定義の時の記号を使って
$$\sum_{i=1}^{n}\sum_{j=1}^{m}\rho(x_i,y_j)\Delta S_{ij} \longrightarrow M = \iint_D \rho(x,y)dS$$
により与えられる. 点 $(\overline{x},\overline{y})$ はそこで D の質量がつりあっていれば重心と呼ばれる. $D_+ = \{(x,y)|(x,y)\in D,\ \overline{x}\leq x\}$, $D_- = \{(x,y)|(x,y)\in D,\ x\leq \overline{x}\}$ とすると, これは, $\overline{x}$ から右の全モーメント
$$\sum_{i=1}^{n}\sum_{j=1}^{m}(x_i-\overline{x})\rho(x_i,y_j)\Delta S_{ij} \longrightarrow \iint_{D_+}(x-\overline{x})\rho(x,y)\,dS$$
と, $\overline{x}$ から左の全モーメント
$$\sum_{i=1}^{n}\sum_{j=1}^{m}(\overline{x}-x_i)\rho(x_i,y_j)\Delta S_{ij} \longrightarrow \iint_{D_-}(\overline{x}-x)\rho(x,y)\,dS$$
が等しい事を意味する. この等式から
$$\iint_D(x-\overline{x})\rho(x,y)\,dS = \iint_{D_+}(x-\overline{x})\rho(x,y)\,dS + \iint_{D_-}(x-\overline{x})\rho(x,y)\,dS = 0$$
これは
$$\iint_D x\rho(x,y)\,dS = \overline{x}\iint_D \rho(x,y)\,dS = \overline{x}M$$
を意味する. $\overline{y}$ についても同様の事が成り立ち, 次の重心を求める公式が得られる.

(18.10)
$$\overline{x} = \frac{1}{M}\iint_D x\rho(x,y)\,dS,\quad \overline{y} = \frac{1}{M}\iint_D y\rho(x,y)\,dS,\quad M = \iint_D \rho(x,y)dS$$

特に $\rho(x,y)=1$ の場合は, A を D の面積とすると

(18.11)
$$\overline{x} = \frac{1}{A}\iint_D x\,dS,\quad \overline{y} = \frac{1}{A}\iint_D y\,dS,\quad A = \iint_D dS$$

まったく同じ議論で, D が立体の時にも, 重心 $(\overline{x},\overline{y},\overline{z})$ を与える次の公式が成り立つ.

(18.12)
$$\overline{x} = \frac{1}{M}\iiint_D x\rho\,dxdydz,\quad \overline{y} = \frac{1}{M}\iiint_D y\rho\,dxdydz,\quad \overline{z} = \iiint_D z\rho\,dxdydz$$
$$M = \iiint_D \rho\,dxdydz$$

問題 18.5. 密度 $\rho=1$ の時, 次の図形の重心を求めよ.
(1) 半径 a の半円板 $D: x^2+y^2\leq a^2,\ y\geq 0$.
(2) 半径 a の4半分の円板 $D: x^2+y^2\leq a^2,\ x\geq 0\ y\geq 0$.
(3) $y=x^2$ と $y=x$ とで囲まれた図形.

第5章 微分方程式

19. 微分方程式とその解

微分方程式

独立変数 x, 未知の関数 $y = f(x)$ および y の第 n 次までの導関数 $y', y'', \cdots, y^{(n)}$ を含む方程式

(19.1) $$F(x, y, y', \cdots, y^{(n)}) = 0$$

を n **階微分方程式**と言う. より詳しくは, 独立変数 x が一つの場合を常微分方程式と言い, 独立変数が複数で偏導関数を含む方程式を偏微分方程式と呼ぶが, この本では常微分方程式のみを扱うので, 微分方程式と言えば, 常微分方程式を指すものとする.

ある関数 $y = f(x)$ が, 微分方程式 (19.1) を満足する時 $y = f(x)$ を微分方程式 (19.1) の**解**と言う.

例 19.1. (1) $y = x^2$, $y = x^2 + 1$ は 1 階微分方程式 $y' = 2x$ を満たすから, この方程式の解である. 一般に, この方程式の解は $y = \int 2x\, dx = x^2 + C$ で与えられる.

(2) $y = C_1 \sin x + C_2 \cos x$ は任意の定数 C_1, C_2 に対し, 2 階微分方程式 $y'' + y = 0$ を満たす. 次の節で見るようにこの微分方程式の解は全てこの形になる.

(3) $y = Cx - C^2$ (C は任意の定数) は 1 階微分方程式 $y = y'x - (y')^2$ を満たすから, この方程式の解である. また, $y = \dfrac{1}{4}x^2$ もこの方程式を満たすから, この方程式の解である.

この例でも分かるように, n 階微分方程式の解は n 個の任意定数 (積分定数) を含むのが普通である. n 個の任意定数を含み, $n - 1$ 個以下の任意定数を含む形に帰着されない解を**一般解**と呼び, 任意定数に具体的な値を代入した解を**特殊解**と呼ぶ. 一般的には一般解で微分方程式の解は全て表せるが, それ以外の場合もあり, 一般解で表せない解を**特異解**と呼ぶ.

例 19.2. (1) 1 階微分方程式 $y' = 2x$ の一般解は $y = x^2 + C$ であり, $y = x^2$, $y = x^2 + 1$ などは特殊解である. この場合は特異解は存在しない.

(2) $y = C_1 \sin x + C_2 \cos x$ は, 2 階微分方程式 $y'' + y = 0$ の一般解であり, $y = \sin x$, $y = \cos x$ などは特殊解である. この場合も特異解は存在しない.

(3) $y = Cx - C^2$ (C は任意の定数) は 1 階微分方程式 $y = y'x - (y')^2$ の一般解であり, $y = 0$, $y = x - 1$ などは特殊解である. $y = \dfrac{1}{4}x^2$ はこの方程式の特異解になる.

上の例のように微分方程式の解は一つには決まらない. 解を一つに決めるには, 他の条件が必要になる. n 階微分方程式に対し, ある x の値における $y, y', \cdots, y^{(n-1)}$ の値 (初期値) が与えられているならば, それを**初期条件**と言う. 初期条件を満たす解を求める事を, その初期条件のもとで微分方程式を解くと言う.

例 19.3. (1) 初期条件を $x = 0$ で $y = 2$ として,微分方程式 $y' = 2x$ を解く.一般解 $y = x^2 + C$ に代入して $2 = 0^2 + C$ より,$C = -2$. よってこの初期条件のもとで解くと,解は $y = x^2 - 2$.

(2) 初期条件を $x = \dfrac{\pi}{2}$ で $y = 2$, $y' = 3$ として,微分方程式 $y'' + y = 0$ を解く.一般解 $y = C_1 \sin x + C_2 \cos x$ およびその微分 $y' = C_1 \cos x - C_2 \sin x$ に初期条件を代入して,

$$2 = C_1 \sin \frac{\pi}{2} + C_2 \cos \frac{\pi}{2} = C_1, \quad 3 = C_1 \cos \frac{\pi}{2} - C_2 \sin \frac{\pi}{2} = -C_2$$

以上から,この初期条件のもとでの解は $y = 2\sin x - 3\cos x$.

(3) 初期条件 $x = 2$ で $y = 1$ のもとで,微分方程式 $y = y'x - (y')^2$ を解く.一般解 $y = Cx - C^2$ に代入して,$1 = 2C - C^2$, $C^2 - 2C + 1 = (C-1)^2 = 0$ から $C = 1$. よって,$y = x - 1$. また,特異解 $y = \dfrac{1}{4}x^2$ も初期条件を満たす.以上から少なくとも解は二つあり,$y = x - 1$ と $y = \dfrac{1}{4}x^2$.

注 (1) 物理学および工学での微分方程式は,x を時間として,微少時間での運動の変化量を近似して作られる場合が多い.その場合の初期条件は時間 $x = 0$, つまり運動の最初の状態を記述する事になる.これが初期条件という名前の由来である.

(2) 微分方程式を解く統一的な方法は存在しない.実用上便利なのは,y をべき級数 $y = \displaystyle\sum_{n=0}^{\infty} a_n(x-c)^n$ に展開し,微分方程式から a_n についての条件を導く方法である.

また,現代的な思想では,具体的な解を求めるのではなく,その解曲線の性質を微分方程式から見出すという方向が主流であり,応用範囲も広い.

変数分離形の微分方程式

これからいくつかの微分方程式の解き方を解説する.

(19.2) $$\frac{dy}{dx} = f(x)g(y)$$

の形の微分方程式を変数分離形の微分方程式と呼ぶ.$g(y) \neq 0$ ならば,$\dfrac{1}{g(y)}\dfrac{dy}{dx} = f(x)$ になり,両辺を x について積分し,置換積分の公式を使うと,

(19.3)
$$\int \frac{1}{g(y)} \frac{dy}{dx}\, dx = \int f(x)\, dx$$
$$\int \frac{1}{g(y)}\, dy = \int f(x)\, dx$$

両辺の積分をそれぞれの変数について積分し,結果を変形して y を x の式で表せば,一般解が求まる.

ここで,$g(a) = 0$ ならば,$y = a$ も微分方程式 (19.2) の解になる.多くの場合,この解 $y = a$ は上で求めた一般解の特殊解になるが,場合によっては特異解になる時がある.

注 上の解法を見直すと，元の方程式を変形して $\frac{1}{g(y)}dy = f(x)\,dx$ と，右辺を x のみの式に左辺を y のみの式にし，それに $\int$ を付け加えた形になっている．この変形は厳密には正しくないが，簡易計算としては便利である．

例題 19.1. 次の微分方程式を解け．
(1) $y' = y$ (2) $\dfrac{dy}{dx} = (y^2-1)x$ (2) $(1-2x)y' = 1+y$ 初期条件 $x=1$ で $y=3$

(解答) (1) 変数を分離すると，

$$\frac{dy}{dx} = y$$
$$\int \frac{1}{y}\,dy = \int 1\,dx$$
$$\log|y| = x + C$$
$$|y| = e^{x+C} = e^C e^x$$
$$y = \pm e^C e^x$$

ここで，C は任意定数であるから，$A = \pm e^C$ と置くと，$A \neq 0$ は任意定数であり，$y = Ae^x$. 一方，$y=0$ も解になるが，これは上の一般解で，$A=0$ とした場合になる．

答え 一般解 $y = Ae^x$.

(2) 同様に変数を分離すると，

$$\int \frac{1}{y^2-1}\,dy = \int x\,dx$$
$$\frac{1}{2}\log\left|\frac{y-1}{y+1}\right| = \frac{x^2}{2} + C$$
$$\left|\frac{y-1}{y+1}\right| = e^{2C}e^{x^2}$$
$$\frac{y-1}{y+1} = Ae^{x^2} \quad (A = \pm e^{2C},\ A \neq 0)$$
$$y - 1 = Ae^{x^2}y + Ae^{x^2}$$
$$y = \frac{1+Ae^{x^2}}{1-Ae^{x^2}}$$

一方，$y^2 - 1 = 0$ となるのは，$y = \pm 1$ であり，これも解である．$y=1$ は，上の一般解で $A=0$ の場合の特殊解であるが，$y=-1$ は特異解になる．これは，$A \to \infty$ とした時の一般解の極限になっている．

答え 一般解 $y = \dfrac{1+Ae^{x^2}}{1-Ae^{x^2}}$, 特異解 $y = -1$.

(3) 変数分離して，

$$\int \frac{1}{y+1}\,dy = \int \frac{1}{1-2x}\,dx = -\frac{1}{2}\int \frac{1}{x-\frac{1}{2}}\,dx$$

$$\log|y+1| = -\frac{1}{2}\log\left|x-\frac{1}{2}\right| + C$$

$$y+1 = \pm e^C e^{-\frac{1}{2}\log|x-\frac{1}{2}|} = A'\left|x-\frac{1}{2}\right|^{-\frac{1}{2}} = A'\left(\frac{|2x-1|}{2}\right)^{-\frac{1}{2}} = \frac{A'\sqrt{2}}{\sqrt{|2x-1|}}$$

$$y = -1 + \frac{A}{\sqrt{|2x-1|}}. \quad (A = \sqrt{2}A')$$

$y+1 = 0$ となるのは, $y = -1$. これは $A = 0$ の場合の特殊解.

次に $x = 1$, $y = 3$ を代入すると, $3 = -1 + \dfrac{A}{\sqrt{1}}$ より, $A = 4$.

$$\text{答え } y = -1 + \frac{4}{\sqrt{|2x-1|}}.$$

注 この解法で, $\int \frac{1}{1-2x}\,dx = -\frac{1}{2}\log|1-2x| + C$ と計算したならば,

$$y+1 = \pm e^C e^{-\frac{1}{2}\log|2x-1|} = A|2x-1|^{-\frac{1}{2}} = \frac{A}{\sqrt{|2x-1|}}$$

となり, 答えは同じである.

問題 19.1. 次の微分方程式を解け.
(1) $y' = xy$ (2) $yy' + x^2 = 0$ (3) $x^2 y' + y = 0$ (4) $y' = y^2 x$
(5) $(1+x)y' = 1+y$ 初期条件 $x = 0$ で $y = 1$
(6) $y^2 - x^3 y' = 0$ 初期条件 $x = 1$ で $y = -1$
(7) $xy' + y = 0$ 初期条件 $x = 1$ で $y = 1$
(8) $y' = (y^2 + 4)x$ 初期条件 $x = 0$ で $y = 2$

20. 線形微分方程式

線形微分方程式

$P_i(x)$, $R(x)$ を x の関数として, n 階微分方程式

(20.1)
$$\sum_{i=0}^{n} P_i(x)y^{(i)} = y^{(n)} + P_{n-1}(x)y^{(n-1)} + \cdots + P_1(x)y' + P_0(x)y = R(x)$$

を線形微分方程式と言う. $R(x)$ を非同次項と呼び, 恒等的に $R(x) = 0$ の時, 線形微分方程式 (20.1) を同次線形微分方程式と言う. それ以外 $R(x) \neq 0$ の時, 非同次線形微分方程式と言う. また, $P_i(x)$ が全て定数ならば定数係数線形微分方程式と言う.

さて n 個の関数 $f_1(x), f_2(x), \cdots, f_n(x)$ は, 恒等的に

$$\sum_{i=1}^{n} c_i f_i(x) = c_1 f_1(x) + c_2 f_2(x) + \cdots + c_n f_n(x) = 0$$

となるのが $c_1 = c_2 = \cdots = c_n = 0$ の時のみであるならば, 一次独立と呼ばれる. 同次線形微分方程式

(20.2)
$$y^{(n)} + P_{n-1}(x)y^{(n-1)} + \cdots + P_1(x)y' + P_0(x)y = 0$$

が, 解 $y = f(x), y = g(x)$ を持つならば, $y = af(x) + bg(x)$ (a, b は実定数) も解になる事は $\{af(x) + bg(x)\}^{(i)} = af^{(i)}(x) + bg^{(i)}(x)$ より明らかである. したがって, 次の定理を得る.

定理 20.1 (重ね合せの原理). (1) $y = f(x)$, $y = g(x)$ が同次線形微分方程式 (20.2) の解ならば, $y = af(x) + bg(x)$ も解である.

(2) n 個の一次独立な関数 $y = f_1(x), \cdots, y = f_n(x)$ が n 階同次線形微分方程式 (20.2) の解ならば, この方程式の一般解は

(20.3)
$$y = \sum_{i=1}^{n} C_i f_i(x) = C_1 f_1(x) + C_2 f_2(x) + \cdots + C_n f_n(x)$$

ここで $C_1, \cdots, C_n$ は任意定数.

(3) 非同次線形微分方程式 (20.1) の特殊解を $y = g(x)$ とし, 同次項 $R(x) = 0$ とした同次線形微分方程式 (20.2) の一般解を

$$y = C_1 f_1(x) + C_2 f_2(x) + \cdots + C_n f_n(x)$$

とすると, 非同次線形微分方程式 (20.1) の一般解は

(20.4)
$$y = C_1 f_1(x) + C_2 f_2(x) + \cdots + C_n f_n(x) + g(x)$$

この定理から, n 階線形微分方程式の解法は次の3段階に分かれる.

(1) 特殊解 $y = g(x)$ を求める.

(2) $R(x) = 0$ と置いた同次線形微分方程式の一次独立な n 個の解 $y = f_1(x), \cdots, y = f_n(x)$ を求める.

(3) 一般解は $y = \sum_{i=1}^{n} C_i f_i(x) + g(x)$ で与えられる.

上の (1) の特殊解の求め方は, 非同次項 $R(x)$ により様々である. 普通に使われるのは次のような方法であり, これらを組み合わせて求める事になる.

(1) (定数変化法) 同次方程式の一般解の任意定数 C_i を x の関数とみなして

$$y = \sum_{i=1}^{n} C_i(x) f_i(x)$$

を方程式に代入して, $C_i(x)$ を求める.

(2) $R(x)$ が m 次多項式ならば, y を m 次多項式 $y = \sum_{i=0}^{m} a_i x^i$ とみなして, 元の方程式に代入して, a_i を求める.

(3) $R(x)$ が e^{kx} の式ならば, $y = \left(\sum_{i=0}^{n} a_i x^i \right) e^{kx}$ として, 元の方程式に代入して, 方程式が成り立つように a_i を適当に決める.

(4) $R(x)$ が $\sin kx, \cos kx$ の式ならば, $y = A \sin kx + B \cos kx$ と置いて, A, B を求める.

注 一般の定数係数線形微分方程式は, 問題 14.5 で導入されたラプラス変換を利用して解くのが普通である.

1 階線形微分方程式

まず, 1 階線形微分方程式

(20.5) $$y' + P(x) y = R(x)$$

の解法を考えよう. $R(x) = 0$ とした同次方程式は変数分離形であるから, 一般解は

$$\int \frac{1}{y} dy = - \int P(x) dx$$
$$\log |y| = - \int P(x) dx$$
$$y = C e^{- \int P(x) dx}$$

ここで $\int P(x) dx$ は積分定数を含まないある一つの原始関数を表している.
次に (20.5) の特殊解を求めるために, 定数変化法を適用して,

$$y = C(x)e^{-\int P(x)\,dx}$$

と置く.

$$y' = C'(x)e^{-\int P(x)\,dx} + C(x)e^{-\int P(x)\,dx}\{-P(x)\} = C'(x)e^{-\int P(x)\,dx} - yP(x)$$

であるから, (20.5) に代入すると,

$$C'(x)e^{-\int P(x)\,dx} - yP(x) + P(x)y = R(x)$$
$$C'(x) = R(x)e^{\int P(x)\,dx}$$
$$C(x) = \int R(x)e^{\int P(x)\,dx}\,dx$$

以上から,

$$y = e^{-\int P(x)\,dx} \int R(x)e^{\int P(x)\,dx}\,dx$$

は特殊解になる. 定理 20.1 から次の一般解を得る.

定理 20.2. 1 階線形微分方程式 $y' + P(x)y = R(x)$ の一般解は

$$y = Ce^{-\int P(x)\,dx} + e^{-\int P(x)\,dx}\int R(x)e^{\int P(x)\,dx}\,dx = e^{-\int P(x)\,dx}\left(\int R(x)e^{\int P(x)\,dx}\,dx + C\right)$$

例題 20.1. 微分方程式 $(x^2+1)y' = xy + x^3$ を解け.

(解答) 書き換えると, $y' - \dfrac{x}{x^2+1}y = \dfrac{x^3}{x^2+1}$. よって (20.5) で
$P(x) = -\dfrac{x}{x^2+1},\ R(x) = \dfrac{x^3}{x^2+1}$. したがって,

$$\int P(x)\,dx = -\int \frac{x}{x^2+1}\,dx = -\int \frac{x}{t}\frac{1}{2x}\,dt \quad (t = x^2+1)$$
$$= -\frac{1}{2}\log|t| + C = -\log\sqrt{|x^2+1|} + C$$

以上から，
$$e^{-\int P(x)\,dx} = \sqrt{x^2+1}$$
$$\int R(x)e^{\int P(x)\,dx}\,dx = \int \frac{x^3}{x^2+1}\frac{1}{\sqrt{x^2+1}}\,dx = \int \frac{(x^2+1-1)x}{(x^2+1)^{\frac{3}{2}}}\,dx$$
$$= \int \frac{(t-1)x}{t^{\frac{3}{2}}}\frac{1}{2x}\,dt \quad (t = x^2+1)$$
$$= \frac{1}{2}\int \left(t^{-\frac{1}{2}} - t^{-\frac{3}{2}}\right)dt = t^{\frac{1}{2}} + t^{-\frac{1}{2}} + C$$
$$= \sqrt{x^2+1} + \frac{1}{\sqrt{x^2+1}} + C$$

公式から，一般解は
$$y = \sqrt{x^2+1}\left(\sqrt{x^2+1} + \frac{1}{\sqrt{x^2+1}} + C\right) = x^2 + 2 + C\sqrt{x^2+1}$$

問題 20.1. 次の微分方程式を解け．
(1) $xy' - ny = x^{n+1}\cos x$ (2) $(x+1)y' - y = x^3(x+1)^2$ (3) $y' + 2y\tan x = \sin x$

定数係数 2 階同次線形微分方程式

定数係数の線形微分方程式

(20.6) $$y'' + ay' + by = 0 \quad (a, b \text{ は定数})$$

の解法を考えよう．次の 2 次方程式をこの微分方程式の補助方程式と言う．

(20.7) $$t^2 + at + b = 0$$

この方程式の解を $t = \alpha$ として，$y = ze^{\alpha x}$ と置く．ここで，α が複素数 $\lambda + i\mu$ の時は，オイラーの公式 (10.3) を使って $e^{\alpha x} = e^{\lambda x}e^{\mu x i} = e^{\lambda x}(\cos \mu x + i\sin \mu x)$ と定義する．さて
$$y' = z'e^{\alpha x} + ze^{\alpha x}\alpha = z'e^{\alpha x} + \alpha y$$
$$y'' = z''e^{\alpha x} + \alpha z'e^{\alpha x} + \alpha y' = z''e^{\alpha x} + 2\alpha z'e^{\alpha x} + \alpha^2 y$$

であるから，(20.6) に代入して，
$$\{z'' + (a+2\alpha)z'\}e^{\alpha x} + (\alpha^2 + a\alpha + b)y = 0$$

α は補助方程式 (20.7) の解であるから，$u = z'$ とすると
$$u' + (a+2\alpha)u = 0$$

これは変数分離形の方程式であるから，解くと，
$$u = Ce^{-(a+2\alpha)x}$$

$u = z'$ より, A, B を任意定数として,

$$z = Be^{-(a+2\alpha)x} + A \quad (a + 2\alpha \neq 0), \quad z = Ax + B \quad (a + 2\alpha = 0)$$

ここで, 補助方程式のもう一つの解を β とすると, 解と係数の関係から,

$$\beta = -a - \alpha$$

であるから, $a + 2\alpha \neq 0$ の時,

$$y = ze^{\alpha x} = Be^{(-a-\alpha)x} + Ae^{\alpha x} = Ae^{\alpha x} + Be^{\beta x}$$

また $a = -(\alpha + \beta)$ より $a + 2\alpha = \alpha - \beta$ であるから, $a + 2\alpha = 0$ となるのは, 重解 $\alpha = \beta$ の時のみであり,

$$y = (Ax + B)e^{\alpha x}$$

さらに, α, β が複素数の解 $\lambda \pm \mu i$ $(\mu \neq 0)$ である時は,

$$y = Ae^{\lambda x + \mu x i} + Be^{\lambda x - \mu x i} = e^{\lambda x}\{(A+B)\cos\mu x + i(A-B)\sin\mu x\}$$

任意定数 $A' = A + B$, $B' = -(A - B)i$ を取ると,

$$y = e^{\lambda x}(A'\cos\mu x + B'\sin\mu x)$$

y は実数値関数であるから A', B' を実数値任意定数とみなす. 以上から次の公式を得る.

定理 20.3. 定数係数 2 階同次線形微分方程式 $y'' + ay' + by = 0$ の一般解は, 補助方程式 $t^2 + at + b = 0$ の解により次のようになる. A, B は任意定数である.

(1) 補助方程式が異なる実数解 α, β を持つならば, 一般解は

$$y = Ae^{\alpha x} + Be^{\beta x}$$

(2) 補助方程式が異なる複素数解 $\lambda \pm \mu i$ を持つならば, 一般解は

$$y = e^{\lambda x}(A\cos\mu x + B\sin\mu x)$$

(3) 補助方程式が重解 α を持つならば, 一般解は

$$y = (Ax + B)e^{\alpha x}$$

例題 20.2. 次の微分方程式を解け.

(1) $y'' - y - 2 = 0$ (2) $y'' + y' + y = 0$ $\quad y'' + 2y' + y = 0$

(解答) (1) 補助方程式の解は $-1, 2$ であるから, 公式より,

答え 一般解 $y = Ae^{-x} + Be^{2x}$.

(2) 補助方程式の解は $\dfrac{-1 \pm \sqrt{3}i}{2}$ であるから, 公式より,

答え 一般解 $y = e^{-\frac{x}{2}}\left(A\cos\dfrac{\sqrt{3}}{2}x + B\sin\dfrac{\sqrt{3}}{2}x\right)$.

(3) 補助方程式の解は重解 -1 であるから, 公式より,
$$\text{答え 一般解 } y = (Ax+B)e^{-x}.$$

問題 20.2. 次の微分方程式を解け.

(1) $y'' - 5y' + 6y = 0$ (2) $y'' + 4y' + 13y = 0$ (3) $y'' + 4y' + 4y = 0$
(4) $y'' + 9y = 0$ (5) $y'' - 2y' = 0$ (6) $y'' - 6y' + 9y = 0$

非同次線形微分方程式

微分方程式

(20.8) $$y'' + ay' + by = F(x)$$

の解法は, 定理 20.1 による. 具体的には, $F(x) = 0$ とした同次方程式を前項の 定理 20.3 を使って解き, その一般解と特殊解の和がこの方程式の一般解になる. 特殊解の求め方は $F(x)$ により様々であるが, 次のようなものが代表的である.

(1) $F(x)$ が n 次多項式
y を n 次多項式 $y = a_0 + a_1 x + \cdots + a_n x^n$ として, 方程式に代入して, 等式が成り立つように a_i を適当に決める.

(2) $F(x) = De^{\omega x}$ (D, ω は定数)
次のように置いて元の方程式に代入し c の値を求める. ただし補助方程式の解を α, β とする.
$\omega \neq \alpha, \beta$ の時 $y = ce^{\omega x}$
$\omega = \alpha, \omega \neq \beta$ の時 $y = cxe^{\omega x}$
$\omega = \alpha = \beta$ の時 $y = cx^2 e^{\omega x}$

(3) $F(x) = D_1 \cos \omega x + D_2 \sin \omega x$ (D_1, D_2, ω は定数)
次のように置いて元の方程式に代入し c_1, c_2 の値を求める.
ωi が補助方程式の解でない時 $y = c_1 \cos \omega x + c_2 \sin \omega x$
ωi が補助方程式の解の時 $y = x(c_1 \cos \omega x + c_2 \sin \omega x)$

例題 20.3. 次の微分方程式を解け.

(1) $y'' - 3y' + 2y = x$ (2) $y'' - 2y' + 5y = 4e^{3x}$ (3) $y'' + 4y = 3\sin 2x$

(解答) (1) 補助方程式の解は $t = 1, 2$ であるから同次方程式の一般解は $Ae^x + Be^{2x}$. 特殊解を $y = ax + b$ とし, 方程式に代入すると $2ax + (2b - 3a) = x$. よって, $a = \dfrac{1}{2}$, $b = \dfrac{3}{4}$ とすればよい. 以上から
$$\text{答え 一般解 } y = Ae^x + Be^{2x} + \frac{1}{2}x + \frac{3}{4}.$$

(2) 補助方程式の解は $t = 1 \pm 2i$ であるから同次方程式の一般解は
$$e^x(A\sin 2x + B\cos 2x).$$
特殊解を $y = ce^{3x}$ とし，方程式に代入すると $8ce^{3x} = 4e^{3x}$. よって，$c = \dfrac{1}{2}$ とすればよい．以上から

答え 一般解 $y = e^x(A\sin 2x + B\cos 2x) + \dfrac{1}{2}e^{3x}$.

(3) 補助方程式の解は $t = \pm 2i$ であるから同次方程式の一般解は $A\sin 2x + B\cos 2x$.
特殊解を $y = x(c_1 \cos 2x + c_2 \sin 2x)$ とし，方程式に代入すると
$$-4c_1 \sin 2x + 4c_2 \cos 2x = 3\sin 2x$$
よって，$c_1 = -\dfrac{3}{4}$, $c_2 = 0$ とすれば特殊解になる．以上から

答え 一般解 $y = A\sin 2x + B\cos 2x - \dfrac{3}{4}x\cos 2x$.

問題 20.3. 次の微分方程式を解け．

(1) $y'' - y' + y = x^2$　　(2) $y'' - 2y' - 3y = e^{2x}$　　(3) $y'' + 2y' - 3y = e^x$

(4) $y'' - 4y' + 4y = e^{2x}$　　(5) $y'' - 4y' + 5y = \cos x$　　(6) $y'' + 9y = 2\sin 3x - \cos 3x$

第6章 ベクトルと一次変換

21. ベクトル

幾何的ベクトル

　ベクトルは,物理量の速度,加速度,力などを抽象化したもので,長さと方向を持った量である.もう少し丁寧に言うと,空間の点 A から B までの向きを付けた線分をベクトルと呼び,$\vec{a} = \overrightarrow{AB}$ のように表し,A を始点,B を終点と呼ぶ.線分 AB の長さを $\vec{a}$ の大きさと言い,$|\vec{a}|$ で表す.特に始点と終点が等しい時,零ベクトルと呼び,$\vec{0}$ と表すが,これは大きさが 0 で向きの定まらない特殊なベクトルである.二つのベクトル $\vec{a}, \vec{b}$ は,平行移動により,完全に重なるならば等しいと言い,$\vec{a} = \vec{b}$ と表す.

　ベクトル $\vec{a}$ が与えられた時,ベクトル $-\vec{a}$ を向きが逆で大きさが等しいベクトルと定義する.また,実数 $k > 0$ が与えられているならば $k\vec{a}$ は方向が同じで大きさが k 倍のベクトルである.$k < 0$ ならば $k\vec{a}$ は向きが逆で大きさが $|k|$ 倍のベクトルである.また,$0\vec{a} = \vec{0}$ とする.

　二つのベクトル $\vec{a}, \vec{b}$ が与えられた時,平行移動して同じ点 O を始点にし,$\vec{a} = \overrightarrow{OA}, \vec{b} = \overrightarrow{OB}$ とする.その時,OA と OB を 2 辺に持つ平行四辺形 OACB の対角線 $\overrightarrow{OC}$ を $\vec{a} + \vec{b}$ と定義する.これは,$\vec{b}$ を平行移動して始点を $\vec{a}$ の終点にした時の,$\vec{a}$ の始点から $\vec{b}$ の終点に向けたベクトルである.

　また,空間に直交座標系が設定されている時は,ベクトル $\vec{a}$ の始点を原点に平行移動させた時の終点の座標を成分と呼び $\vec{a}$ と同一視する.平面上のベクトルならば,$\vec{a} = (a_1, a_2)$ であり,$|\vec{a}| = \sqrt{a_1^2 + a_2^2}$.空間内のベクトルならば,$\vec{a} = (a_1, a_2, a_3)$ であり,$|\vec{a}| = \sqrt{a_1^2 + a_2^2 + a_3^2}$.

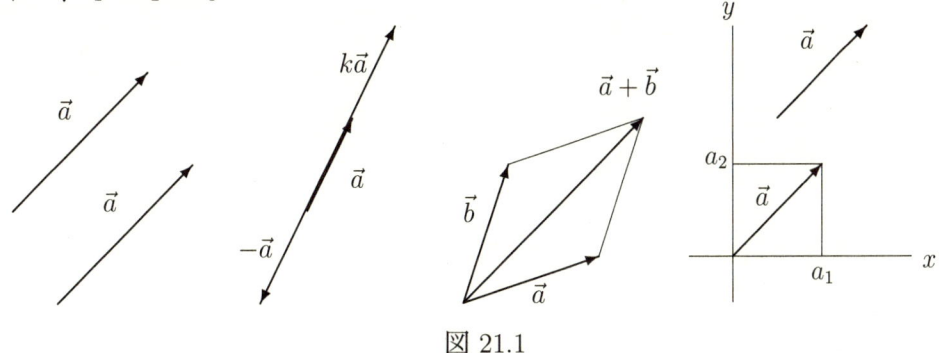

図 21.1

次の演算法則は図を書く事により直ちに示される．

(21.1) $$(\vec{a}+\vec{b})+\vec{c} = \vec{a}+(\vec{b}+\vec{c})$$

(21.2) $$\vec{a}+\vec{b} = \vec{b}+\vec{a}$$

(21.3) $$1\vec{a} = \vec{a}$$

(21.4) $$(k+h)\vec{a} = k\vec{a}+h\vec{a}$$

(21.5) $$(kh)\vec{a} = k(h\vec{a})$$

(21.6) $$k(\vec{a}+\vec{b}) = k\vec{a}+k\vec{b}$$

(21.7) $$\vec{a}+\vec{0} = \vec{a}$$

(21.8) $$\vec{a}+(-\vec{a}) = \vec{0}$$

これらの演算規則はベクトルの基本性質である．

数ベクトル

空間のベクトルは直交座標系を使って，成分で表現される．これを根拠にして，n 個の数を順番に横に並べた $\vec{a}=(a_1,a_2,\cdots,a_n)$ を **n 次元行ベクトル** と呼び，各々の数 a_i をこのベクトルの成分と呼ぶ．また数を縦に並べた $\vec{a}=\begin{pmatrix}a_1\\a_2\\\vdots\\a_n\end{pmatrix}$ を **列ベクトル** と呼ぶ．両方を合わせて数ベクトルと呼ぶ．これらのベクトルの大きさは

(21.9) $$|\vec{a}| = \sqrt{\sum_{i=1}^n a_i^2} = \sqrt{a_1^2+a_2^2+\cdots+a_n^2}$$

で与えられる．また前節で定義したベクトルの演算は，成分を使って表現すると次のようになる．これらは図を書けば明らかである．また，列ベクトルを例に出したが，行ベクトルの場合も同様に成分ごとの計算で表現される．

(21.10)
$$\vec{0} = \begin{pmatrix}0\\\vdots\\0\\\vdots\\0\end{pmatrix},\ k\begin{pmatrix}a_1\\\vdots\\a_i\\\vdots\\a_n\end{pmatrix} = \begin{pmatrix}ka_1\\\vdots\\ka_i\\\vdots\\ka_n\end{pmatrix},\ \begin{pmatrix}a_1\\\vdots\\a_i\\\vdots\\a_n\end{pmatrix}+\begin{pmatrix}b_1\\\vdots\\b_i\\\vdots\\b_n\end{pmatrix} = \begin{pmatrix}a_1+b_1\\\vdots\\a_i+b_i\\\vdots\\a_n+b_n\end{pmatrix}$$

n 次元行ベクトル全体または n 次元列ベクトル全体を n 次元空間と同一視し，同じ記号 $\mathbf{R}^n$ で表し，**n 次元ベクトル空間** と呼ぶ．

問題 21.1. $\vec{a}=(1,2,0,-1)$, $\vec{b}=(2,1,-2,3)$ として，次の計算をせよ．

(1) $|\vec{a}|$ (2) $|\vec{b}|$ (3) $\vec{a}-\vec{b}$ (4) $2\vec{a}+3\vec{b}$ (5) $3\vec{a}-4\vec{b}$

n 次元ベクトルの中で, 成分の一つが 1 でそれ以外の成分は 0 になるベクトルは**基本ベクトル**と呼ばれ, 記号 $\vec{e}_i$ で表される. このベクトルの組は**標準基底**と呼ばれる. 列ベクトルの場合は次のようなベクトルである.

(21.11)
$$\vec{e}_1 = \begin{pmatrix} 1 \\ \vdots \\ 0 \\ \vdots \\ 0 \end{pmatrix}, \cdots, \vec{e}_i = \begin{pmatrix} 0 \\ \vdots \\ 1 \\ \vdots \\ 0 \end{pmatrix}, \cdots, \vec{e}_n = \begin{pmatrix} 0 \\ \vdots \\ 0 \\ \vdots \\ 1 \end{pmatrix}$$

行ベクトルの場合は次のベクトルである.

(21.12)
$$\vec{e}_1 = (1, 0, \cdots, 0), \cdots, \vec{e}_i = (0, \cdots, 0, 1, 0, \cdots, 0), \cdots, \vec{e}_n = (0, \cdots, 0, 1)$$

次の定理は標準基底の基本的な性質であり, 抽象化されたベクトル空間ではこれが成立するベクトルの組を**基底**と呼ぶ事になる. 証明は成分を比較すれば明らかである.

定理 21.1.   (1) もし, $\sum_{i=1}^{n} a_i \vec{e}_i = \vec{0}$ ならば $a_1 = \cdots = a_i = \cdots = a_n = 0$.

(2) 全ての n 次元ベクトル $\vec{a} = \begin{pmatrix} a_1 \\ \vdots \\ a_n \end{pmatrix}$ は標準基底 $\vec{e}_i$ の一次結合で表される. すなわち

$$\vec{a} = \sum_{i=1}^{n} a_i \vec{e}_i = a_1 \vec{e}_1 + a_2 \vec{e}_2 + \cdots + a_n \vec{e}_n$$

注 ベクトル $\vec{a}$ を標準基底の一次結合で表す方法はただ一つである.

実際に, $\vec{a} = \sum_{i=1}^{n} a_i \vec{e}_i = \sum_{i=1}^{n} b_i \vec{e}_i$ ならば $\sum_{i=1}^{n} (a_i - b_i) \vec{e}_i = \vec{0}$ であるから, 上の定理 (1) より $a_i = b_i$ $(i=1, \cdots, n)$.

内積

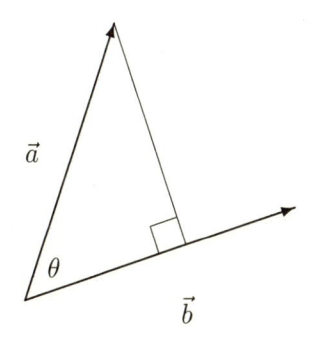

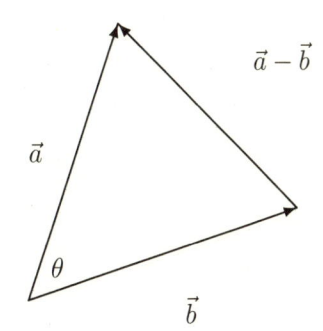

図 21.2

二つのベクトル $\vec{a}, \vec{b}$ のなす角を θ として次の量を内積と言い, $(\vec{a}, \vec{b})$ または $\vec{a} \cdot \vec{b}$ と表記する.

(21.13) $$(\vec{a}, \vec{b}) = |\vec{a}||\vec{b}|\cos\theta$$

定理 21.2. (1) $(\vec{a}, \vec{a}) = |\vec{a}|^2$

(2) $(\vec{a}, \vec{a}) = 0$ となる事と $\vec{a}, \vec{b}$ が直交する事は同値である.

例 21.1. 標準基底 $\vec{e}_i$ は互いに直交し, 大きさ 1 であるから, 内積は

$$(\vec{e}_i, \vec{e}_j) = \begin{cases} 1 & (i = j) \\ 0 & (i \neq j) \end{cases}$$

になる. また $\vec{a} = (a_1, \cdots, a_n)$ に対して, $(\vec{a}, \vec{e}_i) = a_i$.

内積を成分 $\vec{a} = (a_1, \cdots, a_n), \vec{b} = (b_1, \cdots, b_n)$ で表示してみよう. そのために, 両方のベクトルの始点をそろえて出来る三角形を考える (図 21.2 参照). 三辺の長さはそれぞれ $|\vec{a}|, |\vec{b}|, |\vec{a} - \vec{b}|$ になり, 余弦定理と (21.9) より

$$|\vec{a} - \vec{b}|^2 = |\vec{a}|^2 + |\vec{b}|^2 - 2|\vec{a}||\vec{b}|\cos\theta$$

$$(\vec{a}, \vec{b}) = |\vec{a}||\vec{b}|\cos\theta = \frac{1}{2}(|\vec{a}|^2 + |\vec{b}|^2 - |\vec{a} - \vec{b}|^2)$$

$$= \frac{1}{2}\left(\sum_{i=1}^{n} a_i^2 + \sum_{i=1}^{n} b_i^2 - \sum_{i=1}^{n}(a_i - b_i)^2\right)$$

$$= \frac{1}{2}\left(\sum_{i=1}^{n} a_i^2 + \sum_{i=1}^{n} b_i^2 - \sum_{i=1}^{n}(a_i^2 - 2a_ib_i + b_i^2)\right)$$

$$= \sum_{i=1}^{n} a_i b_i = a_1 b_1 + a_2 b_2 + \cdots + a_n b_n$$

以上から,

(21.14) $$(\vec{a}, \vec{b}) = \sum_{i=1}^{n} a_i b_i = a_1 b_1 + a_2 b_2 + \cdots + a_n b_n$$

この公式を使うと, 次の内積の基本的な性質が示される.

(21.15) $$(\vec{a}, \vec{b}) = (\vec{b}, \vec{a})$$

(21.16) $$(h\vec{a} + k\vec{b}, \vec{c}) = h(\vec{a}, \vec{c}) + k(\vec{b}, \vec{c})$$

(21.17) $$(\vec{a}, h\vec{b} + k\vec{c}) = h(\vec{a}, \vec{b}) + k(\vec{a}, \vec{c})$$

(21.18) $$(\vec{a}, \vec{a}) \geq 0$$

特に $(\vec{a}, \vec{a}) = 0$ となるのは $\vec{a} = \vec{0}$ の時のみである.

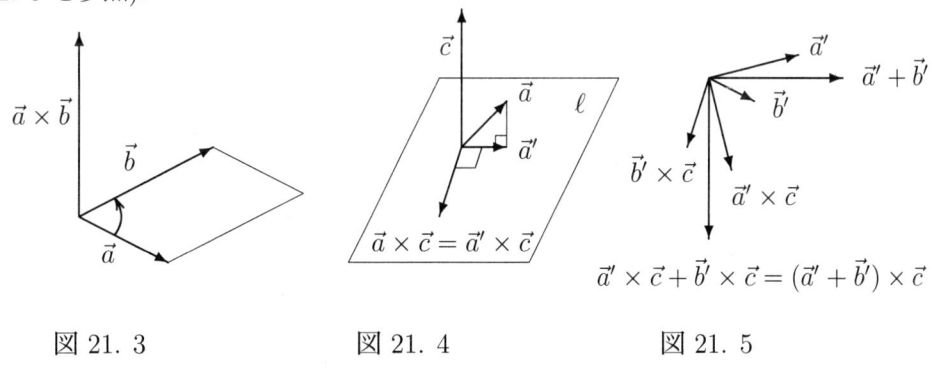

抽象的なベクトル空間では上の性質を持つものを内積と定義し，抽象的なベクトルの大きさは $\sqrt{(\vec{a},\vec{a})}$ により定義される事になる．

問題 21.2. $\vec{a}=(1,2,0,-1), \vec{b}=(2,1,-2,3)$ として，その間の角を θ とする．次の値を計算をせよ．

(1) $(\vec{a},\vec{b})$ (2) $\cos\theta$ (3) $(2\vec{a},-3\vec{b})$ (4) $(2\vec{a}+3\vec{b},\vec{a}-\vec{b})$
(5) $(\vec{a},\vec{e}_2)$ (6) $(\vec{e}_4,4\vec{b})$ (7) $(\vec{a},2\vec{e}_1-3\vec{e}_2)$

外積

3次元ベクトル $\vec{a},\vec{b}$ の外積 $\vec{a}\times\vec{b}$ は，ベクトル $\vec{b}$ で表された磁場の中を，ベクトル $\vec{a}$ で表される電流が流れた時に受ける力を表すフレミングの法則を表現したものである．$\vec{a}$ を $180°$ 以内で回転させて $\vec{b}$ の向きに重ねた時の回転で右ねじが進む方向が，$\vec{a}\times\vec{b}$ の向きであり，大きさは $\vec{a},\vec{b}$ を2辺とする平行四辺形の面積 $|\vec{a}||\vec{b}|\sin\theta$ (θ は $\vec{a},\vec{b}$ のなす角) である．外積 $\vec{a}\times\vec{b}$ は $\vec{a}$ と $\vec{b}$ に直交している事に注意する (下図 21.3 を参照).

図 21.3 図 21.4 図 21.5

例 21.2. 標準基底 $\vec{e}_1,\vec{e}_2,\vec{e}_3$ についての外積は定義より次のようになる．

$$\vec{e}_1\times\vec{e}_2=\vec{e}_3, \quad \vec{e}_2\times\vec{e}_3=\vec{e}_1, \quad \vec{e}_3\times\vec{e}_1=\vec{e}_2$$
$$\vec{e}_2\times\vec{e}_1=-\vec{e}_3, \quad \vec{e}_3\times\vec{e}_2=-\vec{e}_1, \quad \vec{e}_1\times\vec{e}_3=-\vec{e}_2$$

外積は次の性質を持つ．

定理 21.3. (1) $\vec{a}\times\vec{b}=-\vec{b}\times\vec{a}, \quad \vec{a}\times\vec{a}=\vec{0}$
(2) $k(\vec{a})\times\vec{b}=\vec{a}\times(k\vec{b})=k(\vec{a}\times\vec{b})$
(3) $(\vec{a}+\vec{b})\times\vec{c}=\vec{a}\times\vec{c}+\vec{b}\times\vec{c}, \quad \vec{c}\times(\vec{a}+\vec{b})=\vec{c}\times\vec{a}+\vec{c}\times\vec{b}$
(4) $\vec{a}=(a_1,a_2,a_3), \vec{b}=(b_1,b_2,b_3)$ ならば，

$$\vec{a}\times\vec{b}=(a_2b_3-a_3b_2, a_3b_1-a_1b_3, a_1b_2-a_2b_1)$$

(証明) (1) (2) は定義から明らか.

(3) 第2の式は, 第1の式と (1) とから次のようにして示される.
$$\vec{c} \times (\vec{a} + \vec{b}) = -(\vec{a} + \vec{b}) \times \vec{c} = -\vec{a} \times \vec{c} - \vec{b} \times \vec{c} = \vec{c} \times \vec{a} + \vec{c} \times \vec{b}$$
よって, 第1の式を証明する.

$\vec{c}$ に垂直な平面を ℓ とする. ベクトル $\vec{a}, \vec{b}, \vec{c}$ を平行移動して, これらの始点が ℓ 上の1点になるようにする. $\vec{a}, \vec{b}$ の ℓ への正射影を $\vec{a}'', \vec{b}'$ とする. すると, $\vec{a}, \vec{c}$ の作る平行四辺形の面積と $\vec{a}'', \vec{c}$ の作る長方形の面積は等しいから, $|\vec{a} \times \vec{c}| = |\vec{a}'' \times \vec{c}| = |\vec{a}''||\vec{c}|$ であり, 向きは同じになるから,
$$\vec{a} \times \vec{c} = \vec{a}'' \times \vec{c}$$
この外積ベクトルの向きは ℓ 上で $\vec{a}''$ を 90° 回転させた方向であり, 大きさは $|\vec{a}''|$ を $|\vec{c}|$ 倍したものである (図 21.4 参照).

さて, $(\vec{a}'' + \vec{b}') \times \vec{c} = (\vec{a} + \vec{b}) \times \vec{c}$ は $(\vec{a}'' + \vec{b}')$ を ℓ 上で 90° 回転させて $|\vec{c}|$ 倍したものであるから, 図 21.5 により分かるように, $\vec{a}'' \times \vec{c} + \vec{b}' \times \vec{c} = \vec{a} \times \vec{c} + \vec{b} \times \vec{c}$ に等しい. これは証明すべき式を意味する.

(4) $\vec{a} = a_1 \vec{e}_1 + a_2 \vec{e}_2 + a_3 \vec{e}_3, \vec{b} = b_1 \vec{e}_1 + b_2 \vec{e}_2 + b_3 \vec{e}_3$ であり, この定理 (1) (2) (3) と 例 21.2 より次のようになる. この計算で, 外積の順番に注意する.

$$\vec{a} \times \vec{b} = (a_1 \vec{e}_1 + a_2 \vec{e}_2 + a_3 \vec{e}_3) \times (b_1 \vec{e}_1 + b_2 \vec{e}_2 + b_3 \vec{e}_3)$$
$$= a_1 b_1 \vec{e}_1 \times \vec{e}_1 + a_1 b_2 \vec{e}_1 \times \vec{e}_2 + a_1 b_3 \vec{e}_1 \times \vec{e}_3$$
$$+ a_2 b_1 \vec{e}_2 \times \vec{e}_1 + a_2 b_2 \vec{e}_2 \times \vec{e}_2 + a_2 b_3 \vec{e}_2 \times \vec{e}_3$$
$$+ a_3 b_1 \vec{e}_3 \times \vec{e}_1 + a_3 b_2 \vec{e}_3 \times \vec{e}_2 + a_3 b_3 \vec{e}_3 \times \vec{e}_3$$
$$= a_1 b_2 \vec{e}_3 - a_1 b_3 \vec{e}_2 - a_2 b_1 \vec{e}_3 + a_2 b_3 \vec{e}_1 + a_3 b_1 \vec{e}_2 - a_3 b_2 \vec{e}_1$$
$$= (a_2 b_3 - a_3 b_2) \vec{e}_1 + (a_3 b_1 - a_1 b_3) \vec{e}_2 + (a_1 b_2 - a_2 b_1) \vec{e}_3 \qquad \square$$

問題 21.3. $\vec{a} = (1, 2, -1), \vec{b} = (2, 1, 3)$ とする. 次の値を計算をせよ.
(1) $\vec{a} \times \vec{b}$ (2) $\vec{b} \times \vec{a}$ (3) $(2\vec{a} + 3\vec{b}) \times (\vec{a} - \vec{b})$ (4) $\vec{a} \times \vec{e}_2$

22. 線形写像と行列

線形写像

平面上の図形の中には互いに共通の性質を持つものがある．例えば平行四辺形同士はある共通の性質を持ち，全ての楕円や円も互いに共通の性質を持つ．二つの図形が共通の性質を持つかどうかを見るには，一つの図形を伸ばしたり縮めたりまた回転させたりなどをして，もう一つの図形に変形出来るか試せばよい．逆に言えば，このような変形により生ずる図形は全て何らかの共通な性質を持つと思われる．図形をベクトルで表現する時，このような変形はベクトルの線形写像として捉えられる．

定義 22.1. 数ベクトルを他の数ベクトルに対応させる写像(関数) $f : \mathbf{R}^n \to \mathbf{R}^m$ が次の性質を持つ時，線形写像または一次写像と呼ぶ．特に $n = m$ の時線形変換または一次変換と呼ぶ．

$$(22.1) \qquad f(\vec{a} + \vec{b}) = f(\vec{a}) + f(\vec{b}) \qquad f(k\vec{a}) = kf(\vec{a})$$

ここで，$\vec{a}, \vec{b}$ は数ベクトルであり，k は定数である．

例 22.1. 以下の各ベクトルは始点が原点にあるとする．

(1) 平面上の各ベクトル $\vec{a} = (x, y)$ を，X 軸方向に a 倍，Y 軸方向に b 倍に伸ばす．これは線型変換 $(x, y) \mapsto (ax, by)$ になり，この変換により，半径 1 の原点を中心とした円 $x^2 + y^2 = 1$ は，楕円 $\dfrac{x^2}{a^2} + \dfrac{y^2}{b^2} = 1$ に写される．

(2) 原点を中心として，反時計方向に角 θ 回転させる．各ベクトルに回転させたベクトルを対応させる事で線型変換 $\mathbf{R}^2 \to \mathbf{R}^2$ を得る．

(3) 空間内のベクトル $\vec{a} = (x, y, z)$ にその X-Y 平面への正射影 (x, y) を対応させる写像は線形写像 $\mathbf{R}^3 \to \mathbf{R}^2$ になる．

(4) 列ベクトルの写像 $f : \begin{pmatrix} x \\ y \\ z \end{pmatrix} \mapsto \begin{pmatrix} 2x - 3y \\ y + 2z \\ 0 \end{pmatrix}$ は

$$f\left(\begin{pmatrix} x \\ y \\ z \end{pmatrix} + \begin{pmatrix} x' \\ y' \\ z' \end{pmatrix}\right) = f\begin{pmatrix} x + x' \\ y + y' \\ z + z' \end{pmatrix} = \begin{pmatrix} 2(x + x') - 3(y + y') \\ (y + y') + 2(z + z') \\ 0 \end{pmatrix}$$

$$= \begin{pmatrix} 2x - 3y \\ y + 2z \\ 0 \end{pmatrix} + \begin{pmatrix} 2x' - 3y' \\ y' + 2z' \\ 0 \end{pmatrix} = f\begin{pmatrix} x \\ y \\ z \end{pmatrix} + f\begin{pmatrix} x' \\ y' \\ z' \end{pmatrix}$$

$$f\left(c \begin{pmatrix} x \\ y \\ z \end{pmatrix}\right) = f\begin{pmatrix} cx \\ cy \\ cz \end{pmatrix} = \begin{pmatrix} 2cx - 3cy \\ cy + 2cz \\ 0 \end{pmatrix} = c\begin{pmatrix} 2x - 3y \\ y + 2z \\ 0 \end{pmatrix} = cf\begin{pmatrix} x \\ y \\ z \end{pmatrix}$$

より線形写像になる．

(5) 列ベクトルの写像 $f : \begin{pmatrix} x \\ y \\ z \end{pmatrix} \mapsto \begin{pmatrix} 2x - 3y \\ y + 2z \\ 1 \end{pmatrix}$ は

$$f\left(\begin{pmatrix} x \\ y \\ z \end{pmatrix} + \begin{pmatrix} x' \\ y' \\ z' \end{pmatrix} \right) = f \begin{pmatrix} x + x' \\ y + y' \\ z + z' \end{pmatrix} = \begin{pmatrix} 2(x+x') - 3(y+y') \\ (y+y') + 2(z+z') \\ 1 \end{pmatrix}$$

$$f \begin{pmatrix} x \\ y \\ z \end{pmatrix} + f \begin{pmatrix} x' \\ y' \\ z' \end{pmatrix} = \begin{pmatrix} 2x - 3y \\ y + 2z \\ 1 \end{pmatrix} + \begin{pmatrix} 2x' - 3y' \\ y' + 2z' \\ 1 \end{pmatrix} = \begin{pmatrix} 2(x+x') - 3(y+y') \\ (y+y') + 2(z+z') \\ 2 \end{pmatrix}$$

$$f\left(c \begin{pmatrix} x \\ y \\ z \end{pmatrix} \right) = \begin{pmatrix} 2cx - 3cy \\ cy + 2cz \\ 1 \end{pmatrix}, \quad cf \begin{pmatrix} x \\ y \\ z \end{pmatrix} = \begin{pmatrix} 2cx - 3cy \\ cy + 2cz \\ c \end{pmatrix}$$

より線形写像にならない．

この写像が線形写像でない事を確かめるだけならば $c = 2$, $\vec{a} = \begin{pmatrix} 0 \\ 0 \\ 1 \end{pmatrix}$ の場合に $f(2\vec{a}) \neq 2f(\vec{a})$ を確認すれば十分である．実際に

$$f\left(2 \begin{pmatrix} 0 \\ 0 \\ 1 \end{pmatrix} \right) = f \begin{pmatrix} 0 \\ 0 \\ 2 \end{pmatrix} = \begin{pmatrix} 0 \\ 4 \\ 1 \end{pmatrix}, \quad 2f \begin{pmatrix} 0 \\ 0 \\ 1 \end{pmatrix} = 2 \begin{pmatrix} 0 \\ 2 \\ 1 \end{pmatrix} = \begin{pmatrix} 0 \\ 4 \\ 2 \end{pmatrix}$$

より，線形写像でない事が確かめられる．この c の値とベクトル $\vec{a}$ は上の一般の場合の計算から適当に選ばれる．

(6) 列ベクトルの写像 $f : \begin{pmatrix} x \\ y \end{pmatrix} \mapsto \begin{pmatrix} x \\ x + y^2 \end{pmatrix}$ は

$$f\left(2 \begin{pmatrix} 0 \\ 1 \end{pmatrix} \right) = f \begin{pmatrix} 0 \\ 2 \end{pmatrix} = \begin{pmatrix} 0 \\ 4 \end{pmatrix}, \quad 2f \begin{pmatrix} 0 \\ 1 \end{pmatrix} = 2 \begin{pmatrix} 0 \\ 1 \end{pmatrix} = \begin{pmatrix} 0 \\ 2 \end{pmatrix}$$

より線形写像にならない．

問題 22.1. 次の写像が線形写像になるかどうかを，理由を付けて判定せよ．

(1) $f : \begin{pmatrix} x \\ y \end{pmatrix} \mapsto \begin{pmatrix} x + 2y \\ 2x - y \end{pmatrix}$ (2) $f : \begin{pmatrix} x \\ y \\ z \end{pmatrix} \mapsto \begin{pmatrix} 2x + 3y + z \\ x - 2y - 3z \\ x + y + z \end{pmatrix}$

(3) $f : \begin{pmatrix} x \\ y \end{pmatrix} \mapsto \begin{pmatrix} x + 2y \\ 2x - y \\ 2 \end{pmatrix}$ (4) $f : \begin{pmatrix} x \\ y \end{pmatrix} \mapsto \begin{pmatrix} x + y \\ x^2 + y^2 \end{pmatrix}$

線形写像が与えられた時, 新しい線形写像が次のように作られる.

定理 22.1. (1) $f: \mathbf{R}^n \to \mathbf{R}^m, g: \mathbf{R}^\ell \to \mathbf{R}^n$ が線形写像ならば, 合成写像 $f \circ g: \mathbf{R}^\ell \to \mathbf{R}^n \to \mathbf{R}^m$ も線形写像である.

(2) $f: \mathbf{R}^n \to \mathbf{R}^m, g: \mathbf{R}^n \to \mathbf{R}^m$ が線形写像ならば, 写像 $\vec{a} \mapsto f(\vec{a}) + g(\vec{a})$ も線形写像になる. この線形写像を $f + g : \mathbf{R}^n \to \mathbf{R}^m$ と表記する.

(3) $f: \mathbf{R}^n \to \mathbf{R}^m$ が線形写像ならば, 写像 $\vec{a} \mapsto cf(\vec{a})$ (c は定数) も線形写像になる. この線形写像を $cf: \mathbf{R}^n \to \mathbf{R}^m$ と表記する.

(証明) (1) $g \circ f(\vec{a} + \vec{b}) = g(f(\vec{a}) + f(\vec{b})) = g(f(\vec{a})) + g(f(\vec{b})) = g \circ f(\vec{a}) + g \circ f(\vec{b})$

$g \circ f(k\vec{a}) = g(kf(\vec{a})) = kg(f(\vec{a})) = kg \circ f(\vec{a})$

(2) $(f+g)(\vec{a}+\vec{b}) = f(\vec{a}+\vec{b}) + g(\vec{a}+\vec{b}) = f(\vec{a}) + g(\vec{a}) + f(\vec{b}) + g(\vec{b})$
$= (f+g)(\vec{a}) + (f+g)(\vec{b})$
$(f+g)(k\vec{a}) = f(k\vec{a}) + g(k\vec{a}) = kf(\vec{a}) + kg(\vec{a}) = k(f+g)(\vec{a})$

(3) $(cf)(\vec{a}+\vec{b}) = cf(\vec{a}+\vec{b}) = c(f(\vec{a}) + f(\vec{b})) = cf(\vec{a}) + cf(\vec{b})$
$= (cf)(\vec{a}) + (cf)(\vec{b})$
$(cf)(k\vec{a}) = cf(k\vec{a}) = ckf(\vec{a}) = k(cf)(\vec{a})$ □

行列

以下列ベクトルを考える. $f: \mathbf{R}^n \to \mathbf{R}^m$ を線形写像として, $\vec{e}_1, \cdots, \vec{e}_n$ を $\mathbf{R}^n$ の標準基底とする. その時, 列ベクトル $f(\vec{e}_j)$ の成分を a_{ij} とする. すなわち, $1 \leq j \leq n$, $1 \leq i \leq m$ として,

(22.2)
$$f(\vec{e}_1) = \begin{pmatrix} a_{11} \\ a_{21} \\ \vdots \\ a_{m1} \end{pmatrix}, \quad f(\vec{e}_2) = \begin{pmatrix} a_{12} \\ a_{22} \\ \vdots \\ a_{m2} \end{pmatrix}, \cdots, f(\vec{e}_j) = \begin{pmatrix} a_{1j} \\ a_{2j} \\ \vdots \\ a_{mj} \end{pmatrix}, \cdots, \quad f(\vec{e}_n) = \begin{pmatrix} a_{1n} \\ a_{2n} \\ \vdots \\ a_{mn} \end{pmatrix}$$

この成分をこの順番に並べると, 数を長方形に m 行 n 列に並べたものを生ずる. このような, 数を m 行 n 列に並べたものを $\boldsymbol{m \times n}$ **行列**と呼び, A のように表す. A の i 行 j 列の数を A の (i, j) 成分と言い, a_{ij} のように表す. また略して $A = (a_{ij})$ のようにも表示する. 上記のように線形写像から得られる行列を, $\boldsymbol{f}$ **の行列**と呼ぶ.

$$(22.3) \qquad A = \begin{pmatrix} a_{11} & a_{12} & \cdots & \cdots & a_{1n} \\ a_{21} & a_{22} & \cdots & \cdots & a_{2n} \\ & \cdots & \cdots & \cdots & \\ & \cdots & a_{ij} & \cdots & \\ & \cdots & \cdots & \cdots & \\ a_{m1} & a_{m2} & \cdots & \cdots & a_{mn} \end{pmatrix} = (a_{ij})$$

全ての成分が 0 の行列を零行列と呼び, 記号 O で表記する. また, $n = m$ の時 n 次正方行列と呼ぶ. n 次正方行列の対角線にある成分 a_{ii} を対角成分と言う. 対角成分以外の成分が全て 0 になる行列を対角行列と言う. 特に対角成分が全て 1 になる対角行列を単位行列と呼び, 記号 E で表す.

(22.4)
$$\text{対角行列} \begin{pmatrix} a_{11} & & & & \mathbf{0} \\ & \ddots & & & \\ & & a_{ii} & & \\ & & & \ddots & \\ \mathbf{0} & & & & a_{nn} \end{pmatrix}, \quad E = \begin{pmatrix} 1 & & & & \mathbf{0} \\ & \ddots & & & \\ & & 1 & & \\ & & & \ddots & \\ \mathbf{0} & & & & 1 \end{pmatrix}$$

また行列 $A = (a_{ij})$ の行と列を入れ替えた行列 (a_{ji}) を転置行列と言い, ${}^t\!A$ で表す. つまり, ${}^t\!A$ の (i, j) 成分は a_{ji} (A の (j, i) 成分) である. ${}^t\!A = A$ となる時対称行列と言う. 対称行列は正方行列であり, 対角線 (a_{11} から a_{nn} を結ぶ線) に対称に成分が並んでいる行列である. 特に対角行列は対称行列になる.

さて, $m \times n$ 行列 $A = (a_{ij})$ が与えられた時, A の行ベクトル $\vec{a}_i$ と列ベクトル $\vec{A}_j$ を次のように定義する.

$$\vec{a}_i = (a_{i1}, a_{i2}, \cdots, a_{in}), \qquad \vec{A}_j = \begin{pmatrix} a_{1j} \\ a_{2j} \\ \vdots \\ a_{mj} \end{pmatrix}$$

これらはそれぞれ $1 \times n$ および $m \times 1$ 行列でもある. 元の $m \times n$ 行列 A は列ベクトルまたは行ベクトルを用いて, 次のようにも表される.

$$A = \begin{pmatrix} \vec{a}_1 \\ \vec{a}_2 \\ \vdots \\ \vec{a}_m \end{pmatrix}, \quad A = (\vec{A}_1, \vec{A}_2, \cdots, \vec{A}_n)$$

例 22.2. 例 22.1 の線形写像を行列で表してみる．各ベクトルは列ベクトルとする．

(1) これは線型変換 $\begin{pmatrix} x \\ y \end{pmatrix} \mapsto \begin{pmatrix} ax \\ by \end{pmatrix}$ であり，

$$\vec{e}_1 = \begin{pmatrix} 1 \\ 0 \end{pmatrix} \mapsto \begin{pmatrix} a \\ 0 \end{pmatrix}, \quad \vec{e}_2 = \begin{pmatrix} 0 \\ 1 \end{pmatrix} \mapsto \begin{pmatrix} 0 \\ b \end{pmatrix}$$

より，この線型変換の行列は対角行列 $\begin{pmatrix} a & 0 \\ 0 & b \end{pmatrix}$ になる．特に $a = b = 1$ ならば単位行列 $E = \begin{pmatrix} 1 & 0 \\ 0 & 1 \end{pmatrix}$ になる．

(2) 反時計方向に角 θ 回転させると，図を描けば分かるが

$$\vec{e}_1 = \begin{pmatrix} 1 \\ 0 \end{pmatrix} \mapsto \begin{pmatrix} \cos\theta \\ \sin\theta \end{pmatrix}, \quad \vec{e}_2 = \begin{pmatrix} 0 \\ 1 \end{pmatrix} \mapsto \begin{pmatrix} -\sin\theta \\ \cos\theta \end{pmatrix}$$

であるから，回転の行列は $\begin{pmatrix} \cos\theta & -\sin\theta \\ \sin\theta & \cos\theta \end{pmatrix}$ になる．

(3) 正射影 $\begin{pmatrix} x \\ y \\ z \end{pmatrix} \mapsto \begin{pmatrix} x \\ y \end{pmatrix}$ では

$$\vec{e}_1 = \begin{pmatrix} 1 \\ 0 \\ 0 \end{pmatrix} \mapsto \begin{pmatrix} 1 \\ 0 \end{pmatrix}, \quad \vec{e}_2 = \begin{pmatrix} 0 \\ 1 \\ 0 \end{pmatrix} \mapsto \begin{pmatrix} 0 \\ 1 \end{pmatrix}, \quad \vec{e}_3 = \begin{pmatrix} 0 \\ 0 \\ 1 \end{pmatrix} \mapsto \begin{pmatrix} 0 \\ 0 \end{pmatrix}$$

であるから，行列は $\begin{pmatrix} 1 & 0 & 0 \\ 0 & 1 & 0 \end{pmatrix}$ になる．

問題 22.2. 前の問題 22.1 の写像で線形写像になるものの行列を求めよ．

行列と列ベクトルの積

任意の列ベクトル $\vec{b} = \begin{pmatrix} b_1 \\ b_2 \\ \vdots \\ b_n \end{pmatrix}$ は標準基底を使うと，

$$\vec{b} = b_1 \vec{e}_1 + b_2 \vec{e}_2 + \cdots + b_n \vec{e}_n = \sum_{j=1}^{n} b_j \vec{e}_j$$

と書ける. 線形写像 $f : \mathbf{R}^n \to \mathbf{R}^m$ と上で述べた $m \times n$ 行列 $A = (a_{ij})$ を考えると $f(\vec{e}_j) = \vec{A}_j$ から

$$f(\vec{b}) = b_1 f(\vec{e}_1) + b_2 f(\vec{e}_2) + \cdots + b_n f(\vec{e}_n) = b_1 \vec{A}_1 + b_2 \vec{A}_2 + \cdots + b_n \vec{A}_n$$

$$= \begin{pmatrix} a_{11}b_1 + a_{12}b_2 + \cdots + a_{1n}b_n \\ a_{21}b_1 + a_{22}b_2 + \cdots + a_{2n}b_n \\ \vdots \\ a_{m1}b_1 + a_{m2}b_2 + \cdots + a_{mn}b_n \end{pmatrix} = \begin{pmatrix} \sum_{j=1}^{n} a_{1j}b_j \\ \sum_{j=1}^{n} a_{2j}b_j \\ \vdots \\ \sum_{j=1}^{n} a_{mj}b_j \end{pmatrix}$$

以上から行列 $A = (a_{ij})$ とベクトル $\vec{b}$ の積を次の式で定義される列ベクトルとして定義する.

$$(22.5) \quad A\vec{b} = \begin{pmatrix} a_{11}b_1 + a_{12}b_2 + \cdots + a_{1n}b_n \\ a_{21}b_1 + a_{22}b_2 + \cdots + a_{2n}b_n \\ \vdots \\ a_{m1}b_1 + a_{m2}b_2 + \cdots + a_{mn}b_n \end{pmatrix} = \begin{pmatrix} \sum_{j=1}^{n} a_{1j}b_j \\ \sum_{j=1}^{n} a_{2j}b_j \\ \vdots \\ \sum_{j=1}^{n} a_{mj}b_j \end{pmatrix}$$

すなわち, この列ベクトルの i 行目は A の i 行目と $\vec{b}$ の成分を順に掛け算して足したものである.

$$i\text{行} \begin{pmatrix} \cdots & \cdots & \cdots \\ \rule{2cm}{0.4pt} \\ \cdots & \cdots & \cdots \end{pmatrix} \begin{pmatrix} | \\ | \\ | \end{pmatrix} = \begin{pmatrix} \vdots \\ \rule{0.5cm}{0.4pt} \\ \vdots \end{pmatrix} i\text{行目}$$

この積による対応 $\vec{b} \to A\vec{b}$ は線形写像になる. つまり線形写像と行列は 1 対 1 に対応する. 以上の事をまとめると次のようになる.

定理 22.2. (1) $f : \mathbf{R}^n \to \mathbf{R}^m$ が線形写像ならば, f の行列 $A = (a_{ij})$ は $m \times n$ 行列で, $f(\vec{e}_j) = \vec{A}_j$ により与えられ, 全ての n 次ベクトル $\vec{b}$ に対し

$$f(\vec{b}) = A\vec{b}$$

(2) $m \times n$ 行列 A に対し, 写像 $f : \mathbf{R}^n \to \mathbf{R}^m$ を $\vec{b} \mapsto A\vec{b}$ ($f(\vec{b}) = A\vec{b}$) により定義すると, f は線形写像になる.

問題 22.3. 上の定理の (2) を示せ.

問題 22.4. 次の積を計算せよ.

(1) $\begin{pmatrix} 2 & 1 \\ 4 & 3 \end{pmatrix} \begin{pmatrix} 3 \\ -2 \end{pmatrix}$ (2) $\begin{pmatrix} 1 & -3 \\ 2 & 0 \\ -1 & 4 \end{pmatrix} \begin{pmatrix} -1 \\ 2 \end{pmatrix}$ (3) $\begin{pmatrix} 2 & -1 & 3 \\ 1 & 2 & 0 \end{pmatrix} \begin{pmatrix} 1 \\ 2 \\ 3 \end{pmatrix}$ (4) $\begin{pmatrix} 2 & -1 & 3 \\ 1 & 2 & 0 \\ 3 & 1 & 2 \end{pmatrix} \begin{pmatrix} 1 \\ 2 \\ 3 \end{pmatrix}$

行列の積

$f: \mathbf{R}^n \to \mathbf{R}^m, g: \mathbf{R}^\ell \to \mathbf{R}^n$ を線形写像とし, それぞれの行列を $A = (a_{ij}), B = (b_{jk})$ $(1 \leq i \leq m, 1 \leq j \leq n, 1 \leq k \leq \ell)$ とする. そこで, 合成写像 $f \circ g: \mathbf{R}^\ell \to \mathbf{R}^n \to \mathbf{R}^m$ の行列を求めてみよう.

$$(f \circ g)(\vec{e}_k) = f(g(\vec{e}_k)) = f(\vec{B}_k) = A\vec{B}_k$$

であるから, $f \circ g$ の行列の (i, k) 成分は $A\vec{B}_k$ の i 行目になり,

$$a_{i1}b_{1k} + a_{i2}b_{2k} + \cdots + a_{in}b_{nk} = \sum_{j=1}^{n} a_{ij}b_{jk}$$

である. そこで $m \times n$ 行列 A と $n \times \ell$ 行列 B の積 AB を (i, k) 成分 (i 行 k 列の成分) がこの式で与えられる $m \times \ell$ 行列と定義する.

$$AB = i\text{行}\begin{pmatrix} \cdots & \cdots & \cdots \\ \rule{3em}{0.4pt} \\ \cdots & \cdots & \cdots \end{pmatrix} \begin{pmatrix} \vdots & & \vdots \\ \vdots & & \vdots \\ \vdots & & \vdots \end{pmatrix} \overset{k\text{列}}{=} i\text{行}\begin{pmatrix} & & \vdots & & \\ & & \vdots & & \\ \cdots & \cdots & \sum_{j=1}^{n} a_{ij}b_{jk} & \cdots & \cdots \\ & & \vdots & & \\ & & \vdots & & \end{pmatrix}$$

問題 22.5. 次の行列の積を求めよ.

(1) $\begin{pmatrix} 2 & 3 \\ -4 & 1 \end{pmatrix} \begin{pmatrix} 3 & 4 \\ 1 & 2 \end{pmatrix}$ (2) $\begin{pmatrix} 3 & -1 \\ 4 & 2 \\ -3 & 1 \end{pmatrix} \begin{pmatrix} 5 & -3 & 2 \\ -1 & 1 & 3 \end{pmatrix}$ (3) $\begin{pmatrix} 5 & -3 & 2 \\ -1 & 1 & 3 \end{pmatrix} \begin{pmatrix} 3 & -1 \\ 4 & 2 \\ -3 & 1 \end{pmatrix}$

(4) $\begin{pmatrix} 1 & -2 & 0 \\ -1 & 3 & 2 \\ 2 & 0 & -3 \end{pmatrix} \begin{pmatrix} 2 & -1 & 3 \\ 0 & 1 & -2 \\ 1 & 0 & 2 \end{pmatrix}$ (5) $\begin{pmatrix} 2 & -1 & 3 \\ 0 & 1 & -2 \\ 1 & 0 & 2 \end{pmatrix} \begin{pmatrix} 1 & -2 & 0 \\ -1 & 3 & 2 \\ 2 & 0 & -3 \end{pmatrix}$

(6) $\begin{pmatrix} a_{11} & a_{12} & a_{13} \\ a_{21} & a_{22} & a_{23} \\ a_{31} & a_{32} & a_{33} \end{pmatrix} \begin{pmatrix} 1 & 0 & 0 \\ 0 & 1 & 0 \\ 0 & 0 & 1 \end{pmatrix}$

特に A, B を n 次正方行列とすると, AB も n 次正方行列になる. $AB = BA$ となるとは限らない事に注意する. 上の問題 (4) (5) のように $AB \neq BA$ となるのが普通である.

また, O を零行列, E を単位行列とすると

(22.6) $$AO = OA = O, \quad AE = EA = A$$

となる. このように, O, E は数の $0, 1$ に当たる行列である. そこで, 数の $a^{-1} = \dfrac{1}{a}$ に相当する行列を定義しよう. n 次正方行列 A に対しある n 次正方行列 X があり

(22.7) $$AX = E, \quad XA = E$$

が成り立つならば, X を A の逆行列と言い, A^{-1} と表記する. 全ての n 次正方行列が逆行列を持つとは限らない. 特に, 逆行列を持つ行列を正則行列と呼ぶ.

例 22.3. (1) $A = \begin{pmatrix} 2 & 1 \\ 5 & 3 \end{pmatrix}$ は正則行列であり, 逆行列は $A^{-1} = \begin{pmatrix} 3 & -1 \\ -5 & 2 \end{pmatrix}$ である. これは実際に積を計算して E になる事を確かめれば分かる.

(2) $A = \begin{pmatrix} 2 & 1 \\ 6 & 3 \end{pmatrix}$ は正則行列ではない. 実際に, もし逆行列 $A^{-1} = \begin{pmatrix} a & b \\ c & d \end{pmatrix}$ があるならば, 定義から

$$\begin{pmatrix} 2 & 1 \\ 6 & 3 \end{pmatrix} \begin{pmatrix} a & b \\ c & d \end{pmatrix} = \begin{pmatrix} 2a+c & 2b+d \\ 6a+3c & 6b+3d \end{pmatrix}$$

が単位行列 E になるから,

$$2a + c = 1, \quad 2b + d = 0, \quad 6a + 3c = 0, \quad 6b + 3d = 1$$
$$2a + c = 1, \quad 2b + d = 0, \quad 2a + c = 0, \quad 2b + d = \frac{1}{3}$$

この式は矛盾している. したがって, 逆行列はない.

行列の和と定数倍

線形写像 $f, g : \mathbf{R}^n \to \mathbf{R}^m$ の $m \times n$ 行列をそれぞれ $A = (a_{ij}), B = (b_{ij})$ とする. 定義より

$$(f+g)(\vec{e}_j) = f(\vec{e}_j) + g(\vec{e}_j) = \vec{A}_j + \vec{B}_j = \begin{pmatrix} a_{1j} + b_{1j} \\ \vdots \\ a_{mj} + b_{mj} \end{pmatrix}$$

であるから, 次のように行列の和を定義する.

(22.8) $$A + B = (a_{ij} + b_{ij}) = \begin{pmatrix} a_{11}+b_{11} & a_{12}+b_{12} & \cdots & a_{1n}+b_{1n} \\ a_{21}+b_{21} & a_{22}+b_{22} & \cdots & a_{2n}+b_{2n} \\ & \cdots & \cdots & \\ a_{m1}+b_{m1} & a_{m2}+b_{m2} & \cdots & a_{mn}+b_{mn} \end{pmatrix}$$

また, 線型変換の c 倍の定義から

$$(cf)(\vec{e}_j) = cf(\vec{e}_j) = c\vec{A}_j = \begin{pmatrix} ca_{1j} \\ \vdots \\ ca_{mj} \end{pmatrix}$$

であるから, 次のように行列の定数倍を定義する.

$$(22.9) \quad cA = (ca_{ij}) = \begin{pmatrix} ca_{11} & ca_{12} & \cdots & ca_{1n} \\ ca_{21} & ca_{22} & \cdots & ca_{2n} \\ & \cdots & \cdots & \\ ca_{m1} & ca_{m2} & \cdots & ca_{mn} \end{pmatrix}$$

問題 22.6. $A = \begin{pmatrix} 2 & -5 & 3 \\ 1 & 4 & -2 \\ -3 & -1 & 5 \end{pmatrix}$, $B = \begin{pmatrix} 3 & -1 & 1 \\ 2 & 5 & 4 \\ -4 & 1 & -3 \end{pmatrix}$ として, 次の式の行列を計算せよ.

(1) $A + B$ (2) $2A$ (3) $-3B$ (4) $2A - 3B$

行列の演算の性質

行列の演算は次の性質を持つ. これらの性質は対応する線形写像についても成り立つ.

定理 22.3. (1) $c(AB) = (cA)B = A(cB)$, $(AB)C = A(BC)$
(2) $(A+B)C = AC + BC$, $A(B+C) = AB + AC$
(3) $(AB)^{-1} = B^{-1}A^{-1}$

(証明) $A = (a_{ij}), B = (b_{ij}), C = (c_{ij})$ とする.
(1) 最初の式は, (i,k) 成分を比較する事により得られる.

$$c\left(\sum_{j=1}^n a_{ij}b_{jk}\right) = \sum_{j=1}^n (ca_{ij})b_{jk} = \sum_{j=1}^n a_{ij}(cb_{jk})$$

第二の式も (i,h) 成分を比較すればよい.

$$\sum_{k=1}^\ell \left(\sum_{j=1}^n a_{ij}b_{jk}\right)c_{kh} = \sum_{k=1}^\ell \sum_{j=1}^n a_{ij}b_{jk}c_{kh} = \sum_{j=1}^n a_{ij}\left(\sum_{k=1}^\ell b_{jk}c_{kh}\right)$$

(2) 下の問題である.
(3) 逆行列の定義を確かめればよい.
$(B^{-1}A^{-1})AB = B^{-1}(A^{-1}A)B = B^{-1}EB = B^{-1}B = E$
$AB(B^{-1}A^{-1}) = A(BB^{-1})A^{-1} = AA^{-1} = E$ □

問題 22.7. (1) 上の定理の (2) を示せ. ヒント (i,k) 成分を比較せよ.
(2) 正則行列 A の逆行列はただ一つである事を示せ.
ヒント 逆行列を X,Y として, XAY 計算せよ. 上の定理 (1) 参照.

n 次正方行列 A の m 回の積を A^m と表記し, 特に $A^0 = E$ とする.

例 22.4. (1) $\begin{pmatrix} 1 & 1 \\ -1 & -1 \end{pmatrix}^2 = O$, $\begin{pmatrix} 2 & -1 \\ 4 & -2 \end{pmatrix}^2 = O$, $\begin{pmatrix} 0 & 1 \\ -1 & 0 \end{pmatrix}^2 = -E$

(2) $I = \begin{pmatrix} 0 & 1 \\ -1 & 0 \end{pmatrix}$ とすると, 上で見たように $I^2 = -E$. そこで, $aE + bI = \begin{pmatrix} a & b \\ -b & a \end{pmatrix}$ の形の行列全体を考える. この行列 $aE + bI$ は複素数 $a + bi$ に当たり, この対応により複素数は行列により表現される.

(3) 例 22.2 から角 α の回転の行列は $\begin{pmatrix} \cos\alpha & -\sin\alpha \\ \sin\alpha & \cos\alpha \end{pmatrix}$ であり, 角 β の回転の行列は $\begin{pmatrix} \cos\beta & -\sin\beta \\ \sin\beta & \cos\beta \end{pmatrix}$ である. この時, 角 $(\alpha+\beta)$ の回転は回転の合成で表されるから,

$$\begin{pmatrix} \cos(\alpha+\beta) & -\sin(\alpha+\beta) \\ \sin(\alpha+\beta) & \cos(\alpha+\beta) \end{pmatrix} = \begin{pmatrix} \cos\alpha & -\sin\alpha \\ \sin\alpha & \cos\alpha \end{pmatrix} \begin{pmatrix} \cos\beta & -\sin\beta \\ \sin\beta & \cos\beta \end{pmatrix}$$
$$= \begin{pmatrix} \cos\alpha\cos\beta - \sin\alpha\sin\beta & -\cos\alpha\sin\beta - \sin\alpha\cos\beta \\ \sin\alpha\cos\beta + \cos\alpha\sin\beta & -\sin\alpha\sin\beta + \cos\alpha\cos\beta \end{pmatrix}$$

この等式は三角関数の加法定理を表している.

23. 連立1次方程式と消去法

連立1次方程式

この節では, n 個の未知変数 $x_1, x_2, \cdots, x_n$ の n 行の連立1次方程式

(23.1)
$$\begin{cases} a_{11}x_1 + a_{12}x_2 + \cdots + a_{1n}x_n = d_1 \\ a_{21}x_1 + a_{22}x_2 + \cdots + a_{2n}x_n = d_2 \\ \quad\quad\cdots\cdots \\ a_{n1}x_1 + a_{n2}x_2 + \cdots + a_{nn}x_n = d_n \end{cases}$$

の解法を調べる. ここで, a_{ij} は i 行目の式の変数 x_j の係数である. 行列 $A = (a_{ij})$, 列ベクトル $\vec{x} = \begin{pmatrix} x_1 \\ x_2 \\ \vdots \\ x_n \end{pmatrix}, \vec{d} = \begin{pmatrix} d_1 \\ d_2 \\ \vdots \\ d_n \end{pmatrix}$ を使うと, この方程式は

(23.2)
$$A\vec{x} = \vec{d}$$

と書く事が出来る.

さて, 連立1次方程式は, 変数を減らす事により解かれる. その計算過程を次のように整理する.

変数 x_1 の消去

(1.1) $a_{11} = 0$ ならば, 変数や式の順序を変える事で, $a_{11} \neq 0$ とする.

(1.2) 1行目を a_{11} で割る. x_1 の係数は1になる.

(1.3) 2行目の式から, $a_{21} \times$ (1行) を引く.

3行目の式から, $a_{31} \times$ (1行) を引く.

$\vdots$

n 行目の式から, $a_{n1} \times$ (1行) を引く.

この計算により, 1行目以外の式からは変数 x_1 は消去される.

この作業により生ずる連立1次方程式の係数を記号 a'_{ij}, d'_i で表現する.

$$\begin{cases} x_1 + a'_{12}x_2 + \cdots + a'_{1n}x_n = d'_1 \\ \quad\quad a'_{22}x_2 + \cdots + a'_{2n}x_n = d'_2 \\ \quad\quad\cdots\cdots \\ \quad\quad a'_{n2}x_2 + \cdots + a'_{nn}x_n = d'_n \end{cases}$$

変数 x_2 の消去

(2.1) $a'_{22} = 0$ ならば, 変数 x_i ($i \geq 2$) や2行目以降の式の順序を変える事で, $a'_{22} \neq 0$ とする.

(2.2) 2行目を a'_{22} で割る.x_2 の係数は 1 になる.
(2.2) 1行目の式から, $a'_{12} \times$ (2行) を引く.
3行目の式から, $a'_{32} \times$ (2行) を引く.
4行目の式から, $a'_{42} \times$ (2行) を引く.
$\vdots$
n 行目の式から, $a'_{n2} \times$ (2行) を引く.
この計算により, 2行目以外の式からは変数 x_2 は消去される.

$$\begin{cases} x_1 \phantom{{}+x_2} + a''_{13}x_3 + \cdots + a''_{1n}x_n = d''_1 \\ \phantom{x_1 +{}} x_2 + a''_{23}x_3 + \cdots + a''_{2n}x_n = d''_2 \\ \phantom{x_1 + x_2 +{}} a''_{33}x_3 + \cdots + a''_{2n}x_n = d''_3 \\ \phantom{x_1 + x_2 +{}} \cdots\cdots \\ \phantom{x_1 + x_2 +{}} a''_{n3}x_3 + \cdots + a''_{nn}x_n = d''_n \end{cases}$$

以上の過程を繰り返して, 変数を消去して, 最終的には次の形に変形出来るならば,

$$\begin{cases} x_1 \phantom{{}+x_2+\cdots+x_n} = d_1^{(n)} \\ \phantom{x_1+{}} x_2 \phantom{{}+\cdots+x_n} = d_2^{(n)} \\ \phantom{x_1+x_2+{}} \cdots\cdots \\ \phantom{x_1+x_2+\cdots+{}} x_n = d_n^{(n)} \end{cases}$$

これは, $x_i = d_i^{(n)}$ がこの連立 1 次方程式の解になる事を意味する.

この計算は係数のみに依存するから, 効率よく計算するために係数のみを取り出して, 次のようにする. この計算法を消去法と言う.

$$\begin{pmatrix} a_{11} & a_{12} & a_{13} & \cdots & a_{1n} & | & d_1 \\ a_{21} & a_{22} & a_{23} & \cdots & a_{2n} & | & d_2 \\ & & \cdots & \cdots & & & \\ a_{n1} & a_{n2} & a_{n3} & \cdots & a_{nn} & | & d_n \end{pmatrix} \quad \begin{matrix} \div a_{11} \\ \\ \text{行や列を入れ替えて } a_{11} \neq 0 \text{ にしておく} \\ \\ \end{matrix}$$

$$\begin{pmatrix} 1 & a'_{12} & a'_{13} & \cdots & a'_{1n} & | & d'_1 \\ a_{21} & a_{22} & a_{23} & \cdots & a_{2n} & | & d_2 \\ & & \cdots & \cdots & & & \\ a_{n1} & a_{n2} & a_{n3} & \cdots & a_{nn} & | & d_n \end{pmatrix} \quad \begin{matrix} \\ -a_{21} \times 1 \text{行目} \\ \cdots \\ -a_{n1} \times 1 \text{行目} \end{matrix}$$

$$\begin{pmatrix} 1 & a'_{12} & a'_{13} & \cdots & a'_{1n} & \bigg| & d'_1 \\ 0 & a'_{22} & a'_{23} & \cdots & a'_{2n} & \bigg| & d'_2 \\ & \cdots & \cdots & & & & \\ 0 & a'_{n2} & a'_{n3} & \cdots & a'_{nn} & \bigg| & d'_n \end{pmatrix} \quad \div a'_{22} \qquad \text{行や列を入れ替えて } a'_{22} \ne 0 \text{ にしておく}$$

$$\vdots$$

$$\begin{pmatrix} 1 & 0 & 0 & \cdots & 0 & \bigg| & d_1^{(n)} \\ 0 & 1 & 0 & \cdots & 0 & \bigg| & d_2^{(n)} \\ & \cdots & \cdots & \cdots & & & \\ 0 & 0 & 0 & \cdots & 1 & \bigg| & d_n^{(n)} \end{pmatrix} \qquad \text{解} \begin{cases} x_1 = d_1^{(n)} \\ x_2 = d_2^{(n)} \\ \vdots \\ x_n = d_n^{(n)} \end{cases}$$

ただし，連立1次方程式の解がただ一組とは限らず，また解が存在しない場合もある．次の例題を参照．

例題 23.1. 次の連立1次方程式を解け．

(1) $\begin{cases} 2y - z = 1 \\ 2x - y + 2z = 2 \\ 3x + y + z = 4 \end{cases}$ (2) $\begin{cases} x + y + z = 1 \\ x - y + 5z = 3 \\ 2x + y + 4z = 3 \end{cases}$ (3) $\begin{cases} x + y + z = 5 \\ x - y + 5z = 1 \\ 2x + y + 4z = 3 \end{cases}$

(解答) (1) 消去法による．ここでは順に横方向に計算を記述しているが，変形した結果の行列を順番に縦に記述していくのが実用上は便利である．

$\begin{pmatrix} 0 & 2 & -1 & \big| & 1 \\ 2 & -1 & 2 & \big| & 2 \\ 3 & 1 & 1 & \big| & 4 \end{pmatrix}$ 1行目と2行目を入れ替える． $\to \begin{pmatrix} 2 & -1 & 2 & \big| & 2 \\ 0 & 2 & -1 & \big| & 1 \\ 3 & 1 & 1 & \big| & 4 \end{pmatrix} \quad \div 2 \quad \to$

$\begin{pmatrix} 1 & -\frac{1}{2} & 1 & \big| & 1 \\ 0 & 2 & -1 & \big| & 1 \\ 3 & 1 & 1 & \big| & 4 \end{pmatrix} \quad -3 \times (1 行目) \to \begin{pmatrix} 1 & -\frac{1}{2} & 1 & \big| & 1 \\ 0 & 2 & -1 & \big| & 1 \\ 0 & \frac{5}{2} & -2 & \big| & 1 \end{pmatrix} \quad \div 2 \quad \to$

$\begin{pmatrix} 1 & -\frac{1}{2} & 1 & \big| & 1 \\ 0 & 1 & -\frac{1}{2} & \big| & \frac{1}{2} \\ 0 & \frac{5}{2} & -2 & \big| & 1 \end{pmatrix} \quad \begin{matrix} +\frac{1}{2} \times (2 行目) \\ \\ -\frac{5}{2} \times (2 行目) \end{matrix} \to \begin{pmatrix} 1 & 0 & \frac{3}{4} & \big| & \frac{5}{4} \\ 0 & 1 & -\frac{1}{2} & \big| & \frac{1}{2} \\ 0 & 0 & -\frac{3}{4} & \big| & -\frac{1}{4} \end{pmatrix} \quad \div (-\frac{3}{4}) \to$

$\begin{pmatrix} 1 & 0 & \frac{3}{4} & \big| & \frac{5}{4} \\ 0 & 1 & -\frac{1}{2} & \big| & \frac{1}{2} \\ 0 & 0 & 1 & \big| & \frac{1}{3} \end{pmatrix} \quad \begin{matrix} -\frac{3}{4} \times (3 行目) \\ +\frac{1}{2} \times (3 行目) \end{matrix} \to \begin{pmatrix} 1 & 0 & 0 & \big| & 1 \\ 0 & 1 & 0 & \big| & \frac{2}{3} \\ 0 & 0 & 1 & \big| & \frac{1}{3} \end{pmatrix} \quad \text{解} \begin{cases} x = 1 \\ y = \frac{2}{3} \\ z = \frac{1}{3} \end{cases}$

(2)(3) どちらも変数の係数は同じであるから，同時に消去法により計算する．また計算の説明は省略している．

$$\begin{pmatrix} 1 & 1 & 1 & | & 1 & 5 \\ 1 & -1 & 5 & | & 3 & 1 \\ 2 & 1 & 4 & | & 3 & 3 \end{pmatrix} \to \begin{pmatrix} 1 & 1 & 1 & | & 1 & 5 \\ 0 & -2 & 4 & | & 2 & -4 \\ 0 & -1 & 2 & | & 1 & -7 \end{pmatrix} \to \begin{pmatrix} 1 & 1 & 1 & | & 1 & 5 \\ 0 & 1 & -2 & | & -1 & 2 \\ 0 & -1 & 2 & | & 1 & -7 \end{pmatrix} \to$$

$$\begin{pmatrix} 1 & 0 & 3 & | & 2 & 3 \\ 0 & 1 & -2 & | & -1 & 2 \\ 0 & 0 & 0 & | & 0 & -5 \end{pmatrix} \quad \text{方程式に戻すと} \quad (2)\begin{cases} x + 3z = 2 \\ y - 2z = -1 \\ 0 = 0 \end{cases} \quad (3)\begin{cases} x + 3z = 3 \\ y - 2z = 2 \\ 0 = -5 \end{cases}$$

最後の式から，(2) では解は一つではなく，z を任意の実数として全ての解は次の式で与えられる．

$$\begin{cases} x = 2 - 3z \\ y = -1 + 2z \end{cases}$$

一方，(3) では，3番目の式 $0 = -5$ は矛盾するから元の式自体が矛盾を含んでいて，解は存在しない．

注 消去法の各段階で対角成分が1になるようにその対角成分以下の行と入れ替えると，計算はより簡単になる．同様にその対角成分より右の列を入れ替えてもよいが，その場合は変数を入れ替えている事になるから，最後の解で対応する変数を確認する必要がある．

問題 23.1. 次の連立1次方程式を消去法により解け．

(1) $\begin{cases} x + 2y + 3z = 1 \\ 2x + y + 4z = -3 \\ 4x + 5y + 6z = 7 \end{cases}$ (2) $\begin{cases} 2x + 4y - 4z = -2 \\ x - y - 2z = 2 \\ 2x + 3y + z = 4 \end{cases}$ (3) $\begin{cases} x_1 + 2x_2 - x_3 - x_4 = -1 \\ 2x_1 - x_2 + x_3 - x_4 = -6 \\ -x_1 + x_2 + x_3 - 2x_4 = -2 \\ 3x_1 + 2x_2 + 2x_3 + x_4 = 6 \end{cases}$

(4) $\begin{cases} x - y + z = -2 \\ 2x + y + 5z = 5 \\ 3x - 2y + 4z = -3 \end{cases}$ (5) $\begin{cases} x + 2y - z = 4 \\ x - y + 2z = 1 \\ 2x + 3y - z = 4 \end{cases}$ (6) $\begin{cases} x_1 + x_2 - x_3 + x_4 = 3 \\ -x_1 + 2x_2 - 5x_3 - 4x_4 = 3 \\ 2x_1 - x_2 + 4x_3 + 5x_4 = 0 \\ 3x_1 + 2x_2 - x_3 + 4x_4 = 7 \end{cases}$

消去法による逆行列の求め方

n 次正則行列 $A = (a_{ij})$ の逆行列を $X = A^{-1} = (x_{ij})$ とすると，定義から $AX = E$ となる．X を列ベクトル $\vec{x}_j$ で表し $X = (\vec{x}_1, \vec{x}_2, \cdots, \vec{x}_n)$ と表示すると，$AX = E$ は $A\vec{x}_j = \vec{e}_j$ を意味する．これは (23.2) のように未知変数 $x_{1j}, x_{2j}, \cdots, x_{nj}$ の連立1次方程式を表す．この方程式を解く事により逆行列の成分が求められる．解法は消去法によるが，

係数は全て同じであるから,同時に消去法を適用する.すなわち,次の変形を消去法で実行する.
$$(A|E) \longrightarrow (E|A^{-1})$$

例題 23.2. 次の行列が逆行列を持つならば逆行列を求めよ.

(1) $A = \begin{pmatrix} 0 & 3 & -1 \\ 3 & 4 & 2 \\ 2 & 2 & 1 \end{pmatrix}$ (2) $A = \begin{pmatrix} 3 & 1 & -1 \\ 2 & -2 & 1 \\ 1 & 3 & -2 \end{pmatrix}$

(解答) (1)

$\begin{pmatrix} 0 & 3 & -1 & | & 1 & 0 & 0 \\ 3 & 4 & 2 & | & 0 & 1 & 0 \\ 2 & 2 & 1 & | & 0 & 0 & 1 \end{pmatrix} \to \begin{pmatrix} 3 & 4 & 2 & | & 0 & 1 & 0 \\ 0 & 3 & -1 & | & 1 & 0 & 0 \\ 2 & 2 & 1 & | & 0 & 0 & 1 \end{pmatrix} \to \begin{pmatrix} 1 & \frac{4}{3} & \frac{2}{3} & | & 0 & \frac{1}{3} & 0 \\ 0 & 3 & -1 & | & 1 & 0 & 0 \\ 2 & 2 & 1 & | & 0 & 0 & 1 \end{pmatrix} \to$

$\begin{pmatrix} 1 & \frac{4}{3} & \frac{2}{3} & | & 0 & \frac{1}{3} & 0 \\ 0 & 3 & -1 & | & 1 & 0 & 0 \\ 0 & -\frac{2}{3} & -\frac{1}{3} & | & 0 & -\frac{2}{3} & 1 \end{pmatrix} \to \begin{pmatrix} 1 & \frac{4}{3} & \frac{2}{3} & | & 0 & \frac{1}{3} & 0 \\ 0 & 1 & -\frac{1}{3} & | & \frac{1}{3} & 0 & 0 \\ 0 & -\frac{2}{3} & -\frac{1}{3} & | & 0 & -\frac{2}{3} & 1 \end{pmatrix} \to$

$\begin{pmatrix} 1 & 0 & \frac{10}{9} & | & -\frac{4}{9} & \frac{1}{3} & 0 \\ 0 & 1 & -\frac{1}{3} & | & \frac{1}{3} & 0 & 0 \\ 0 & 0 & -\frac{5}{9} & | & \frac{2}{9} & -\frac{2}{3} & 1 \end{pmatrix} \to \begin{pmatrix} 1 & 0 & \frac{10}{9} & | & -\frac{4}{9} & \frac{1}{3} & 0 \\ 0 & 1 & -\frac{1}{3} & | & \frac{1}{3} & 0 & 0 \\ 0 & 0 & 1 & | & -\frac{2}{5} & \frac{6}{5} & -\frac{9}{5} \end{pmatrix} \to$

$\begin{pmatrix} 1 & 0 & 0 & | & 0 & -1 & 2 \\ 0 & 1 & 0 & | & \frac{1}{5} & \frac{2}{5} & -\frac{3}{5} \\ 0 & 0 & 1 & | & -\frac{2}{5} & \frac{6}{5} & -\frac{9}{5} \end{pmatrix}$

ここで列の入れ替えは許されないが,対角成分以下の行は入れ替えてもよい事に注意する.

答え $A^{-1} = \begin{pmatrix} 0 & -1 & 2 \\ \frac{1}{5} & \frac{2}{5} & -\frac{3}{5} \\ -\frac{2}{5} & \frac{6}{5} & -\frac{9}{5} \end{pmatrix}$

(2)

$\begin{pmatrix} 3 & 1 & -1 & | & 1 & 0 & 0 \\ 2 & -2 & 1 & | & 0 & 1 & 0 \\ 1 & 3 & -2 & | & 0 & 0 & 1 \end{pmatrix} \to \begin{pmatrix} 1 & \frac{1}{3} & -\frac{1}{3} & | & \frac{1}{3} & 0 & 0 \\ 2 & -2 & 1 & | & 0 & 1 & 0 \\ 1 & 3 & -2 & | & 0 & 0 & 1 \end{pmatrix} \to$

$\begin{pmatrix} 1 & \frac{1}{3} & -\frac{1}{3} & | & \frac{1}{3} & 0 & 0 \\ 0 & -\frac{8}{3} & \frac{5}{3} & | & -\frac{2}{3} & 1 & 0 \\ 0 & \frac{8}{3} & -\frac{5}{3} & | & -\frac{1}{3} & 0 & 1 \end{pmatrix} \to \begin{pmatrix} 1 & \frac{1}{3} & -\frac{1}{3} & | & \frac{1}{3} & 0 & 0 \\ 0 & 1 & -\frac{5}{8} & | & \frac{1}{4} & -\frac{3}{8} & 0 \\ 0 & \frac{8}{3} & -\frac{5}{3} & | & -\frac{1}{3} & 0 & 1 \end{pmatrix} \to$

$\begin{pmatrix} 1 & 0 & -\frac{1}{8} & | & \frac{1}{4} & \frac{1}{8} & 0 \\ 0 & 1 & -\frac{5}{8} & | & \frac{1}{4} & -\frac{3}{8} & 0 \\ 0 & 0 & 0 & | & -1 & 1 & 1 \end{pmatrix}$

ここで消去法は止まる. 　　答え 逆行列 A^{-1} は存在しない.

この解答で, 最初に 1 行目と 3 行目とを入れ替えておくと, 計算はより簡単になる.

問題 23.2. 次の行列は正則か. もし正則ならば消去法により逆行列を求めよ.

(1) $\begin{pmatrix} 2 & 1 \\ 3 & 4 \end{pmatrix}$　(2) $\begin{pmatrix} 1 & 1 & 0 \\ 0 & 1 & 1 \\ 1 & 0 & 1 \end{pmatrix}$　(3) $\begin{pmatrix} 0 & 2 & -1 \\ -2 & 1 & 2 \\ 3 & -2 & -1 \end{pmatrix}$　(4) $\begin{pmatrix} 2 & 1 & 2 \\ 1 & -1 & 2 \\ -1 & -1 & 0 \end{pmatrix}$

(5) $\begin{pmatrix} -4 & 6 \\ 6 & -9 \end{pmatrix}$　(6) $\begin{pmatrix} 1 & -2 & -1 \\ 3 & 1 & 2 \\ 1 & 5 & 4 \end{pmatrix}$　(7) $\begin{pmatrix} 2 & -1 & 3 \\ -4 & 2 & -6 \\ 6 & -3 & 9 \end{pmatrix}$

逆行列と連立 1 次方程式

さて, この節の最初に述べたように連立 1 次方程式 (23.1) は係数行列 A, 未知変数ベクトル $\vec{x}$, 列ベクトル $\vec{d}$ を使って

$$A\vec{x} = \vec{d}$$

と書き直せた. もしも, A が正則であるならば, 逆行列 A^{-1} が存在するから,

$$A^{-1}A\vec{x} = A^{-1}\vec{d}, \quad E\vec{x} = A^{-1}\vec{d}, \quad \vec{x} = A^{-1}\vec{d}$$

以上から次の定理を得る.

定理 23.1. 連立 1 次方程式 (23.2) の係数行列 A が正則ならば, 方程式の解はただ一つ存在し,

(23.3) $$\vec{x} = A^{-1}\vec{d}$$

により与えられる.

問題 23.3. 次の連立 1 次方程式を, 逆行列を使って解け. ただし, 問題 23.2 を使用せよ.

(1) $\begin{cases} 2x + y = 4 \\ 3x + 4y = 1 \end{cases}$　(2) $\begin{cases} x + y = -1 \\ y + z = 1 \\ x + z = 6 \end{cases}$

(3) $\begin{cases} 2y - z = 1 \\ -2x + y + 2z = 6 \\ 3x - 2y - z = -4 \end{cases}$　(4) $\begin{cases} 2x + y + 2z = -2 \\ x - y + 2z = 3 \\ -x - y = 1 \end{cases}$

第7章 行列式

24. 2次および3次正方行列の行列式

2次正方行列の行列式

係数行列 $A = \begin{pmatrix} a_{11} & a_{12} \\ a_{21} & a_{22} \end{pmatrix}$ の連立1次方程式 $\begin{cases} a_{11}x + a_{12}y = d_1 \\ a_{21}x + a_{22}y = d_2 \end{cases}$ を解くと

$$\begin{cases} (a_{11}a_{22} - a_{12}a_{21})x = a_{22}d_1 - a_{12}d_2 \\ (a_{11}a_{22} - a_{12}a_{21})y = -a_{21}d_1 + a_{11}d_2 \end{cases}$$

になる．もし $a_{11}a_{22} - a_{12}a_{21}$ が 0 でないならば，この連立1次方程式はただ一組の解を持ち，$a_{11}a_{22} - a_{12}a_{21} = 0$ ならば，解はないか無限個ある．

また，A の逆行列を $\begin{pmatrix} x_{11} & x_{12} \\ x_{21} & x_{22} \end{pmatrix}$ とすると，前節の逆行列の求め方で述べたように，列ベクトルは上の連立1次方程式で $d_1 = 1, d_2 = 0$ および $d_1 = 0, d_2 = 1$ とした時の解になる．これは，$a_{11}a_{22} - a_{12}a_{21} \neq 0$ ならば逆行列が存在し，$a_{11}a_{22} - a_{12}a_{21} = 0$ ならば逆行列は存在しない事を意味する．

以上のように，行列 A から計算される値 $a_{11}a_{22} - a_{12}a_{21}$ は特別な意味を持っている．この値は A の行列式と呼ばれ，記号 $|A|$ で表される．

$$|A| = \begin{vmatrix} a_{11} & a_{12} \\ a_{21} & a_{22} \end{vmatrix} = a_{11}a_{22} - a_{12}a_{21}$$

行列式が重要になる理由は次の定理による．

定理 24.1. 　(1) $|AB| = |A||B|, |E| = 1$
(2) $|A| \neq 0$ ならば A は正則である．すなわち逆行列 A^{-1} が存在し，

$$A^{-1} = \frac{1}{|A|} \begin{pmatrix} a_{22} & -a_{12} \\ -a_{21} & a_{11} \end{pmatrix}$$

(3) $|A| = 0$ ならば A は正則でない．すなわち逆行列は存在しない．

(証明) (1) $A = \begin{pmatrix} a_{11} & a_{12} \\ a_{21} & a_{22} \end{pmatrix}, B = \begin{pmatrix} b_{11} & b_{12} \\ b_{21} & b_{22} \end{pmatrix}$ とする．

$$|AB| = \begin{vmatrix} a_{11}b_{11} + a_{12}b_{21} & a_{11}b_{12} + a_{12}b_{22} \\ a_{21}b_{11} + a_{22}b_{21} & a_{21}b_{12} + a_{22}b_{22} \end{vmatrix}$$

$$= (a_{11}b_{11} + a_{12}b_{21})(a_{21}b_{12} + a_{22}b_{22}) - (a_{11}b_{12} + a_{12}b_{22})(a_{21}b_{11} + a_{22}b_{21})$$

$$= a_{11}a_{21}b_{11}b_{12} + a_{12}a_{21}b_{21}b_{12} + a_{11}a_{22}b_{11}b_{22} + a_{12}a_{22}b_{21}b_{22}$$

$$- a_{11}a_{21}b_{12}b_{11} - a_{12}a_{21}b_{22}b_{11} - a_{11}a_{22}b_{12}b_{21} - a_{12}a_{22}b_{22}b_{21}$$

$$= a_{12}a_{21}(b_{21}b_{12} - b_{22}b_{11}) + a_{11}a_{22}(b_{11}b_{22} - b_{12}b_{21}) = (a_{11}a_{22} - a_{12}a_{21})(b_{11}b_{22} - b_{12}b_{21})$$

$$= |A||B|$$

(2) $A \neq 0$ ならば, 上記のように $d_1 = 1, d_2 = 0$ および $d_1 = 0, d_2 = 1$ の連立 1 次方程式はただ一組の解を持ち, A^{-1} の式を与える. さらに実際に積を計算する事により, $AA^{-1} = A^{-1}A = E$ が確認される.

(3) もし A^{-1} があるならば (1) より, $0 = |A||A^{-1}| = |E| = 1$ となり矛盾する.

または直接上記の連立 1 次方程式を解いて解がない事を確認しても示される. □

問題 24.1. 次の行列の行列式を求めよ. また正則かどうか判定し, 正則ならば逆行列を求めよ.

(1) $\begin{pmatrix} 1 & 2 \\ 3 & 4 \end{pmatrix}$ (2) $\begin{pmatrix} -2 & 6 \\ 3 & -9 \end{pmatrix}$ (3) $\begin{pmatrix} \cos\theta & -\sin\theta \\ \sin\theta & \cos\theta \end{pmatrix}$ (4) $\begin{pmatrix} a & b \\ 0 & 0 \end{pmatrix}$

2 次の行列式の性質

さて, 行列式の性質を調べよう.

定理 24.2. 2次正方行列を行ベクトルにより, $\begin{pmatrix} \vec{a}_1 \\ \vec{a}_2 \end{pmatrix}$ で表す.

(1) $\begin{vmatrix} \vec{a}_1 + \vec{a}'_1 \\ \vec{a}_2 \end{vmatrix} = \begin{vmatrix} \vec{a}_1 \\ \vec{a}_2 \end{vmatrix} + \begin{vmatrix} \vec{a}'_1 \\ \vec{a}_2 \end{vmatrix}$, $\begin{vmatrix} \vec{a}_1 \\ \vec{a}_2 + \vec{a}'_2 \end{vmatrix} = \begin{vmatrix} \vec{a}_1 \\ \vec{a}_2 \end{vmatrix} + \begin{vmatrix} \vec{a}_1 \\ \vec{a}'_2 \end{vmatrix}$

(2) $\begin{vmatrix} k\vec{a}_1 \\ \vec{a}_2 \end{vmatrix} = k\begin{vmatrix} \vec{a}_1 \\ \vec{a}_2 \end{vmatrix}$, $\begin{vmatrix} \vec{a}_1 \\ k\vec{a}_2 \end{vmatrix} = k\begin{vmatrix} \vec{a}_1 \\ \vec{a}_2 \end{vmatrix}$

(3) $\begin{vmatrix} \vec{a}_1 \\ \vec{a}_2 \end{vmatrix} = -\begin{vmatrix} \vec{a}_2 \\ \vec{a}_1 \end{vmatrix}$

(4) $|E| = 1$

(証明) $\vec{a}_1 = (a_{11}, a_{12})$, $\vec{a}'_1 = (a'_{11}, a'_{12})$, $\vec{a}_2 = (a_{21}, a_{22})$, $\vec{a}'_2 = (a'_{21}, a'_{22})$ とする.

(1) $\begin{vmatrix} \vec{a}_1 + \vec{a}'_1 \\ \vec{a}_2 \end{vmatrix} = \begin{vmatrix} (a_{11} + a'_{11}) & (a_{12} + a'_{12}) \\ a_{21} & a_{22} \end{vmatrix} = (a_{11} + a'_{11})a_{22} - (a_{12} + a'_{12})a_{21}$

$$= a_{11}a_{22} - a_{12}a_{21} + a'_{11}a_{22} - a'_{12}a_{21} = \begin{vmatrix} \vec{a}_1 \\ \vec{a}_2 \end{vmatrix} + \begin{vmatrix} \vec{a}'_1 \\ \vec{a}_2 \end{vmatrix}$$

$$\begin{vmatrix} \vec{a}_1 \\ \vec{a}_2 + \vec{a}'_2 \end{vmatrix} = \begin{vmatrix} a_{11} & a_{12} \\ (a_{21} + a'_{21}) & (a_{22} + a'_{22}) \end{vmatrix} = a_{11}(a_{22} + a'_{22}) - a_{12}(a_{21} + a'_{21})$$

$$= a_{11}a_{22} - a_{12}a_{21} + a_{11}a'_{22} - a_{12}a'_{21} = \begin{vmatrix} \vec{a}_1 \\ \vec{a}_2 \end{vmatrix} + \begin{vmatrix} \vec{a}_1 \\ \vec{a}'_2 \end{vmatrix}$$

(2) $\begin{vmatrix} k\vec{a}_1 \\ \vec{a}_2 \end{vmatrix} = \begin{vmatrix} ka_{11} & ka_{12} \\ a_{21} & a_{22} \end{vmatrix} = ka_{11}a_{22} - ka_{12}a_{21} = k(a_{11}a_{22} - a_{12}a_{21}) = k\begin{vmatrix} \vec{a}_1 \\ \vec{a}_2 \end{vmatrix}$

$\begin{vmatrix} \vec{a}_1 \\ k\vec{a}_2 \end{vmatrix} = \begin{vmatrix} a_{11} & a_{12} \\ ka_{21} & ka_{22} \end{vmatrix} = a_{11}ka_{22} - a_{12}ka_{21} = k(a_{11}a_{22} - a_{12}a_{21}) = k\begin{vmatrix} \vec{a}_1 \\ \vec{a}_2 \end{vmatrix}$

(3) $\begin{vmatrix} \vec{a}_1 \\ \vec{a}_2 \end{vmatrix} = a_{11}a_{22} - a_{12}a_{21} = -(a_{21}a_{12} - a_{22}a_{11}) = -\begin{vmatrix} a_{21} & a_{22} \\ a_{11} & a_{12} \end{vmatrix} = -\begin{vmatrix} \vec{a}_2 \\ \vec{a}_1 \end{vmatrix}$

(4) $|E| = \begin{vmatrix} 1 & 0 \\ 0 & 1 \end{vmatrix} = 1 \cdot 1 - 0 \cdot 0 = 1$ □

次の定理は，上の定理の性質により行列式が決定される事を意味している．

定理 24.3. 行列 A にある実数 $D(A)$ を対応させる関数が次の性質 (1) (2) (3) を満たすならば $D(A) = |A|D(E)$ であり，特に $D(E) = 1$ ならば $D(A) = |A|$．

(1) $D\begin{pmatrix} \vec{a}_1 + \vec{a}'_1 \\ \vec{a}_2 \end{pmatrix} = D\begin{pmatrix} \vec{a}_1 \\ \vec{a}_2 \end{pmatrix} + D\begin{pmatrix} \vec{a}'_1 \\ \vec{a}_2 \end{pmatrix}, \quad D\begin{pmatrix} \vec{a}_1 \\ \vec{a}_2 + \vec{a}'_2 \end{pmatrix} = D\begin{pmatrix} \vec{a}_1 \\ \vec{a}_2 \end{pmatrix} + D\begin{pmatrix} \vec{a}_1 \\ \vec{a}'_2 \end{pmatrix}$

(2) $D\begin{pmatrix} k\vec{a}_1 \\ \vec{a}_2 \end{pmatrix} = kD\begin{pmatrix} \vec{a}_1 \\ \vec{a}_2 \end{pmatrix}, D\begin{pmatrix} \vec{a}_1 \\ k\vec{a}_2 \end{pmatrix} = kD\begin{pmatrix} \vec{a}_1 \\ \vec{a}_2 \end{pmatrix}$ (3) $D\begin{pmatrix} \vec{a}_1 \\ \vec{a}_2 \end{pmatrix} = -D\begin{pmatrix} \vec{a}_2 \\ \vec{a}_1 \end{pmatrix}$

(証明) $\vec{a}_2 = \vec{a}_1$ の時 (3) から $D\begin{pmatrix} \vec{a}_1 \\ \vec{a}_1 \end{pmatrix} = -D\begin{pmatrix} \vec{a}_1 \\ \vec{a}_1 \end{pmatrix}$ であるから，$2D\begin{pmatrix} \vec{a}_1 \\ \vec{a}_1 \end{pmatrix} = 0$ になり，$D\begin{pmatrix} \vec{a}_1 \\ \vec{a}_1 \end{pmatrix} = 0$ となる事に注意する．

標準基底により，$\vec{a}_1 = a_{11}\vec{e}_1 + a_{12}\vec{e}_2, \vec{a}_2 = a_{21}\vec{e}_1 + a_{22}\vec{e}_2$ と表されるから，

$$D(A) = D\begin{pmatrix} \vec{a}_1 \\ \vec{a}_2 \end{pmatrix} = D\begin{pmatrix} a_{11}\vec{e}_1 + a_{12}\vec{e}_2 \\ \vec{a}_2 \end{pmatrix} = a_{11}D\begin{pmatrix} \vec{e}_1 \\ \vec{a}_2 \end{pmatrix} + a_{12}D\begin{pmatrix} \vec{e}_2 \\ \vec{a}_2 \end{pmatrix}$$

$$= a_{11}D\begin{pmatrix} \vec{e}_1 \\ a_{21}\vec{e}_1 + a_{22}\vec{e}_2 \end{pmatrix} + a_{12}D\begin{pmatrix} \vec{e}_2 \\ a_{21}\vec{e}_1 + a_{22}\vec{e}_2 \end{pmatrix}$$

$$= a_{11}a_{21}D\begin{pmatrix} \vec{e}_1 \\ \vec{e}_1 \end{pmatrix} + a_{11}a_{22}D\begin{pmatrix} \vec{e}_1 \\ \vec{e}_2 \end{pmatrix} + a_{12}a_{21}D\begin{pmatrix} \vec{e}_2 \\ \vec{e}_1 \end{pmatrix} + a_{12}a_{22}D\begin{pmatrix} \vec{e}_2 \\ \vec{e}_2 \end{pmatrix}$$

$$= a_{11}a_{22}D\begin{pmatrix}\vec{e}_1\\\vec{e}_2\end{pmatrix} + a_{12}a_{21}D\begin{pmatrix}\vec{e}_2\\\vec{e}_1\end{pmatrix}$$

ここで, $D\begin{pmatrix}\vec{e}_1\\\vec{e}_2\end{pmatrix} = D(E)$, $D\begin{pmatrix}\vec{e}_2\\\vec{e}_1\end{pmatrix} = -D\begin{pmatrix}\vec{e}_1\\\vec{e}_2\end{pmatrix} = -D(E)$ となる事に注意すれば,

$$D(A) = a_{11}a_{22}D(E) - a_{12}a_{21}D(E) = |A|D(E) \qquad \square$$

上の証明の中で見たように, 1 行目と 2 行目が等しいならば $\begin{vmatrix}\vec{a}_1\\\vec{a}_1\end{vmatrix} = 0$. これはある行に他の行の定数倍を足しても行列式の値は変わらない事を意味する.

$$\begin{vmatrix}\vec{a}_1 + k\vec{a}_2\\\vec{a}_2\end{vmatrix} = \begin{vmatrix}\vec{a}_1\\\vec{a}_2\end{vmatrix} + k\begin{vmatrix}\vec{a}_2\\\vec{a}_2\end{vmatrix} = \begin{vmatrix}\vec{a}_1\\\vec{a}_2\end{vmatrix}, \quad \begin{vmatrix}\vec{a}_1\\\vec{a}_2 + k\vec{a}_1\end{vmatrix} = \begin{vmatrix}\vec{a}_1\\\vec{a}_2\end{vmatrix}$$

また, $|{}^tA| = \begin{vmatrix}a_{11} & a_{21}\\a_{12} & a_{22}\end{vmatrix} = |A|$ であるから, 行ベクトルで成り立つ事は列ベクトル $|A| = |\vec{A}_1, \vec{A}_2|$ についても成り立つ. 以上を次の定理にまとめる.

定理 24.4. (1) $|{}^tA| = |A|$, $|AB| = |A||B|$, $|E| = 1$, $|O| = 0$
(2) 各行および各列について線形.
$$\begin{vmatrix}k\vec{a}_1 + h\vec{a}'_1\\\vec{a}_2\end{vmatrix} = k\begin{vmatrix}\vec{a}_1\\\vec{a}_2\end{vmatrix} + h\begin{vmatrix}\vec{a}'_1\\\vec{a}_2\end{vmatrix}, \quad \begin{vmatrix}\vec{a}_1\\k\vec{a}_2 + h\vec{a}'_2\end{vmatrix} = k\begin{vmatrix}\vec{a}_1\\\vec{a}_2\end{vmatrix} + h\begin{vmatrix}\vec{a}_1\\\vec{a}'_2\end{vmatrix}$$
$$|(k\vec{A}_1 + h\vec{A}'_1), \vec{A}_2| = k|\vec{A}_1, \vec{A}_2| + h|\vec{A}'_1, \vec{A}_2|$$
$$|\vec{A}_1, (k\vec{A}_2 + h\vec{A}'_2)| = k|\vec{A}_1, \vec{A}_2| + h|\vec{A}_1, \vec{A}'_2|$$
(3) 行同士または列同士の入れ替えは − が付く.
$$\begin{vmatrix}\vec{a}_1\\\vec{a}_2\end{vmatrix} = -\begin{vmatrix}\vec{a}_2\\\vec{a}_1\end{vmatrix}, \quad |\vec{A}_1, \vec{A}_2| = -|\vec{A}_2, \vec{A}_1|$$
(4) ある列に他の列の定数倍を加えても行列式の値は変わらない. 同様にある行に他の行の定数倍を加えても行列式の値は変わらない.

問題 24.2. 上の定理 (2) (3) の列ベクトルに関する部分を行列式の定義から直接示せ.

3 次正方行列の行列式

2 次の行列式と同様の性質を持つ 3 次正方行列の行列式を定義したい. そのために, 各 3 次正方行列に実数を対応させる関数 $D(A)$ で定理 24.3 の性質 (1)-(3) を満たすものを考える. (1) (2) は行ベクトルについて線形である事を意味し, (3) は二つの行ベクトルを入れ替えると − が付く事を意味する. 省略して記述すると次のようになる.

(D1) $D\begin{pmatrix}\vdots\\\vec{a}_i + \vec{a}'_i\\\vdots\end{pmatrix} = D\begin{pmatrix}\vdots\\\vec{a}_i\\\vdots\end{pmatrix} + D\begin{pmatrix}\vdots\\\vec{a}'_i\\\vdots\end{pmatrix}$ (D2) $D\begin{pmatrix}\vdots\\k\vec{a}_i\\\vdots\end{pmatrix} = kD\begin{pmatrix}\vdots\\\vec{a}_i\\\vdots\end{pmatrix}$

$$\text{(D3)} \quad D\begin{pmatrix} \vdots \\ \vec{a}_i \\ \vdots \\ \vec{a}_j \\ \vdots \end{pmatrix} = -D\begin{pmatrix} \vdots \\ \vec{a}_j \\ \vdots \\ \vec{a}_i \\ \vdots \end{pmatrix} \quad \text{特に二つの行が等しいならば } D\begin{pmatrix} \vdots \\ \vec{a}_i \\ \vdots \\ \vec{a}_i \\ \vdots \end{pmatrix} = 0$$

また各行ベクトルを標準基底で表すと,

$$\begin{cases} \vec{a}_1 = a_{11}\vec{e}_1 + a_{12}\vec{e}_2 + a_{13}\vec{e}_3 \\ \vec{a}_2 = a_{21}\vec{e}_1 + a_{22}\vec{e}_2 + a_{23}\vec{e}_3 \\ \vec{a}_3 = a_{31}\vec{e}_1 + a_{32}\vec{e}_2 + a_{33}\vec{e}_3 \end{cases}$$

であるから, 上の (D1) (D2) (D3) の後半より,

$$D(A) = D\begin{pmatrix} \vec{a}_1 \\ \vec{a}_2 \\ \vec{a}_3 \end{pmatrix} = D\begin{pmatrix} a_{11}\vec{e}_1 + a_{12}\vec{e}_2 + a_{13}\vec{e}_3 \\ \vec{a}_2 \\ \vec{a}_3 \end{pmatrix}$$

$$= a_{11}D\begin{pmatrix} \vec{e}_1 \\ \vec{a}_2 \\ \vec{a}_3 \end{pmatrix} + a_{12}D\begin{pmatrix} \vec{e}_2 \\ \vec{a}_2 \\ \vec{a}_3 \end{pmatrix} + a_{13}D\begin{pmatrix} \vec{e}_3 \\ \vec{a}_2 \\ \vec{a}_3 \end{pmatrix}$$

$$= a_{11}D\begin{pmatrix} \vec{e}_1 \\ a_{21}\vec{e}_1 + a_{22}\vec{e}_2 + a_{23}\vec{e}_3 \\ \vec{a}_3 \end{pmatrix} + a_{12}D\begin{pmatrix} \vec{e}_2 \\ a_{21}\vec{e}_1 + a_{22}\vec{e}_2 + a_{23}\vec{e}_3 \\ \vec{a}_3 \end{pmatrix}$$

$$+ a_{13}D\begin{pmatrix} \vec{e}_3 \\ a_{21}\vec{e}_1 + a_{22}\vec{e}_2 + a_{23}\vec{e}_3 \\ \vec{a}_3 \end{pmatrix}$$

$$= a_{11}a_{22}D\begin{pmatrix} \vec{e}_1 \\ \vec{e}_2 \\ \vec{a}_3 \end{pmatrix} + a_{11}a_{23}D\begin{pmatrix} \vec{e}_1 \\ \vec{e}_3 \\ \vec{a}_3 \end{pmatrix} + a_{12}a_{21}D\begin{pmatrix} \vec{e}_2 \\ \vec{e}_1 \\ \vec{a}_3 \end{pmatrix} + a_{12}a_{23}D\begin{pmatrix} \vec{e}_2 \\ \vec{e}_3 \\ \vec{a}_3 \end{pmatrix}$$

$$+ a_{13}a_{21}D\begin{pmatrix} \vec{e}_3 \\ \vec{e}_1 \\ \vec{a}_3 \end{pmatrix} + a_{13}a_{22}D\begin{pmatrix} \vec{e}_3 \\ \vec{e}_2 \\ \vec{a}_3 \end{pmatrix}$$

$$= a_{11}a_{22}a_{33}D\begin{pmatrix} \vec{e}_1 \\ \vec{e}_2 \\ \vec{e}_3 \end{pmatrix} + a_{11}a_{23}a_{32}D\begin{pmatrix} \vec{e}_1 \\ \vec{e}_3 \\ \vec{e}_2 \end{pmatrix} + a_{12}a_{21}a_{33}D\begin{pmatrix} \vec{e}_2 \\ \vec{e}_1 \\ \vec{e}_3 \end{pmatrix}$$

$$+ a_{12}a_{23}a_{31} D \begin{pmatrix} \vec{e}_2 \\ \vec{e}_3 \\ \vec{e}_1 \end{pmatrix} + a_{13}a_{21}a_{32} D \begin{pmatrix} \vec{e}_3 \\ \vec{e}_1 \\ \vec{e}_2 \end{pmatrix} + a_{13}a_{22}a_{31} D \begin{pmatrix} \vec{e}_3 \\ \vec{e}_2 \\ \vec{e}_1 \end{pmatrix}$$

$$= \sum_{(p_1, p_2, p_3)} a_{1p_1} a_{2p_2} a_{3p_3} D \begin{pmatrix} \vec{e}_{p_1} \\ \vec{e}_{p_2} \\ \vec{e}_{p_3} \end{pmatrix}$$

ここで (p_1, p_2, p_3) は $(1, 2, 3)$ の順序を入れ替えた順列であり,

$$D \begin{pmatrix} \vec{e}_1 \\ \vec{e}_2 \\ \vec{e}_3 \end{pmatrix} = D(E), \quad D \begin{pmatrix} \vec{e}_1 \\ \vec{e}_3 \\ \vec{e}_2 \end{pmatrix} = -D \begin{pmatrix} \vec{e}_1 \\ \vec{e}_2 \\ \vec{e}_3 \end{pmatrix} = -D(E)$$

$$D \begin{pmatrix} \vec{e}_2 \\ \vec{e}_1 \\ \vec{e}_3 \end{pmatrix} = -D \begin{pmatrix} \vec{e}_1 \\ \vec{e}_2 \\ \vec{e}_3 \end{pmatrix} = -D(E)$$

$$D \begin{pmatrix} \vec{e}_2 \\ \vec{e}_3 \\ \vec{e}_1 \end{pmatrix} = -D \begin{pmatrix} \vec{e}_2 \\ \vec{e}_1 \\ \vec{e}_3 \end{pmatrix} = D \begin{pmatrix} \vec{e}_1 \\ \vec{e}_2 \\ \vec{e}_3 \end{pmatrix} = D(E)$$

$$D \begin{pmatrix} \vec{e}_3 \\ \vec{e}_1 \\ \vec{e}_2 \end{pmatrix} = -D \begin{pmatrix} \vec{e}_1 \\ \vec{e}_3 \\ \vec{e}_2 \end{pmatrix} = D \begin{pmatrix} \vec{e}_1 \\ \vec{e}_2 \\ \vec{e}_3 \end{pmatrix} = D(E)$$

$$D \begin{pmatrix} \vec{e}_3 \\ \vec{e}_2 \\ \vec{e}_1 \end{pmatrix} = -D \begin{pmatrix} \vec{e}_1 \\ \vec{e}_2 \\ \vec{e}_3 \end{pmatrix} = -D(E)$$

であるから,

$$D(A) = (a_{11}a_{22}a_{33} + a_{12}a_{23}a_{31} + a_{13}a_{21}a_{32} - a_{11}a_{23}a_{32} - a_{12}a_{21}a_{33} - a_{13}a_{22}a_{31})D(E)$$

この右辺の括弧内を 3 次正方行列の行列式と定義し, 記号 $|A|$ で表す.

(24.1)
$$|A| = a_{11}a_{22}a_{33} + a_{12}a_{23}a_{31} + a_{13}a_{21}a_{32} - a_{11}a_{23}a_{32} - a_{12}a_{21}a_{33} - a_{13}a_{22}a_{31}$$

この $|A|$ が性質 (D1) (D2) (D3) を満たす事を確かめよう. 行列式の各項は, 全て違う行の成分の積であり, 各行の成分はちょうど一つずつである. この事実から, (D1) (D2) は分配法則 $b(a + a') = ba + ba'$ から示される. (D3) は実際に行を入れ替えると各項の符合が変わる事を確かめればよい.

上で述べた事をまとめると, 次の定理になる.

定理 24.5. (1) $D(A)$ が性質 (D1) (D2) (D3) を満たすならば，$D(A) = |A|D(E)$. 特に $D(E) = 1$ ならば $D(A) = |A|$.

(2) $D(A) = |A|$ は性質 (D1) (D2) (D3) を満たす．

さて，行列 B を固定して，関数 $D(A) = |AB|$ を考える．A の行ベクトルを $\vec{a}_i$，B の列ベクトルを $\vec{B}_j$ とすると，

$$AB = \begin{pmatrix} \vec{a}_1 \\ \vec{a}_2 \\ \vec{a}_3 \end{pmatrix} (\vec{B}_1, \vec{B}_2, \vec{B}_3) = \begin{pmatrix} \vec{a}_1 B \\ \vec{a}_2 B \\ \vec{a}_3 B \end{pmatrix}$$

ここで $\vec{a}_i B$ は行列の積であり，行ベクトルである．

$$\vec{a}_i B = (\sum_{j=1}^{n} a_{ij} b_{j1}, \cdots, \sum_{j=1}^{n} a_{ij} b_{jk}, \cdots, \sum_{j=1}^{n} a_{ij} b_{jn})$$

すると行列の積の性質から

$$D\begin{pmatrix} \vdots \\ \vec{a}_i + \vec{a}'_i \\ \vdots \end{pmatrix} = \begin{vmatrix} \vdots \\ \vec{a}_i + \vec{a}'_i \\ \vdots \end{vmatrix} B = |(\vec{a}_i + \vec{a}'_i)B| = \begin{vmatrix} \vdots \\ \vec{a}_i B \\ \vdots \end{vmatrix} + \begin{vmatrix} \vdots \\ \vec{a}'_i B \\ \vdots \end{vmatrix}$$

$$= \begin{vmatrix} \vdots \\ \vec{a}_i \\ \vdots \end{vmatrix} B + \begin{vmatrix} \vdots \\ \vec{a}'_i \\ \vdots \end{vmatrix} B = D\begin{pmatrix} \vdots \\ \vec{a}_i \\ \vdots \end{pmatrix} + D\begin{pmatrix} \vdots \\ \vec{a}'_i \\ \vdots \end{pmatrix}$$

$$D\begin{pmatrix} \vdots \\ k\vec{a}_i \\ \vdots \end{pmatrix} = \begin{vmatrix} \vdots \\ k\vec{a}_i \\ \vdots \end{vmatrix} B = |k\vec{a}_i B| = k|\vec{a}_i B| = k\begin{vmatrix} \vdots \\ \vec{a}_i \\ \vdots \end{vmatrix} B = kD\begin{pmatrix} \vdots \\ \vec{a}_i \\ \vdots \end{pmatrix}$$

$$D\begin{pmatrix} \vdots \\ \vec{a}_i \\ \vdots \\ \vec{a}_j \\ \vdots \end{pmatrix} = \begin{vmatrix} \vdots \\ \vec{a}_i \\ \vdots \\ \vec{a}_j \\ \vdots \end{vmatrix} B = \begin{vmatrix} \vdots \\ \vec{a}_i B \\ \vdots \\ \vec{a}_j B \\ \vdots \end{vmatrix} = -\begin{vmatrix} \vdots \\ \vec{a}_j B \\ \vdots \\ \vec{a}_i B \\ \vdots \end{vmatrix} = -\begin{vmatrix} \vdots \\ \vec{a}_j \\ \vdots \\ \vec{a}_i \\ \vdots \end{vmatrix} B = -D\begin{pmatrix} \vdots \\ \vec{a}_j \\ \vdots \\ \vec{a}_i \\ \vdots \end{pmatrix}$$

したがって，$D(A) = |AB|$ は性質 (D1) (D2) (D3) を満たす．よって上の定理から $D(A) = |A|D(E)$．しかも $D(E) = |EB| = |B|$ であるから，$|AB| = D(A) = |A||B|$．すると $|A||A^{-1}| = |E| = 1$ より，A^{-1} があるならば $|A| \neq 0$ となる．

定理 24.6. (1) $|AB| = |A||B|$, $|E| = 1$

(2) $|A| = 0$ ならば A は正則でない．逆行列を持たない．

3次までの行列式の各項の符合を見るためには次の図が有用である．

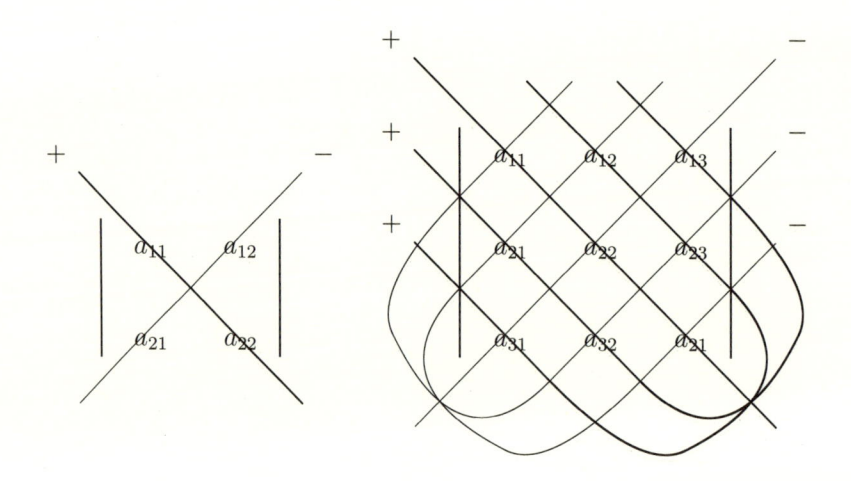

問題 24.3. 次の行列の行列式を求めよ.

(1) $\begin{vmatrix} 2 & 3 & 1 \\ 3 & 2 & 4 \\ 5 & 1 & 3 \end{vmatrix}$ (2) $\begin{vmatrix} 2 & 3 & -1 \\ -3 & 2 & 4 \\ 7 & 4 & -6 \end{vmatrix}$

問題 24.4. $|{}^t A| = |A|$ を示せ.

上の問題から, 行で成り立つ事は列でも成り立つ. それで2次の行列式についての定理 24.4 と同様の定理が成り立つ.

また, 行列式の定義式を次のように変形する.

$$|A| = a_{11}(a_{22}a_{33} - a_{23}a_{32}) + a_{12}(a_{23}a_{31} - a_{21}a_{33}) + a_{13}(a_{21}a_{32} - a_{22}a_{31})$$
$$= a_{11}\begin{vmatrix} a_{22} & a_{23} \\ a_{32} & a_{33} \end{vmatrix} - a_{12}\begin{vmatrix} a_{21} & a_{23} \\ a_{31} & a_{33} \end{vmatrix} + a_{13}\begin{vmatrix} a_{21} & a_{22} \\ a_{31} & a_{32} \end{vmatrix}$$
$$|A| = a_{11}(a_{22}a_{33} - a_{23}a_{32}) + a_{21}(a_{13}a_{32} - a_{12}a_{33}) + a_{31}(a_{12}a_{23} - a_{13}a_{22})$$
$$= a_{11}\begin{vmatrix} a_{22} & a_{23} \\ a_{32} & a_{33} \end{vmatrix} - a_{21}\begin{vmatrix} a_{12} & a_{13} \\ a_{32} & a_{33} \end{vmatrix} + a_{31}\begin{vmatrix} a_{12} & a_{13} \\ a_{22} & a_{23} \end{vmatrix}$$

最初の式を第1行目についての展開と言い, 2番目の式を第1列についての展開と言う.

25. 一般の正方行列の行列式

順列

前節で見たように2次の行列式は $|A| = \sum \pm a_{1p_1}a_{2p_2}$, 3次の行列式は $\sum \pm a_{1p_1}a_{2p_2}a_{3p_3}$ と表される. この $(p_1, p_2), (p_1, p_2, p_3)$ はそれぞれ $(1,2), (1,2,3)$ を並べ替えたもの (順列) であり, 符合は $\begin{vmatrix} \vec{e}_{p_1} \\ \vec{e}_{p_2} \end{vmatrix}, \begin{vmatrix} \vec{e}_{p_1} \\ \vec{e}_{p_2} \\ \vec{e}_{p_3} \end{vmatrix}$ の値である. よって, $(1,2,3)$ の二つの数を偶数回入れ替える事で (p_1, p_2, p_3) になるならば符合は $+$ になり, 奇数回の入れ替えで (p_1, p_2, p_3) になるならば符合は $-$ になる. そこで, n 次の行列式を定義するために $(1, 2, \cdots, n)$ の順列について解説する.

n 個の自然数 $(1, 2, \cdots, n)$ を並べ替えたもの $(p_1, p_2, \cdots, p_n)$ を順列と呼び, 順列全部の集合を S_n で表す. S_n の要素の数は $n!$ 個ある. 順列の二つの数を入れ替える操作を互換と言う.

$$(\cdots, p_i, \cdots, p_j, \cdots) \to (\cdots, p_j, \cdots, p_i, \cdots)$$

全ての順列 $(p_1, p_2, \cdots, p_n)$ は $(1, 2, \cdots, n)$ に互換を何回か施す事によって得られる.

$$(1, 2, \cdots, p_1 - 1, p_1, \cdots, n) \to (1, 2, \cdots, p_1, p_1 - 1, \cdots, n) \to \cdots$$
$$\to (p_1, 1, 2, \cdots, p_2, \cdots, n) \to \cdots \to (p_1, p_2, 1, 2, \cdots, n) \to \cdots \to (p_1, p_2, \cdots, p_n)$$

順列 $(p_1, p_2, \cdots, p_n)$ で, $i < j, p_i > p_j$ となる数の組 (p_i, p_j) を転位と呼び, 転位の総数を順列の転位数と言う. 転位数が偶数の順列を**偶順列**と呼び, 順列の符合を

$$\mathrm{sgn}(p_1, p_2, \cdots, p_n) = 1$$

と定義する. また転位数が奇数の順列を**奇順列**と呼び, 順列の符合を

$$\mathrm{sgn}(p_1, p_2, \cdots, p_n) = -1$$

と定義する.

例 25.1. 順列 $(1, 2, \cdots, n)$ は転位数 0 で偶順列になり, $\mathrm{sgn}(1, 2, \cdots, n) = 1$.

順列 $(3, 1, 5, 4, 2)$ の転位は $(3,1), (3,2), (5,4), (5,2), (4,2)$ の 5 個であるから転位数 5 になり, 奇順列. $\mathrm{sgn}(3, 1, 4, 2) = -1$.

順列 $(\cdots, p_i, \cdots, p_j, \cdots)$ に互換を施して順列 $(\cdots, p_j, \cdots, p_i, \cdots)$ にした時, 転位数がどのように変化するか調べてみよう.

$p_i < p_j$ とする. 順列の中の数 p_k $(i < k < j)$ の中で, $p_k < p_i$ となるものの個数を f 個, $p_i < p_k < p_j$ となるものの個数を g 個, $p_j < p_k$ となるものの個数を h 個とする.

$$(\cdots, p_i, \cdots, p_k, \cdots, p_j, \cdots) \to (\cdots, p_j, \cdots, p_k, \cdots, p_i, \cdots)$$

まず転位 (p_j, p_i) が一つ増える.

次に, $p_k < p_i < p_j$ となる p_k を考えると, f 個の転位 (p_i, p_k) は (p_k, p_i) になるので解消されるが, 新たに f 個の転位 (p_j, p_k) が増える.

$p_i < p_k < p_j$ となる p_k を考えると, 新たに $2g$ 個の転位 (p_k, p_i) と (p_j, p_k) が増える.

$p_i < p_j < p_k$ の時は, h 個の転位 (p_k, p_i) が増えるが, 転位 (p_k, p_j) が (p_j, p_k) になり解消される.

以上から, 転位数は $2g+1$ 増える事になる.

$p_i > p_j$ の場合は上の転位数の増減を逆にすればよいので, 転位数は $2g+1$ 減る事になる.

以上の事から次の定理を得る.

定理 25.1. (1) 1回の互換により, 偶順列は奇順列に, 奇順列は偶順列に移る.

(2) 順列 $(1, 2, \cdots, n)$ に偶数回互換を施して出来る順列は偶順列であり, 奇数回互換を施せば奇順列を生ずる.

(3) 順列 $(p_1, p_2, \cdots, p_n)$ が m 回の互換で $(1, 2, \cdots, n)$ になるならば,

$$\mathrm{sgn}(p_1, p_2, \cdots, p_n) = (-1)^m$$

問題 25.1. S_2, S_3 の要素の順列全てについて, それの符合 sgn を求め, 偶順列か奇順列か調べよ.

行列式

さて, これから行列式 $|A|$ を $|AB| = |A||B|$ となるように定義する. 2次および3次行列式を参考にして, 各行について線形であり, 行を入れ替えると $-$ が付く関数 $D(A)$ について調べる.

(D1) $D\begin{pmatrix} \vdots \\ \vec{a}_i + \vec{a}'_i \\ \vdots \end{pmatrix} = D\begin{pmatrix} \vdots \\ \vec{a}_i \\ \vdots \end{pmatrix} + D\begin{pmatrix} \vdots \\ \vec{a}'_i \\ \vdots \end{pmatrix}$ (D2) $D\begin{pmatrix} \vdots \\ k\vec{a}_i \\ \vdots \end{pmatrix} = kD\begin{pmatrix} \vdots \\ \vec{a}_i \\ \vdots \end{pmatrix}$

(D3) $D\begin{pmatrix} \vdots \\ \vec{a}_i \\ \vdots \\ \vec{a}_j \\ \vdots \end{pmatrix} = -D\begin{pmatrix} \vdots \\ \vec{a}_j \\ \vdots \\ \vec{a}_i \\ \vdots \end{pmatrix}$ 特に二つの行が等しいならば $D\begin{pmatrix} \vdots \\ \vec{a}_i \\ \vdots \\ \vec{a}_i \\ \vdots \end{pmatrix} = 0$

2次行列式の時と同様に各行ベクトル $\vec{a}_i$ を標準基底で表すと

$$\vec{a}_i = a_{i1}\vec{e}_1 + a_{i2}\vec{e}_2 + \cdots + a_{in}\vec{e}_n = \sum_{j=1}^n a_{ij}\vec{e}_j$$

上の (D1) (D2) (D3) より

$$D(A) = D\begin{pmatrix} \vec{a}_1 \\ \vdots \\ \vec{a}_i \\ \vdots \\ \vec{a}_n \end{pmatrix} = D\begin{pmatrix} \sum_{j=1}^n a_{1j}\vec{e}_j \\ \vdots \\ \sum_{j=1}^n a_{ij}\vec{e}_j \\ \vdots \\ \sum_{j=1}^n a_{nj}\vec{e}_j \end{pmatrix} = \sum_{S_n \ni (p_1,\cdots,p_n)} a_{1p_1}a_{2p_2}\cdots a_{ip_i}\cdots a_{np_n} D\begin{pmatrix} \vec{e}_{p_1} \\ \vdots \\ \vec{e}_{p_i} \\ \vdots \\ \vec{e}_{p_n} \end{pmatrix}$$

(D3) の後半から, $(p_1,\cdots,p_n)$ は全て違う数である. したがって $(1,2,\cdots,n)$ の順列である. 順列に互換を施す事は, 行列では行を入れ替える事に当たる. $(p_1,\cdots,p_n)$ が m 回の互換で $(1,2,\cdots,n)$ になるとすると, 定理 25.1 (3) から

$$D\begin{pmatrix} \vdots \\ \vec{e}_{p_i} \\ \vdots \\ \vec{e}_{p_j} \\ \vdots \end{pmatrix} = -D\begin{pmatrix} \vdots \\ \vec{e}_{p_j} \\ \vdots \\ \vec{e}_{p_i} \\ \vdots \end{pmatrix} = \cdots = (-1)^m D\begin{pmatrix} \vec{e}_1 \\ \vec{e}_2 \\ \vdots \\ \vec{e}_n \end{pmatrix} = \mathrm{sgn}(p_1,p_2,\cdots,p_n)D(E)$$

以上から

(25.1)
$$D(A) = \left(\sum_{S_n \ni (p_1,\cdots,p_n)} \mathrm{sgn}(p_1,\cdots,p_n)\, a_{1p_1}a_{2p_2}\cdots a_{ip_i}\cdots a_{np_n} \right) D(E)$$

この括弧の中を行列式 $|A|$ と定義する.

(25.2)
$$|A| = \sum_{S_n \ni (p_1,\cdots,p_n)} \mathrm{sgn}(p_1,\cdots,p_n)\, a_{1p_1}a_{2p_2}\cdots a_{ip_i}\cdots a_{np_n}$$

$|A|$ が (D1) (D2) (D3) を満たす事は, 次のようにして分かる.

$$\begin{vmatrix} \vdots \\ \vec{a}_i + \vec{a}'_i \\ \vdots \end{vmatrix} = \sum_{(p_1,\cdots,p_i,\cdots,p_n)} \mathrm{sgn}(p_1,\cdots,p_i,\cdots,p_n)\, a_{1p_1}\cdots(a_{ip_i}+a'_{ip_i})\cdots a_{np_n}$$

$$= \sum_{(p_1,\cdots,p_i,\cdots,p_n)} \mathrm{sgn}(p_1,\cdots,p_i,\cdots,p_n)\, a_{1p_1}\cdots a_{ip_i}\cdots a_{np_n}$$

$$+ \sum_{(p_1,\cdots,p_i,\cdots,p_n)} \mathrm{sgn}(p_1,\cdots,p_i,\cdots,p_n)\, a_{1p_1}\cdots a'_{ip_i}\cdots a_{np_n}$$

$$= \begin{vmatrix} \vdots \\ \vec{a}_i \\ \vdots \end{vmatrix} + \begin{vmatrix} \vdots \\ \vec{a}'_i \\ \vdots \end{vmatrix}$$

$$\begin{vmatrix} \vdots \\ k\vec{a}_i \\ \vdots \end{vmatrix} = \sum_{(p_1,\cdots,p_i,\cdots,p_n)} \operatorname{sgn}(p_1,\cdots,p_i,\cdots,p_n)\, a_{1p_1}\cdots(ka_{ip_i})\cdots a_{np_n}$$

$$= k \sum_{(p_1,\cdots,p_i,\cdots,p_n)} \operatorname{sgn}(p_1,\cdots,p_i,\cdots,p_n)\, a_{1p_1}\cdots a_{ip_i}\cdots a_{np_n} = k\begin{vmatrix} \vdots \\ \vec{a}_i \\ \vdots \end{vmatrix}$$

$$\begin{vmatrix} \vdots \\ \vec{a}_i \\ \vdots \\ \vec{a}_j \\ \vdots \end{vmatrix} = \sum_{(\cdots,p_i,\cdots,p_j,\cdots)} \operatorname{sgn}(\cdots,p_i,\cdots,p_j,\cdots)\, a_{1p_1}\cdots a_{ip_i}\cdots a_{jp_j}\cdots a_{np_n}$$

$$= \sum_{(\cdots,p_j,\cdots,p_i,\cdots)} -\operatorname{sgn}(\cdots,p_j,\cdots,p_i,\cdots)\, a_{1p_1}\cdots a_{jp_j}\cdots a_{ip_i}\cdots a_{np_n} = -\begin{vmatrix} \vdots \\ \vec{a}_j \\ \vdots \\ \vec{a}_i \\ \vdots \end{vmatrix}$$

以上から

定理 25.2. (1) 関数 $D(A)$ が (D1) (D2) (D3) を満たすならば $D(A) = |A|D(E)$. 特に $D(E) = 1$ ならば $D(A) = |A|$.
(2) $|A|$ は (D1) (D2) (D3) を満たし, $|E| = 1$.

行列 B を一つ固定し関数 $D(A) = |AB|$ を考えると, 3 次行列式の時と同様の計算により, (D1) (D2) (D3) を満たす事が分かる. 上の定理から, $D(A) = |A|D(E)$ になり, $D(E) = |EB| = |B|$ から $|AB| = D(A) = |A||B|$ が示される.

定理 25.3. (1) $|AB| = |A||B|$
(2) $|A| = 0$ ならば A は正則でない. すなわち逆行列を持たない.

$A = (a_{ij})$ とすると転置行列 ${}^tA = ({}^ta_{ij})$ は ${}^ta_{ij} = a_{ji}$ により与えられる. よって

$$|{}^tA| = \sum_{(p_1,p_2,\cdots,p_n)} \operatorname{sgn}(p_1,p_2,\cdots,p_n)\, {}^ta_{1p_1}\cdots {}^ta_{ip_i}\cdots {}^ta_{np_n}$$

$$= \sum_{(p_1,p_2,\cdots,p_n)} \operatorname{sgn}(p_1,p_2,\cdots,p_n)\, a_{p_11}\cdots a_{p_ii}\cdots a_{p_nn}$$

ここで $(p_1,\cdots,p_n)$ は互換 m 回で $(1,2,\cdots,n)$ になり,それに合わせて各項の順番を入れ替えると

$$a_{p_1 1}\cdots a_{p_i i}\cdots a_{p_n n} = a_{1 q_1}\cdots a_{i q_i}\cdots a_{n q_n}$$

となる.順列 $(q_1,\cdots,q_n)$ は同じ互換 m 回で $(1,2,\cdots,n)$ から得られる順列であるから,定理 25.1 から

$$\mathrm{sgn}(p_1,\cdots,p_n) = (-1)^m = \mathrm{sgn}(q_1,\cdots,q_n)$$

以上から

(25.3) $$|{}^t A| = \sum_{(q_1,\cdots,q_n)} \mathrm{sgn}(q_1,\cdots,q_n) a_{1 q_1}\cdots a_{n q_n} = |A|$$

これは,行ベクトルについて成り立つ事は列ベクトルでも成り立つ事を意味する.

性質 (D3) の後半から,二つの行が等しいならば行列式は 0 になる.それで性質 (D1) (D2) より,ある行に他の行の定数倍を加えても行列式の値は変わらない.列についても同じ事は成り立つ.

また A を $n-1$ 次正方行列とし,$D(A) = \begin{vmatrix} a & 0 \\ 0 & A \end{vmatrix}$ とすると,(D1) (D2) (D3) を満たす.$D(E) = a$ であるから定理 25.2 より $D(A) = a|A|$.

定理 24.4 と同様に以上の結果をまとめる.

定理 25.4. (1) $|{}^t A| = |A|$, $|AB| = |A||B|$, $\begin{vmatrix} a & 0 \\ 0 & A \end{vmatrix} = a|A|$, $|E| = 1$, $|O| = 0$

ある行または列が全て 0 ならば $|A| = 0$.

(2) 各行および各列について線形.

$$\begin{vmatrix} \vdots \\ k\vec{a}_i + h\vec{a}'_i \\ \vdots \end{vmatrix} = k\begin{vmatrix} \vdots \\ \vec{a}_i \\ \vdots \end{vmatrix} + h\begin{vmatrix} \vdots \\ \vec{a}'_i \\ \vdots \end{vmatrix}$$

$$|\cdots, (k\vec{A}_j + h\vec{A}'_j), \cdots| = k|\cdots, \vec{A}_j, \cdots| + h|\cdots, \vec{A}'_j, \cdots|$$

(3) 行同士または列同士の入れ替えは $-$ が付く.

$$\begin{vmatrix} \vdots \\ \vec{a}_i \\ \vdots \\ \vec{a}_j \\ \vdots \end{vmatrix} = -\begin{vmatrix} \vdots \\ \vec{a}_j \\ \vdots \\ \vec{a}_i \\ \vdots \end{vmatrix}, \quad |\cdots, \vec{A}_i, \cdots, \vec{A}_j, \cdots| = -|\cdots, \vec{A}_j, \cdots, \vec{A}_i, \cdots|$$

(4) ある列に他の列の定数倍を加えても行列式の値は変わらない.同様にある行に他の行の定数倍を加えても行列式の値は変わらない.

消去法による行列式の計算

行列式の定義は項数が $n!$ 個あるから n が大きい時は計算に適しない. そこで実際の計算では定理 25.4 を使用して次数を下げて計算する事になる. その場合の計算方法は消去法の計算とほぼ同じで, 次のように定式化される.

1. $a_{11} = 0$ ならば定理 25.4 (3) を使用して行を入れ替え, $a_{11} \neq 0$ にする.
全ての i で $a_{i1} = 0$ ならば, 定理 25.4 (1) より $|A| = 0$.

2. 各 i 行から $\dfrac{a_{i1}}{a_{11}} \times (\,1\,\text{行})$ を引く.

この操作の結果の行列は, a_{11} 以外の1列目の成分は全て 0 になる.

さらに, 各列から $\dfrac{a_{1j}}{a_{11}} \times (\,1\,\text{列})$ を引くと, a_{11} 以外の1行目の成分は全て 0 になり, それ以外の成分は変化しない. よって, 定理 25.4 (1) から $n-1$ 次の行列式に変形出来る.

$$|A| = \begin{vmatrix} a_{11} & a_{12} & \cdots & a_{1n} \\ 0 & & & \\ \vdots & & A' & \\ 0 & & & \end{vmatrix} = \begin{vmatrix} a_{11} & 0 & \cdots & 0 \\ 0 & & & \\ \vdots & & A' & \\ 0 & & & \end{vmatrix} = a_{11}|A'|$$

例題 25.1. 行列式 $\begin{vmatrix} 0 & 3 & -2 & 2 \\ -2 & 1 & -3 & 2 \\ 2 & -2 & 4 & 1 \\ 3 & 2 & 1 & -1 \end{vmatrix}$ を求めよ.

(証明)

$$\begin{vmatrix} 0 & 3 & -2 & 2 \\ -2 & 1 & -3 & 2 \\ 2 & -2 & 4 & 1 \\ 3 & 2 & 1 & -1 \end{vmatrix} \quad 1\,\text{行と}\,3\,\text{行を入れ替える} = -\begin{vmatrix} 2 & -2 & 4 & 1 \\ -2 & 1 & -3 & 2 \\ 0 & 3 & -2 & 2 \\ 3 & 2 & 1 & -1 \end{vmatrix} \begin{matrix} \\ +1\,\text{行} \\ \\ -\frac{3}{2}\times 1\,\text{行} \end{matrix}$$

$$= -\begin{vmatrix} 2 & -2 & 4 & 1 \\ 0 & -1 & 1 & 3 \\ 0 & 3 & -2 & 2 \\ 0 & 5 & -5 & -\frac{5}{2} \end{vmatrix} = -2\begin{vmatrix} -1 & 1 & 3 \\ 3 & -2 & 2 \\ 5 & -5 & -\frac{5}{2} \end{vmatrix} \begin{matrix} \\ +3\times 1\,\text{行} \\ +5\times 1\,\text{行} \end{matrix}$$

$$= -2\begin{vmatrix} -1 & 1 & 3 \\ 0 & 1 & 11 \\ 0 & 0 & \frac{25}{2} \end{vmatrix} = 2\begin{vmatrix} 1 & 11 \\ 0 & \frac{25}{2} \end{vmatrix} = 2\frac{25}{2} = 25$$

(注 ここでは後の計算の便宜を考慮して最初に1行と3行を交換したが, 最初に1行と2行を交換するのが普通である.)

問題 25.2. 次の行列式を消去法で求めよ.

(1) $\begin{vmatrix} 2 & 3 & 1 \\ 3 & 2 & 4 \\ 5 & 1 & 3 \end{vmatrix}$
(2) $\begin{vmatrix} 2 & 3 & -1 \\ -3 & 2 & 4 \\ 7 & 4 & -6 \end{vmatrix}$
(3) $\begin{vmatrix} 4 & -1 & 1 & 5 \\ 2 & -3 & 5 & 1 \\ 1 & 1 & -2 & 2 \\ 5 & 0 & -1 & 2 \end{vmatrix}$
(4) $\begin{vmatrix} -1 & 6 & 9 & -1 \\ 0 & -3 & -1 & 0 \\ 1 & 9 & 5 & 1 \\ -2 & 0 & 1 & 1 \end{vmatrix}$

26. 余因子展開

余因子

n 次正方行列 $A = (a_{ij})$ の行ベクトル $\vec{a}_i$ を標準基底で表すと $\vec{a}_i = \sum_{j=1}^{n} a_{ij} \vec{e}_j$ になり, 定理 25.4 (2) を使うと

(26.1)
$$|A| = \begin{vmatrix} \vec{a}_1 \\ \vdots \\ \sum_{j=1}^{n} a_{ij}\vec{e}_j \\ \vdots \\ \vec{a}_n \end{vmatrix} = a_{i1}\begin{vmatrix} \vec{a}_1 \\ \vdots \\ \vec{e}_1 \\ \vdots \\ \vec{a}_n \end{vmatrix} + \cdots + a_{ij}\begin{vmatrix} \vec{a}_1 \\ \vdots \\ \vec{e}_j \\ \vdots \\ \vec{a}_n \end{vmatrix} + \cdots + a_{in}\begin{vmatrix} \vec{a}_1 \\ \vdots \\ \vec{e}_n \\ \vdots \\ \vec{a}_n \end{vmatrix} = \sum_{j=1}^{n} a_{ij}\begin{vmatrix} \vec{a}_1 \\ \vdots \\ \vec{e}_j \\ \vdots \\ \vec{a}_n \end{vmatrix}$$

ここで $A = \begin{pmatrix} & & a_{1j} & & \\ A' & \vdots & B' \\ a_{i1} & \cdots & a_{ij} & \cdots & a_{in} \\ C' & \vdots & D' \\ & & a_{nj} & & \end{pmatrix}$ とすると $\begin{pmatrix} \vec{a}_1 \\ \vdots \\ \vec{e}_j \\ \vdots \\ \vec{a}_n \end{pmatrix} = \begin{pmatrix} & & a_{1j} & & \\ A' & \vdots & B' \\ 0 & 0 & 1 & 0 & 0 \\ C' & \vdots & D' \\ & & a_{nj} & & \end{pmatrix}$ となる. 定理 25.4 (4) より各 i' 行から $a_{i'j} \times (i\text{ 行})$ を引く事で, j 列の i 行以外の成分を 0 に出来る. それから, 一つ前の行と入れ替えるという操作を $i-1$ 回する事で i 行を 1 行目にずらす. さらに, 直前の列と入れ替える操作を $j-1$ 回して j 列目を 1 列目にずらす.

$$\begin{vmatrix} \vec{a}_1 \\ \vdots \\ \vec{e}_j \\ \vdots \\ \vec{a}_n \end{vmatrix} = \begin{vmatrix} A' & \vdots & B' \\ 0 & 1 & 0 \\ C' & \vdots & D' \end{vmatrix} = \begin{vmatrix} A' & 0 & B' \\ 0 & 1 & 0 \\ C' & 0 & D' \end{vmatrix} = (-1)^{i-1} \begin{vmatrix} 0 & 1 & 0 \\ A' & 0 & B' \\ C' & 0 & D' \end{vmatrix}$$

$$= (-1)^{i-1}(-1)^{j-1} \begin{vmatrix} 1 & 0 & 0 \\ 0 & A' & B' \\ 0 & C' & D' \end{vmatrix} = (-1)^{i+j} \begin{vmatrix} A' & B' \\ C' & D' \end{vmatrix}$$

この最後に表れた値を A の (i, j) 余因子と呼び, $\boldsymbol{A_{ij}}$ で表す. これは A から i 行と j 列を抜いて出来る行列の行列式に符合 $(-1)^{i+j}$ を付けたものである.

(26.2) $\qquad A_{ij} = (-1)^{i+j} \begin{array}{c} j \text{ 列} \\ \left|\begin{array}{c|c} A' & B' \\ \hline C' & D' \end{array}\right| \, i \text{ 行} \end{array} \quad i \text{ 行 } j \text{ 列を抜いた行列}$

以上から (26.1) は次の式を意味する.

(26.3) $$|A| = a_{i1}A_{i1} + \cdots + a_{ij}A_{ij} + \cdots + a_{in}A_{in} = \sum_{j=1}^{n} a_{ij}A_{ij}$$

この式を行列式の 第 i 行に関する余因子展開と言う.

同様に列ベクトル $\vec{A}_j$ を標準基底で表して, $|A|$ を展開すると

$$|A| = \sum_{i=1}^{n} a_{ij} |\vec{A}_1, \cdots, \vec{e}_i, \cdots, \vec{A}_n|$$

となり, 各項で $|\vec{A}_1, \cdots, \vec{e}_i, \cdots, \vec{A}_n| = A_{ij}$ となるから, 第 j 列に関する余因子展開

(26.4) $$|A| = a_{1j}A_{1j} + \cdots + a_{ij}A_{ij} + \cdots + a_{nj}A_{nj} = \sum_{i=1}^{n} a_{ij}A_{ij}$$

を得る.

例 26.1. (1) 行列 $A = \begin{pmatrix} a & b \\ c & d \end{pmatrix}$ の余因子は $A_{11} = d$, $A_{12} = -c$, $A_{21} = -b$, $A_{22} = a$ である. 行に関する余因子展開は次のようになる.

$$|A| = ad - bc = aA_{11} + bA_{12}, \qquad |A| = -bc + ad = cA_{21} + dA_{22}$$

列に関する余因子展開は次のようになる.

$$|A| = ad - bc = aA_{11} + cA_{21}, \qquad |A| = -bc + ad = bA_{12} + dA_{22}$$

(2) 行列 $A = \begin{pmatrix} 0 & 3 & -1 \\ 3 & 4 & 2 \\ 2 & 2 & 1 \end{pmatrix}$ の余因子は次のようになる.

$$A_{11} = \begin{vmatrix} 4 & 2 \\ 2 & 1 \end{vmatrix} = 0, \qquad A_{12} = -\begin{vmatrix} 3 & 2 \\ 2 & 1 \end{vmatrix} = 1, \qquad A_{13} = \begin{vmatrix} 3 & 4 \\ 2 & 2 \end{vmatrix} = -2$$

$$A_{21} = -\begin{vmatrix} 3 & -1 \\ 2 & 1 \end{vmatrix} = -5, \quad A_{22} = \begin{vmatrix} 0 & -1 \\ 2 & 1 \end{vmatrix} = 2, \qquad A_{23} = -\begin{vmatrix} 0 & 3 \\ 2 & 2 \end{vmatrix} = 6$$

$$A_{31} = \begin{vmatrix} 3 & -1 \\ 4 & 2 \end{vmatrix} = 10, \qquad A_{32} = -\begin{vmatrix} 0 & -1 \\ 3 & 2 \end{vmatrix} = -3, \quad A_{33} = \begin{vmatrix} 0 & 3 \\ 3 & 4 \end{vmatrix} = -9$$

1行に関する余因子展開から, $|A| = 0 \cdot 0 + 3 \cdot 1 + (-1)(-2) = 5$.

3列に関する余因子展開は $|A| = (-1) \cdot (-2) + 2 \cdot 6 + 1 \cdot (-9) = 5$.

問題 26.1. 次の行列の余因子を全て求めよ. また1行に関する余因子展開から行列式の値を求めよ.

(1) $\begin{pmatrix} 2 & 1 \\ 3 & 4 \end{pmatrix}$ (2) $\begin{pmatrix} 1 & 1 & 0 \\ 0 & 1 & 1 \\ 1 & 0 & 1 \end{pmatrix}$ (3) $\begin{pmatrix} 0 & 2 & -1 \\ -2 & 1 & 2 \\ 3 & -2 & -1 \end{pmatrix}$ (4) $\begin{pmatrix} 2 & 1 & 2 \\ 1 & -1 & 2 \\ -1 & -1 & 0 \end{pmatrix}$

行列式を求めるには, 消去法を使用する前に, 定理 25.4 を使って計算しやすい形に変形すると便利である. 文字式を成分とする行列式にはこの手法が特に有効で, 余因子展開と併用する事で大抵の場合は計算出来る. また, このような変形により行列式は因数分解の形でしばしば求められる.

例題 26.1. 次の行列式を求めよ.

(1) $\begin{vmatrix} a & b & c \\ c & a & b \\ b & c & a \end{vmatrix}$ (2) $\begin{vmatrix} 1 & a & a^3 \\ 1 & b & b^3 \\ 1 & c & c^3 \end{vmatrix}$

(解答) (1) 1列に2列と3列を足すと, 1列の成分は全て $a+b+c$ になり,

$\begin{vmatrix} a+b+c & b & c \\ a+b+c & a & b \\ a+b+c & c & a \end{vmatrix} = (a+b+c) \begin{vmatrix} 1 & b & c \\ 1 & a & b \\ 1 & c & a \end{vmatrix} = (a+b+c) \begin{vmatrix} 1 & b & c \\ 0 & a-b & b-c \\ 0 & c-b & a-c \end{vmatrix}$

$= (a+b+c)\{(a-b)(a-c) + (b-c)^2\} = (a+b+c)(a^2+b^2+c^2-ab-bc-ca).$

一方, 1列目に関する余因子展開により,

$a \begin{vmatrix} a & b \\ c & a \end{vmatrix} - b \begin{vmatrix} c & b \\ b & a \end{vmatrix} + c \begin{vmatrix} c & a \\ b & c \end{vmatrix} = a^3 + b^3 + c^3 - 3abc$

両方の式から因数分解の公式 $a^3+b^3+c^3 = (a+b+c)(a^2+b^2+c^2-ab-bc-ca)$ が得られる.

(2) 2行と3行から1行を引くと, $b^3-a^3 = (b-a)(b^2+ab+a^2), c^3-a^3 = (c-a)(c^2+ac+a^2)$ より,

$\begin{vmatrix} 1 & a & a^3 \\ 0 & b-a & b^3-a^3 \\ 0 & c-a & c^3-a^3 \end{vmatrix} = (b-a)(c-a) \begin{vmatrix} 1 & b^2+ab+a^2 \\ 1 & c^2+ca+a^2 \end{vmatrix} = (b-a)(c-a)(c^2-b^2+ca-ab)$

$= (b-a)(c-a)(c-b)(c+b+a) = (a+b+c)(a-b)(b-c)(c-a)$

一方, 1列に関する余因子展開より

$\begin{vmatrix} b & b^3 \\ c & c^3 \end{vmatrix} - \begin{vmatrix} a & a^3 \\ c & c^3 \end{vmatrix} + \begin{vmatrix} a & a^3 \\ b & b^3 \end{vmatrix} = ab^3 + bc^3 + ca^3 - a^3b - b^3c - c^3a$

以上から因数分解の公式 $ab^3+bc^3+ca^3-a^3b-b^3c-c^3a = (a+b+c)(a-b)(b-c)(c-a)$ が得られる.

問題 26.2. 次の行列式を求めよ.

(1) $\begin{vmatrix} x & a & b \\ a & x & b \\ a & b & x \end{vmatrix}$
(2) $\begin{vmatrix} a+x & b & c \\ a & b+x & c \\ a & b & c+x \end{vmatrix}$
(3) $\begin{vmatrix} 1 & 1 & 1 & 1 \\ x_1 & x_2 & x_3 & x_4 \\ x_1^2 & x_2^2 & x_3^2 & x_4^2 \\ x_1^3 & x_2^3 & x_3^3 & x_4^3 \end{vmatrix}$

ヒント (1) 1 列目に 2 列と 3 列を足し, 共通因子でくくり, その後 1 列目の 2 行以下が 0 になるように変形.

(2) 1 列目に 2 列と 3 列を足す.

(3) 4 行 $-x_1\times$ 3 行, 3 行 $-x_1\times$ 2 行, 2 行 $-x_1\times$ 1 行を作り, 3 次行列式にし, 各列の共通因子をくくり出す.

この行列式は 4 次のヴァンデルモンドの行列式と呼ばれている.

逆行列の余因子表示

さて $k \neq i$ として, 行列 A の k 行 $(a_{k1}, \cdots, a_{kn})$ を i 行 $(a_{i1}, \cdots, a_{in})$ で置き換えた行列を B とする. 二つの行が等しいから, $|B| = 0$ である. また k 行の余因子は $B_{kj} = A_{kj}$ である. B の k 行に関する余因子展開から

$$a_{i1}A_{k1} + \cdots + a_{in}A_{kn} = \sum_{j=1}^n a_{ij}A_{kj} = \sum_{j=1}^n a_{ij}B_{kj} = |B| = 0$$

同様に A の k 列を j 列で置き換えた行列の k 列に関する余因子展開から

$$a_{1j}A_{1k} + \cdots + a_{nj}A_{nk} = \sum_{i=1}^n a_{ij}A_{ik} = 0$$

余因子展開と合わせて, 次の式を得る.

定理 26.1.

$$a_{i1}A_{k1} + \cdots + a_{in}A_{kn} = \sum_{j=1}^n a_{ij}A_{kj} = \begin{cases} |A| & (k = i) \\ 0 & (k \neq i) \end{cases}$$

$$a_{1j}A_{1k} + \cdots + a_{nj}A_{nk} = \sum_{i=1}^n a_{ij}A_{ik} = \begin{cases} |A| & (k = j) \\ 0 & (k \neq j) \end{cases}$$

行列 A の余因子 A_{ij} を行と列を入れ替えて並べて出来る行列 (A_{ji}) を余因子行列と呼び, $\widetilde{A}$ で表す.

(26.5)
$$A = \begin{pmatrix} a_{11} & a_{12} & \cdots & \cdots & a_{1n} \\ a_{21} & a_{22} & \cdots & \cdots & a_{2n} \\ & \vdots & \vdots & \vdots & \\ a_{i1} & \cdots & a_{ij} & & a_{in} \\ & \vdots & \vdots & \vdots & \\ a_{n1} & a_{n2} & \cdots & \cdots & a_{nn} \end{pmatrix}, \quad \widetilde{A} = \begin{pmatrix} A_{11} & A_{21} & \cdots & \cdots & A_{n1} \\ A_{12} & A_{22} & \cdots & \cdots & A_{n2} \\ & \vdots & \vdots & \vdots & \\ A_{1i} & \cdots & A_{ji} & \cdots & A_{ni} \\ & \vdots & \vdots & \vdots & \\ A_{1n} & A_{2n} & \cdots & \cdots & A_{nn} \end{pmatrix}$$

すると, 上の定理は $A\widetilde{A} = |A|E$, $\widetilde{A}A = |A|E$ を意味する. 定理 25.3 (2) と合わせて次の定理を得る.

定理 26.2. (1) 行列 A が正則になる必要十分条件は $|A| \neq 0$ になる事である.
(2) $|A| \neq 0$ ならば $A^{-1} = \dfrac{1}{|A|} \widetilde{A}$

例 26.2. 例 26.1 の行列の逆行列を求める.
(1) 行列 $A = \begin{pmatrix} a & b \\ c & d \end{pmatrix}$ は $|A| = ad - bc \neq 0$ の時にのみ正則になり,
$$A^{-1} = \frac{1}{ad - bc} \begin{pmatrix} d & -b \\ -c & a \end{pmatrix}$$

(2) 行列 $A = \begin{pmatrix} 0 & 3 & -1 \\ 3 & 4 & 2 \\ 2 & 2 & 1 \end{pmatrix}$ は $|A| = 5$ であるから正則であり,
$$A^{-1} = \frac{1}{5} \begin{pmatrix} 0 & -5 & 10 \\ 1 & 2 & -3 \\ -2 & 6 & -9 \end{pmatrix} = \begin{pmatrix} 0 & -1 & 2 \\ \frac{1}{5} & \frac{2}{5} & -\frac{3}{5} \\ -\frac{2}{5} & \frac{6}{5} & -\frac{9}{5} \end{pmatrix}$$

問題 26.3. 次の行列が正則かどうか判定して, 正則ならば逆行列を求めよ.
(1) $\begin{pmatrix} 2 & 1 \\ 3 & 4 \end{pmatrix}$ (2) $\begin{pmatrix} 1 & 1 & 0 \\ 0 & 1 & 1 \\ 1 & 0 & 1 \end{pmatrix}$ (3) $\begin{pmatrix} 0 & 2 & -1 \\ -2 & 1 & 2 \\ 3 & -2 & -1 \end{pmatrix}$ (4) $\begin{pmatrix} 2 & 1 & 2 \\ 1 & -1 & 2 \\ -1 & -1 & 0 \end{pmatrix}$

クラメルの公式

係数行列 $A = (a_{ij})$, 未知変数ベクトル $\vec{x} = \begin{pmatrix} x_1 \\ \vdots \\ x_i \\ \vdots \\ x_n \end{pmatrix}$, $\vec{d} = \begin{pmatrix} d_1 \\ \vdots \\ d_i \\ \vdots \\ d_n \end{pmatrix}$ の連立方程式

$$A\vec{x} = \vec{d}$$

の解を求める公式を導く. $|A| \neq 0$ とすると $A^{-1} = \dfrac{1}{|A|}\widetilde{A}$ であるから, $A^{-1}A\vec{x} = A^{-1}\vec{d}$ より, $\vec{x} = A^{-1}\vec{d} = \dfrac{1}{|A|}\widetilde{A}\vec{d}$. これから各変数を求めると

$$x_i = \frac{A_{1i}d_1 + \cdots + A_{ni}d_n}{|A|} = \frac{\sum_{j=1}^{n} d_j A_{ji}}{|A|}$$

そこで, 行列 A の i 列を $\vec{d}$ で置き換えた行列を B とすると i 列の余因子は $B_{ji} = A_{ji}$ になり, i 列の余因子展開から,

$$|B| = d_1 A_{1i} + \cdots + d_n A_{ni} = \sum_{j=1}^{n} d_j A_{ji}$$

となる. よって次の公式を得る.

定理 26.3 (クラメルの公式). $|A| \neq 0$ ならば連立方程式 $A\vec{x} = \vec{d}$ はただ一組の解を持ち,

$$x_i = \frac{\begin{vmatrix} a_{11} & \cdots & d_1 & \cdots & a_{1n} \\ & \vdots & \vdots & \vdots & \\ a_{j1} & \cdots & d_j & \cdots & a_{jn} \\ & \vdots & \vdots & \vdots & \\ a_{n1} & \cdots & d_n & \cdots & a_{nn} \end{vmatrix}}{|A|}$$

ここで分子は A の i 列を $\vec{d}$ で置き換えた行列の行列式である.

例題 26.2. 次の連立方程式をクラメルの公式により解け.

(1) $\begin{cases} x + 2y = 5 \\ 3x + 4y = 6 \end{cases}$ (2) $\begin{cases} 2y - z = 1 \\ 2x - y + 2z = 2 \\ 3x + y + z = 4 \end{cases}$

(解答) (1) $|A| = 4 - 6 = -2$, $\begin{vmatrix} 5 & 2 \\ 6 & 4 \end{vmatrix} = 20 - 12 = 8$, $\begin{vmatrix} 1 & 5 \\ 3 & 6 \end{vmatrix} = 6 - 15 = -9$

$x = \dfrac{8}{-2} = -4, \quad y = \dfrac{-9}{-2} = \dfrac{9}{2}$

(2) $|A| = \begin{vmatrix} 0 & 2 & -1 \\ 2 & -1 & 2 \\ 3 & 1 & 1 \end{vmatrix} = - \begin{vmatrix} 2 & -1 & 2 \\ 0 & 2 & -1 \\ 3 & 1 & 1 \end{vmatrix} = - \begin{vmatrix} 2 & -1 & 2 \\ 0 & 2 & -1 \\ 0 & \frac{5}{2} & -2 \end{vmatrix} = -2(-4 + \frac{5}{2}) = 3$

$\begin{vmatrix} 1 & 2 & -1 \\ 2 & -1 & 2 \\ 4 & 1 & 1 \end{vmatrix} = \begin{vmatrix} 1 & 2 & -1 \\ 0 & -5 & 4 \\ 0 & -7 & 5 \end{vmatrix} = 1(-25 + 28) = 3$

$\begin{vmatrix} 0 & 1 & -1 \\ 2 & 2 & 2 \\ 3 & 4 & 1 \end{vmatrix} = -2 \begin{vmatrix} 1 & 1 & 1 \\ 0 & 1 & -1 \\ 3 & 4 & 1 \end{vmatrix} = -2 \begin{vmatrix} 1 & 1 & 1 \\ 0 & 1 & -1 \\ 0 & 1 & -2 \end{vmatrix} = -2(-2 + 1) = 2$

$\begin{vmatrix} 0 & 2 & 1 \\ 2 & -1 & 2 \\ 3 & 1 & 4 \end{vmatrix} = - \begin{vmatrix} 2 & -1 & 2 \\ 0 & 2 & 1 \\ 3 & 1 & 4 \end{vmatrix} = - \begin{vmatrix} 2 & -1 & 2 \\ 0 & 2 & 1 \\ 0 & \frac{5}{2} & 1 \end{vmatrix} = -2(2 - \frac{5}{2}) = 1$

$x = \dfrac{3}{3} = 1, \quad y = \dfrac{2}{3}, \quad z = \dfrac{1}{3}$

問題 26.4. 次の連立方程式をクラメルの公式により解け.

(1) $\begin{cases} x + 2y + 3z = 1 \\ 2x + y + 4z = -3 \\ 4x + 5y + 6z = 7 \end{cases}$
(2) $\begin{cases} 2x + 4y - 4z = -2 \\ x - y - 2z = 2 \\ 2x + 3y + z = 4 \end{cases}$
(3) $\begin{cases} x_1 + 2x_2 - x_3 - x_4 = -1 \\ 2x_1 - x_2 + x_3 - x_4 = -6 \\ -x_1 + x_2 + x_3 - 2x_4 = -2 \\ 3x_1 + 2x_2 + 2x_3 + x_4 = 6 \end{cases}$

第8章 線形空間と線形写像

27. 線形空間と基底

連立1次方程式の解の性質

連立1次方程式の解は，その係数行列 A の行列式が 0 になるかならないかで解の性質が変わってくる．$|A| \neq 0$ ならばクラメルの公式により解は与えられ，ただ一組のみである．この場合は，解の性質は公式から全て導かれる事になる．それに対し，$|A| = 0$ の場合は無限に解があるか，解なしであり，その解の性質についてはまだ何も分かっていない．そこで，この節では $|A| = 0$ の場合の解の性質について調べる．また，変数の数と方程式の数が一致しない一般の連立1次方程式の性質をも調べる．

例として次の二つの連立1次方程式を調べよう．

(1) $\begin{cases} x - y + z = -1 \\ x + 2y - 5z = 11 \\ 2x + y - 4z = 10 \end{cases}$, (2) $\begin{cases} x - y + z = -1 \\ 2x - 2y + 2z = -2 \\ 3x - 3y + 3z = -3 \end{cases}$

これらの解は次のようになる．

(1) z を任意の実数として，$\begin{cases} x = 3 + z \\ y = 4 + 2z \end{cases}$ (2) y, z を任意の実数として，$x = -1 + y - z$

これをベクトルで表示すると

(1) $\begin{pmatrix} x \\ y \\ z \end{pmatrix} = \begin{pmatrix} 3 + z \\ 4 + 2z \\ z \end{pmatrix} = \begin{pmatrix} 3 \\ 4 \\ 0 \end{pmatrix} + z \begin{pmatrix} 1 \\ 2 \\ 1 \end{pmatrix}$

(2) $\begin{pmatrix} x \\ y \\ z \end{pmatrix} = \begin{pmatrix} -1 + y - z \\ y \\ z \end{pmatrix} = \begin{pmatrix} -1 \\ 0 \\ 0 \end{pmatrix} + y \begin{pmatrix} 1 \\ 1 \\ 0 \end{pmatrix} + z \begin{pmatrix} -1 \\ 0 \\ 1 \end{pmatrix}$

ここで，$\begin{pmatrix} 3 \\ 4 \\ 0 \end{pmatrix}$, $\begin{pmatrix} -1 \\ 0 \\ 0 \end{pmatrix}$ はそれぞれの連立1次方程式の特殊解である．

残りの項 $z \begin{pmatrix} 1 \\ 2 \\ 1 \end{pmatrix}$ と $y \begin{pmatrix} 1 \\ 1 \\ 0 \end{pmatrix} + z \begin{pmatrix} -1 \\ 0 \\ 1 \end{pmatrix}$ はこの形をしたベクトルの集合である．この集合を V_1, V_2 とする．連立1次方程式の解の性質を調べるには，V_1, V_2 の性質を調べればよい．

$$v_1 = \begin{pmatrix} 1 \\ 2 \\ 1 \end{pmatrix}, v_2 = \begin{pmatrix} 1 \\ 1 \\ 0 \end{pmatrix}, v_3 = \begin{pmatrix} -1 \\ 0 \\ 1 \end{pmatrix} \text{とすると,}$$

$$V_1 = \{xv_1 | x \in \mathbf{R}\}, \quad V_2 = \{yv_2 + zv_3 | y, z \in \mathbf{R}\}$$

である. このようなベクトルの集合は次の性質を持つ.

(V1) $\vec{a}, \vec{b}$ が要素ならば $\vec{a} + \vec{b}$ も要素である.

(V2) $\vec{a}$ が要素ならば $k\vec{a}$ (k は任意の実数) も要素である.

問題 27.1. V_1, V_2 それぞれについて性質 (V1), (V2) を確認せよ.

また, これらの連立 1 次方程式が無限個の解を持つ原因は, (1) では 1 行目の式と 2 行目の式の和が 3 行目になっているためであり, (2) では 2 行目と 3 行目が 1 行目の 2 倍および 3 倍になっているためである. これを説明するために多項式の集合

$$F_1 = \{a(x-y+z) + b(x+2y-5z) | a, b \in \mathbf{R}\}, F_2 = \{a(x-y+z) | a \in \mathbf{R}\}$$

を考える. すると解が無限個ある原因は $2x+y-4z \in F_1$ および $2x-2y+2z, 3x-3y+3z \in F_2$ と表現される. この集合も性質 (V1) (V2) を満たす. すなわち, この集合の二つの要素の和も要素になり, この集合の要素の実数倍もまた要素になる.

(V1) (V2) を満たす集合は線形空間と呼ばれ, 連立 1 次方程式の解の性質と密接な関係がある. この章では線形空間の性質を調べ, その応用として解の性質を導く.

線形空間

線形空間は前節の (V1) (V2) を満たす集合である. 丁寧に定義すると次のようになる.

定義 27.1. K を実数全体 ($K = \mathbf{R}$) または複素数全体 $K = \mathbf{C}$ の集合とする. ある集合 V に次のように演算が定義されているとする.

(V1) (加法) 任意の要素 $a, b \in V$ に対し, ある要素 $c \in V$ が定まる. この a, b に対し定まる c を a, b の和と呼び, $c = a + b$ と表す.

言い換えると, 写像 $f: V \times V \to V$ があり, $f(a, b)$ を $a + b$ と書くという意味である.

(V2) (スカラー倍) 任意の要素 $k \in K, a \in V$ に対し, ある要素 b が定まる. k, a に対し定まるこの b を a の k 倍と呼び, $b = ka$ と表す.

言い換えると, 写像 $g: K \times V \to V$ があり, $g(k, a)$ を ka と書くという意味である.

$a + b$ や ka に普通の数の演算法則が成り立っているかどうかは, まだ分からない. そこで, 演算法則として次の条件を仮定する.

(1) $a + b = b + a$

(2) $(a + b) + c = a + (b + c)$, $(hk)a = h(ka)$

(3) $k(a + b) = ka + kb$, $(h + k)a = ha + ka$

(4) $1a = a$

(5) V の特別な要素 o があって，任意の $a \in V$ に対し，$a + o = a$.
この o は数字の 0 とは別物であり，零ベクトルと呼ばれる．

(6) 任意の要素 $a \in V$ に対しある要素 $a' \in V$ があり $a + a' = o$.
この a' を記号 $a' = -a$ で表し，逆ベクトルと呼ぶ．$a + (-a) = 0$.

和とスカラー倍が定義され，上の演算法則が成り立つ集合 V を K の上の線形空間または ベクトル空間と呼ぶ．V の要素をベクトル，K の要素をスカラーと呼ぶ．特に，$K = \mathbf{R}$ の時 V を実線形空間と呼び，$K = \mathbf{C}$ の時複素線形空間と呼ぶ．

上の定義は数ベクトルの集合 $\mathbf{R}^n$ の性質を抽象化したものである．当たり前の事をくどくど述べているように見えるが，以降の線形空間の議論では定義のみを使って全ての議論を進めている．そのために，定義として採用されている性質は注意深く必要最小限のものを選んである．このような抽象化された議論の仕方の利点は，まったく違うものにも理論が適用できるところにある．実際に，この章での結果は連立 1 次方程式だけでなく線形微分方程式にも適用される．

さて，$\mathbf{R}^n$ で成り立つ性質がベクトル空間でも成り立つ事を示してみよう．

例 27.1. (5) から $o + o = o$. (1), (5) から $o + a = a + o = a$. また (1), (6) から $-a + a = a + (-a) = 0$. よって $-(-a) = a$.

(3), (5) から $ko + ka = k(o + a) = ka$. (6), (2) から $ko = ko + o = ko + (ka + (-ka)) = (ko + ka) + (-ka) = ka + (-ka) = o$.

(3), (4) から $a = 1a = (0 + 1)a = 0a + 1a = 0a + a$. よって (6), (2) から $o = a + (-a) = (0a + a) + (-a) = 0a + (a + (-a)) = 0a + o = 0a$. これより，$0a = o$ が示された．

上の等式と (3) から $o = 0a = (k + (-k))a = ka + (-k)a$. (6), (2), (1) から $-(ka) = -(ka) + o = -(ka) + (ka + (-k)a) = (-(ka) + ka) + (-k)a = o + (-k)a = (-k)a + o = (-k)a$. 以上より $(-k)a = -(ka)$ が示された．

次に線形空間の例をいくつか挙げる．

例 27.2. (1) n 次元数ベクトルの集合 (n 次元ベクトル空間) $\mathbf{R}^n$ は実線形空間である．成分が複素数の n 次元ベクトルの集合 $\mathbf{C}^n$ は複素線形空間になる．

(2) $C(\mathbf{R})$ で関数 $f : \mathbf{R} \to \mathbf{R}$ 全体のなす集合を表す．すると $(f + g)(x) = f(x) + g(x), (kf)(x) = kf(x)$ により，和とスカラー倍が定義されて，$C(\mathbf{R})$ は実線形空間になる．同様に，n 回微分可能で，n 階導関数が連続になる関数全体の集合を $C^n(\mathbf{R})$ で表すと，実線形空間になる．

また，$C^n(\mathbf{R}; \mathbf{C})$ で複素数値の関数 $f : \mathbf{R} \to \mathbf{C}$ で，n 回微分可能で n 階導関数が連続になるもの全体の集合を表す．$C^n(\mathbf{R}; \mathbf{C})$ は複素線形空間になる．

同様に $K = \mathbf{R}, \mathbf{C}$ として，関数 $f : [a, b] \to K$ の集合 $C^n([a, b]; K)$ も定義され，線形空間になる．特に $C^0([a, b]; K)$ は連続関数を要素とする線形空間である．

(3) n 変数の一次式 $\sum_{i=1}^{n} a_i x_i$ 全体の集合も実線形空間になる．この線形空間は，対応 $\sum_{i=1}^{n} a_i x_i \to (a_1, a_2, \cdots, a_n)$ により $\mathbf{R}^n$ と同一視される．

(4) 実数の数列 $\{x_n\}$ ($n=1,2,\cdots$) 全体の集合は，和を $\{x_n\} + \{y_n\} = \{(x_n+y_n)\}$ でスカラー倍を $k\{x_n\} = \{kx_n\}$ で定義する事により，実線形空間になる．複素数の数列全体は複素線形空間になる．

問題 27.2. 上の集合が全て線形空間になる事を確認せよ．

部分線形空間

この節の最初で，連立 1 次方程式から得られた数ベクトルからなる集合を線形空間の例に挙げた．この集合は線形空間の部分集合であり，また線形空間になるものである．このような線形空間の部分集合を次のように部分線形空間と呼ぶ．

定義 27.2. K の上の線形空間 V の部分集合 U は，次の条件を満たすならば V の部分線形空間と呼ばれる．しばしば略して部分空間とも呼ぶ．

(1) $a, b \in U$ ならば $a+b \in U$

(2) $a \in U, k \in K$ ならば $ka \in U$

U の和とスカラー倍は V のそれと同じとすると，上の条件は U で和とスカラー倍が定義される事を意味し，V が線形空間であるから定義 27.1 の演算法則 (1)-(6) は全て満たされる．したがって，部分線形空間は線形空間である．

V の要素 $a_1, a_2, \cdots, a_n$ に対し，集合 $\{\sum_{i=1}^{n} k_i a_i | k_i \in K\}$ を考えるとこれは部分線形空間になる．これを $\boldsymbol{a_1, a_2, \cdots, a_n}$ により生成された部分空間と呼び，記号 $\langle \boldsymbol{a_1, a_2, \cdots, a_n} \rangle$ で表す．

V 自身も部分線形空間であり，要素一つだけの部分集合 $\{o\}$ も部分線形空間である．この二つの自明なもの以外の部分線形空間の例を次に挙げる．

例 27.3. (1) 3 次元数ベクトル $\mathbf{R}^3$ (空間) を考える．ある数ベクトル $\vec{a} \neq \vec{0}$ に対し，$\langle \vec{a} \rangle = \{k\vec{a} | k \in \mathbf{R}\}$ は原点を通り方向 $\vec{a}$ の直線を表し，部分線形空間である．また，同一直線上にないベクトル $\vec{a}, \vec{b}$ に対して $\langle \vec{a}, \vec{b} \rangle$ は原点を通る平面を表し，部分線形空間である．

$\mathbf{R}^3$ の標準基底を $\vec{e}_1, \vec{e}_2, \vec{e}_3$ とすると，$\langle \vec{e}_1 \rangle$ は X 軸であり，$\mathbf{R}$ と同一視される．$\langle \vec{e}_1, \vec{e}_2 \rangle$ は XY 平面であり $\mathbf{R}^2$ と同一視される．また $\langle \vec{e}_2, \vec{e}_3 \rangle$ は YZ 平面であり，この部分線形空間も $\mathbf{R}^2$ と同一視出来る．

(2) $C^r(\mathbf{R})$ は $C(\mathbf{R})$ の部分線形空間であり，

$$C^r(\mathbf{R}) \subset C^{r-1}(\mathbf{R}) \subset \cdots \subset C^0(\mathbf{R}) \subset C(\mathbf{R})$$

n 次多項式全体の集合 $P_n = \{\sum_{i=0}^{n} a_i x^i | a_i \in \mathbf{R}\}$ は $C(\mathbf{R})$ の部分線形空間になる. この部分空間は $P_n = \langle 1, x, x^2, \cdots, x^n \rangle$ とも表示される.

(3) a, b を定数として, 漸化式 $x_{n+2} = ax_{n+1} + bx_n$ を満たす数列の集合 $S(a,b)$ は数列のなす線形空間の部分線形空間になる. この漸化式を満たす数列は初項 x_1 と第 2 項 x_2 の値で全ての項は決まる. 特に $x_1 = 1, x_2 = 0$ となる数列を e_1, $x_1 = 0, x_2 = 1$ となる数列を e_2 とすると, この漸化式を満たす任意の数列 $\{x_n\}$ は $\{x_n\} = x_1 e_1 + x_2 e_2$ と書けるから, $S = \langle e_1, e_2 \rangle$.

もっと一般的に, $a_0, a_1, \cdots, a_m$ を定数として漸化式 $x_{n+m+1} = \sum_{i=0}^{m} a_i x_{n+i}$ を満たす数列の集合 $S(a_0, a_1, \cdots, a_m)$ は部分線形空間になる. この漸化式を満たす数列は最初の $m+1$ 項 $x_1, \cdots, x_{m+1}$ で決まる. そこで, 数列 e_i を $x_i = 1$, $x_j = 0$ $(j \ne i, 1 \le j \le m+1)$ となる数列とすると $S(a_0, a_1, \cdots, a_m) = \langle e_1, e_2, \cdots, e_{m+1} \rangle$.

問題 27.3. 上の例の部分集合が部分線形空間になる事を確かめよ.

例題 27.1. $\mathbf{R}^3$ の次の部分集合は部分線形空間になるかどうか理由を付けて判定せよ.

(1) $U = \left\{ \begin{pmatrix} x - 2y + 3z \\ 3x + y - z \\ 2x - y + 2z \end{pmatrix} \middle| x, y, z \in \mathbf{R} \right\}$ (2) $U = \left\{ \begin{pmatrix} x - y \\ x + y \\ 1 \end{pmatrix} \middle| x, y \in \mathbf{R} \right\}$

(解答) (1) 定義の条件 (1) (2) を確かめればよい.

$\vec{a} = \begin{pmatrix} x - 2y + 3z \\ 3x + y - z \\ 2x - y + 2z \end{pmatrix}$, $\vec{b} = \begin{pmatrix} x' - 2y' + 3z' \\ 3x' + y' - z' \\ 2x' - y' + 2z' \end{pmatrix}$ とすると,

$$\vec{a} + \vec{b} = \begin{pmatrix} (x+x') - 2(y+y') + 3(z+z') \\ 3(x+x') + (y+y') - (z+z') \\ 2(x+x') - (y+y') + 2(z+z') \end{pmatrix} \in U$$

$$k\vec{a} = k \begin{pmatrix} x - 2y + 3z \\ 3x + y - z \\ 2x - y + 2z \end{pmatrix} = \begin{pmatrix} kx - 2ky + 3kz \\ 3kx + ky - kz \\ 2kx - ky + 2kz \end{pmatrix} \in U$$

以上から定義の (1) (2) は成り立ち, U は部分線形空間.

(2) $2 \begin{pmatrix} x - y \\ x + y \\ 1 \end{pmatrix} = \begin{pmatrix} 2x - 2y \\ 2x + 2y \\ 2 \end{pmatrix} \notin U$

よって, 定義の (2) が成り立たないので部分線形空間ではない.

または $x = y = 0$ という特殊な場合に上式を示しても, 定義の (2) が成り立たない事は分かる. また, (1) が成り立たない事も同様に簡単に示される.

問題 27.4. $\mathbf{R}^3$ の次の部分集合は部分線形空間になるかどうか理由を付けて判定せよ.

(1) $U = \left\{ \begin{pmatrix} x-y \\ 2x+3y \\ z \end{pmatrix} \middle| x,y,z \in \mathbf{R} \right\}$ (2) $U = \left\{ \begin{pmatrix} 2x+y+z \\ x+2y+3z \\ 3x-y+4z \end{pmatrix} \middle| x,y,z \in \mathbf{R} \right\}$

(3) $U = \left\{ \begin{pmatrix} x-2y+3z \\ 3x+y-z \\ 0 \end{pmatrix} \middle| x,y,z \in \mathbf{R} \right\}$ (4) $U = \left\{ \begin{pmatrix} x-2y+3z \\ 3x+y-z \\ 1 \end{pmatrix} \middle| x,y \in \mathbf{R} \right\}$

さて, 線形空間 V の部分線形空間 U_1, U_2 が与えられた時, 部分空間の和 $U_1 + U_2$ を

$$U_1 + U_2 = \{a_1 + a_2 | a_1 \in U_1, a_2 \in U_2\}$$

で定義する. これは部分線形空間である. 例えば,

$$\langle a_1, a_2, \cdots, a_n \rangle + \langle b_1, b_2, \cdots, b_m \rangle = \langle a_1, a_2, \cdots, a_n, b_1, b_2, \cdots, b_m \rangle$$

問題 27.5. $U_1 + U_2$ が部分線形空間になる事を示せ.

さらに $U_1 \cap U_2 = \{o\}$ の時, $U_1 + U_2$ を直和と呼び $U_1 \oplus U_2$ と書く. $U_1 + U_2$ の要素 x を $x = a_1 + a_2$ ($a_1 \in U_1, a_2 \in U_2$) と書き表す方法は一般的には一通りでない. 例えば, $U_1 = \langle a, b \rangle$, $U_2 = \langle c, b \rangle$ とすると, $a + c \in U_1 + U_2$ ($a \in U_1, c \in U_2$) はこの表し方以外に

$$a + c = (a + kb) + (c - kb) \quad (a + kb \in U_1, c - kb \in U_2, k \in \mathbf{R})$$

のように何通りもの表し方がある. だが直和の場合は事情が違い, 表し方はただ一通りのみである.

定理 27.1. $U_1 \cap U_2 = \{o\}$ とする. $a_1, a_1' \in U_1, a_2, a_2' \in U_2$ であり, $a_1 + a_2 = a_1' + a_2'$ ならば, $a_1 = a_1', a_2 = a_2'$.

(証明) 与式から, $a_1 - a_1' = a_2' - a_2$ であり, この要素を b とすると $b = a_1 - a_1' \in U_1$, $b = a_2' - a_2 \in U_2$ より, $b \in U_1 \cap U_2 = \{o\}$ だから $b = o$. これは $a_1 = a_1', a_2 = a_2'$ を意味する. □

例 27.4. $\vec{e}_1, \vec{e}_2, \vec{e}_3$ を $\mathbf{R}^3$ の標準基底とする. $\langle \vec{e}_1 \rangle = \{k_1 \vec{e}_1\} = \left\{ \begin{pmatrix} k_1 \\ 0 \\ 0 \end{pmatrix} \right\}$ を $\mathbf{R}^1$ と同一視し, $\langle \vec{e}_2, \vec{e}_3 \rangle = \{k_2 \vec{e}_2 + k_3 \vec{e}_3\} = \left\{ \begin{pmatrix} 0 \\ k_2 \\ k_3 \end{pmatrix} \right\}$ を $\mathbf{R}^2$ と同一視する.

成分を比較する事により, $\langle \vec{e}_1 \rangle \cap \langle \vec{e}_2, \vec{e}_3 \rangle = \{o\}$. よって $\mathbf{R}^3 = \mathbf{R}^1 \oplus \mathbf{R}^2$. 同様に

$$\mathbf{R}^{n+m} = \mathbf{R}^n \oplus \mathbf{R}^m = \mathbf{R}^1 \oplus \mathbf{R}^1 \oplus \cdots \oplus \mathbf{R}^1$$

一次独立と一次従属

ベクトル $a_1, a_2, \cdots, a_n$ の各ベクトルのスカラー倍の和

$$\sum_{i=1}^n k_i a_i = k_1 a_1 + k_2 a_2 + \cdots + k_n a_n$$

を $a_1, a_2, \cdots, a_n$ の一次結合または線形結合と言う．部分線形空間 $\langle a_1, a_2, \cdots, a_n \rangle$ は一次結合のなす部分集合であるが，同じ部分線形空間を得るのにベクトル $a_1, \cdots, a_n$ の全てが必要とは限らない．例として $\mathbf{R}^2$ の標準基底 $\vec{e}_1, \vec{e}_2$ 考える．すると，$\langle \vec{e}_1, k\vec{e}_1 \rangle = \langle \vec{e}_1 \rangle$ であるが，$\langle \vec{e}_1, \vec{e}_2 \rangle \neq \langle \vec{e}_1 \rangle$ である．これは $k\vec{e}_1$ は $\vec{e}_1$ の一次結合であるが，$\vec{e}_2$ はそうでないためである．また，どんな数ベクトル $\vec{a} \in \mathbf{R}^2$ に対しても $\langle \vec{e}_1, \vec{e}_2, \vec{a} \rangle = \langle \vec{e}_1, \vec{e}_2 \rangle = \mathbf{R}^2$ になる．これは全てのベクトル $\vec{a}$ が標準基底の一次結合になるためである．これらの例のように部分線形空間を扱う時，あるベクトルが他のベクトルの一次結合になるかどうかが重要になる．また連立1次方程式では，ある式が他の式の一次結合で表されるならば，連立1次方程式からその式を取り去ってもかまわない．

以上のように，いくつかベクトルが与えられた時に，あるベクトルが他のベクトルの一次結合で表されるかどうかは重要な意味を持つ．その性質を定式化したのが次の定義である．

定義 27.3. ベクトルの組 $a_1, a_2, \cdots, a_n$ は，少なくとも一つは 0 でないスカラーの組 $k_1, k_2, \cdots, k_n \in K$ があり，

$$\sum_{i=1}^n k_i a_i = k_1 a_1 + k_2 a_2 + \cdots + k_n a_n = o$$

となるならば，一次従属または線形従属と呼ばれる．一次従属でないベクトルの組は一次独立または線形独立と呼ばれる．一次独立な事と次の命題は同値である．

$$\sum_{i=1}^n k_i a_i = k_1 a_1 + k_2 a_2 + \cdots + k_n a_n = o \quad \text{ならば} \quad k_1 = k_2 = \cdots = k_n = 0$$

例 27.5. (1) $\mathbf{R}^n$ の標準基底 $\vec{e}_1, \vec{e}_2, \cdots, \vec{e}_n$ は一次独立である．なぜならば，

$$\sum_{i=0}^n k_i \vec{e}_i = k_1 \begin{pmatrix} 1 \\ 0 \\ \vdots \\ 0 \end{pmatrix} + k_2 \begin{pmatrix} 0 \\ 1 \\ \vdots \\ 0 \end{pmatrix} + \cdots + k_n \begin{pmatrix} 0 \\ 0 \\ \vdots \\ 1 \end{pmatrix} = \begin{pmatrix} k_1 \\ k_2 \\ \vdots \\ k_n \end{pmatrix}$$

であるから，$\sum_{i=0}^n k_i \vec{e}_i = \vec{0}$ ならば $k_1 = k_2 = \cdots = k_n = 0$．

また, 0 ベクトルでない任意の数ベクトル $\vec{a} = \begin{pmatrix} a_1 \\ \vdots \\ a_n \end{pmatrix} \in \mathbf{R}^n$ に対して

$$\vec{a} = a_1 \vec{e}_1 + \cdots + a_n \vec{e}_n$$

であるから, $\vec{e}_1, \vec{e}_2, \cdots, \vec{e}_n, \vec{a}$ は常に一次従属である.

(2) 数ベクトル $\vec{a} = \begin{pmatrix} 1 \\ 2 \\ 3 \end{pmatrix}, \vec{b} = \begin{pmatrix} 2 \\ 1 \\ 2 \end{pmatrix}, \vec{c} = \begin{pmatrix} 1 \\ 1 \\ 2 \end{pmatrix}$ は, もし $k_1 \vec{a} + k_2 \vec{b} + k_3 \vec{c} = \vec{0}$ ならば, 各成分を比較して連立1次方程式

$$\begin{cases} k_1 + 2k_2 + k_3 = 0 \\ 2k_1 + k_2 + k_3 = 0 \\ 3k_1 + 2k_2 + 2k_3 = 0 \end{cases}$$

を解くと, $k_1 = k_2 = k_3 = 0$ になる. したがって, このベクトルの組は一次独立である.

一方 $\vec{a} = \begin{pmatrix} 1 \\ 2 \\ 3 \end{pmatrix}, \vec{b} = \begin{pmatrix} 2 \\ 1 \\ 2 \end{pmatrix}, \vec{c} = \begin{pmatrix} -1 \\ 4 \\ 5 \end{pmatrix}$ は $3\vec{a} - 2\vec{b} - \vec{c} = \vec{0}$ になるから一次従属である.

(3) 関数 $1, x, x^2, \cdots, x^n$ は恒等的に (全ての x の値に対し) $a_0 + a_1 x + \cdots + a_n x^n = 0$ ならば $a_0 = a_1 = \cdots = a_n = 0$ になるから一次独立である.

$2, x-1, x^2+x+1, 2x^2-3x+1$ は $(2x^2-3x+1) - 2(x^2+x+1) + 5(x-1) + 3 \cdot 2 = 0$ であるから一次従属である.

関数 e^{ax}, e^{bx} $(a \neq b)$ は $k_1 e^{ax} + k_2 e^{bx} = 0$ ならば, $x = 0$ を代入して $k_1 + k_2 = 0, k_2 = -k_1$. よって

$$k_1 e^{ax} - k_1 e^{bx} = 0, \ k_1 e^{ax}(1 - e^{(b-a)x}) = 0$$

$x \neq 0$ ならば $e^{(b-a)x} \neq 1$ であるから, $k_1 = 0$. 以上から e^{ax}, e^{bx} は一次独立である.

一次独立なベクトルの組の性質をいくつか見ていく.

定理 27.2. $a_1, \cdots, a_n, b_1, \cdots, b_m$ が一次独立ならば

$$\langle a_1, \cdots, a_n, b_1, \cdots, b_m \rangle = \langle a_1, \cdots, a_n \rangle \oplus \langle b_1, \cdots, b_m \rangle$$

(証明) $c \in \langle a_1, \cdots, a_n \rangle \cap \langle b_1, \cdots, b_m \rangle$ とすると, $c = \sum_{i=1}^{n} k_i a_i = \sum_{j=1}^{m} h_j b_j$ であり, 一次独立性から $k_1 = \cdots = k_n = h_1 = \cdots h_m = 0$. よって $c = o$. □

定理 27.3. $V = \langle a_1, \cdots, a_n \rangle$ とする. $b_1, \cdots, b_m \in V$ が一次独立な V の要素ならば, $m \leq n$ であり, $a_1, \cdots, a_n$ の適当な m 個例えば $a_1, \cdots, a_m$ を $b_1, \cdots, b_m$ で置き換えても

$$\langle b_1, \cdots, b_m, a_{m+1}, \cdots, a_n \rangle = V$$

(証明) $b_i = o$ となる b_i があるならば, $k_j = 0 (j \neq i), k_i = 1$ とすると $\sum_{j=1}^{m} k_j b_j = o$ となるから, 一次従属になる. よって, $b_i \neq o$ である.

$b_1 \in V$ であるから $b_1 = k_1 a_1 + k_2 a_2 + \cdots + k_n a_n$ となり, $b_1 \neq o$ であるから 0 でない k_i が少なくとも一つある. 例えばそれを k_1 とする.

$$a_1 = \frac{1}{k_1} b_1 - \frac{k_2}{k_1} a_2 - \cdots - \frac{k_n}{k_1} a_n$$

これは $\langle b_1, a_2, \cdots, a_n \rangle = V$ を意味する. なぜならば, $b_1, \cdots, a_n \in V$ であるから, これらの一次結合は V の要素になり, $\langle b_1, a_2, \cdots, a_n \rangle \subset V$. 一方, $a_1, a_2, \cdots, a_n$ の一次結合は $b_1, a_2, \cdots, a_n$ の一次結合になるから $V \subset \langle b_1, a_2, \cdots, a_n \rangle$. これらは二つの部分空間が等しい事を意味する.

次に $b_2 \in V = \langle b_1, a_2, \cdots, a_n \rangle$ より, $b_2 = k_1 b_1 + k_2 a_2 + k_3 a_3 + \cdots + k_n a_n$ となる. すると, $k_2 = k_3 = \cdots = k_n = 0$ ならば, b_1, b_2 が一次独立な事に反するから, どれか一つは 0 でない. 例えばそれを k_2 とすると,

$$a_2 = \frac{1}{k_2} b_2 - \frac{k_1}{k_2} b_1 - \frac{k_3}{k_2} a_3 - \cdots - \frac{k_n}{k_1} a_n$$

前と同じ議論で, この式は $\langle b_1, b_2, \cdots, a_n \rangle = \langle b_1, a_2, \cdots, a_n \rangle = V$ を意味する.

この過程を繰り返す. もし $m > n$ ならば, 最後には $\langle b_1, b_2, \cdots, b_n \rangle = V$ となり, $b_{n+1} \in V$ から, b_{n+1} は $b_1, b_2, \cdots, b_n$ の一次結合になり, 一次独立に反する. よって, $m \leq n$ であり, $\langle b_1, b_2, \cdots, b_m, a_{m+1}, \cdots, a_n \rangle = V$. □

基底

線形空間 V の有限個の要素 $a_1, a_2, \cdots, a_n$ の順序のついた組 $\{a_1, a_2, \cdots, a_n\}$ は次が成り立つならば, V の基底と呼ばれる.

(1) $a_1, a_2, \cdots, a_n$ は一次独立である.
(2) V の任意の要素は $a_1, a_2, \cdots, a_n$ の一次結合で表される. すなわち

$$V = \langle a_1, a_2, \cdots, a_n \rangle$$

基底をなすベクトルの数を V の次元と呼び $\dim V$ で表す. すなわち $\{a_1, a_2, \cdots, a_n\}$ が基底ならば n 次元であり $\dim V = n$. 有限個のベクトルからなる基底が存在する時有限次元と言い, 存在しない時無限次元と言う.

定理 27.4. V の任意の要素 a を基底の一次結合で表す仕方はただ一通りである.

(証明) $\{a_1, a_2, \cdots, a_n\}$ を基底として

$$a = k_1 a_1 + k_2 a_2 + \cdots + k_n a_n = h_1 a_1 + h_2 a_2 + \cdots + h_n a_n$$

と二通りの表し方があるとする. すると, $(k_1 - h_1)a_1 + (k_2 - h_2)a_2 + \cdots + (k_n - h_n)a_n = o$ となり, 一次独立性から $k_i = h_i$. よって, 表し方は一通りである. □

例 27.6. (1) $\mathbf{R}^n$ の標準基底は基底であり，したがって n 次元である．

(2) 関数の線形空間 $C(\mathbf{R}), C^n(\mathbf{R})$ などは無限次元である．

(3) 漸化式 $x_{n+m+1} = \sum_{i=0}^{m} a_i x_{n+i}$ を満たす数列のなす線形空間 $S(a_0, a_1, \cdots, a_m)$ を考える．例 27.3 (3) のように，$x_j = 0 (j \neq i, 1 \leq j \leq m+1), x_i = 1$ となる数列 $e_i (1 \leq i \leq m+1)$ により $S(a_0, a_1, \cdots, a_m)$ は生成され，しかも一次独立であるから，$\{e_1, e_2, \cdots, e_{m+1}\}$ は基底である．よって，この漸化式を満たす数列のなす線形空間は $m+1$ 次元である．

定理 27.3 は次の事を意味する．

定理 27.5. V を n 次元線形空間とする．

(1) $b_1, b_2, \cdots, b_m$ が一次独立であるならば $m \leq n$．特に $m = n$ ならば $b_1, b_2, \cdots, b_m$ は V の基底になる．

(2) $\{a_1, a_2, \cdots, a_n\}$ と $\{b_1, b_2, \cdots, b_m\}$ がどちらも V の基底であるならば，$m = n$．つまり V の次元は基底の取り方によらず一定であり，一次独立なベクトルの数の最大数である．

(3) n 個のベクトル $a_1, a_2, \cdots, a_n$ の中で一次独立な組で最大のものは $\langle a_1, a_2, \cdots, a_n \rangle$ の基底である．

(証明) (1) 定理 27.3 そのままである．

(2) $m > n$ とする．定理 27.3 から $\langle b_1, \cdots, b_n \rangle = \langle a_1, \cdots, a_n \rangle = V$ であるから，b_m は $b_1, \cdots, b_n$ の一次結合になり，一次独立性に反する．$m < n$ の時は a_i と b_j をまったく逆にすれば同じく矛盾する．よって $m = n$．

(3) 一次独立な組で最大のものを，例えば $a_1, a_2, \cdots, a_m$ とすると，$a_1, a_2, \cdots, a_m, a_{m+i}$ ($i \geq 1$) は一次従属になるから，a_{m+i} は $a_1, a_2, \cdots, a_m$ の一次結合で表せる．よって，$\langle a_1, a_2, \cdots, a_m \rangle = \langle a_1, a_2, \cdots, a_n \rangle$．これは基底になる事を意味する．□

さて，n 次元線形空間 V の任意の部分線形空間 U を考える．U に含まれる一次独立なベクトルの組 $b_1, b_2, \cdots, b_m$ でベクトルの数 m が最大のものを取る．上の定理より常に $1 \leq m \leq n$ であるから，最大のものは存在する．さらに，任意の $b \in U$ に対し，$b, b_1, \cdots, b_m$ は最大性から一次従属になる．つまり $kb + k_1 b_1 + \cdots + k_m b_m = o$ となる k, k_i がある．ここで $k = 0$ ならば一次独立性に反するから $k \neq 0$ であり，これは b が $b_1, \cdots, b_n$ の一次結合になる事を意味する．b は U の任意のベクトルであったから $\{b_1, \cdots, b_m\}$ は U の基底になる．しかも上の定理から $m \leq n$．

次に，$b_1, b_2, \cdots, b_m$ を含む V の一次独立なベクトルの組

$$b_1, b_2, \cdots, b_m, b_{m+1}, \cdots, b_\ell$$

でベクトルの数 ℓ が最大のものを考える．上の定理から常に $m \leq \ell \leq n$ であるから，ℓ が最大のベクトルの組は必ず存在する．すると任意の $a \in V$ に対し，$a, b_1, b_2, \cdots, b_m, b_{m+1}, \cdots, b_\ell$ が一次独立ならば，最大という仮定に反するから，これらは一次従属になる．つまり $ka + k_1 b_1 + \cdots + k_\ell b_\ell = o$ となる．もし $k = 0$ ならば $b_1, \cdots, b_\ell$ が一次独立な事に反するか

ら $k \neq 0$. これは a が b_i の一次結合で表される事を意味する. a は任意であったから $b_1, \cdots, b_\ell$ は V の基底になり, 上の定理の (2) から $\ell = n$. 以上で次の定理を得た.

定理 27.6. n 次元線形空間 V の部分線形空間 U は有限次元であり, その次元 m は $m \leq n$. さらに V の基底 $b_1, \cdots, b_m, b_{m+1}, \cdots, b_n$ で $b_1, \cdots, b_m$ が U の基底になるものがある.

この定理で, 部分線形空間 $W = \langle b_{m+1}, \cdots, b_n \rangle$ を考えると, $\dim W = n - m$ であり, 定理 27.2 から $U \oplus W = V$. この W を U の補部分空間と呼ぶ.

定理 27.7. 有限次元ベクトル空間 V の任意の部分線形空間 U は常に補部分空間 W を持つ. すなわち次が成り立つ部分線形空間 W がある.

$$U \oplus W = V, \quad U \cap W = \{o\}, \quad \dim U + \dim W = \dim V$$

28. 線形写像と階数

線形写像

線形空間の間の写像 $f: V \to U$ は次の条件を満たす時線形写像と呼ばれる.
(1) $f(a+b) = f(a) + f(b)$ 　　　(2) $f(ka) = kf(a)$

線形写像 $f: V \to U$ が全単射になる時線形同形と言い, 線形空間として V と U を同一視出来る.

$f: V \to U$ が線形写像の時, 次のように核及び像と呼ばれる部分集合 $\operatorname{Ker} f \subset V, \operatorname{Im} f \subset U$ を定義する.

$$\operatorname{Ker} f = \{a \in V | f(a) = o\}, \qquad \operatorname{Im} f = \{f(a) \in U | a \in V\}$$

定理 28.1. (1) $\operatorname{Ker} f$, $\operatorname{Im} f$ は部分線形空間である.
(2) $\operatorname{Ker} f = \{o\}$ ならば f は単射であり, $\operatorname{Im} f = U$ ならば全射である.

問題 28.1. 上の定理を証明せよ.

部分線形空間 $\operatorname{Im} f$ の次元を f の階数と呼び, **rank f** と書く.

定理 28.2. (1) V の基底を $\{a_1, a_2, \cdots, a_n\}$ とすると, $f(a_1), f(a_2), \cdots, f(a_n)$ の中で一次独立なベクトルの最大数の組は $\operatorname{Im} f$ の基底になる.
(2) $f: V \to U, g: U \to W$ を線形写像とする. f が全射ならば $\operatorname{rank}(g \circ f) = \operatorname{rank} g$ である. g が単射ならば $\operatorname{rank}(g \circ f) = \operatorname{rank} f$ である.
(3) $\operatorname{Ker} f$ の補部分空間を W とすると, f を W に制限した線形写像 $f|W : W \to U$ は単射になり, $f|W : W \to \operatorname{Im} f$ は線形同形である.
(4) $\dim \operatorname{Ker} f + \operatorname{rank} f = \dim V$

(証明) (1) $\langle a_1, a_2, \cdots, a_n \rangle = V$ であるから, $\langle f(a_1), f(a_2), \cdots, f(a_n) \rangle = \operatorname{Im} f$. 定理 27.5 (3) は (1) を意味する.

(2) f が全射ならば, $\operatorname{Im} f = U$ であるから $\operatorname{Im}(g \circ f) = \operatorname{Im} g$. よって, 階数の等式が成り立つ. g が単射ならば, $g|\operatorname{Im} f : \operatorname{Im} f \to \operatorname{Im}(g \circ f)$ は全単射になり, 階数の等式は成り立つ.

(3) $a \in \operatorname{Ker} f|W$ とすると, $f(a) = o$ であるから, $a \in \operatorname{Ker} f$ であるが, 補部分空間の定義より $\operatorname{Ker} f \cap W = \{o\}$ であるから $a = o$. よって, $\operatorname{Ker} f|W = \{o\}$ になり単射.

(4) 定理 27.6 から V の基底 $a_1, a_2, \cdots, a_m, a_{m+1}, \cdots, a_n$ で $a_1, a_2, \cdots, a_m$ が $\operatorname{Ker} f$ の基底であり, $a_{m+1}, \cdots, a_n$ が W の基底になるものがある. (2) から W と $\operatorname{Im} f$ は線形同形であるから, $\operatorname{rank} f = \dim \operatorname{Im} f = \dim W = n - m$. また, $\dim V = n$, $\dim \operatorname{Ker} f = m$ であるので定理の等式は得られる. □

例 28.1. (1) V の基底を $\{a_1, a_2, \cdots, a_n\}$ として, U の任意の n 個のベクトルを

$$b_1, b_2, \cdots, b_n$$

とする. その時, $f(a_i) = b_i$ と置いて, 次のように写像 $f : V \to U$ を定義する.

$$f(k_1 a_1 + k_2 a_2 + \cdots + k_n a_n) = k_1 b_1 + k_2 b_2 + \cdots + k_n b_n$$

定理 27.4 より V の任意のベクトル a を基底の一次結合で表す方法はただ一通りであるから, $f(a)$ はただ一つに決まり, 下の問題のように f は線形写像になる. その時, $\operatorname{rank} f$ は $b_1, b_2, \cdots, b_n$ の中で一次独立になるベクトルの最大数である.

$$\operatorname{Im} f = \langle b_1, b_2, \cdots, b_n \rangle$$

(2) $\mathbf{R}^n$ の標準基底を $\{\vec{e}_1, \vec{e}_2, \cdots, \vec{e}_n\}$ とし, n 次元線形空間 V の基底を

$$\{a_1, a_2, \cdots, a_n\}$$

とする. (1) のように線形写像を

$$f(k_1 \vec{e}_1 + k_2 \vec{e}_2 + \cdots + k_n \vec{e}_n) = k_1 a_1 + k_2 a_2 + \cdots + k_n a_n$$

と定義すると, $\operatorname{rank} f = \dim \operatorname{Im} f = \dim V = n$ であるから, 定理 28.2 (4) の式から, $\dim \operatorname{Ker} f = 0$ になり $\operatorname{Ker} f = \{\vec{0}\}$. したがって, f は線形同形であり, $\mathbf{R}^n$ と V を同一視出来る.

(3) $V = \mathbf{R}^n, U = \mathbf{R}^m$ とすると, 線形写像 $f : \mathbf{R}^n \to \mathbf{R}^m$ は $m \times n$ 行列 A で表される. A の i 番目の列ベクトルは $f(\vec{e}_i) = A\vec{e}_i$ であるから, $\operatorname{rank} f$ は列ベクトルの中で一次独立なものの最大数である. これを行列 $\boldsymbol{A}$ の階数と呼び $\operatorname{\mathbf{rank}} \boldsymbol{A}$ と書く.

(4) 例 27.2 (2) のように関数の線形空間 $C^1(\mathbf{R}), C^0(\mathbf{R})$ を考える. 微分 $f(x) \mapsto f'(x)$ は線形写像

$$D : C^1(\mathbf{R}) \to C^0(\mathbf{R})$$

を与える. この場合 $\operatorname{Im} D$ は無限次元であるが, $\operatorname{Ker} D = \{f(x) | f'(x) = 0\}$ は, 微分方程式 $y' = 0$ の解であるから, $\operatorname{Ker} D = \langle 1 \rangle$ になり 1 次元.

写像 $f(x) \mapsto f'(x) + af(x)$ も線形写像

$$D_a : C^1(\mathbf{R}) \to C^0(\mathbf{R})$$

を定義し, $\operatorname{Ker} D_a$ は変数分離形の微分方程式 $y' + ay = 0$ の解からなる. これを解いて, $\operatorname{Ker} D_a = \langle e^{-ax} \rangle$. 基底は e^{-ax} であり, 1 次元.

写像 $f(x) \mapsto f''(x) + af'(x) + b$ は線形写像

$$D_{a,b} : C^2(\mathbf{R}) \to C^0(\mathbf{R})$$

を定義する. $\operatorname{Ker} D_{a,b}$ は 2 階線形微分方程式 $y'' + ay' + by = 0$ の解からなる. 定理 20.3 から $\operatorname{Ker} D_{a,b}$ は 2 次元線形空間であり, 基底は補助方程式 $t^2 + at + b = 0$ の解により次のようになる.

補助方程式が異なる実数解 α, β を持つならば, 基底は $e^{\alpha x}, e^{\beta x}$.

補助方程式が異なる複素数解 $\lambda \pm \mu i$ を持つならば, 基底は $e^{\lambda x}\cos\mu x, e^{\lambda x}\sin\mu x$.

補助方程式が重解 α を持つならば, 基底は $e^{\alpha x}, xe^{\alpha x}$.

(5) 例 27.3 (3) のように, 漸化式 $x_{n+m+1} = \sum_{i=0}^{m} a_i x_{n+i}$ を満たす数列の集合

$$S(a_0, a_1, \cdots, a_m)$$

は線形空間になり, 数列 e_i を $x_i = 1, x_j = 0$ $(j \neq i, 1 \leq j \leq m+1)$ と置くと, 数列の組 $\{e_1, e_2, \cdots, e_{m+1}\}$ は例 27.6 (3) のように基底である.

数列 $\{x_i\} = \{x_1, x_2, \cdots, x_n, \cdots\}$ が漸化式 $x_{n+m+1} = \sum_{i=0}^{m} a_i x_{n+i}$ を満たすならば, 項をずらした数列 $T(\{x_i\}) = \{x_2, x_3, \cdots, x_{n+1}, \cdots\}$ も同じ漸化式を満たす. よって写像

$$T : S(a_0, a_1, \cdots, a_m) \to S(a_0, a_1, \cdots, a_m)$$

が定まる. これは線形写像になる. $T(\{x_1, x_2, \cdots\}) = \{x_2, x_3, \cdots\}$.

基底をなすベクトル e_i に対し, $T(e_i)$ を求める. 各 e_i の $m+2$ 項は漸化式から a_{i-1} である. よって, $T(e_1)$ の m 項までは 0 であり $m+1$ 項は a_0 になるから,

$$T(e_1) = a_0 e_{m+1}$$

$i \geq 1$ ならば, e_i の $i-1$ 項は $1, m+1$ 項は a_{i-1}, これ以外の m 項以下の項は 0 である.

$$T(e_i) = e_{i-1} + a_{i-1} e_{m+1}$$

例 (2) のように $S(a_0, a_1, \cdots, a_m)$ を $\mathbf{R}^{m+1}$ と同一視して, T を行列で表現すると,

$$A = \begin{pmatrix} 0 & 1 & 0 & \cdots & 0 \\ \vdots & 0 & \ddots & 0 & \vdots \\ \vdots & \vdots & 0 & \ddots & 0 \\ 0 & 0 & \cdots & 0 & 1 \\ a_0 & a_1 & a_2 & \cdots & a_m \end{pmatrix}$$

$|A| = -a_0$ であるから, $a_0 \neq 0$ ならば A は逆行列 A^{-1} を持つ. よって $\mathrm{Ker}\, T = \{o\}$. これは次のように直接確かめる事が出来る.

$$T(\{x_1, x_2, \cdots, x_{m+1}, x_{m+2}, \cdots\}) = \{x_2, x_3, \cdots, x_{m+1}, x_{m+2}, \cdots\} = \{0, 0, \cdots\}$$

より, $x_2 = x_3 = \cdots = x_{m+1} = x_{m+2} = 0$. 漸化式より, $x_{m+2} = a_0 x_1$. したがって, $a_0 \neq 0$ ならば $x_1 = 0$ になり $\mathrm{Ker}\, T = \{o\}$. $a_0 = 0$ ならば $\mathrm{Ker}\, T = \langle e_1 \rangle$.

問題 28.2. 上の例の写像が全て線形写像になる事を確かめよ.

線形写像の行列表現

n 次元線形空間 V の基底を $\{a_1, a_2, \cdots, a_n\}$ とする.線形空間 U の重複を含めて n 個の任意のベクトルを $b_1, b_2, \cdots, b_n$ とする.$f(a_i) = b_i$ となる線形写像 $f : V \to U$ を次のよう定義する.

$$(28.1) \qquad f\left(\sum_{i=1}^n k_i a_i\right) = \sum_{i=1}^n k_i b_i$$

基底の定義から V の要素は全て a_i の一次結合 $\sum_{i=1}^n k_i a_i$ で表され,定理 27.4 からこの表し方はただ一通り,つまり k_i はただ一組に決まるから,f は写像になり,次の問題のように線形写像にもなる.逆に線形写像 $f : V \to U$ が与えられたならば,$b_i = f(a_i)$ とすると,等式 (28.3) が成り立つ.つまり,線形写像と V の要素の組 $b_1, b_2, \cdots, b_n$ とは 1 対 1 に対応している.

問題 28.3. (28.1) の f が線形写像になる事を示せ.

定理 28.3. V の基底を $\{a_1, a_2, \cdots, a_n\}$ とし,$f : V \to U$ を線形写像とする.もし $f(a_1), f(a_2), \cdots, f(a_n)$ が一次独立ならば,f は単射である.その上,U が n 次元ならば f は全単射になり線形写像になる逆写像 $f^{-1} : U \to V$ がある.

(証明) $a = \sum_{i=1}^n k_i a_i \in \mathrm{Ker}\, f$ ならば,

$$f(a) = f\left(\sum_{i=1}^n k_i a_i\right) = \sum_{i=1}^n k_i f(a_i) = o$$

$f(a_1), f(a_2), \cdots, f(a_n)$ は一次独立であるから,$k_1 = k_2 = \cdots = k_n = 0$.よって $a = o$ になり,$\mathrm{Ker}\, f = \{o\}$.定理 28.1 (2) より,f は単射になる.

U が n 次元ならば,定理 27.5 (1) より,$f(a_1), f(a_2), \cdots, f(a_n)$ は基底になり,$\mathrm{Im}\, f = U$ であるから,f は全射になる. □

V の基底を $\{a_1, a_2, \cdots, a_n\}$ とし,U の基底を $\{b_1, b_2, \cdots, b_m\}$ とする.$f : V \to U$ を線形写像として,各 $f(a_j)$ を $\{b_1, b_2, \cdots, b_m\}$ の一次結合で表す.

$$(28.2) \qquad f(a_j) = \sum_{i=1}^m s_{ij} b_i, \quad s_{ij} \in K$$

この係数 s_{ij} を並べたものは行列 $A = \begin{pmatrix} s_{11} & s_{12} & \cdots & s_{1n} \\ s_{21} & s_{22} & \cdots & s_{2n} \\ & & \vdots & \\ s_{m1} & s_{m2} & \cdots & s_{mn} \end{pmatrix}$ になる.

これを基底 $\{a_1, a_2, \cdots, a_n\}$ と $\{b_1, b_2, \cdots, b_m\}$ に関する f の表現行列と言う. 特に $U = V$ で基底 $\{b_1, b_2, \cdots, b_n\} = \{a_1, a_2, \cdots, a_n\}$ の時, 基底 $\{a_1, a_2, \cdots, a_n\}$ に関する表現行列と言う.

さらに W を ℓ 次元線形空間とし $\{c_1, c_2, \cdots, c_\ell\}$ をその基底とする. $g : U \to W$ を線形写像とし, これらの基底に関する g の表現行列を $B = (t_{jk})$ とする. この時 $g(b_j) = \sum_{i=1}^{\ell} t_{ij} c_i$ であるから

$$g \circ f(a_k) = g\left(\sum_{j=1}^{m} s_{jk} b_j\right) = \sum_{j=1}^{m} s_{jk} g(b_j) = \sum_{j=1}^{m} s_{jk} \sum_{i=1}^{\ell} t_{ij} c_i = \sum_{i=1}^{\ell} \left(\sum_{j=1}^{m} t_{ij} s_{jk}\right) c_i$$

これは, $g \circ f$ の表現行列が積行列 BA になる事を意味する. また恒等写像 $I_V : V \to V$ は $I_V(a) = a$ であるから, その表現行列は常に単位行列になる事に注意すると次の定理を得る.

定理 28.4. $f : V \to U$, $g : U \to W$ を線形写像とし, その表現行列を A, B とする.
(1) $g \circ f$ の表現行列は積行列 BA になる.
(2) f が全単射になる必要十分条件はその表現行列 A が正則になる事, つまり $|A| \neq 0$ になる事である. その時逆写像の表現行列は A^{-1} である.

(証明) (1) は上で述べた事である.
(2) f が全単射ならば逆写像 f^{-1} があり $f^{-1} \circ f = I_V$, $f \circ f^{-1} = I_U$ になるから, (1) より f^{-1} の表現行列は A の逆行列 A^{-1} である. この時 $|A| \neq 0$.

逆に $|A| \neq 0$ ならば逆行列 A^{-1} があり, A^{-1} は (28.2) のようにして f の逆写像 f^{-1} を定義する. よって f は全単射である. □

さて, V, U の別の基底をそれぞれ $\{a'_1, a'_2, \cdots, a'_n\}$, $\{b'_1, b'_2, \cdots, b'_m\}$ とする. この時,

$$a'_k = \sum_{j=1}^{n} p_{jk} a_j, \quad b'_j = \sum_{i=1}^{m} q_{ij} b_i$$

と書け, 行列

$$P = \begin{pmatrix} p_{11} & p_{12} & \cdots & p_{1n} \\ p_{21} & p_{22} & \cdots & p_{2n} \\ \vdots & \vdots & & \\ p_{n1} & p_{n2} & \cdots & p_{nn} \end{pmatrix} \quad Q = \begin{pmatrix} q_{11} & q_{12} & \cdots & q_{1m} \\ q_{21} & q_{22} & \cdots & q_{2m} \\ \vdots & \vdots & & \\ q_{m1} & q_{m2} & \cdots & q_{mm} \end{pmatrix}$$

を得る. P を $\{a_1, a_2, \cdots, a_n\}$ から $\{a'_1, a'_2, \cdots, a'_n\}$ への基底の変換行列と呼ぶ. Q は $\{b_1, b_2, \cdots, b_m\}$ から $\{b'_1, b'_2, \cdots, b'_m\}$ への基底の変換行列である.

定理 28.5. (1) 基底の変換行列は正則である.
(2) 線形写像 $f : V \to U$ の基底 $\{a_1, a_2, \cdots, a_n\}$, $\{b_1, b_2, \cdots, b_m\}$ に関する表現行列を $A = (s_{ij})$ とすると, 基底 $\{a'_1, a'_2, \cdots, a'_n\}$, $\{b'_1, b'_2, \cdots, b'_m\}$ に関する表現行列は $Q^{-1} A P$ である.

(証明) (1) 線形写像 $g : V \to V$ を $g(a_i) = a'_i$ により定義すると, 基底 $\{a_1, a_2, \cdots a_n\}$ に関する g の表現行列は, 基底の変換行列 P である. その時 g は全単射であるから, 定理 28.4 (2) より P は正則である.

(2) $\{b'_1, b'_2, \cdots, b'_m\}$ から $\{b_1, b_2, \cdots, b_m\}$ への基底の変換行列を $\bar{Q} = (\bar{q}_{ij})$ とすると $b_j = \sum\limits_{i=1}^{m} \bar{q}_{ij} b'_i$. そこで,

$$f(a'_h) = \sum_{k=1}^{n} p_{kh} f(a_k) = \sum_{k=1}^{n} p_{kh} \sum_{j=1}^{m} s_{jk} b_j = \sum_{j=1}^{m} \left(\sum_{k=1}^{n} s_{jk} p_{kh} \right) b_j$$
$$= \sum_{j=1}^{m} \left(\sum_{k=1}^{n} s_{jk} p_{kh} \right) \sum_{i=1}^{m} \bar{q}_{ij} b'_i = \sum_{i=1}^{m} \left\{ \sum_{j=1}^{m} \bar{q}_{ij} \left(\sum_{k=1}^{n} s_{jk} p_{kh} \right) \right\} b'_i$$

この式は $\bar{Q}AP$ を意味する.

一方 (1) と同様に, 線形写像 $g : U \to U$, $\bar{g} : U \to U$ を $g(b_i) = b'_i$, $\bar{g}(b'_i) = b_i$ により定義するとそれぞれの表現行列は $Q, \bar{Q}$ になる. $\bar{g} \circ g(b_i) = \bar{g}(b'_i) = b_i$ であるから, $\bar{g} \circ g = I_U$ になり, 定理 28.4 (1) から $\bar{Q}Q = E$ となる. よって, $\bar{Q} = Q^{-1}$. □

例 28.2. 線形写像 $f : \mathbf{R}^n \to \mathbf{R}^m$ の標準基底に関する表現行列 A は 22 節で述べた線形写像の行列と同じである.

線形方程式

$f : V \to U$ を線形写像とし, ベクトル $d \in U$ に対する未知ベクトル $x \in V$ の線形方程式 $f(x) = d$ の解を調べる. この方程式が解を持つのは $d \in \mathrm{Im}\, f$ の時のみである. また $\mathrm{Ker}\, f$ は方程式 $f(x) = o$ の解の集合である事に注意する. x_0, x_1 が方程式 $f(x) = d$ の二つの解ならば $f(x_1 - x_0) = f(x_1) - f(x_0) = d - d = o$ であるから $x_1 - x_0 \in \mathrm{Ker}\, f$.

定理 28.6. 線形方程式 $f(x) = d$ が解を持つのは $d \in \mathrm{Im}\, f$ となる時のみである. 解の一つを x_0 とすると解の集合は $\{x_0 + a | a \in \mathrm{Ker}\, f\}$ により与えられる.

例 28.3. $P_i(x)$ を与えられた関数として, n 階線形微分作用素

$$y \mapsto y^{(n)} + P_{n-1}(x) y^{(n-1)} + \cdots + P_1(x) y' + P_0(x) y$$

は線形写像 $D : C^n(\mathbf{R}) \to C^0(\mathbf{R})$ を与える. $\mathrm{Ker}\, D$ は同次線形微分方程式

$$y^{(n)} + P_{n-1}(x) y^{(n-1)} + \cdots + P_1(x) y' + P_0(x) y = 0$$

の解からなる集合であり, 線形微分方程式

$$y^{(n)} + P_{n-1}(x) y^{(n-1)} + \cdots + P_1(x) y' + P_0(x) y = R(x)$$

に関する定理 20.1 は定理 28.6 をこの方程式に適用した結果である.

29. 行列の階数と連立方程式

行列の階数

22 節で見たように線形写像 $f: \mathbf{R}^n \to \mathbf{R}^m$ は $m \times n$ 行列 A により表現される. 行列 A の階数 $\operatorname{rank} A$ を f の階数として定義する. また $\operatorname{Ker} A = \operatorname{Ker} f$, $\operatorname{Im} A = \operatorname{Im} f$ と定義する.

(29.1) $$\operatorname{rank} A = \dim \operatorname{Im} A$$

$\vec{e}_i$ を標準基底として, A の各 i 番目の列ベクトルは $f(\vec{e}_i)$ である. 例 28.1 (3) で見たように階数 $\operatorname{rank} A$ は A の列ベクトルで一次独立なベクトルの最大数である. また定理 28.4 (2) は次の事を意味する. この定理は一次独立かどうかの判定に使われる.

定理 29.1. A を n 次正方行列とする. 次は全て同値である.
(1) $\operatorname{rank} A = n$
(2) A は正則, つまり $|A| \neq 0$.
(3) A の n 個の列ベクトルは一次独立である.
(4) A の n 個の行ベクトルは一次独立である.

(証明) (1) と (2) が同値になる事は定理 28.4 (2) から直接分かる.
(1) と (3) が同値になる事は, 階数が一次独立な列ベクトルの最大数である事から分かる.

以上の (1) (2) (3) が同値である事を前提にして, (2) と (4) が同値な事を示す. そのために, A の転置行列 ${}^t A$ に対して, (25.3) から $|{}^t A| = |A|$ に注意する. さて (2) を仮定すると, $|{}^t A| = |A| \neq 0$. よって (2) ならば (3) から ${}^t A$ の列ベクトル, すなわち A の行ベクトルは一次独立になり, (4) が導かれる. 逆に (4) を仮定すると, ${}^t A$ の列ベクトルは一次独立になるから, (3) ならば (2) より, $|A| = |{}^t A| \neq 0$. □

問題 29.1. 次のベクトルの組が一次独立になるかどうかを, 行列式を計算する事で判定せよ.

(1) $\begin{pmatrix} 1 \\ 2 \end{pmatrix}, \begin{pmatrix} 3 \\ 4 \end{pmatrix}$ (2) $\begin{pmatrix} 4 \\ -2 \end{pmatrix}, \begin{pmatrix} -6 \\ 3 \end{pmatrix}$ (3) $\begin{pmatrix} 1 \\ 4 \\ 7 \end{pmatrix}, \begin{pmatrix} 2 \\ 5 \\ 8 \end{pmatrix}, \begin{pmatrix} 3 \\ -6 \\ 9 \end{pmatrix}$ (4) $\begin{pmatrix} 1 \\ 4 \\ 7 \end{pmatrix}, \begin{pmatrix} 2 \\ 5 \\ 8 \end{pmatrix}, \begin{pmatrix} 3 \\ 6 \\ 9 \end{pmatrix}$

行列の基本変形

定理 28.2 (2) と定理 29.1 を合わせると次の定理になる.

定理 29.2. A を $m \times n$ 行列とし, P, Q をそれぞれ正則な n および m 次正方行列とする. その時 $\operatorname{rank} QAP = \operatorname{rank} A$.

(証明) それぞれの表す線形写像を考えると, P,Q は正則であるから, 線形写像は全単射になり, 定理 28.2 (2) はこの定理を意味する. □

さて, (i,j) 成分が 1 でそれ以外の成分は全て 0 の n 次正方行列を E_{ij} と書く事にする. そこで単位行列 E の i 行と j 行を入れ替えた行列を

$$T_{ij} = E - E_{ii} - E_{jj} + E_{ij} + E_{ji} = \begin{pmatrix} 1 & 0 & \cdots & \cdots & & & 0 \\ 0 & \ddots & & & & & \\ & & 0 & \cdots & 1 & & \\ \vdots & & \vdots & 1 & \vdots & & \\ \vdots & & 1 & \cdots & 0 & & \\ & & & & & \ddots & 0 \\ 0 & & & & & 0 & 1 \end{pmatrix}$$

とすると, この行列は正則で,

(i) 積 $T_{ij}A$ は A の i 行と j 行を入れ替えた行列になり, 積 AT_{ij} は A の i 列と j 列を入れ替えた行列になる.

また単位行列 E で (i,i) 成分を a にした行列を

$$D_i(a) = E + (a-1)E_{ii} = \begin{pmatrix} 1 & 0 & \cdots & \cdots & & & 0 \\ 0 & \ddots & & & & & \\ & & 1 & & & & \\ \vdots & & & a & & & \\ \vdots & & & & 1 & & \\ & & & & & \ddots & 0 \\ 0 & & & & & 0 & 1 \end{pmatrix}$$

とすると, $a \neq 0$ ならば, $D_i(a)$ は正則で,

(ii) $D_i(a)A$ は A の i 行を a 倍した行列であり, $AD_i(a)$ は A の i 列を a 倍した行列である.

さらに単位行列の (i,j) 成分を a にした行列を

$$D_{ij}(a) = E + aE_{ij} = \begin{pmatrix} 1 & 0 & \cdots & \cdots & & & 0 \\ 0 & \ddots & & & & & \\ & & 1 & & & & \\ \vdots & & \vdots & \ddots & & & \\ \vdots & & a & \cdots & 1 & & \\ & & & & & \ddots & 0 \\ 0 & & & & & 0 & 1 \end{pmatrix}$$

とすると, この行列は正則で,

(iii) $D_{ij}(a)A$ は A の j 行を a 倍して i 行に足した行列であり, $AD_{ij}(a)$ は A の i 列を a 倍して j 列に足した行列である.

定理 29.2 と上の (i) (ii) (iii) は次の行列の変形により, 階数は変化しない事を意味する. これらの変形を**基本変形**と呼ぶ.

(I) 行同士または列同士を入れ替える.
(II) 各行または各列に 0 でない実数 a を掛ける.
(III) ある行 (列) の定数倍を他の行 (列) に足す.

定理 29.3. 基本変形により, 行列の階数は変化しない.

基本変形を使うと階数を計算する事が次のように出来る.

定理 29.4. 基本変形を繰り返す事により, 全ての行列 A は次の形に変形出来る.

$$\begin{pmatrix} E_r & O \\ O & O \end{pmatrix}$$

ここで, E_r は r 次の単位行列である. つまり, この行列は対角成分以外は 0 であり, 対角成分で 1 になるものの数 r は $\operatorname{rank} A$ である.

(証明) 行列 A が零行列でないならば, 行や列を適当に入れ替える事で, $(1,1)$ 成分 a_{11} が 0 でない行列 $\begin{pmatrix} a_{11} & \cdots \\ \vdots & A' \end{pmatrix}$ に変形出来る.

次に 1 行を a_{11} で割る事により, $\begin{pmatrix} 1 & \cdots \\ \vdots & A' \end{pmatrix}$ と変形される. 各 i 行から 1 行 $\times a_{i1}$ を引き, さらに各 j 列から 1 列 $\times a_{1j}$ を引く事で, 1 行および 1 列は $(1,1)$ 成分以外の成分は全て 0 になる.

$$\begin{pmatrix} 1 & 0 \\ 0 & A'' \end{pmatrix}$$

次にこの過程を A'' に適用する. こうして順に繰り返し, 最後にこの過程が適用出来ないのは上の A'' に当たる行列が零行列の場合であるから, 定理の形の行列が得られた事になる.

□

29. 行列の階数と連立方程式

例題 29.1. 行列 $A = \begin{pmatrix} 2 & -4 & 6 \\ -3 & 6 & -9 \\ 3 & 1 & -1 \\ -5 & -4 & 5 \end{pmatrix}$ の階数を基本変形により求めてみる.

$$\begin{pmatrix} 2 & -4 & 6 \\ -3 & 6 & -9 \\ 3 & 1 & -1 \\ -5 & -4 & 5 \end{pmatrix} \begin{array}{c} \div 2 \\ \\ \\ \end{array} \to \begin{pmatrix} 1 & -2 & 3 \\ -3 & 6 & -9 \\ 3 & 1 & -1 \\ -5 & -4 & 5 \end{pmatrix} \begin{array}{c} \\ +3 \times 1\text{行} \\ -3 \times 1\text{行} \\ +5 \times 1\text{行} \end{array} \to \begin{pmatrix} 1 & -2 & 3 \\ 0 & 0 & 0 \\ 0 & 7 & -10 \\ 0 & -14 & 20 \end{pmatrix}$$

$$\to \begin{pmatrix} 1 & 0 & 0 \\ 0 & 0 & 0 \\ 0 & 7 & -10 \\ 0 & -14 & 20 \end{pmatrix} \begin{array}{c} 2\text{行と}3\text{行を入れ替え} \\ 3\text{行と}4\text{行を入れ替える} \end{array} \to \begin{pmatrix} 1 & 0 & 0 \\ 0 & 7 & -10 \\ 0 & -14 & 20 \\ 0 & 0 & 0 \end{pmatrix}$$

$$\to \begin{pmatrix} 1 & 0 & 0 \\ 0 & 1 & -\frac{10}{7} \\ 0 & -14 & 20 \\ 0 & 0 & 0 \end{pmatrix} \to \begin{pmatrix} 1 & 0 & 0 \\ 0 & 1 & -\frac{10}{7} \\ 0 & 0 & 0 \\ 0 & 0 & 0 \end{pmatrix} \to \begin{pmatrix} 1 & 0 & 0 \\ 0 & 1 & 0 \\ 0 & 0 & 0 \\ 0 & 0 & 0 \end{pmatrix}$$

よって, 階数 $\operatorname{rank} A = 2$.

問題 29.2. 基本変形をする事で次の行列の階数を求めよ.

(1) $\begin{pmatrix} 2 & 3 \\ 4 & 5 \end{pmatrix}$ (2) $\begin{pmatrix} 1 & 3 & 2 \\ 2 & -3 & 1 \\ -3 & -3 & -4 \end{pmatrix}$ (3) $\begin{pmatrix} 1 & 2 & 3 \\ 3 & 4 & 5 \\ -2 & 1 & 4 \\ 3 & 5 & 7 \end{pmatrix}$ (4) $\begin{pmatrix} 3 & 1 & -2 & 3 & 2 \\ 4 & 2 & 1 & 2 & 3 \\ 5 & 3 & 4 & 2 & 4 \end{pmatrix}$

階数の定義

行列 A の転置行列 ${}^t A$ の階数に付いては次の定理が基本的である.

定理 29.5. $\operatorname{rank} {}^t A = \operatorname{rank} A$

(証明) $r = \operatorname{rank} A$ とすると, 定理 29.4 は適当な正則行列 P, Q により

$$PAQ = \begin{pmatrix} E_r & O \\ O & O \end{pmatrix}$$

となる事を意味する. よって,

$${}^t Q {}^t A {}^t P = {}^t(PAQ) = \begin{pmatrix} E_r & O \\ O & O \end{pmatrix}$$

この式と定理 29.2 から

$$\operatorname{rank}{}^t\!A = \operatorname{rank}{}^t Q {}^t\!A {}^t P = \operatorname{rank}{}^t(PAQ) = \operatorname{rank}\begin{pmatrix} E_r & O \\ O & O \end{pmatrix} = r = \operatorname{rank} A \qquad \square$$

A の行ベクトルは ${}^t\!A$ の列ベクトルであるから, この定理より, 行ベクトルで一次独立なベクトルの最大数は A の階数になる.

さて $m \times n$ 行列 A から, ある i 個の行と j 個の列の交わる場所の成分のみを抜き出して出来る $i \times j$ 行列を A の小行列と言い, $i = j$ の時 i 次の小行列と呼ぶ. 特に i 次の小行列の行列式を i 次の小行列式と呼ぶ. $r = \operatorname{rank} A$ とすると, A は一次独立な r 個の列を持つ. その列からなる $m \times r$ 小行列の階数も r であるから, 上で述べた事により r 個の一次独立な行を持つ. よって r 次の小行列を得る. 行の一次独立性から小行列式は 0 でない. 逆に $r + 1$ 次以上の小行列式は列が一次従属になるから常に 0 になる. 以上をまとめて, 階数の別の定義を得る.

定理 29.6. 次の値 r は全て A の階数 $\operatorname{rank} A = \dim \operatorname{Im} A$ に等しい.

(1) A の列ベクトルで一次独立なものの最大数 r.

(2) A の行ベクトルで一次独立なものの最大数 r.

(3) A の r 次の小行列式で 0 でないものがあり, $r + 1$ 次以上の小行列式は全て 0 になる.

連立 1 次方程式

n 個の未知変数と m 個の方程式の連立 1 次方程式

$$(29.2) \quad \begin{cases} a_{11}x_1 + a_{12}x_2 + \cdots + a_{1n}x_n = d_1 \\ a_{21}x_1 + a_{22}x_2 + \cdots + a_{2n}x_n = d_2 \\ \cdots\cdots\cdots\cdots \\ a_{m1}x_1 + a_{m2}x_2 + \cdots + a_{mn}x_n = d_m \end{cases}$$

を考える.

$$A = \begin{pmatrix} a_{11} & a_{12} & \cdots & a_{1n} \\ a_{21} & a_{22} & \cdots & a_{2n} \\ \cdots & \cdots & & \\ a_{m1} & a_{m2} & \cdots & a_{mn} \end{pmatrix}, \vec{x} = \begin{pmatrix} x_1 \\ x_2 \\ \vdots \\ x_n \end{pmatrix}, \vec{d} = \begin{pmatrix} d_1 \\ d_2 \\ \vdots \\ d_m \end{pmatrix}$$

とすると, 連立 1 次方程式は $A\vec{x} = \vec{d}$ と書ける. 行列

$$\tilde{A} = (A, \vec{d}) = \begin{pmatrix} a_{11} & a_{12} & \cdots & a_{1n} & d_1 \\ a_{21} & a_{22} & \cdots & a_{2n} & d_2 \\ \cdots & \cdots & & & \vdots \\ a_{m1} & a_{m2} & \cdots & a_{mn} & d_m \end{pmatrix}$$

を拡大係数行列と呼ぶ.

さて, 定理 28.6 から, $\vec{d} \in \text{Im}\, A$ の時にのみ, 連立1次方程式 (29.2) は解を持つ. これは $\vec{d}$ が A の列ベクトルの一次結合で表される事と同値である. そこで定理 29.6 から, $\text{rank}\,\tilde{A} = \text{rank}\, A$ の時にのみ解はある. 逆に $\text{rank}\,\tilde{A} = \text{rank}\, A + 1$ ならば $\vec{d} \notin \text{Im}\, A$ であるから, 解は存在しない.

次に, $\text{rank}\,\tilde{A} = \text{rank}\, A$ の時, $\text{rank}\, A < n$ ならば, 一次独立な方程式の最大数 $r = \text{rank}\,\tilde{A}$ は n よりも小さい. r 個の式だけが本質的であるから, 任意の値を取れる変数 $x_{r+1}, \cdots, x_n$ で $x_1, \cdots, x_r$ を表す式が解になり, 解は無数にある.

$\text{rank}\,\tilde{A} = \text{rank}\, A = n$ の時は, 一次独立な方程式の最大数は n 個であり, 正則な n 次小行列 A' により, 連立1次方程式 (29.2) は $A'\vec{x} = \vec{d}\,'$ と書き直せる事になる. ここで $\vec{d}\,'$ は A' に対応する $\vec{d}$ の小行列である. この場合には, 解は $\vec{x} = A'^{-1}\vec{d}\,'$ であり, ただ一つになる. 以上をまとめると次の定理になる.

定理 29.7. 連立1次方程式 (29.2) の解には次の3通りの場合がある.
(1) $\text{rank}\,\tilde{A} = \text{rank}\, A + 1$. 解は存在しない.
(2) $\text{rank}\,\tilde{A} = \text{rank}\, A < n$. 解は無数に存在する.
(3) $\text{rank}\,\tilde{A} = \text{rank}\, A = n$. 解はただ一つ存在する.

問題 29.3. 拡大係数行列の階数を計算する事により, 次の連立1次方程式の解の個数を求めよ.

$$(1)\begin{cases} x - 2y + 3z = 1 \\ 2x + 3y - z = 2 \\ 3x + y + 2z = 3 \\ 5x + 4y + z = 4 \end{cases} \quad (2)\begin{cases} x - 2y + 3z = 1 \\ 2x + 3y - z = 2 \\ 3x + y + 2z = 3 \\ 5x + 4y + z = 5 \end{cases} \quad (3)\begin{cases} x - 2y + 3z = 1 \\ 2x + 3y - z = 2 \\ 3x + y + 2z = 3 \\ 5x + 4y + 2z = 4 \end{cases}$$

連立1次方程式 $A\vec{x} = \vec{0}$ を同次連立1次方程式と呼ぶ. これは必ず解 $\vec{x} = \vec{0}$ を持ち, $\vec{0}$ 以外の解を持つならば, 上の定理から解は無数であり, $\text{rank}\,\tilde{A} = \text{rank}\, A < n$. 定理 29.1 から, これは $|A| = 0$ と同値である.

定理 29.8. A を正方行列として, 同次連立1次方程式 $A\vec{x} = \vec{0}$ が $\vec{x} = \vec{0}$ 以外の解を持つ必要十分条件は $|A| = 0$ である.

30. 計量線形空間

内積

21 節で見たように実ベクトル空間 $\mathbf{R}^n$ には内積が定義され性質 (21.15)-(21.18) が成り立つ. 成分により表すと, $\vec{a} = (a_1, a_2, \cdots, a_n)$, $\vec{b} = (b_1, b_2, \cdots, b_n)$ に対して内積は $(\vec{a}, \vec{b}) = \sum_{i=1}^{n} a_i b_i$ と定義される. 成分が複素数の複素ベクトルの場合にも内積を定義しよう. 実ベクトルと同じ定義を採用すると, $(\vec{a}, \vec{a}) = \sum_{i=1}^{n} a_i^2$ が非負の実数になるとは限らない. 複素数 $z = a + b\sqrt{-1}$ の場合, 実数の二乗に当たるのは共役 $\bar{z} = a - b\sqrt{-1}$ との積 $z\bar{z} = (a + b\sqrt{-1})(a - b\sqrt{-1}) = a^2 + b^2 = |z|^2$ であり, z が実数になる必要十分条件は $\bar{z} = z$ である. そこで, 複素ベクトルの内積を次のように定義する.

$$(30.1) \qquad (\vec{a}, \vec{b}) = \sum_{i=1}^{n} a_i \bar{b}_i$$

この時, 次の性質が成り立つ.

$$(30.2) \qquad (\vec{a}, \vec{b}) = \overline{(\vec{b}, \vec{a})}$$

$$(30.3) \qquad (h\vec{a} + k\vec{b}, \vec{c}) = h(\vec{a}, \vec{c}) + k(\vec{b}, \vec{c})$$

$$(30.4) \qquad (\vec{a}, \vec{a}) \geq 0$$

特に $(\vec{a}, \vec{a}) = 0$ となるのは $\vec{a} = \vec{0}$ の時のみである.

問題 30.1. (1) 上の内積の性質を確認せよ.
(2) $(\vec{a}, h\vec{b} + k\vec{c}) = \bar{h}(\vec{a}, \vec{b}) + \bar{k}(\vec{a}, \vec{c})$ を示せ.

一般の線形空間に内積を定義する. K を $\mathbf{R}$ または $\mathbf{C}$ とする.

定義 30.1. V を K の上の線形空間とする. V の要素 a, b に対し, K の値 (a, b) が定まり, 次の性質を持つ時, (a, b) を内積またはエルミート内積と呼び, V を計量線形空間と呼ぶ.

$$(30.5) \qquad (a, b) = \overline{(b, a)}$$

$$(30.6) \qquad (ha + kb, c) = h(a, c) + k(b, c)$$

$$(30.7) \qquad (a, a) \text{ は実数で } (a, a) \geq 0$$

特に $(a, a) = 0$ となるのは $a = o$ の時のみである.

計量線形空間の各ベクトル a の長さ $|a|$ は $|a| = \sqrt{(a, a)}$ により定義される. また, $(a, b) = 0$ の時, a と b は直交していると言い, $a \perp b$ と表す.

上の問題と同様に $(a, kb + hc) = \bar{k}(a,b) + \bar{h}(a,c)$ が示せるから

$$0 \leq (ka + hb, ka + hb) = k(a, ka + hb) + h(b, ka + hb)$$
$$= k\bar{k}(a,a) + k\bar{h}(a,b) + h\bar{k}(b,a) + h\bar{h}(b,b) = k\bar{k}(a,a) + k\bar{h}(a,b) + h\bar{k}\overline{(a,b)} + h\bar{h}(b,b)$$

この不等式で特に $k = (b,b), h = -(a,b)$ とすると, $k = (b,b) \geq 0$ は実数であるから $\bar{k} = k$ になり

$$0 \leq (b,b)^2(a,a) - (b,b)\overline{(a,b)}(a,b) - (a,b)(b,b)\overline{(a,b)} + (a,b)\overline{(a,b)}(b,b)$$
$$= (b,b)^2(a,a) - (b,b)|(a,b)|^2$$

よって, $(b,b) > 0$ ならば,

$$|(a,b)|^2 \leq (b,b)(a,a) = |a|^2|b|^2$$

$(b,b) = 0$ ならば, $b = o$ であるから, この不等式の両辺は 0 になり, この場合も不等式は成り立つ.

さて, 複素数の大きさ $|z| = \sqrt{z\bar{z}}$ について三角不等式 $|x + y| \leq |x| + |y|$ が成り立つ事に注意し, 上の不等式より得られる不等式 $|(a,b)| = |(b,a)| \leq |a||b|$ を使うと

$$|a + b|^2 = |(a+b, a+b)| = |(a,a) + (a,b) + (b,a) + (b,b)|$$
$$\leq |a|^2 + |(a,b)| + |(b,a)| + |b|^2 \leq |a|^2 + 2|a||b| + |b|^2 = (|a| + |b|)^2$$

以上から二つの不等式が得られた.

定理 30.1. (1) シュワルツの不等式　　$|(a,b)| \leq |a||b|$
(2) 三角不等式　　$|a+b| \leq |a| + |b|$

例 30.1. (1) 数ベクトル空間 $\mathbf{R}^n$ 及び $\mathbf{C}^n$ の通常の内積は上の意味のエルミート内積になる. この内積を標準内積と言う.
(2) 例 27.2 (2) の連続関数のなす線形空間 $C^0([a,b]; K)$ に内積 (f, g) を

$$(f, g) = \int_a^b f(x)\overline{g(x)}\, dx$$

により定義すると, 上で定義した意味の内積になる. この時, シュワルツの不等式と三角不等式は次の不等式になる. これらは応用範囲の広い重要な不等式である.

(30.8) $$\left| \int_a^b f(x)\overline{g(x)}\, dx \right|^2 \leq \int_a^b |f(x)|^2\, dx \int_a^b |g(x)|^2\, dx$$

(30.9) $$\sqrt{\int_a^b |f(x) + g(x)|^2\, dx} \leq \sqrt{\int_a^b |f(x)|^2\, dx} + \sqrt{\int_a^b |g(x)|^2\, dx}$$

問題 30.2. (1) (f, g) が内積になる事を示せ.
(2) $a = \pi, b = -\pi$ とし,
$$f_0(x) = \frac{1}{\sqrt{2\pi}}, \quad f_n(x) = \frac{1}{\sqrt{\pi}} \cos nx, \quad g_n(x) = \frac{1}{\sqrt{\pi}} \sin nx$$
と置く. $(f_n, f_m), \quad (f_n, g_m), \quad (g_n, g_m)$ を求めよ.

ヒント 積分の前に (12.18) を使用する. また, $n = m$ の場合と $n \neq m$ の場合の 2 通りに分ける.

問題 30.3. 不等式 $\left| \int_0^{\frac{\pi}{2}} x^n \sin x \, dx \right|^2 \leq \dfrac{\pi^{2n+2}}{(2n+1)2^{2n+3}}$ を示せ.

正規直交基底

計量線形空間 V のベクトルの集合 $\{a_1, a_2, \cdots, a_n\}$ が次の条件を満たす時正規直交系と言う.

(30.10) $$(a_i, a_j) = \begin{cases} 1 & (i = j) \\ 0 & (i \neq j) \end{cases}$$

特に正規直交系になる基底を正規直交基底と言う.

定理 30.2. $\{a_1, a_2, \cdots, a_n\}$ を正規直交系とする.
(1) $\{a_1, a_2, \cdots, a_n\}$ は一次独立である.
(2) $a = \sum_{i=1}^n k_i a_i$ ならば $k_i = (a, a_i)$. すなわち
$$a = (a, a_1)a_1 + (a, a_2)a_2 + \cdots + (a, a_n)a_n$$
(3) $a = \sum_{i=1}^n k_i a_i, \quad b = \sum_{i=1}^n h_i a_i$ ならば $(a, b) = \sum_{i=1}^n k_i h_i$

問題 30.4. 上の定理を示せ.
ヒント (1) 内積 $(\sum_{i=1}^n k_i a_i, a_j)$ を計算せよ.

例 30.2. 連続関数の計量線形空間 $C^0([-\pi, \pi]; \mathbf{R})$ を考える. 問題 30.2 (2) で確かめたように次の関数は正規直交系になる.
$$f_0(x) = \frac{1}{\sqrt{2\pi}}, \quad f_n(x) = \frac{1}{\sqrt{\pi}} \cos nx, \quad g_n(x) = \frac{1}{\sqrt{\pi}} \sin nx$$

次の級数はフーリエ級数と呼ばれ, 偏微分方程式を解く時に使われる. またこの級数が収束する点の研究からカントールは集合論を創始した.
$$f(x) = \frac{a_0}{2} + \sum_{n=1}^\infty (a_n \cos nx + b_n \sin nx)$$

さて, $f(x) = \sqrt{\frac{\pi}{2}}a_0 f_0(x) + \sum_{n=1}^{\infty}(\sqrt{\pi}a_n f_n(x) + \sqrt{\pi}b_n g_n(x))$ であるから, 上の定理より,

$$\sqrt{\frac{\pi}{2}}a_0 = (f, f_0) = \frac{1}{\sqrt{2\pi}} \int_{-\pi}^{\pi} f(x)\,dx$$

$$\sqrt{\pi}a_n = (f, f_n) = \frac{1}{\sqrt{\pi}} \int_{-\pi}^{\pi} f(x)\cos nx\,dx$$

$$\sqrt{\pi}b_n = (f, g_n) = \frac{1}{\sqrt{\pi}} \int_{-\pi}^{\pi} f(x)\sin nx\,dx$$

これは係数 a_n, b_n が次の積分で表される事を意味する.

$$a_0 = \frac{1}{\pi}\int_{-\pi}^{\pi} f(x)\,dx, \quad a_n = \frac{1}{\pi}\int_{-\pi}^{\pi} f(x)\cos nx\,dx, \quad b_n = \frac{1}{\pi}\int_{-\pi}^{\pi} f(x)\sin nx\,dx$$

これらを $f(x)$ のフーリエ係数と言う.

基底の正規直交化

計量線形空間 V の与えられた基底 $\{a_1, a_2, \cdots, a_n\}$ から, 正規直交基底 $\{b_1, b_2, \cdots, b_n\}$ で各 b_i が $a_1, a_2, \cdots, a_i$ の一次結合になるようなものが次のようにして作れる.

$$b_1 = \frac{1}{|a_1|}a_1$$

$$b_2 = \frac{1}{|b_2'|}b_2', \quad b_2' = a_2 - (a_2, b_1)b_1$$

次に正規直交系 $\{b_1, b_2, \cdots, b_i\}$ で各 b_j が $a_1, a_2, \cdots, a_j$ の一次結合であるものが取れたとする. b_{i+1} を次のように定義する.

$$b_{i+1} = \frac{1}{|b_{i+1}'|}b_{i+1}', \quad b_{i+1}' = a_{i+1} - \sum_{j=1}^{i}(a_{i+1}, b_j)b_j$$

これは $a_1, a_2, \cdots, a_{i+1}$ の一次結合であり, $(b_j, b_k) = \begin{cases} 1 & (j = k) \\ 0 & (j \neq k) \end{cases}$ であるから

$$|b_{i+1}| = \left|\frac{1}{|b_{i+1}'|}b_{i+1}'\right| = 1$$

$$(b_{i+1}, b_k) = \frac{1}{|b_{i+1}'|}(b_{i+1}', b_k) = \frac{1}{|b_{i+1}'|}\left(\{a_{i+1} - \sum_{j=1}^{i}(a_{i+1}, b_j)b_j\}, b_k\right)$$

$$= \frac{1}{|b_{i+1}'|}\left\{(a_{i+1}, b_k) - \sum_{j=1}^{i}(a_{i+1}, b_j)(b_j, b_k)\right\} = \frac{1}{|b_{i+1}'|}\{(a_{i+1}, b_k) - (a_{i+1}, b_k)\} = 0$$

よって, この過程を繰り返す事で, 正規直交基底で, 各 b_i が $a_1, a_2, \cdots, a_i$ の一次結合になるようなものが得られる. これをグラム・シュミットの正規直交化と言う.

直交補空間

V を計量線形空間とし, $U \subset V$ を部分線形空間とする. U の直交補空間を次のように定義する.

(30.11) $$U^\perp = \{a | \forall b \in U \text{ に対して } (a,b) = 0\}$$

定理 30.3. $U^\perp$ は部分線形空間になり, $U^\perp \cap U = \{o\}$.

問題 30.5. この定理を示せ.

U の正規直交基底を $b_1, b_2, \cdots, b_m$ とする. V の任意のベクトルを a とし,
$$b = \sum_{i=1}^{m}(a,b_i)b_i \in U, \quad c = a - b$$
とすると,
$$(c,b_i) = (a-b,b_i) = (a,b_i) - (b,b_i) = (a,b_i) - (a,b_i) = 0$$
となるから, $c \in U^\perp$. この b, c をそれぞれ $U, U^\perp$ への a の正射影と言う.

定理 30.4. U が有限次元ならば, $V = U \oplus U^\perp$.

31. 固有値と固有ベクトル

固有値

$f: \mathbf{R}^n \to \mathbf{R}^n$ を線形写像とし, n 次正方行列 A を f の表現行列とする. $\mathbf{R}^n$ のある基底を $\vec{a}_1, \vec{a}_2, \cdots, \vec{a}_n$ とし, 標準基底からの変換行列を P (つまり $P\vec{e}_i = \vec{a}_i$) とすると, この基底に関する f の表現行列は, 定理 28.5 から $P^{-1}AP$ になる. つまり正則行列 P に対し A と $P^{-1}AP$ は同じ線形写像を表す.

定義 31.1. n 次正方行列 A, B は, 適当な正則行列 P があり $B = P^{-1}AP$ となるならば相似と言う. 対角行列 $B = \begin{pmatrix} \lambda_1 & & & & O \\ & \ddots & & & \\ & & \lambda_i & & \\ & & & \ddots & \\ O & & & & \lambda_n \end{pmatrix}$ に相似な行列 A は対角化可能と呼ばれ, B を A の対角化と言う.

A が対角化可能ならば, 基底 $P\vec{e}_i = \vec{a}_i$ に対して
$$f(\vec{a}_i) = A\vec{a}_i = \lambda_i \vec{a}_i$$
実際に $P^{-1}AP\vec{e}_i = \lambda_i \vec{e}_i$ であるから $AP\vec{e}_i = \lambda_i P\vec{e}_i$ からも上の式は導かれる. 逆に上の式を満たす基底があるならば, A は対角化可能である. この節では, このような基底を求める方法を解説する.

定義 31.2. $f: V \to V$ を K の上の線形空間 V の線形写像とする. もし

(31.1) $$f(a) = \lambda a, \quad a \neq o$$

となる $\lambda \in K$ とベクトル a があるならば, λ を f の固有値, a を λ に属する固有ベクトルと呼ぶ. λ に属する固有ベクトル全てと零ベクトルの集合を λ に属する固有空間と呼ぶ.

特に $V = \mathbf{R}^n, \mathbf{C}^n$ であり正方行列 A が f を表す時, 固有値および固有ベクトルの定義式は $Aa = \lambda a = \lambda E a$ (E: 単位行列) になる. λ に関する多項式 $|A - \lambda E|$ を A の固有多項式と呼び,

(31.2) $$|A - \lambda E| = 0$$

を A の固有方程式と呼ぶ. この方程式は n 次方程式になる.

定理 31.1. (1) λ が A の固有値になる必要十分条件は λ が A の固有方程式の解になる事である.

(2) 相似な行列の固有方程式と固有値は等しい.

(証明) (1) λ が固有値になる事と $(A - \lambda E)\vec{x} = \vec{0}$ が $\vec{x} = \vec{0}$ 以外の解を持つ事は同値であるから, 定理 29.8 はこの定理を意味する.

(2) $|A - \lambda E| = |P^{-1}(A - \lambda E)P| = |P^{-1}AP - \lambda E|$ であるから, 相似な行列の固有方程式は等しい. よって, (1) より (2) が導かれる. □

固有値が固有方程式の m 重解の時, **m 重固有値**と呼び, m を**重複度**と言う.

例題 31.1. 次の行列の固有値を求め, その重複度を求めよ.
(1) $\begin{pmatrix} 3 & 4 \\ -1 & -2 \end{pmatrix}$ (2) $\begin{pmatrix} \cos\theta & -\sin\theta \\ \sin\theta & \cos\theta \end{pmatrix}$ (3) $\begin{pmatrix} 3 & 2 \\ -2 & -1 \end{pmatrix}$ (4) $\begin{pmatrix} 2 & 0 \\ 0 & 2 \end{pmatrix}$

(解答) (1) 固有方程式は
$$\begin{vmatrix} 3-\lambda & 4 \\ -1 & -2-\lambda \end{vmatrix} = (3-\lambda)(-2-\lambda) + 4 = \lambda^2 - \lambda - 2 = (\lambda-2)(\lambda+1) = 0$$
であるから, 固有値は $\lambda = 2, -1$. 重複度はどちらも 1 である.

(2) 固有方程式は $\begin{vmatrix} \cos\theta - \lambda & -\sin\theta \\ \sin\theta & \cos\theta - \lambda \end{vmatrix} = \lambda^2 - 2\cos\theta\lambda + 1 = 0$ である. 判別式は
$$D = 4(\cos^2\theta - 1) \leq 0$$
であるから, $\cos\theta \neq \pm 1$ の場合実数の固有値は存在しない.

複素ベクトルと複素行列に範囲を広げるならば, 固有値は
$$\lambda = \cos\theta \pm \sqrt{\cos^2\theta - 1} = \cos\theta \pm i\sin\theta$$

$\cos\theta \neq \pm 1$ ならば重複度はどちらも 1 である.

$\cos\theta = 1$ ならば固有値 $\lambda = 1$ であり, $\cos\theta = -1$ ならば固有値は $\lambda = -1$ あり, どちらの場合も重複度は 2 である.

(3) 固有方程式は $\begin{vmatrix} 3-\lambda & 2 \\ -2 & -1-\lambda \end{vmatrix} = \lambda^2 - 2\lambda + 1 = (\lambda-1)^2 = 0$ であるから, 固有値は $\lambda = 1$. 重複度は 2 である.

(4) 固有方程式は $\begin{vmatrix} 2-\lambda & 0 \\ 0 & 2-\lambda \end{vmatrix} = (2-\lambda)^2 = 0$ であるから, 固有値は $\lambda = 2$. 重複度は 2 である.

問題 31.1. 次の行列の固有値を求め, その重複度を求めよ.
(1) $\begin{pmatrix} 1 & 2 \\ 2 & -2 \end{pmatrix}$ (2) $\begin{pmatrix} 4 & -5 \\ 2 & -2 \end{pmatrix}$ (3) $\begin{pmatrix} 1 & -1 \\ 1 & 3 \end{pmatrix}$ (4) $\begin{pmatrix} -1 & 0 \\ 0 & -1 \end{pmatrix}$

行列 A の固有値 λ に属する固有空間 V_λ は $\mathrm{Ker}(A - \lambda E)$ であるから部分線形空間になる.

定理 31.2. 各固有値に属する固有空間は部分線形空間である.

例題 31.2. 例題 31.1 の各行列の固有空間の基底を求めよ.

(解答) 固有ベクトルを $\begin{pmatrix} x \\ y \end{pmatrix}$ とすると, 固有ベクトルになる条件は $(A - \lambda E) \begin{pmatrix} x \\ y \end{pmatrix} = \begin{pmatrix} 0 \\ 0 \end{pmatrix}$ である.

(1) $\lambda = 2$ の場合の条件は

$$\begin{pmatrix} 3-2 & 4 \\ -1 & -2-2 \end{pmatrix} \begin{pmatrix} x \\ y \end{pmatrix} = \begin{pmatrix} 0 \\ 0 \end{pmatrix}, \quad \begin{cases} x + 4y &= 0 \\ -x - 4y &= 0 \end{cases}$$

これから $y = -\frac{1}{4}x$ であるから, 固有ベクトルは $\begin{pmatrix} x \\ -\frac{1}{4}x \end{pmatrix} = x \begin{pmatrix} 1 \\ -\frac{1}{4} \end{pmatrix}$.

これは $\lambda = 2$ に属する固有空間が 1 次元部分線形空間になり, その基底は $\begin{pmatrix} 1 \\ -\frac{1}{4} \end{pmatrix}$ である事を意味する. 基底の取り方は無数にあり, $\begin{pmatrix} -4 \\ 1 \end{pmatrix}$ を基底としてもよい.

$\lambda = -1$ の場合の条件は

$$\begin{pmatrix} 4 & 4 \\ -1 & -1 \end{pmatrix} \begin{pmatrix} x \\ y \end{pmatrix} = \begin{pmatrix} 0 \\ 0 \end{pmatrix}, \quad \begin{cases} 4x + 4y &= 0 \\ -x - y &= 0 \end{cases}, \quad y = -x$$

固有ベクトルは $\begin{pmatrix} x \\ -x \end{pmatrix} = x \begin{pmatrix} 1 \\ -1 \end{pmatrix}$. $\lambda = -1$ に属する固有空間の基底は $\begin{pmatrix} 1 \\ -1 \end{pmatrix}$.

(2) $\cos\theta = \pm 1$ の時は, $\sin\theta = 0$ であるから問題の行列は $\pm E$ になる. その時全てのベクトルが固有値 $\lambda = \pm 1$ に属する固有ベクトルになる. よって 固有空間の基底は $\begin{pmatrix} 1 \\ 0 \end{pmatrix}, \begin{pmatrix} 0 \\ 1 \end{pmatrix}$.

$\cos\theta \neq \pm 1$ の時は, 固有値は 2 個あり $\lambda = \cos\theta \pm i\sin\theta$. 固有ベクトルになる条件は

$$\begin{cases} \mp ix\sin\theta - y\sin\theta &= 0 \\ x\sin\theta \mp iy\sin\theta &= 0 \end{cases}$$

$\sin\theta \neq 0$ から $y = \mp xi$ であるから固有ベクトルは $\begin{pmatrix} x \\ \mp xi \end{pmatrix} = x \begin{pmatrix} 1 \\ \mp i \end{pmatrix}$.

以上から, 固有値 $\lambda = \cos\theta + i\sin\theta$ の固有空間の複素線形空間としての基底は $\begin{pmatrix} 1 \\ -i \end{pmatrix}$.

固有値 $\lambda = \cos\theta - i\sin\theta$ の固有空間の基底は $\begin{pmatrix} 1 \\ i \end{pmatrix}$.

(3) 固有値 $\lambda = 1$ に属する固有ベクトルになるための条件は

$$\begin{cases} 2x + 2y = 0 \\ -2x - 2y = 0 \end{cases}, \quad y = -x$$

固有ベクトルは $\begin{pmatrix} x \\ -x \end{pmatrix} = x \begin{pmatrix} 1 \\ -1 \end{pmatrix}$ であり，基底は $\begin{pmatrix} 1 \\ -1 \end{pmatrix}$.

(4) 固有ベクトルの条件は $\begin{cases} 0 = 0 \\ 0 = 0 \end{cases}$ であるから全てのベクトルが固有ベクトルになり，基底は $\begin{pmatrix} 1 \\ 0 \end{pmatrix}, \begin{pmatrix} 0 \\ 1 \end{pmatrix}$.

問題 31.2. 問題 31.1 の各行列の固有空間の基底を求めよ．

行列の対角化

定理 31.3. A を行列とする．
(1) $\lambda \neq \mu$ を異なる A の固有値とし，V_λ, V_μ を固有空間とする．その時，$V_\lambda \cap V_\mu = \{\vec{0}\}$.
(2) $\lambda_1, \lambda_2, \cdots, \lambda_m$ を互いに相異なる A の固有値とし，ベクトル $\vec{p}_i$ を λ_i に属する固有ベクトルとすると，$\vec{p}_1, \vec{p}_2, \cdots, \vec{p}_m$ は一次独立である．

(証明) (1) $\vec{p} \in V_\lambda \cap V_\mu$ とすると，$A\vec{p} = \lambda\vec{p}, A\vec{p} = \mu\vec{p}$ であるから，$(\lambda - \mu)\vec{p} = \vec{0}$. $\lambda - \mu \neq 0$ より，$\vec{p} = \vec{0}$.
(2) 数学的帰納法による．

$m = 1$ の時は自明である．

$m = 2$ の時，$k_1 \vec{p}_1 + k_2 \vec{p}_2 = \vec{0}$ ならば，$\vec{p} = k_1 \vec{p}_1 = -k_2 \vec{p}_2$ は $\vec{p} \in V_{\lambda_1} \cap V_{\lambda_2}$. よって (1) より $\vec{p} = \vec{0}$ になり，$k_1 = k_2 = 0$ を意味する．

m 個の時一次独立と仮定する．もし，

$$(31.3) \qquad k_1 \vec{p}_1 + k_2 \vec{p}_2 + \cdots + k_m \vec{p}_m + k_{m+1} \vec{p}_{m+1} = \vec{0}$$

ならば，A を両辺に作用させて

$$k_1 A\vec{p}_1 + k_2 A\vec{p}_2 + \cdots + k_m A\vec{p}_m + k_{m+1} A\vec{p}_{m+1} = A\vec{0}$$

$$k_1 \lambda_1 \vec{p}_1 + k_2 \lambda_2 \vec{p}_2 + \cdots + k_m \lambda_m \vec{p}_m + k_{m+1} \lambda_{m+1} \vec{p}_{m+1} = \vec{0}$$

上式から (31.3) の λ_{m+1} 倍を引くと，

$$k_1(\lambda_1 - \lambda_{m+1})\vec{p}_1 + k_2(\lambda_2 - \lambda_{m+1})\vec{p}_2 + \cdots + k_m(\lambda_m - \lambda_{m+1})\vec{p}_m = \vec{0}$$

m 個で一次独立の仮定より，

$$k_1(\lambda_1 - \lambda_{m+1}) = k_2(\lambda_2 - \lambda_{m+1}) = k_m(\lambda_m - \lambda_{m+1}) = 0$$

λ_i は互いに相異なるから $\lambda_i - \lambda_{m+1} \neq 0$ になり, $k_1 = k_2 = \cdots = k_m = 0$. さらに, これと (31.3) から $k_{m+1} = 0$. 以上から一次独立が言えた.

$\mathbf{R}^n$ または $\mathbf{C}^n$ の基底 $\vec{p}_1 = \begin{pmatrix} p_{11} \\ p_{21} \\ \vdots \\ p_{n1} \end{pmatrix}, \vec{p}_2 = \begin{pmatrix} p_{12} \\ p_{22} \\ \vdots \\ p_{n2} \end{pmatrix}, \cdots, \vec{p}_n = \begin{pmatrix} p_{1n} \\ p_{2n} \\ \vdots \\ p_{nn} \end{pmatrix}$ で全ての $\vec{p}_i$ が行列 A の固有ベクトルならば, $P = (p_{ij})$ と置くと P は正則であり

$$AP\vec{e}_i = A\vec{p}_i = \lambda_i \vec{p}_i = \lambda_i P \vec{e}_i$$

であるから, $P^{-1}AP\vec{e}_i = \lambda \vec{e}_i$ となり, A は対角行列に対角化される. さらにその対角行列の対角成分は固有値になる.

定理 31.4. (1) 各固有値 λ_i ($i = 1, 2, \cdots, m$) に属する固有空間 V_{λ_i} の次元が常に固有値の重複度 n_i と同じ時にのみ, その行列は対角成分が全て固有値の対角行列に対角化可能である. その時

$$V = V_{\lambda_1} \oplus V_{\lambda_2} \oplus \cdots V_{\lambda_m}$$

(2) 固有方程式が重解を持たない時, その行列は対角化可能である.

(証明) (1) n 次正方行列 A の固有方程式の次元は n であり,

$$|A - \lambda E| = (-1)^n (\lambda - \lambda_1)^{n_1} (\lambda - \lambda_2)^{n_2} \cdots (\lambda - \lambda_m)^{n_m}$$

であるから, $n_1 + n_2 + \cdots + n_m = n$. そこで各 V_{λ_i} の基底を $\vec{p}_{i1}, \vec{p}_{i2}, \cdots, \vec{p}_{in_i}$ とすると,

$$\vec{p}_{11}, \vec{p}_{12}, \cdots, \vec{p}_{1n_1}, \vec{p}_{21}, \vec{p}_{22}, \cdots, \vec{p}_{2n_2}, \cdots, \vec{p}_{m1}, \vec{p}_{m2}, \cdots, \vec{p}_{mn_m}$$

は定理 31.3 (2) から一次独立になり, 個数は n 個である. よって基底である. よって本定理の直前で示したように対角化可能である.

逆に対角化可能ならば $P^{-1}AP = \begin{pmatrix} \lambda_1 & 0 & & \cdots & 0 \\ 0 & \lambda_2 & 0 & \cdots & 0 \\ \vdots & & \ddots & & \vdots \\ \vdots & & & & 0 \\ 0 & \cdots & \cdots & 0 & \lambda_n \end{pmatrix}$ が対角行列になる正則行列 P が取れる. 対角成分は固有値であり, P の列ベクトルは固有ベクトルのなす基底になる. 定理 31.1 から A の固有方程式は

$$|P^{-1}AP - \lambda E| = (-1)^n (\lambda - \lambda_1)(\lambda - \lambda_2) \cdots (\lambda - \lambda_m) = 0$$

であるから, λ_i の重複度は $\lambda_1, \cdots, \lambda_n$ のうち λ_i に等しいものの個数であり, 固有空間の基底は $P\vec{e}_j$ ($\lambda_j = \lambda_i$) である. よって, λ_i の重複度とその固有空間の次元とは一致する.

また後半はこの基底の取り方から明らかである.

(2) この場合重複度は常に 1 であり，各固有空間から一つずつ固有ベクトルを取ってくると，定理 31.3 (2) から一次独立になる．またこの固有ベクトルの個数は n 個であるから，基底になる．それで対角化可能である． □

問題 31.3. 行列 A が対角化可能な時，固有多項式を $f(\lambda)$ とすると，$f(A) = O$ となる事を示せ．

ヒント A と $P^{-1}AP$ の固有多項式は等しく，$P^{-1}f(A)P = f(P^{-1}AP)$ となる事を使う．

注 これは次のケーリー・ハミルトンの定理の特殊な場合である．

任意の行列 A の固有多項式を $f(\lambda) = \sum_{i=0}^{n} c_i \lambda^i$ とすると $f(A) = \sum_{i=0}^{n} c_i A^i = O$.

例題 31.3. 例題 31.1 の行列で対角化可能なものがあれば対角化せよ．

(解答) これまでの例題から固有値および固有空間の基底は求められているから，それを利用する．

(1) 固有方程式は重解を持たず，

$\lambda = 2$ に属する固有空間の基底は $\begin{pmatrix} -4 \\ 1 \end{pmatrix}$

$\lambda = -1$ に属する固有空間の基底は $\begin{pmatrix} 1 \\ -1 \end{pmatrix}$

$P = \begin{pmatrix} -4 & 1 \\ 1 & -1 \end{pmatrix}$ とすると上の定理から対角化可能であり，$P^{-1}AP = \begin{pmatrix} 2 & 0 \\ 0 & -1 \end{pmatrix}$.

(2) $\cos\theta = \pm 1$ の時は対角行列である．

$\cos\theta \neq \pm 1$ の場合は，固有方程式に重解はなく，固有値は複素数である．固有値 $\lambda = \cos\theta \pm i\sin\theta$ の固有空間の複素線形空間としての基底は，それぞれ $\begin{pmatrix} 1 \\ \mp i \end{pmatrix}$ であるから

$P = \begin{pmatrix} 1 & 1 \\ -i & i \end{pmatrix}$ とすると $P^{-1}AP = \begin{pmatrix} \cos\theta + i\sin\theta & 0 \\ 0 & \cos\theta - i\sin\theta \end{pmatrix}$.

(3) 固有方程式は重解を持ち，固有値 $\lambda = 1$ の重複度は 2 である．固有空間の基底は $\begin{pmatrix} 1 \\ -1 \end{pmatrix}$ であるから，次元は 1 であり，上の定理から対角化可能でない．

しかし固有ベクトルを含む $\mathbf{R}^2$ の基底，例えば $\begin{pmatrix} 1 \\ -1 \end{pmatrix}, \begin{pmatrix} 1 \\ 0 \end{pmatrix}$ を取り，$P = \begin{pmatrix} 1 & 1 \\ -1 & 0 \end{pmatrix}$ とすると，$P^{-1} = \begin{pmatrix} 0 & -1 \\ 1 & 1 \end{pmatrix}$ であり

$$P^{-1}AP = \begin{pmatrix} 0 & -1 \\ 1 & 1 \end{pmatrix} \begin{pmatrix} 3 & 2 \\ -2 & -1 \end{pmatrix} \begin{pmatrix} 1 & 1 \\ -1 & 0 \end{pmatrix} = \begin{pmatrix} 1 & 2 \\ 0 & 1 \end{pmatrix}$$

のように三角行列には出来る．

(3) 固有値 $\lambda = 2$ の重複度は 2 であり，固有空間の次元も 2 である．上の定理から対角化可能であるが，この行列はすでに対角行列である．

問題 31.4. 問題 31.1 の行列で対角化可能なものがあれば対角化せよ．

例題 31.4. 次の行列が対角化可能ならば対角化せよ．
(1) $A = \begin{pmatrix} -1 & -6 & 0 \\ 0 & -3 & 0 \\ 6 & 12 & 2 \end{pmatrix}$ (2) $A = \begin{pmatrix} 15 & 7 & 21 \\ -2 & 0 & -3 \\ -8 & -4 & -11 \end{pmatrix}$ (3) $A = \begin{pmatrix} -1 & 0 & -3 \\ 3 & 2 & 1 \\ 0 & 0 & 2 \end{pmatrix}$

(解答) (1) 固有方程式は，$|A - \lambda E|$ の 1 行に関する展開により，

$$\begin{vmatrix} -1-\lambda & -6 & 0 \\ 0 & -3-\lambda & 0 \\ 6 & 12 & 2-\lambda \end{vmatrix} = (-1-\lambda)(-3-\lambda)(2-\lambda) = 0$$

よって固有値は $\lambda = -1, 2, -3$ であり対角化可能である．固有ベクトルを $\begin{pmatrix} x \\ y \\ z \end{pmatrix}$ とする．

固有値 $\lambda = -1$ の場合は

$$\begin{pmatrix} 0 & -6 & 0 \\ 0 & -2 & 0 \\ 6 & 12 & 3 \end{pmatrix} \begin{pmatrix} x \\ y \\ z \end{pmatrix} = \begin{pmatrix} 0 \\ 0 \\ 0 \end{pmatrix}, \quad \begin{cases} -6y & = 0 \\ -2y & = 0 \\ 6x + 12y + 3z & = 0 \end{cases}, \quad \begin{cases} y & = 0 \\ z & = -2x \end{cases}$$

よって固有ベクトルは $\begin{pmatrix} x \\ 0 \\ -2x \end{pmatrix} = x \begin{pmatrix} 1 \\ 0 \\ -2 \end{pmatrix}$ になり，固有空間の基底は $\begin{pmatrix} 1 \\ 0 \\ -2 \end{pmatrix}$．

固有値 $\lambda = 2$ の場合は

$$\begin{pmatrix} -3 & -6 & 0 \\ 0 & -5 & 0 \\ 6 & 12 & 0 \end{pmatrix} \begin{pmatrix} x \\ y \\ z \end{pmatrix} = \begin{pmatrix} 0 \\ 0 \\ 0 \end{pmatrix}, \quad \begin{cases} -3x - 6y & = 0 \\ -5y & = 0 \\ 6x + 12y & = 0 \end{cases}, \quad \begin{cases} y & = 0 \\ x & = 0 \end{cases}$$

よって固有ベクトルは $\begin{pmatrix} 0 \\ 0 \\ z \end{pmatrix} = z \begin{pmatrix} 0 \\ 0 \\ 1 \end{pmatrix}$ になり，固有空間の基底は $\begin{pmatrix} 0 \\ 0 \\ 1 \end{pmatrix}$．

固有値 $\lambda = -3$ の場合は

$$\begin{pmatrix} 2 & -6 & 0 \\ 0 & 0 & 0 \\ 6 & 12 & 5 \end{pmatrix} \begin{pmatrix} x \\ y \\ z \end{pmatrix} = \begin{pmatrix} 0 \\ 0 \\ 0 \end{pmatrix}, \quad \begin{cases} 2x - 6y & = 0 \\ 0 & = 0 \\ 6x + 12y + 5z & = 0 \end{cases}, \quad \begin{cases} x & = 3y \\ z & = -6y \end{cases}$$

よって固有ベクトルは $\begin{pmatrix} 3y \\ y \\ -6y \end{pmatrix} = y \begin{pmatrix} 3 \\ 1 \\ -6 \end{pmatrix}$ になり, 固有空間の基底は $\begin{pmatrix} 3 \\ 1 \\ -6 \end{pmatrix}$.

以上から, $P = \begin{pmatrix} 1 & 0 & 3 \\ 0 & 0 & 1 \\ -2 & 1 & -6 \end{pmatrix}$ と置くと, $P^{-1}AP = \begin{pmatrix} -1 & 0 & 0 \\ 0 & 2 & 0 \\ 0 & 0 & -3 \end{pmatrix}$.

(2) 固有方程式は

$$\begin{vmatrix} 15-\lambda & 7 & 21 \\ -2 & -\lambda & -3 \\ -8 & -4 & -11-\lambda \end{vmatrix} = -\lambda^3 + 4\lambda^2 - 5\lambda + 2 = -(\lambda-1)^2(\lambda-2) = 0$$

よって固有値は $\lambda = 1, 2$ である. 固有ベクトルを $\begin{pmatrix} x \\ y \\ z \end{pmatrix}$ とする.

重複度 2 の固有値 $\lambda = 1$ の場合は

$$\begin{pmatrix} 14 & 7 & 21 \\ -2 & -1 & -3 \\ -8 & -4 & -12 \end{pmatrix} \begin{pmatrix} x \\ y \\ z \end{pmatrix} = \begin{pmatrix} 0 \\ 0 \\ 0 \end{pmatrix}, \quad \begin{cases} 14x + 7y + 21z & = 0 \\ -2x - y - 3z & = 0, \quad y = -2x - 3z \\ -8x - 4y - 12z & = 0 \end{cases}$$

よって固有ベクトルは $\begin{pmatrix} x \\ -2x - 3z \\ z \end{pmatrix} = x \begin{pmatrix} 1 \\ -2 \\ 0 \end{pmatrix} + z \begin{pmatrix} 0 \\ -3 \\ 1 \end{pmatrix}$ である. 固有空間は 2 次元になり, 基底は $\begin{pmatrix} 1 \\ -2 \\ 0 \end{pmatrix}, \begin{pmatrix} 0 \\ -3 \\ 1 \end{pmatrix}$.

この場合は重複度と固有空間の次元は同じになる.

重複度 1 の固有値 $\lambda = 2$ の場合は

$$\begin{pmatrix} 13 & 7 & 21 \\ -2 & -2 & -3 \\ -8 & -4 & -13 \end{pmatrix} \begin{pmatrix} x \\ y \\ z \end{pmatrix} = \begin{pmatrix} 0 \\ 0 \\ 0 \end{pmatrix}, \quad \begin{cases} 13x + 7y + 21z & = 0 \\ -2x - 2y - 3z & = 0, \\ -8x - 4y - 13z & = 0 \end{cases} \quad \begin{cases} x & = -\frac{7}{4}z \\ y & = \frac{1}{4}z \end{cases}$$

よって固有ベクトルは $\begin{pmatrix} -\frac{7}{4}z \\ \frac{1}{4}z \\ z \end{pmatrix} = \frac{z}{4}\begin{pmatrix} -7 \\ 1 \\ 4 \end{pmatrix}$ になり,固有空間の基底は $\begin{pmatrix} -7 \\ 1 \\ 4 \end{pmatrix}$.

以上から固有空間の次元と重複度は全て同じになるから対角化可能で,

$P = \begin{pmatrix} 1 & 0 & -7 \\ -2 & -3 & 1 \\ 0 & 1 & 4 \end{pmatrix}$ とすると $P^{-1}AP = \begin{pmatrix} 1 & 0 & 0 \\ 0 & 1 & 0 \\ 0 & 0 & 2 \end{pmatrix}$.

(3) 固有方程式は

$$\begin{vmatrix} -1-\lambda & 0 & -3 \\ 3 & 2-\lambda & 1 \\ 0 & 0 & 2-\lambda \end{vmatrix} = (-1-\lambda)(2-\lambda)^2 = 0$$

よって固有値は $\lambda = -1, 2$ である.固有ベクトルを $\begin{pmatrix} x \\ y \\ z \end{pmatrix}$ とする.

重複度 1 の固有値 $\lambda = -1$ の場合は

$$\begin{pmatrix} 0 & 0 & -3 \\ 3 & 3 & 1 \\ 0 & 0 & 3 \end{pmatrix}\begin{pmatrix} x \\ y \\ z \end{pmatrix} = \begin{pmatrix} 0 \\ 0 \\ 0 \end{pmatrix}, \quad \begin{cases} -3z &= 0 \\ 3x+3y+z &= 0, \\ 3z &= 0 \end{cases} \quad \begin{cases} z &= 0 \\ y &= -x \end{cases}$$

固有ベクトルは $\begin{pmatrix} x \\ -x \\ 0 \end{pmatrix} = x\begin{pmatrix} 1 \\ -1 \\ 0 \end{pmatrix}$ である.固有空間のは 1 次元になり,基底は $\begin{pmatrix} 1 \\ -1 \\ 0 \end{pmatrix}$.

この場合は重複度と固有空間の次元は同じになる.

重複度 2 の固有値 $\lambda = 2$ の場合は

$$\begin{pmatrix} -3 & 0 & -3 \\ 3 & 0 & 1 \\ 0 & 0 & 0 \end{pmatrix}\begin{pmatrix} x \\ y \\ z \end{pmatrix} = \begin{pmatrix} 0 \\ 0 \\ 0 \end{pmatrix}, \quad \begin{cases} -3x-3z &= 0 \\ 3x+z &= 0 \end{cases}, \quad \begin{cases} z &= 0 \\ x &= 0 \end{cases}$$

よって固有ベクトルは $\begin{pmatrix} 0 \\ y \\ 0 \end{pmatrix} = y\begin{pmatrix} 0 \\ 1 \\ 0 \end{pmatrix}$.固有空間は 1 次元になり,基底は $\begin{pmatrix} 0 \\ 1 \\ 0 \end{pmatrix}$.

固有空間の次元と重複度が同じにならないから対角化不可能である.

問題 31.5. 次の行列が対角化可能ならば対角化せよ.

(1) $A = \begin{pmatrix} 3 & 1 & -2 \\ 2 & 4 & -4 \\ 2 & 1 & -1 \end{pmatrix}$ (2) $A = \begin{pmatrix} 2 & 1 & -2 \\ -1 & -1 & 1 \\ 1 & 1 & -1 \end{pmatrix}$ (3) $A = \begin{pmatrix} 2 & 1 & 0 \\ 0 & 1 & 0 \\ 3 & -2 & 1 \end{pmatrix}$

$$(4)\ A = \begin{pmatrix} 2 & 1 & 1 \\ 1 & 2 & -1 \\ 1 & -1 & 0 \end{pmatrix} \quad (5)\ A = \begin{pmatrix} 3 & -2 & 1 \\ 2 & -1 & 1 \\ -2 & 2 & 0 \end{pmatrix} \quad (6)\ A = \begin{pmatrix} 5 & -11 & 3 \\ 2 & 0 & 3 \\ -2 & 7 & 0 \end{pmatrix}$$

数列の一般項

固有値の応用として例 27.3 (3) の, 漸化式

(31.4) $$x_{n+2} = ax_{n+1} + bx_n$$

を満たす数列の一般項を求めてみよう. 例 27.3 (3) で述べたように, この漸化式を満たす数列の集合 $S(a,b)$ は線形空間になり, $x_1 = 1, x_2 = 0$ となる数列を e_1, $x_1 = 0, x_2 = 1$ となる数列を e_2 とすると, この漸化式を満たす任意の数列 $\{x_n\}$ は

(31.5) $$\{x_n\} = x_1 e_1 + x_2 e_2$$

と表されるから, e_1, e_2 は基底になる.

線形写像 $T : S(a,b) \to S(a,b)$ を $T(\{x_1, x_2, x_3, \cdots\}) = \{x_2, x_3, \cdots\}$ で定義すると, 線形写像になり,

$$T(e_1) = T(\{1, 0, b, \cdots\}) = \{0, b, \cdots\} = be_2$$
$$T(e_2) = T(\{0, 1, a, \cdots\}) = \{1, a, \cdots\} = e_1 + ae_2$$

であるから, 行列は

(31.6) $$A = \begin{pmatrix} 0 & 1 \\ b & a \end{pmatrix}$$

この行列の固有方程式は

$$\begin{vmatrix} -\lambda & 1 \\ b & a-\lambda \end{vmatrix} = \lambda^2 - a\lambda - b = 0$$

もし, 判別式 $D = a^2 + 4b \neq 0$ ならば, 固有値は二つある. 固有値を $\lambda = \alpha, \beta$ とすると

(31.7) $$\alpha = \frac{a + \sqrt{a^2 + 4b}}{2}, \quad \beta = \frac{a - \sqrt{a^2 + 4b}}{2}$$

固有ベクトルを $\begin{pmatrix} x \\ y \end{pmatrix}$ とする.

$\lambda = \alpha$ に属する固有ベクトルの条件は

$$\begin{pmatrix} -\alpha & 1 \\ b & a-\alpha \end{pmatrix} \begin{pmatrix} x \\ y \end{pmatrix} = \begin{pmatrix} 0 \\ 0 \end{pmatrix}, \quad \begin{cases} -\alpha x + y = 0 \\ bx + (a-\alpha)y = 0 \end{cases}$$

解と係数の関係 $\alpha + \beta = a$, $\alpha\beta = -b$ より,

$$bx + (a-\alpha)y = -\alpha\beta x + \beta y = \beta(-\alpha x + y) = 0$$

となるから，この連立方程式は $y - \alpha x = 0$ を意味し，$y = \alpha x$.

固有ベクトルは $\begin{pmatrix} x \\ \alpha x \end{pmatrix} = x \begin{pmatrix} 1 \\ \alpha \end{pmatrix}$ になる．よって固有空間の基底は

$$u = \begin{pmatrix} 1 \\ \alpha \end{pmatrix} = e_1 + \alpha e_2 = \{1, \alpha, \cdots\}$$

同様に，$\lambda = \beta$ の固有空間の基底は

$$v = \begin{pmatrix} 1 \\ \beta \end{pmatrix} = e_1 + \beta e_2 = \{1, \beta, \cdots\}$$

さて，漸化式を満たす数列 $\{x_n\} = x_1 e_1 + x_2 e_2$ が u, v により $ku + hv$ と表されるとすると，

$$x_1 e_1 + x_2 e_2 = ku + hv = k(e_1 + \alpha e_2) + h(e_1 + \beta e_2) = (k+h)e_1 + (\alpha k + \beta h)e_2$$

より，$k + h = x_1, \quad \alpha k + \beta h = x_2$. この連立方程式を解いて

(31.8) $$k = \frac{x_2 - \beta x_1}{\alpha - \beta}, \quad h = -\frac{x_2 - \alpha x_1}{\alpha - \beta}$$

逆に，任意の数列 $\{x_n\} = x_1 e_1 + x_2 e_2$ に対し，上のように k, h を取ると

$$ku + hv = (k+h)e_1 + (\alpha k + \beta h)e_2 = x_1 e_1 + x_2 e_2 = \{x_n\}$$

また

$$A^{n-1}(x_1 e_1 + x_2 e_2) = A^{n-1}\{x_1, x_2, x_3, \cdots\} = A^{n-2}\{x_2, x_3, \cdots\} = \cdots$$
$$= \{x_n, x_{n+1}, \cdots\} = x_n e_1 + x_{n+1} e_2$$

に注意すると，

$$x_n e_1 + x_{n+1} e_2 = A^{n-1}(x_1 e_1 + x_2 e_2) = A^{n-1}(ku + hv) = kA^{n-1}u + hA^{n-1}v$$
$$= k\alpha^{n-1}u + h\beta^{n-1}v = (k\alpha^{n-1} + h\beta^{n-1})e_1 + (k\alpha^n + h\beta^n)e_2$$

これから一般項は

(31.9) $$x_n = k\alpha^{n-1} + h\beta^{n-1} = \frac{(x_2 - \beta x_1)\alpha^{n-1} - (x_2 - \alpha x_1)\beta^{n-1}}{\alpha - \beta}$$

例 31.1. $x_1 = 1, x_2 = 1$ で漸化式 $x_{n+2} = x_{n+1} + x_n$ を満たす数列はフィボナッチの数列と呼ばれ，自然界の中によく見られる数列である．この数列は上で，

$$a = b = 1, \; x_1 = x_2 = 1$$

の場合であるから，固有方程式は

$$\lambda^2 - \lambda - 1 = 0$$

になり,固有値は
$$\alpha = \frac{1+\sqrt{5}}{2}, \quad \beta = \frac{1-\sqrt{5}}{2}$$
これから
$$\alpha - \beta = \sqrt{5}, \quad x_2 - \beta x_1 = 1 - \beta = \alpha, \quad x_2 - \alpha x_1 = 1 - \alpha = \beta$$
よって一般項は
$$x_n = \frac{\alpha^n - \beta^n}{\alpha - \beta} = \frac{1}{\sqrt{5}}\left(\frac{(1+\sqrt{5})^n - (1-\sqrt{5})^n}{2^n}\right)$$

略解

1章の問題

問題 1.1, 1.2 略

問題 2.1, 2.2, 2.3, 2.4, 2.5, 2.6, 2.7 略

問題 3.1, 3.2, 3.3, 3.4, 3.5, 3.6, 3.7 略

問題 4.1, 4.2, 4.3, 4.4, 4.5, 4.6, 4.7 略

問題 4.8 (1) $R = \infty$ (2) $R = 1$ (3) $R = \infty$ (4) $R = \infty$ (5) $R = 1$ (6) $R = \frac{1}{2}$ (7) $R = 1$

問題 5.1 $\epsilon = \delta^2 + 1$

問題 5.2 $\lim_{x \to \infty} f(x) = \infty$ は 「$\forall K > 0, \exists M > 0; x > M \Rightarrow f(x) > K$」
$\lim_{x \to \infty} f(x) = -\infty$ は 「$\forall K > 0, \exists M > 0; x > M \Rightarrow f(x) < -K$」
$\lim_{x \to -\infty} f(x) = \infty$ は 「$\forall K > 0, \exists M > 0; x < -M \Rightarrow f(x) > K$」
$\lim_{x \to -\infty} f(x) = -\infty$ は 「$\forall K > 0, \exists M > 0; x < -M \Rightarrow f(x) < -K$」

問題 5.3 次のように δ を置く事で示す. (1) $\delta = \sqrt{\epsilon + 9} - 3$ (2) $\delta = \frac{\epsilon}{2}$ (3) $\delta = \frac{\sqrt{4\epsilon + 9} - 3}{2}$

問題 5.4, 5.5 略

問題 6.1, 6.2, 6.3, 6.4, 6.5 略

問題 6.6 (1) $x = \frac{y-3}{2}$ (2) $x = \sqrt{y+4} + 1$ (3) $x = \frac{1}{3} \log_5 y$ (4) $x = \frac{1}{2y} + \frac{1}{2}$

2章の問題

問題 8.1 $(x^n)' = \lim_{h \to 0} \frac{(x+h)^n - x^n}{h} = \lim_{h \to 0} (nx^{n-1} + {}_nC_2 x^{n-2} h + \cdots + h^{n-1}) = nx^{n-1}$

問題 8.2 (1) $y' = 21x^6 + 10x^4 - 4$ (2) $f'(x) = 5x^4 - 12x^2 + 3$ (3) $\frac{dy}{dx} = \frac{2x^2 - 2x - 2}{(2x-1)^2}$
(4) $\frac{df}{dx} = 8(2x+3)^3 - 4$ (5) $y' = \frac{3x}{2\sqrt[4]{x^2+1}}$ (6) $\frac{d}{dx} f(x) = \frac{3x+4}{2(3x+2)\sqrt{3x+2}}$

問題 8.3 略

問題 9.1 (1) $y' = 2^x \log 2$ (2) $y' = \frac{1}{x \log 3}$ (3) $y' = 2e^{2x+3}$ (4) $y' = \frac{2x-2}{x^2 - 2x + 3}$
(5) $y' = (-2x^2 + 4x - 1)e^{x^2}$ (6) $y' = 3^x \left(\log 3 \log_2 x + \frac{1}{x \log 2} \right)$ (7) $y' = \frac{2a}{x^2 - a^2}$
(8) $y' = \frac{1}{\sqrt{x^2 + A}}$ (9) $y' = 2\sqrt{x^2 + A}$

問題 9.2 (1) $y' = x^x (\log x + 1)$ (2) $y' = x^{\sin x} \left(\cos x \log x + \frac{\sin x}{x} \right)$
(3) $y' = 6(3x-1)(2x+3)^2(5x+2)$ (4) $y' = \frac{(x+1)^2(x-5)}{(x-1)^3}$

問題 9.3 (1) $30°$ (2) $45°$ (3) $60°$ (4) $\frac{\pi}{2}$ (5) $\frac{7}{6}\pi$ (6) $\frac{9}{4}\pi$ (7) $-30°$ (8) $-\frac{2}{3}\pi$

問題 9.4 $\cos \frac{\pi}{4} = \sin \frac{\pi}{4} = \frac{\sqrt{2}}{2}, \tan \frac{\pi}{4} = 1$, $\cos \frac{\pi}{6} = \frac{\sqrt{3}}{2}, \sin \frac{\pi}{6} = \frac{1}{2}, \tan \frac{\pi}{6} = \frac{1}{\sqrt{3}}$
$\cos \frac{\pi}{3} = \frac{1}{2}, \sin \frac{\pi}{3} = \frac{\sqrt{3}}{2}, \tan \frac{\pi}{3} = \sqrt{3}$

問題 9.5 (1) $\cos 0 = 1, \sin 0 = 0, \tan 0 = 0$ (2) $\cos \frac{\pi}{2} = 0, \sin \frac{\pi}{2} = 1, \tan \frac{\pi}{2}$ 値なし
(3) $\cos \pi = -1, \sin \pi = 0, \tan \pi = 0$ (4) $\cos \left(-\frac{\pi}{2} \right) = 0, \sin \left(-\frac{\pi}{2} \right) = -1, \tan \left(-\frac{\pi}{2} \right)$ 値なし
(5) $\cos \frac{2}{3}\pi = -\frac{1}{2}, \sin \frac{2}{3}\pi = \frac{\sqrt{3}}{2}, \tan \frac{2}{3}\pi = -\sqrt{3}$ (6) $\cos \frac{11}{6}\pi = \frac{\sqrt{3}}{2}, \sin \frac{11}{6}\pi = -\frac{1}{2}$
$\tan \frac{11}{6}\pi = -\frac{1}{\sqrt{3}}$ (7) $\cos \frac{29}{4}\pi = -\frac{\sqrt{2}}{2}, \sin \frac{29}{4}\pi = -\frac{\sqrt{2}}{2}, \tan \frac{29}{4}\pi = 1$
(8) $\cos \frac{32}{3}\pi = -\frac{1}{2}, \sin \frac{32}{3}\pi = \frac{\sqrt{3}}{2}, \tan \frac{32}{3}\pi = -\sqrt{3}$

問題 9.6 (1) 3 (2) 2 (3) 9 (4) $\frac{1}{2}$

問題 9.7 略

問題 9.8 (1) $y' = 2\cos(2x-3)$ (2) $y' = -3x^2 \sin x^3$ (3) $y' = 4\sin^3 x \cos x$ (4) $y' = -\frac{1}{\sin^2 x}$ (5) $y' = \frac{2x-1}{\cos^2(x^2-x+1)}$ (6) $y' = 2\sin x \cos x \cos 3x - 3\sin^2 x \sin 3x$ (7) $y' = -\tan x$ (8) $y' = e^{2x}(2\sin 3x + 3\cos 3x)$

問題 9.9 (1) $\frac{\pi}{6}$ (2) $\frac{\pi}{3}$ (3) $\frac{\pi}{4}$ (4) $-\frac{\pi}{4}$ (5) $-\frac{\pi}{3}$

問題 9.10 略

問題 9.11 (1) $y' = \frac{1}{\sqrt{a^2-x^2}}$ (2) $y' = \frac{a}{x^2+a^2}$ (3) $y' = \frac{3}{\sqrt{6x-9x^2}}$ (4) $y' = \frac{2}{8x^2+20x+13}$ (5) $y' = 2\sqrt{a^2-x^2}$ (6) $y' = \frac{2}{3\sin^2 x+1}$

問題 10.1, 10.2 略

問題 10.3 (1) 126.506 (2) 1.01005 (3) 0.001998 (4) 0.62373

問題 10.4 略

問題 10.5 (1) $\frac{1}{2}$ (2) 1 (3) 1 (4) $\frac{1}{2}$ (5) 1 (6) 0 (7) 0 (8) e^3

問題 11.1 (1) $x=1$ で極小値 $y=-1$, $x=-1$ で極大値 $y=1$

(2) $x=\frac{1}{2}$ で極大値 $y=\frac{1}{2e}$ (3) $x=\frac{1}{e}$ で極小値 $y=-\frac{1}{e}$

(4) $x=\frac{\pi}{2}+2n\pi$ で極大値 $y=1$, $x=-\frac{\pi}{2}$ で極小値 $y=-1$ $(n=0,\pm 1,\pm 2,\cdots)$

問題 11.2 略

3章の問題

問題 12.1 略

問題 12.2 (1) $x^3 - \frac{3}{2}x^2 + 4x + C$ (2) $3\sqrt[3]{x^5} + \frac{1}{2x^2} + C$ (3) $\frac{x^3}{3} - 2x - \frac{1}{x} + C$ (4) $\frac{3}{2}e^{2x} + \frac{4}{3}\cos 3x + C$ (5) $3\log|x| + \frac{1}{2}\sin(2x+1) + C$ (6) $\frac{1}{3}\log|3x-2| - e^{2x+3} + C$ (7) $2\sqrt{e^x} + C$ (8) $\frac{1}{2}x - \frac{1}{4}\sin 2x + C$ (9) $-\frac{1}{x} + \frac{1}{2}\text{Tan}^{-1}\frac{2}{x} + C$ (10) $\frac{3}{2}\log|2x+1| + \frac{1}{2}\log\left|\frac{x-3}{x+3}\right| + C$ (11) $\frac{2}{3}\sqrt{x^3} - \text{Sin}^{-1}\frac{x}{\sqrt{2}} + C$ (12) $2\sqrt{x} + \log|x+\sqrt{x^2+2}| + C$ (13) $\frac{2}{3}\sqrt{(x+3)^3} + C$ (14) $\frac{1}{2}\left(x\sqrt{3-x^2} + 3\text{Sin}^{-1}\frac{x}{\sqrt{3}}\right) + C$ (15) $\frac{1}{2}\left(x\sqrt{x^2+3} + 3\log|x+\sqrt{x^2+3}|\right) + C$

問題 12.3 (1) $\frac{1}{2}\log\left|\frac{x}{x+2}\right| + C$ (2) $\frac{1}{2}\text{Tan}^{-1}(x+1) + C$ (3) $\frac{1}{2}\text{Sin}^{-1}2(x-1) + C$ (4) $\frac{1}{2}\log|2x-2+\sqrt{4x^2-8x+3}| + C$ (5) $\frac{1}{2}\left\{(x-2)\sqrt{-x^2+4x-1} + 3\text{Sin}^{-1}\frac{x-2}{\sqrt{3}}\right\} + C$

(6) $\frac{1}{2}\left\{(x-2)\sqrt{x^2-4x+1} - 3\log|x-2+\sqrt{x^2-4x+1}|\right\} + C$

問題 12.4 (1) $-\frac{3}{2}$ (2) 2 (3) $\frac{1}{2}\log\frac{5}{3}$ (4) $\frac{1}{3}\left(e^2 - \frac{1}{e}\right)$ (5) $\frac{2+\sqrt{2}}{6}$ (6) $\frac{1}{2}\log 2$ (7) $\frac{\pi}{12}$ (8) $-\frac{1}{6}\log 2$ (9) $\frac{\pi}{6}$ (10) $\log\left(\frac{1+\sqrt{5}}{2}\right)$ (11) $\frac{1}{2} + \frac{\pi}{4}$ (12) $\frac{\sqrt{3}}{2} + \log\left(\frac{\sqrt{2}+\sqrt{6}}{2}\right)$

問題 12.5 (1) $\frac{1}{3}$ (2) $\log 2$ (3) $-\frac{1}{4}\log 3$

問題 13.1 略

問題 13.2 (1) $\frac{(x^2-2x-1)^4}{8} + C$ (2) $\log|\sin x| + C$ (3) $\frac{2}{5}\sqrt{(x+1)^5} - \frac{2}{3}\sqrt{(x+1)^3} + C$ (4) $\frac{1}{2}\log 3$ (5) $\frac{1}{3}$ (6) $\frac{\pi}{12}$

問題 13.3 (1) 8 (2) 2

問題 13.4 (1) $\log\left|\tan\frac{x}{2}\right| + C$ (2) $\frac{2}{\sqrt{5}}\text{Tan}^{-1}\left(\frac{1}{\sqrt{5}}\tan\frac{x}{2}\right) + C$ (3) $\frac{2}{\sqrt{5}}\text{Tan}^{-1}\left(\frac{3\tan\frac{x}{2}+2}{\sqrt{5}}\right) + C$

問題 14.1 (1) $\frac{x^3}{3}\log x - \frac{x^3}{9} + C$ (2) $x^2\sin x + 2x\cos x - 2\sin x + C$ (3) $\frac{1}{3}xe^{3x} - \frac{1}{9}e^{3x} + C$
(4) $\frac{e^2+1}{4}$ (5) $\frac{\sqrt{3}}{8} - \frac{\pi}{24}$ (6) $6 - 2e$

問題 14.2 (1) $I = \frac{1}{a}e^{ax}\sin bx - \frac{b}{a}J$ (2) $J = \frac{1}{a}e^{ax}\cos bx + \frac{b}{a}I$
(3) $I = \frac{e^{ax}}{a^2+b^2}(a\sin bx - b\cos bx)$, $J = \frac{e^{ax}}{a^2+b^2}(b\sin bx + a\cos bx)$

問題 14.3 (1) $\frac{2}{3}$ (2) $\frac{3}{16}\pi$ (3) $\frac{8}{15}$

問題 14.4, 14.5 略

問題 14.6 (1) $\frac{x^2}{2} - 2x + C$ (2) $\frac{x^2}{2} + 2\operatorname{Tan}^{-1}x + C$

問題 14.7 (1) $\log\sqrt[3]{|(x-2)^2(x+1)|} + C$ (2) $\frac{1}{x} + \log\left|\frac{(x-1)^3}{x^2}\right| + C$ (3) $\frac{1}{8}\log\left|\frac{x}{x+2}\right| + \frac{x+1}{4(x+2)^2} + C$

問題 15.1 (1) $\frac{17}{4}$ (2) $1 - 2\log\frac{4}{3}$ (3) $\frac{8}{3}p^2$ (4) 2 (5) $\frac{8}{15}$

問題 15.2 (1) $\frac{a^2\pi^3}{6}$ (2) $\frac{\pi a^2}{12}$ (3) $\frac{\pi a^2}{8}$ (4) $\frac{3}{2}\pi a^2$ (5) a^2 (6) $\frac{3}{2}$

問題 15.3 (1) $8a$ (2) $6a$

問題 15.4 (1) $\frac{7}{3}\pi$ (2) $2pa^2\pi$ (3) $5\pi^2 a^3$ (4) $\frac{32}{105}\pi a^3$

4章の問題

問題 16.1 (1) 集合 X の平面 $\mathbf{R}^2$ に対する補集合を X^c とし、X に境界を付け加えた集合を $\overline{X}$ と表記する.

平面上の点は E の内点, 外点, 境界点のいずれかであるから, $\overline{E}$ の補集合 $\overline{E}^c$ は E の外点, つまり E^c の内点からなる集合である. $\overline{E}^c$ の任意の要素を x とする. 内点の定義から, x の近傍 U があり, $U \subset E^c$. U の要素は全て E^c の内点であるから, $U \subset \overline{E}^c$ となり, x は $\overline{E}^c$ の内点になる. x は $\overline{E}^c$ の任意の要素であったから, $\overline{E}^c$ は開集合になり, $\overline{E}$ は閉集合になる.

(2) もし, U が E の点を一つも含まないならば, $U \subset E^c$ となり, これは P が E の外点になる事を意味し, 境界点である事に反する.

(3) P_n を $U_{\frac{1}{n}}(\mathrm{P})$ の含む E の点とする. すると $|\mathrm{PP}_n| < \frac{1}{n}$ であるから, $\lim_{n\to\infty}|\mathrm{PP}_n| = 0$. よって $\lim_{n\to\infty}\mathrm{P}_n = \mathrm{P}$.

問題 16.2 (1) $\frac{\partial z}{\partial x} = 6x^2 - 8xy^3 + 3y^4, \frac{\partial z}{\partial y} = -12x^2 y^2 + 12xy^3 - 10y^4, \frac{\partial^2 z}{\partial x^2} = 12x - 8y^3$
$\frac{\partial^2 z}{\partial y\partial x} = -24xy^2 + 12y^3, \frac{\partial^2 z}{\partial x\partial y} = -24xy^2 + 12y^3, \frac{\partial^2 z}{\partial y^2} = -24x^2 y + 36xy^2 - 40y^3$

(2) $z_x = \frac{2x+y}{2\sqrt{x^2+xy}}, z_y = \frac{x}{2\sqrt{x^2+xy}}, z_{xx} = -\frac{y^2}{4\sqrt{x^2+xy}^3}, z_{xy} = \frac{xy}{4\sqrt{x^2+xy}^3}, z_{yx} = \frac{xy}{4\sqrt{x^2+xy}^3}$
$z_{yy} = -\frac{x(2x+y)}{4\sqrt{x^2+xy}^3}$

(3) $\frac{\partial z}{\partial x} = \frac{2x}{x^2+y^2}, \frac{\partial z}{\partial y} = \frac{2y}{x^2+y^2}, \frac{\partial^2 z}{\partial x^2} = \frac{2(y^2-x^2)}{(x^2+y^2)^2}, \frac{\partial^2 z}{\partial y\partial x} = -\frac{4xy}{(x^2+y^2)^2}, \frac{\partial^2 z}{\partial x\partial y} = -\frac{4xy}{(x^2+y^2)^2}$
$\frac{\partial^2 z}{\partial y^2} = \frac{2(x^2-y^2)}{(x^2+y^2)^2}$

(4) $f_x = yx^{y-1}, f_y = x^y\log x, f_{xx} = y(y-1)x^{y-2}, f_{xy} = x^{y-1}(1 + y\log x)$
$f_{yx} = x^{y-1}(1 + y\log x), f_{yy} = x^y(\log x)^2$

(5) $\frac{\partial f}{\partial x} = \frac{y}{x^2+y^2}, \frac{\partial f}{\partial y} = -\frac{x}{x^2+y^2}, \frac{\partial^2 f}{\partial x^2} = -\frac{2xy}{(x^2+y^2)^2}, \frac{\partial^2 f}{\partial y\partial x} = \frac{x^2-y^2}{(x^2+y^2)^2}, \frac{\partial^2 f}{\partial x\partial y} = \frac{x^2-y^2}{(x^2+y^2)^2}$
$\frac{\partial^2 f}{\partial y^2} = \frac{2xy}{(x^2+y^2)^2}$

(6) $f_x = 2e^{(2x+3y)}, f_y = 3e^{(2x+3y)}, f_{xx} = 4e^{(2x+3y)}, f_{xy} = 6e^{(2x+3y)}, f_{yx} = 6e^{(2x+3y)}$
$f_{yy} = 9e^{(2x+3y)}$

問題 16.3 (1) $f_x = yx^{y-1}, f_y = x^y \log x$ (2) $(x^x)' = x^x(1 + \log x)$

問題 16.4 (1) $\frac{\partial f}{\partial x} = \cos\theta \frac{\partial f}{\partial r} - \frac{\sin\theta}{r}\frac{\partial f}{\partial \theta}, \quad \frac{\partial f}{\partial y} = \sin\theta \frac{\partial f}{\partial r} + \frac{\cos\theta}{r}\frac{\partial f}{\partial \theta}$

(2) $\left(\frac{\partial f}{\partial x}\right)^2 + \left(\frac{\partial f}{\partial y}\right)^2 = \left(\frac{\partial f}{\partial r}\right)^2 + \frac{1}{r^2}\left(\frac{\partial f}{\partial \theta}\right)^2$ (3) $\frac{\partial^2 f}{\partial x^2} + \frac{\partial^2 f}{\partial y^2} = \frac{\partial^2 f}{\partial r^2} + \frac{1}{r}\frac{\partial f}{\partial r} + \frac{1}{r^2}\frac{\partial^2 f}{\partial \theta^2}$

問題 17.1 (1) $y' = -\frac{2x+3y}{3x+4y}, y'' = \frac{2}{(3x+4y)^3}$

(2) $y' = -\frac{(1+x)}{(1+y)}e^{x-y}, y'' = -\frac{2+x}{1+y}e^{x-y} - \frac{(2+y)(1+x)^2}{(1+y)^3}e^{2(x-y)}$

問題 17.2 (1) $(-1,2)$ で極小値 $z = -3$

(2) $(1,0)$ で極小値 $f = -2, (-1,0)$ で極大値 $f = 2, (0, \pm\sqrt{3})$ は極値ではない.

(3) $(0,0)$ で極小値 $z = 0, (0,\pm 1)$ 極大値 $z = \frac{2}{e}, (\pm 1, 0)$ 極値ではない.

問題 17.3 (1) $(x,y) = (1,1), (-1,-1)$ で最大値 $1, (x,y) = (1,-1), (-1,1)$ で最小値 -1.

(2) $(x,y) = (\sqrt{2}, \sqrt{2}), (-\sqrt{2}, -\sqrt{2})$ で最大値 $20, (x,y) = (\sqrt{2}, -\sqrt{2}), (-\sqrt{2}, \sqrt{2})$ で最小値 -4

(3) $(x,y) = (-\frac{\sqrt{2}}{2}, -\sqrt{2})$ で最大値 $\frac{\sqrt{2}}{2}, (x,y) = (\frac{\sqrt{2}}{2}, \sqrt{2})$ で最小値 $-\frac{\sqrt{2}}{2}$

問題 18.1 (1) $\frac{35}{4}$ (2) $\frac{1}{12}$ (3) $\frac{\pi}{12}$ (4) $\frac{9}{4}$ (5) $\frac{1}{6}$ (6) $-\frac{1}{3}$ (7) $\frac{1}{6}$

問題 18.2 図略 (1) $\int_0^2 \int_{\frac{y}{2}}^1 f(x,y)\,dx\,dy$ (2) $\int_0^2 \int_{\frac{y}{3}}^{\frac{y}{2}} f(x,y)\,dx\,dy + \int_2^3 \int_{\frac{y}{3}}^1 f(x,y)\,dx\,dy$

(3) $\int_0^1 \int_0^x f(x,y)\,dy\,dx + \int_1^{\sqrt{2}} \int_0^{\sqrt{2-x^2}} f(x,y)\,dy\,dx$

問題 18.3 (1) $\frac{\pi}{8}$ (2) 2π (3) $\frac{a^2}{16}\pi^2$ (4) $\frac{2}{3}\pi$

問題 18.4 (1) $\frac{1}{6}abc$ (2) $\frac{\pi}{2}$ (3) $\frac{16}{3}a^3$

問題 18.5 (1) $\left(0, \frac{4a}{3\pi}\right)$ (2) $\left(\frac{4a}{3\pi}, \frac{4a}{3\pi}\right)$ (3) $\left(\frac{3}{8}, \frac{3}{5}\right)$

5章の問題

問題 19.1 (1) $y = Ae^{\frac{x^2}{2}}$ (2) $y = \pm\sqrt{C - \frac{2}{3}x^3}$ (3) $y = Ae^{\frac{1}{x}}$ (4) $y = -\frac{2}{x^2+C}, y = 0$

(5) $y = Ax + A - 1$ (6) $y = \frac{2x^2}{1-3x^2}$ (7) $y = \frac{1}{x}$ (8) $y = 2\tan\left(x^2 + \frac{\pi}{4}\right)$

問題 20.1 (1) $y = x^n(\sin x + C)$ (2) $y = (x+1)\left(\frac{x^4}{4} + C\right)$ (3) $y = \cos x + C\cos^2 x$

問題 20.2 (1) $y = Ae^{2x} + Be^{3x}$ (2) $y = e^{-2x}(A\cos 3x + B\sin 3x)$ (3) $y = (Ax + B)e^{-2x}$

(4) $y = A\cos 3x + B\sin 3x$ (5) $y = Ae^{\sqrt{2}x} + Be^{-\sqrt{2}x}$ (6) $y = (Ax + B)e^{3x}$

問題 20.3 (1) $e^{\frac{x}{2}}\left(A\sin\frac{\sqrt{3}}{2}x + B\cos\frac{\sqrt{3}}{2}x\right) + x^2 + 2x$

(2) $y = Ae^{-x} + Be^{3x} - \frac{1}{3}e^{2x}$

(3) $y = Ae^x + Be^{-3x} + \frac{1}{4}xe^x$ (4) $y = (Ax+B)e^{2x} + \frac{1}{2}x^2e^{2x}$

(5) $y = e^{2x}(A\sin x + B\cos x) + \frac{1}{8}\cos x - \frac{1}{8}\sin x$

(6) $y = A\cos 3x + B\sin 3x - x\left(\frac{1}{6}\sin 3x + \frac{1}{3}\cos 3x\right)$

6章の問題

問題 21.1 (1) $\sqrt{6}$ (2) $3\sqrt{2}$ (3) $(-1, 1, 2, -4)$ (4) $(8, 7, -6, 7)$ (5) $(-5, 2, 8, -15)$

問題 21.2 (1) 1 (2) $\frac{\sqrt{3}}{18}$ (3) -6 (4) -41 (5) 2 (6) 12 (7) $2(\vec{a}, \vec{e}_1) - 3(\vec{a}, \vec{e}_2) = -4$

問題 21.3 (1) $(7,-5,-3)$ (2) $-\vec{a} \times \vec{b} = (-7,5,3)$
(3) $3(\vec{b} \times \vec{a}) - 2(\vec{a} \times \vec{b}) = -5(\vec{a} \times \vec{b}) = (-35,25,15)$ (4) $\vec{e}_1 + \vec{e}_2 = (1,0,1)$

問題 22.1 理由省略 (1) (2) 線形写像, (3) (4) 線形写像ではない

問題 22.2 (1) $\begin{pmatrix} 1 & 2 \\ 2 & -1 \end{pmatrix}$ (2) $\begin{pmatrix} 2 & 3 & 1 \\ 1 & -2 & -3 \\ 1 & 1 & 1 \end{pmatrix}$

問題 22.3 $f(\vec{a}+\vec{b}) = A(\vec{a}+\vec{b}) = A\vec{a} + A\vec{b} = f(\vec{a}) + f(\vec{b})$
$f(k\vec{a}) = Ak\vec{a} = kA\vec{a} = kf(\vec{a})$

問題 22.4 (1) $\begin{pmatrix} 4 \\ 6 \end{pmatrix}$ (2) $\begin{pmatrix} -7 \\ -2 \\ 9 \end{pmatrix}$ (3) $\begin{pmatrix} 9 \\ 5 \end{pmatrix}$ (4) $\begin{pmatrix} 9 \\ 5 \\ 11 \end{pmatrix}$

問題 22.5 (1) $\begin{pmatrix} 9 & 14 \\ -11 & -14 \end{pmatrix}$ (2) $\begin{pmatrix} 16 & -10 & 3 \\ 18 & -10 & 14 \\ -16 & 10 & -3 \end{pmatrix}$ (3) $\begin{pmatrix} -3 & -9 \\ -8 & 6 \end{pmatrix}$

(4) $\begin{pmatrix} 2 & -3 & 7 \\ 0 & 4 & -5 \\ 1 & -2 & 0 \end{pmatrix}$ (5) $\begin{pmatrix} 9 & -7 & -11 \\ -5 & 3 & 8 \\ 5 & -2 & -6 \end{pmatrix}$ (6) $\begin{pmatrix} a_{11} & a_{12} & a_{13} \\ a_{21} & a_{22} & a_{23} \\ a_{31} & a_{32} & a_{33} \end{pmatrix}$

問題 22.6 (1) $\begin{pmatrix} 5 & -6 & 4 \\ 3 & 9 & 2 \\ -7 & 0 & 2 \end{pmatrix}$ (2) $\begin{pmatrix} 4 & -10 & 6 \\ 2 & 8 & -4 \\ -6 & -2 & 10 \end{pmatrix}$ (3) $\begin{pmatrix} -9 & 3 & -3 \\ -6 & -15 & -12 \\ 12 & -3 & 9 \end{pmatrix}$

(4) $\begin{pmatrix} -5 & -7 & 3 \\ -4 & -7 & -16 \\ 6 & -5 & 19 \end{pmatrix}$

問題 22.7 (1) $(A+B)C$ の (i,k) 成分は $\sum_{j=1}^{n}(a_{ij}+b_{ij})c_{jk} = \sum_{j=1}^{n} a_{ij}c_{jk} + \sum_{j=1}^{n} b_{ij}c_{jk}$.
最後の式は $AC+BC$ の (i,k) 成分であるから, $(A+B)C = AC+BC$.
$A(B+C)$ の (i,k) 成分は $\sum_{j=1}^{n} a_{ij}(b_{jk}+c_{jk}) = \sum_{j=1}^{n} a_{ij}b_{jk} + \sum_{j=1}^{n} a_{ij}c_{jk}$.
最後の式は $AB+AC$ の (i,k) 成分であるから, $A(B+C) = AB+AC$.
(2) 逆行列が二つあるとして, それを X, Y とすると

$$Y = EY = (XA)Y = X(AY) = XE = X$$

よって, 逆行列はただ一つである.

問題 23.1 (1) $x=1, y=3, z=-2$ (2) $x=3, y=-1, z=1$
(3) $x_1=-1, x_2=2, x_3=1, x_4=3$ (4) $x=1-2z, y=3-z$ (5) 解なし
(6) $x_1=1-x_3-2x_4, x_2=2+2x_3+x_4$

問題 23.2 (1) $\begin{pmatrix} \frac{4}{5} & -\frac{1}{5} \\ -\frac{3}{5} & \frac{2}{5} \end{pmatrix}$ (2) $\begin{pmatrix} \frac{1}{2} & -\frac{1}{2} & \frac{1}{2} \\ \frac{1}{2} & \frac{1}{2} & -\frac{1}{2} \\ -\frac{1}{2} & \frac{1}{2} & \frac{1}{2} \end{pmatrix}$ (3) $\begin{pmatrix} \frac{3}{7} & \frac{4}{7} & \frac{5}{7} \\ \frac{4}{7} & \frac{3}{7} & \frac{2}{7} \\ \frac{1}{7} & \frac{6}{7} & \frac{4}{7} \end{pmatrix}$

(4) $\begin{pmatrix} -1 & 1 & -2 \\ 1 & -1 & 1 \\ 1 & -\frac{1}{2} & \frac{3}{2} \end{pmatrix}$ (5) (6) (7) 逆行列なし

問題 23.3 (1) $x = 3, y = -2$ (2) $x = 2, y = -3, z = 4$ (3) $x = 1, y = 2, z = 3$
(4) $x = 3, y = -4, z = -2$

7章の問題

問題 24.1 (1) $|A| = -2$, 正則, $A^{-1} = \begin{pmatrix} -2 & 1 \\ \frac{3}{2} & -\frac{1}{2} \end{pmatrix}$ (2) $|A| = 0$, 正則でない

(3) $|A| = 1$, 正則, $A^{-1} = \begin{pmatrix} \cos\theta & \sin\theta \\ -\sin\theta & \cos\theta \end{pmatrix}$ (4) $|A| = 0$, 正則でない

問題 24.2

$$\begin{vmatrix} ka_{11} + ha'_{11} & a_{12} \\ ka_{21} + ha'_{21} & a_{22} \end{vmatrix} = (ka_{11} + ha'_{11})a_{22} - a_{12}(ka_{21} + ha'_{21})$$

$$= k(a_{11}a_{22} - a_{12}a_{21}) + h(a'_{11}a_{22} - a_{12}a'_{21}) = k\begin{vmatrix} a_{11} & a_{12} \\ a_{21} & a_{22} \end{vmatrix} + h\begin{vmatrix} a'_{11} & a_{12} \\ a'_{21} & a_{22} \end{vmatrix}$$

$$\begin{vmatrix} a_{11} & ka_{12} + ha'_{12} \\ a_{21} & ka_{22} + ha'_{22} \end{vmatrix} = a_{11}(ka_{22} + ha'_{22}) - (ka_{12} + ha'_{12})a_{21}$$

$$= k(a_{11}a_{22} - a_{12}a_{21}) + h(a_{11}a'_{22} - a'_{12}a_{21}) = k\begin{vmatrix} a_{11} & a_{12} \\ a_{21} & a_{22} \end{vmatrix} + h\begin{vmatrix} a_{11} & a'_{12} \\ a_{21} & a'_{22} \end{vmatrix}$$

$$\begin{vmatrix} a_{11} & a_{12} \\ a_{21} & a_{22} \end{vmatrix} = a_{11}a_{22} - a_{12}a_{21} = -(a_{12}a_{21} - a_{11}a_{22}) = -\begin{vmatrix} a_{12} & a_{11} \\ a_{22} & a_{21} \end{vmatrix}$$

問題 24.3 (1) 30 (2) 0

問題 24.4

$$|{}^tA| = \begin{vmatrix} a_{11} & a_{21} & a_{31} \\ a_{12} & a_{22} & a_{32} \\ a_{13} & a_{23} & a_{33} \end{vmatrix}$$

$$= a_{11}a_{22}a_{33} + a_{21}a_{32}a_{13} + a_{31}a_{12}a_{23} - a_{11}a_{32}a_{23} - a_{21}a_{12}a_{33} - a_{31}a_{22}a_{13}$$

$$= |A|$$

問題 25.1 S_2 : $\text{sgn}(1,2) = 1$ 偶順列, $\text{sgn}(2,1) = -1$ 奇順列
S_3 : $\text{sgn}(1,2,3) = \text{sgn}(2,3,1) = \text{sgn}(3,1,2) = 1$ 偶順列

$\mathrm{sgn}(1,3,2) = \mathrm{sgn}(2,1,3) = \mathrm{sgn}(3,2,1) = -1$ 奇順列

問題 25.2 (1) 30 (2) 0 (3) 0 (4) 81

問題 26.1 (1) $A_{11} = 4, A_{12} = -3, A_{21} = -1, A_{22} = 2, |A| = 5$
(2) $A_{11} = 1, A_{12} = 1, A_{13} = -1, A_{21} = -1, A_{22} = 1, A_{23} = 1$
$A_{31} = 1, A_{32} = -1, A_{33} = 1, |A| = 2$
(3) $A_{11} = 3, A_{12} = 4, A_{13} = 1, A_{21} = 4, A_{22} = 3, A_{23} = 6$
$A_{31} = 5, A_{32} = 2, A_{33} = 4, |A| = 7$
(4) $A_{11} = 2, A_{12} = -2, A_{13} = -2, A_{21} = -2, A_{22} = 2, A_{23} = 1$
$A_{31} = 4, A_{32} = -2, A_{33} = -3, |A| = -2$

問題 26.2 (1) $x^3 - (a^2 + b^2 + ab)x + a^2 b + ab^2 = (x + a + b)(x - a)(x - b)$
(2) $x^2(x + a + b + c)$
(3) $(x_2 - x_1)(x_3 - x_1)(x_4 - x_1)(x_3 - x_2)(x_4 - x_2)(x_4 - x_3)$

問題 26.3 (1) $|A| = 5$ 正則 $A^{-1} = \begin{pmatrix} \frac{4}{5} & -\frac{1}{5} \\ -\frac{3}{5} & \frac{2}{5} \end{pmatrix}$ (2) $|A| = 2$ 正則 $A^{-1} = \begin{pmatrix} \frac{1}{2} & -\frac{1}{2} & \frac{1}{2} \\ \frac{1}{2} & \frac{1}{2} & -\frac{1}{2} \\ -\frac{1}{2} & \frac{1}{2} & \frac{1}{2} \end{pmatrix}$
(3) $|A| = 7$ 正則 $A^{-1} = \begin{pmatrix} \frac{3}{7} & \frac{4}{7} & \frac{5}{7} \\ \frac{4}{7} & \frac{3}{7} & \frac{2}{7} \\ \frac{1}{7} & \frac{6}{7} & \frac{4}{7} \end{pmatrix}$ (4) $|A| = -2$ 正則 $A^{-1} = \begin{pmatrix} -1 & 1 & -2 \\ 1 & -1 & 1 \\ 1 & -\frac{1}{2} & \frac{3}{2} \end{pmatrix}$

問題 26.4 (1) $x = 1, y = 3, z = -2$ (2) $x = 3, y = -1, z = 1$
(3) $x_1 = -1, x_2 = 2, x_3 = 1, x_4 = 3$

8章の問題

問題 27.1 略 問題 27.2 (1) 定義より和もスカラー倍も数ベクトル
(2) 微分と連続の性質から $f, g \in C^n(\mathbf{R})$ ならば $f + g, kf$ も n 回微分可能または連続
(3) 一次式の和と定数倍がまた一次式になる事を確認
(4) 数列の和と定数倍はまた数列になる事を確認

問題 27.3 (1) $k\vec{a} + k'\vec{a} = (k + k')\vec{a} \in \langle \vec{a} \rangle, \quad h(k\vec{a}) = (hk)\vec{a} \in \langle \vec{a} \rangle$
$k\vec{a} + h\vec{b} + k'\vec{a} + h'\vec{b} = (k + k')\vec{a} + (h + h')\vec{b} \in \langle \vec{a}, \vec{b} \rangle$
$t(k\vec{a} + h\vec{b}) = tk\vec{a} + th\vec{b} \in \langle \vec{a}, \vec{b} \rangle$

以下略

問題 27.4 理由省略 (1) (2) (3) 部分空間 (4) 部分空間でない

問題 27.5 $a_1, a_1' \in U_1, a_2, a_2' \in U_2$ ならば $a_1 + a_1', ka_1 \in U_1, a_2 + a_2', ka_2 \in U_2$ より
$(a_1 + a_2) + (a_1' + a_2') = (a_1 + a_1') + (a_2 + a_2') \in U_1 + U_2, k(a_1 + a_2) = ka_1 + ka_2 \in U_1 + U_2$

問題 28.1 (1) $a, b \in \mathrm{Ker}\, f$ ならば, $f(a) = f(b) = o$ より $f(a + b) = f(a) + f(b) = o + o = o, f(ka) = kf(a) = ko = o$ であるから, $a + b, ka \in \mathrm{Ker}\, f$. よって, $\mathrm{Ker}\, f$ は部分空間.

$f(a), f(b) \in \operatorname{Im} f$ ならば, $f(a) + f(b) = f(a+b), kf(a) = f(ka) \in \operatorname{Im} f$ であるから, $\operatorname{Im} f$ は部分空間.

(2) $\operatorname{Ker} f = \{o\}$ と仮定する. もし, $f(a) = f(b)$ ならば $f(a-b) = o$ より $a - b \in \operatorname{Ker} f$ となり, 仮定から $a - b = o, a = b$. よって f は単射.

問題 28.2 略

問題 29.1 (1) $|A| = -2$, 一次独立 (2) $|A| = 0$, 一次従属

(3) $|A| = -72$, 一次独立 (4) $|A| = 0$, 一次従属

問題 29.2 (1) $\operatorname{rank} A = 2$ (2) $\operatorname{rank} A = 2$ (3) $\operatorname{rank} A = 2$ (4) $\operatorname{rank} A = 3$

問題 30.1 (1) $\overline{(\vec{b}, \vec{a})} = \sum_{i=1}^{n} \overline{b_i \overline{a_i}} = \sum_{i=1}^{n} a_i \overline{b_i} = (\vec{a}, \vec{b})$

$(h\vec{a} + k\vec{b}, \vec{c}) = \sum_{i=1}^{n} (ha_i + kb_i)\overline{c_i} = h\sum_{i=1}^{n} a_i \overline{c_i} + k\sum_{i=1}^{n} b_i \overline{c_i} = h(\vec{a}, \vec{c}) + k(\vec{b}, \vec{c})$

$(\vec{a}, \vec{a}) = \sum_{i=1}^{n} a_i \overline{a_i} = \sum_{i=1}^{n} |a_i|^2 \geq 0$. ここで, $(\vec{a}, \vec{a}) = 0$ となるのは $|a_i|^2 = 0$, すなわち $a_1 = a_2 = \cdots = a_n = 0$ の時のみ. よって, $\vec{a} = \vec{0}$.

(2) $(\vec{a}, h\vec{b} + k\vec{c}) = \overline{(h\vec{b} + k\vec{c}, \vec{a})} = \overline{h(\vec{b}, \vec{c}) + k(\vec{c}, \vec{a})} = \overline{h}(\vec{a}, \vec{b}) + \overline{k}(\vec{a}, \vec{c})$

問題 30.2 (1) $(f, g) = \int_a^b f(x)\overline{g(x)}\, dx = \overline{\int_a^b g(x)\overline{f(x)}\, dx} = \overline{(g, f)}$

$(hf_1 + kf_2, g) = \int_a^b (hf_1(x) + kf_2(x))\overline{g(x)}\, dx = h\int_a^b f_1(x)\overline{g(x)}\, dx + k\int_a^b f_2(x)\overline{g(x)}\, dx = h(f_1, g) + k(f_2, g)$

$(f, f) = \int_a^b f(x)\overline{f(x)}\, dx = \int_a^b |f(x)|^2\, dx \geq 0$

特に $(f, f) = 0$ となるのは $|f(x)|^2 = 0$ の時, つまり $f(x) = 0$ の時のみである.

(2) $(f_n, f_m) = (g_n, g_m) = \begin{cases} 1 & (n = m) \\ 0 & (n \neq m) \end{cases}$, $(f_n, g_m) = 0$

問題 30.3 シュワルツの不等式で $f(x) = x^n, g(x) = \sin x$ と置く.

問題 30.4 (1) $\sum_{i=1}^{n} k_i a_i = o$ とする. すると $(\sum_{i=1}^{n} k_i a_i, a_j) = (o, a_j) = 0$ であり, 一方 $(\sum_{i=1}^{n} k_i a_i, a_j) = \sum_{i=1}^{n} k_i (a_i, a_j) = k_j$ であるから, $k_1 = \cdots = k_n = 0$. よって一次独立.

(2) (3) 略

問題 30.5 $a, a' \in U^{\perp}$ ならば, 任意の $b \in U$ に対し $(a + a', b) = (a, b) + (a', b) = 0 + 0 = 0, (ka, b) = k(a, b) = k0 = 0$ になり, $a + a', ka \in U^{\perp}$. よって $U^{\perp}$ は部分線形空間.

また, $a \in U^{\perp} \cap U$ ならば $(a, a) = 0$ となり, よって $a = o$.

問題 31.1 (1) 固有値 $\lambda = 2, -3$, どちらも重複度 1

(2) 固有値 $\lambda = 1 \pm i$, どちらも重複度 1

(3) 固有値 $\lambda = 2$, 重複度 2

(4) 固有値 $\lambda = -1$, 重複度 2

問題 31.2 (1) $\lambda = 2$ に属する固有空間の基底 $\begin{pmatrix} 2 \\ 1 \end{pmatrix}$

$\lambda = -3$ に属する固有空間の基底 $\begin{pmatrix} -\frac{1}{2} \\ 1 \end{pmatrix}$

(2) $\lambda = 1+i$ に属する固有空間の基底 $\begin{pmatrix} 1 \\ \frac{3-i}{5} \end{pmatrix}$

$\lambda = 1-i$ に属する固有空間の基底 $\begin{pmatrix} 1 \\ \frac{3+i}{5} \end{pmatrix}$

(3) $\lambda = 2$ に属する固有空間の基底 $\begin{pmatrix} 1 \\ -1 \end{pmatrix}$

(4) $\lambda = -1$ に属する固有空間の基底 $\begin{pmatrix} 1 \\ 0 \end{pmatrix}, \begin{pmatrix} 0 \\ 1 \end{pmatrix}$

問題 31.3 $f(\lambda) = \sum_{i=0}^{n} c_i \lambda^i$ とすると $P^{-1}f(A)P = P^{-1}\left(\sum_{i=0}^{n} c_i A^i\right)P = \sum_{i=1}^{n} c_i (P^{-1}AP)^i =$

$\sum_{i=0}^{n} c_i \begin{pmatrix} \lambda_1^i & & & & O \\ & \ddots & & & \\ & & \lambda_j^i & & \\ & & & \ddots & \\ O & & & & \lambda_n^i \end{pmatrix} = \begin{pmatrix} f(\lambda_1) & & & & O \\ & \ddots & & & \\ & & f(\lambda_j) & & \\ & & & \ddots & \\ O & & & & f(\lambda_n) \end{pmatrix} = O$

問題 31.4 (1) $P = \begin{pmatrix} 2 & 1 \\ 1 & -2 \end{pmatrix}$ とすると $P^{-1}AP = \begin{pmatrix} 2 & 0 \\ 0 & -3 \end{pmatrix}$

(2) $P = \begin{pmatrix} 5 & 5 \\ 3-i & 3+i \end{pmatrix}$ とすると $P^{-1}AP = \begin{pmatrix} 1+i & 0 \\ 0 & 1-i \end{pmatrix}$

(3) 対角化不可能

(4) 対角行列

問題 31.5 (1) 固有方程式 $-\lambda^3 + 6\lambda^2 - 11\lambda + 6 = 0$. 固有値 $\lambda = 1, 2, 3$

固有空間の基底 $\lambda = 1, \begin{pmatrix} 1 \\ 2 \\ 2 \end{pmatrix}, \lambda = 2, \begin{pmatrix} 1 \\ 1 \\ 1 \end{pmatrix}, \lambda = 3, \begin{pmatrix} 1 \\ 2 \\ 1 \end{pmatrix}$

よって $P = \begin{pmatrix} 1 & 1 & 1 \\ 2 & 1 & 2 \\ 2 & 1 & 1 \end{pmatrix}$ とすると, $P^{-1}AP = \begin{pmatrix} 1 & 0 & 0 \\ 0 & 2 & 0 \\ 0 & 0 & 3 \end{pmatrix}$

(2) 固有方程式 $-\lambda^3 + \lambda = 0$. 固有値 $\lambda = 0, \pm 1$

固有空間の基底 $\lambda = 1, \begin{pmatrix} 3 \\ -1 \\ 1 \end{pmatrix}, \lambda = -1, \begin{pmatrix} 1 \\ -1 \\ 1 \end{pmatrix}, \lambda = 0, \begin{pmatrix} 1 \\ 0 \\ 1 \end{pmatrix}$

よって $P = \begin{pmatrix} 3 & 1 & 1 \\ -1 & -1 & 0 \\ 1 & 1 & 1 \end{pmatrix}$ とすると, $P^{-1}AP = \begin{pmatrix} 1 & 0 & 0 \\ 0 & -1 & 0 \\ 0 & 0 & 0 \end{pmatrix}$

(3) 固有方程式 $(2-\lambda)(1-\lambda)^2 = 0$. 固有値 $\lambda = 1, 2$

固有空間の基底 $\lambda = 1$ 重複度 2, $\begin{pmatrix} 0 \\ 0 \\ 1 \end{pmatrix}$, $\lambda = 2,$ $\begin{pmatrix} 1 \\ 0 \\ 3 \end{pmatrix}$

よって対角化不可能

(4) 固有方程式 $-\lambda^3 + 4\lambda^2 - \lambda - 6 = 0$. 固有値 $\lambda = -1, 2, 3$

固有空間の基底 $\lambda = -1,$ $\begin{pmatrix} 1 \\ -1 \\ -2 \end{pmatrix}$, $\lambda = 2,$ $\begin{pmatrix} 1 \\ -1 \\ 1 \end{pmatrix}$, $\lambda = 3,$ $\begin{pmatrix} 1 \\ 1 \\ 0 \end{pmatrix}$

よって $P = \begin{pmatrix} 1 & 1 & 1 \\ -1 & -1 & 1 \\ -2 & 1 & 0 \end{pmatrix}$ とすると, $P^{-1}AP = \begin{pmatrix} -1 & 0 & 0 \\ 0 & 2 & 0 \\ 0 & 0 & 3 \end{pmatrix}$

(5) 固有方程式 $-\lambda^3 + 2\lambda^2 - \lambda = 0$. 固有値 $\lambda = 0, 1$

固有空間の基底 $\lambda = 1$ 重複度 2, $\begin{pmatrix} 1 \\ 0 \\ -2 \end{pmatrix}$, $\begin{pmatrix} 0 \\ 1 \\ 2 \end{pmatrix}$, $\lambda = 0,$ $\begin{pmatrix} 1 \\ 1 \\ -1 \end{pmatrix}$

よって $P = \begin{pmatrix} 1 & 0 & 1 \\ 0 & 1 & 1 \\ -2 & 2 & -1 \end{pmatrix}$ とすると, $P^{-1}AP = \begin{pmatrix} 1 & 0 & 0 \\ 0 & 1 & 0 \\ 0 & 0 & 0 \end{pmatrix}$

(6) 固有方程式 $-\lambda^3 + 5\lambda^2 - 7\lambda + 3 = 0$. 固有値 $\lambda = 1, 3$

固有空間の基底 $\lambda = 1$ 重複度 2, $\begin{pmatrix} 5 \\ 1 \\ -3 \end{pmatrix}$, $\lambda = 3,$ $\begin{pmatrix} 3 \\ 0 \\ -2 \end{pmatrix}$

よって対角化不可能

記号表

ギリシア文字表

大文字	小文字	読み方	大文字	小文字	読み方
A	α	アルファ	N	ν	ニュー
B	β	ベータ	Ξ	ξ	クシー
Γ	γ	ガンマ	O	o	オミクロン
Δ, Δ	δ	デルタ	Π	π, ϖ	パイ
E	ϵ, ε	エプシロン	P	ρ, ϱ	ロー
Z	ζ	ゼータ	Σ	σ, ς	シグマ
H	η	エータ	T	τ	タウ
Θ	θ, ϑ	シータ	Υ	υ	ユプシロン
I	ι	イオタ	Φ	ϕ, φ	ファイ
K	κ	カッパ	X	χ	カイ
Λ	λ	ラムダ	Ψ	ψ	プサイ
M	μ	ミュー	Ω	ω	オメガ

1章の記号

集合	$\{a, b, \cdots\}$	1	半区間	$(a,b], [a,b)$	2
	$\{a \mid 条件\}$	1	関数 (写像)	$y = f(x)$	2
空集合	ϕ	1		$f : x \mapsto y$	2
含まれる	$\in$	1		$f : X \to Y$	2
含まれない	$\notin$	1		$X \xrightarrow{f} Y$	2
部分集合	$\subset$	1	恒等関数	$I_X : X \to X$	3
和集合	$\cup$	1	合成関数	$g \circ f$	2
共通集合	$\cap$	1	かつ	$\wedge$	3
補集合	$\overline{A}, A^c$	1	または	$\vee$	3
自然数の集合	$\mathbf{N}$	2	任意の	$\forall$	3
整数の集合	$\mathbf{Z}$	2	適当な	$\exists$	3
有理数の集合	$\mathbf{Q}$	2	ならば	$\Rightarrow$	4
実数の集合	$\mathbf{R}$	2	上限	sup	9
複素数の集合	$\mathbf{C}$	2	下限	inf	9
関数 (写像)	$y = f(x)$	2			
n 次元空間	$\mathbf{R}^n$	2	ガウスの記号	$[a]$	11
閉区間	$[a, b]$	2	べき乗	a^x	11,12
開区間	(a, b)	2	対数	$\log_a x$	13

極限値	$\lim_{n\to\infty} a_n$	16	自然対数の底	e	23
	$\lim_{x\to a} f(x)$	36	区間の長さ	$|I|$	24
片側極限値	$\lim_{x\to a\pm 0} f(x)$	37	直積	$X\times Y$	53
上極限	$\overline{\lim}$	27	関係	$x\sim y$	53
下極限	$\underline{\lim}$		同値類		53
無限大	∞	17,36	商集合	$X/\sim$	53
最大値(最小値)	$\max\ (\min)$	20	切断	(A, B)	56

2章の記号

増分	Δx	58	自然対数	$\log x$	64
微分係数	$f'(a), \frac{dy}{dx}\big|_{x=a}$	58,59		lon, ln	64
導関数	$y', \frac{dy}{dx}$	58	三角関数	$\sin x$	66
	$f'(x), \frac{d}{dx}f(x)$	58		$\cos x$	66
	$\dot y, \dot f(x)$	58		$\tan x$	66
2次導関数	$y'', \frac{d^2x}{dx^2}$	59	逆三角関数	$\mathrm{Sin}^{-1} x$	69
第 n 次導関数	$y^{(n)}, \frac{d^n y}{dx^n}$	59		$\mathrm{Cos}^{-1} x$	69
	$f^{(n)}(x), \left(\frac{d}{dx}\right)^n f(x)$	59		$\mathrm{Tan}^{-1} x$	69

3章の記号

不定積分	$\int f(x)\,dx$	83	無限積分	$\int_a^\infty f(x)\,dx$	93
定積分	$\int_a^b f(x)\,dx$	87		$\int_{-\infty}^b f(x)\,dx$	93
定積分の計算	$[F(x)]_a^b$	91	ガンマ関数	$\Gamma(s)$	103
過剰積分	$\overline{\int} f(x)\,dx$	89	ラプラス変換	$L(f)$	103
不足積分	$\underline{\int} f(x)\,dx$	89			

4章の記号

ϵ 近傍	$U_\epsilon(\mathrm{A})$	118	極値の判定	$D(x, y)$	130
極限	$\lim_{n\to\infty} \mathrm{P}_n$	118	2重積分	$\iint_D f(x, y)\,dS$	134
	$\lim_{\mathrm{P}\to\mathrm{A}} f(\mathrm{P})$	119		$\iint_D f(x, y)\,dxdy$	134
偏導関数	$\frac{\partial f}{\partial x}, z_x, f_x, \partial_x f$	120	累次積分	$\int_a^b dx \int_{\varphi_1(x)}^{\varphi_2(x)} f(x,y)\,dy$	135
第2次偏導関数	$\frac{\partial^2 f}{\partial x^2}, f_{xx}, \frac{\partial^2 f}{\partial y\partial x}$	120	重心	$(\overline{x}, \overline{y})$	141
微分作用素	$D^i f$	126	密度	$\rho(x, y)$	140

5章の記号　　　新しい記号無し

6章の記号

ベクトル	$\vec{a}$	153	行列	(a_{ij})	162
大きさ	$|\vec{a}|$	153	零行列	O	162
零ベクトル	$\vec{0}$	153	単位行列	E	162
ベクトル空間	$\mathbf{R}^n$	154	転置行列	${}^tA$	162
基本ベクトル	$\vec{e}_i$	155	行列の行ベクトル	$\vec{a}_i$	162
内積	$(\vec{a},\vec{b}), \vec{a}\cdot\vec{b}$	156	行列の列ベクトル	$\vec{A}_j$	162
外積	$\vec{a}\times\vec{b}$	157	行列の積	AB	165
線形写像の和	$f+g$	161	行列の和	$A+B$	166
線形写像の定数倍	cf	161	行列の定数倍	cA	167
合成写像	$f\circ g$	161	行列のべき乗	A^n	168

7章の記号

行列式	$|A|, |a_{ij}|$	185	転位	(p_i, p_j)	183
2次行列式		175	順列の符合	$\operatorname{sgn}(p_1,\cdots,p_n)$	183
3次行列式		180	余因子	A_{ij}	190
順列	$(p_1,\cdots,p_n)$	183	余因子行列	$\tilde{A}$	194

8章の記号

ベクトルの和	$a+b$	198	核と像	$\operatorname{Ker} f, \operatorname{Im} f$	208
定数倍	ka	198	階数	$\operatorname{rank} f, \operatorname{rank} A$	208, 209
零ベクトル	o	199	微分作用素	$D, D_a, D_{a,b}$	209
逆ベクトル	$-a$	199	恒等写像	I_V	212
関数空間	$C(\mathbf{R}), C^n(\mathbf{R})$	199	基本変形の行列	$T_{ij}, D_i(a), D_{ij}(a)$	215
	$C^n([a,b];K)$	199	拡大係数行列	$\tilde{A}$	218
部分空間	$\langle a_1,\cdots,a_n\rangle$	200	内積	(a,b)	220
部分空間の和	U_1+U_2	202	ベクトルの長さ	$|a|$	220
部分空間の直和	$U_1\oplus U_2$	202	直交	$a\perp b$	220
次元	$\dim V$	205	直交補空間	$U^\perp$	224
固有空間	V_λ	225			

索引

あ行

アークコサイン	69
アークサイン	69
アークタンジェント	69
アステロイド	115
アルキメデスの原理	8
異常積分	92
一次結合	155, 203
一次写像	159
一次従属	203
一次独立	146, 203
一次変換	159
一般解	142
陰関数	128
ヴァンデルモンドの行列式	193
上に有界	9
ϵ 近傍	118
$\epsilon-\delta$ 論法	16, 36
エルミート内積	220
演繹法	5
オイラー図	1
オイラーの公式	74
凹	79

か行

解	142
開区間	2
開集合	118
階数	208
行列の	209
外積	157
外点	118
回転	161
回転体の体積	
ガウスの記号	11
下界	9
可換環	54
下限	9
核	208
拡大係数行列	219
重ね合せの原理	146
過剰積分	89
片側極限値	37
かつ	3
カーディオイド	111, 112
加法定理	67, 167
上極限	27
環	54
関係	53
関数	2
関数値	2
完全性公理	9
ガンマ関数	103
奇関数	97
奇順列	183
基底	205
帰納法	5
基本ベクトル	155
基本変形	213
行列	212
基本列	25
逆関数	2
逆行列	1646
逆ベクトル	199
級数	28
境界	118
境界点	118
共通集合	1
行ベクトル	154
行列の	162
行列	161
行列式	185
2次	175
3次	180
極限値	16, 36, 118

極座標	110	サイン	66
極座標による面積	111	三角関数	66
極小	78,130	三角不等式	20,218
曲線の長さ	113	3葉線	111,112
極大	78,130	次元	205
極値	78,130	自然数	51
条件付き	132	自然対数	23, 64
曲面の面積	140	自然対数の底	23
距離	118	下に有界	9
近似値	75	実数	55
近傍	118	実線形空間	199
偶関数	97	始点	153
空集合	1	下極限	27
偶順列	183	自明	7
区間	2	写像	2
グラフ	3	集合	1
クラメルの公式	195	重心	141
ケーリー・ハミルトンの定理	230	集積点	25
原始関数	83	集積点定理	25
減少	48	収束	16,28,36,118
減少数列	22	収束半径	33
合成関数	2	終点	153
恒等関数	3	シュワルツの不等式	218
恒等写像	209	循環論法	6
互換	183	順序環	54
コサイン	66	順序関係	53
コーシーの収束条件		順序体	54
コーシーの判定法	32	順列	183
コーシー列	25	順列の符合	183
固有空間	226	上界	9
固有多項式	225	小行列	218
固有値	225	小行列式	218
m 重	226	消去法	170
固有ベクトル	225	条件付き極値	132
固有方程式	225	上限	9
		商集合	53
さ行		常微分方程式	142
サイクロイド	115	剰余項	72
最小値	20	初期条件	142
最大値	20	心臓形	111,112

振動	17	全微分	123
数学的帰納法	5	全微分可能	123
数ベクトル	154	像	208
スカラー	199	増加	48
整域	54	増加数列	22
正規直交化	223	相似	225
正規直交基底	222	増分	58
正規直交系	222		
正項級数	28	た行	
正射影	224	体	55
整数	53	第 n 次導関数	59
正則行列	166	第 n 次偏導関数	121
成分		対角化	225
ベクトルの	153,154	対角化可能	225
行列の	161	対角行列	162
正方行列	162	対角成分	162
積	165,166	対称行列	162
積分	83	対数	13,64
積分可能	87,134	対数微分	65
積分順序の交換	135	体積	115,139
積分定数	83,142	楕円積分	115
接線	58,59,119	楕円関数	115
絶対収束	28	多重積分	137
絶対値	20	ダランベールの判定法	32
切断	56	単位行列	162
接平面	119	タンジェント	66
零行列	162	単射	2
零ベクトル	153,199	単調	48
漸近線	81	値域	2
線形空間	199	置換積分	94
線形結合	203	中間値の定理	47
線形写像	159,208	重複度	226
線形従属	203	稠密	10
線形同形	208	稠密性	9
線形独立	203	調和級数	29
線型変換	159	直積	53
線形微分方程式	146	直和	202
全射	2	直交	220
全順序関係	54	直交補空間	224
全単射	2	底	13

定義域	2
定数係数線形微分方程式	146
定数変化法	147
定積分	87
定積分の平均値の定理	90
テイラー展開	73
2変数関数の	127
テイラーの定理	72
デカルトの葉線	112
適当な	3
転位	183
転位数	183
転置行列	162
導関数	58
同次線形微分方程式	146
同次連立1次方程式	219
同値関係	53
同値類	53
等比級数	29
特異解	142
特殊解	142
凸	79
凸関数	79
トーラス	116
な行	
内積	156,220
内点	118
長さ	113,220
ならば	4
2項定理	6
2重積分	134
任意	3
は行	
媒介変数	63
媒介変数表示	63
はさみうちの原理	20
発散	17,28,36
半区間	2

微積分の基本定理	90
左側極限値	37
必要十分条件	4
非同次項	146
非同次線形微分方程式	146
微分	58
微分可能	58
微分係数	58
微分方程式	142
微分方程式の解	142
表現行列	212
標準基底	155
標準内積	221
フィボナッチの数列	235
複素数の行列表現	168
複素線形空間	199
不足積分	89
不定形	75
不定積分	83
部分空間	200
生成された	200
直和	202
和	202
部分集合	1
部分数列	25
部分積分	100
部分線形空間	200
部分分数分解	104
部分和	28
フーリエ級数	219
フーリエ係数	220
ペアノの公理系	51
平均値の定理	71,72
コーシーの	72
重積分の	134
定積分の	90
2変数関数の	123
ラグランジュの	71
閉区間	2
閉集合	118

平面	118	有理数	55
閉領域	118	余因子	190
べき級数	33	余因子行列	194
べき乗	11,12	余因子展開	191
行列の	168	要素	1
ベクトル	153,199	4葉線	111,112
ベクトル空間	154,199		
ベクトルの大きさ	153	ら行	
ベルヌイの不等式	6	ラグランジュの乗数	132
変換行列	212	ラジアン	65
変曲点	79	ラプラス変換	103
ベン図	1	領域	118
変数値	2	累次積分	135,137
変数分離形	143	列ベクトル	154
偏導関数	120	行列の	162
偏微分	120	レムニスケート	111,112
偏微分可能	120	連結	118
偏微分係数	120	連珠形	111,112
偏微分方程式	142	連続	43,119
補集合	1	連立1次方程式	168
補助方程式	149	ロールの定理	71
補部分空間	208		
		わ行	
ま行		和 (部分空間の)	200
マクローリン展開	73	和集合	1
または	3		
右側極限値	37		
密度	140		
無限次元	205		
無限積分	93		
無限大	17,36		
矛盾法	5		
命題	3		
命題関数	3		
面積	88,109,140		
や行			
有界	9,18		
有限次元	205		
有理関数	104		

■著者紹介

疋田　瑞穂（ひきだ　みずほ）

1952年　秋田県に生まれる．
1976年　東京工業大学工学部電気化学科卒業．
1982年　広島大学大学院理学研究科博士課程後期（数学専攻）
　　　　単位修得退学。国立弓削商船高等専門学校講師，助教授を経て．
現　在　県立広島大学生命環境学部生命科学科教授，理学博士．

新版　理工系のための基礎からの数学

1999年2月20日　初版第1刷発行
2008年4月10日　新版第1刷発行

■著　者──疋田瑞穂
■発行者──佐藤　守
■発行所──株式会社 大学教育出版
　　　　　〒700-0953　岡山市西市855-4
　　　　　電話(086)244-1268(代)　FAX(086)246-0294
■印刷製本──サンコー印刷㈱
■装　丁──ティーボーンデザイン事務所

© Mizuho Hikida 1999, Printed in Japan
検印省略　　落丁・乱丁本はお取り替えいたします．
無断で本書の一部または全部を複写・複製することは禁じられています．

ISBN978-4-88730-845-9